# Mitteleuropa

von

## Friedrich Naumann

Volksausgabe

mit

Bulgarien u. Mitteleuropa

Berlin 1916 · Druck u. Verlag von Georg Reimer

Druck von Georg Reimer in Berlin W 10.

# Vorwort.

Als ich im August vorigen Jahres die Niederschrift meines Buches „Mitteleuropa" dem Verlag Georg Reimer übergab, wußten wir beide nicht, welcher große buchhändlerische Erfolg dieser Arbeit beschieden sein würde. Ich war überzeugt, etwas Notwendiges so gut und klar ausgesprochen zu haben, als es mir möglich war, aber wie viele Freunde die von mir dargelegten Gedanken schon überall im stillen hatten und eigentlich nur auf den Ruf nach Mitteleuropa warteten, das konnte ich nicht ahnen, denn bis dahin hatte man sich mit den Vorarbeiten für den neuen Gemeinschaftszustand Mitteleuropas fast nur in engeren, fachmännisch interessierten Kreisen beschäftigt. Mit einem gewissen ruhigen Abwarten dessen, was kommen wollte, nahm ich im Oktober das erste fertige Exemplar von „Mitteleuropa" in die Hand, nun aber waren schon im Mai 100 000 Exemplare gedruckt, und die Nachfrage nach dem Buche hört nicht auf! Um dieser Nachfrage noch besser zu genügen, hat der Verleger mit mir vereinbart, daß wir eine billigere Volksausgabe herstellen wollen. Möge auch sie in Deutschland, Österreich, Ungarn und darüber hinaus viele Leser und Mithelfer gewinnen!

Wenn ich nur ein Schriftsteller wäre und nichts anderes, so müßte ich mit dem buchhändlerischen Erfolge des Buches allein schon ganz befriedigt sein, denn was gibt es für den Schriftsteller Schöneres und Größeres, als von so vielen Menschen mit Eifer gelesen zu werden und von vielen Bekannten und Unbekannten Gruß und Glückwunsch zu erhalten? Ich habe in Deutschland und noch mehr in Österreich die Freuden des Schriftstellers in seltenem Maße erlebt und bin dankbar und froh darüber. Weil aber in mir hinter dem Schriftsteller immer der politisch schaffende Mensch steht, so suche ich doch noch etwas mehr als nur von vielen gelesen zu werden. Das Buch „Mitteleuropa“ will als ein Werkzeug für kommende Gestaltung angesehen sein. Seine Leser sollen Mithersteller einer öffentlichen Meinung werden, die man in allen staatlichen Ämtern als vorhanden merkt. Teilweise wurden sie es schon, noch aber sind große Schwierigkeiten des Widerstrebens, des Zweifels und der Schwerfälligkeit zu überwinden. Noch darf das Anklopfen an Verstand und Herz nicht aufhören! In diesem Sinne wird der ersten größeren Ausgabe diese kleinere nachgesendet als zweiter Bote an das werdende Volk von Mitteleuropa.

Es hat nicht an Vorschlägen gefehlt, wie diese zweite Ausgabe beschaffen sein solle. Vielfach hat man mir nahegelegt, einen kürzeren Auszug aus „Mitteleuropa“ zu machen. Darauf habe ich immer geantwortet, daß ich es mit Freude begrüßen würde, wenn ein anderer als ich kurz und knapp die Hauptgedanken nochmals schreiben könnte, daß aber ich selbst nicht innerhalb eines Jahres dieselbe Sache auf zweierlei Art formulieren möchte, weil ich dem ersten Werke noch zu nahe stehe und im ganzen noch nichts ändern will. Ich lasse also den Inhalt unverändert und korrigiere nur da und dort an Nebenpunkten, wo Irrtümer oder kleinere Mißverständnisse mit untergelaufen sind. Dabei vermeide ich es i. g. auch, auf die weitere Entwicklung der Zeitereignisse seit August 1915 einzugehen. Es würde ja einerseits sehr naheliegend sein, überall dort, wo von den Karpathenkämpfen geredet wird, neuere Schlachten einzusetzen oder da, wo kriegswirtschaftliche Maßregeln erwähnt werden, neuere Verordnungen heranzuziehen, aber andererseits könnten auch diese Änderungen nicht die letzte Form des Ausdrucks sein, weil die große Kriegsentwicklung noch immer nicht zu Ende ist. Soll ich dann in abermals fünf Monaten wieder andere Stellen umändern? Ich würde es tun müssen, wenn der Kern des Gedankens irgendwie dadurch berührt würde, das aber ist nicht der Fall. Mein Buch trägt das Kleid seiner Entstehungszeit und soll es behalten!

In einer Hinsicht zwar ist eine bedeutsame Änderung eingetreten. Durch den Anschluß Bulgariens an die mitteleuropäische Kriegsführung hat sich eine enge weltgeschichtliche Annäherung mit einem der bis dahin noch neutralen Staaten vollzogen. Dadurch wurde auch ein verbindendes Glied zwischen Mitteleuropa und der Türkei hergestellt. Unserem neuen bulgarischen Bundesgenossen konnte ich erst in den letzten Monaten die notwendigen mitteleuropäischen Erwägungen widmen, nachdem ich durch die Begrüßungsreden der reichsdeutschen Abgeordneten im Juli 1916 Gelegenheit erhalten hatte, das bulgarische Volk in seiner eigenen Heimat zu schauen. Ich habe darum mein inzwischen ebenfalls bei G. Reimer, Berlin, erschienenes Buch „Bulgarien und Mitteleuropa" hinter dem Text des bisherigen Buches abgedruckt und in den größeren Zusammenhang eingefügt. Über Rumänien will ich nicht sprechen; sein Abfall und seine Niederlage muß aber notwendigerweise die mitteleuropäische Bedeutung Bulgariens stärken. Wenn an einzelnen Stellen im vorhergehenden Text auf die neuen Verhältnisse der Balkanhalbinsel noch nicht genügend Rücksicht genommen wurde, so bitten wir dies nachsichtig zu beurteilen, da im Kriege die Herstellung dieser Volksausgabe etwas längere Zeit in Anspruch genommen hat.

Und was soll ich zu der Menge von kritischen Besprechungen sagen, die mir in diesen Monaten zugeflossen sind? Viele von ihnen habe ich gern und mit Gewinn gelesen, auch wenn sie zunächst nur zur Verschärfung der Probleme beigetragen haben. Wollte ich aber auf die einzelnen Einwendungen und Fragen antworten, so müßte ich ein neues Buch zum alten hinzufügen und würde in vielen Fällen nur aussprechen können, daß wir alle, meine Kritiker und ich, den Gang der Geschichte nur stückweise vorhersehen. Es bleiben Dunkelheiten bei jedem großen Zukunftsplane. Ich habe von vornherein die Schwierigkeiten deutlich hervorgehoben, und vielfach besteht die Kritik nur darin, daß ein auch von mir schon anerkannter Gesichtspunkt noch etwas einseitiger oder schärfer herausgearbeitet wird, als ich es getan habe. Je nach Erfahrung, Lebenslage und Temperament sieht fast jeder Mensch die werdende neue Zeit etwas anders an. Das muß so sein, und ich werde nie glauben, daß eine volle Ausgleichung aller Ansichten und Wünsche denkbar ist. Dabei darf gesagt werden, daß häufig die Aussprüche der Kritiker sich gegenseitig aufheben. Wenn beispielsweise der eine sich beklagt, daß ich nach seiner Meinung viel zu wirtschaftlich und materiell denke, meldet sich sofort ein anderer und behauptet, daß hier nur rein idealistische Träumerei vorliege. Wenn dem einen die Behandlung der österreichischen und ungarischen Nationalitätenfragen nicht deutsch genug zu sein scheint, ist sie dem anderen viel zu sehr deutsch-imperialistisch. In einem Blatte lese ich, daß ich von den Zolleinzelheiten zu wenig verstehe, und in einem anderen, daß ich kein staatsrechtlicher Fachmann sei. Das mag zutreffen, aber wo ist denn der sogenannte Fachmann, der den ganzen Umkreis der mitteleuropäischen Fragen in gleicher Vollkommenheit bis in alle letzten Ecken und Spitzen hinein beherrscht?

Auch die Kritiker, so sicher sie bisweilen auftreten, sind Menschen und wissen nur einige Dinge genau. Alle kluge und feierliche Kritik hat dem Buche bis heute nicht geschadet, und so wird es wohl bleiben.

Auf zwei falsche Auffassungen meiner Ziele und Absichten möchte ich aber doch bei dieser Gelegenheit etwas genauer eingehen, nämlich auf die Behauptungen, daß die Verbreitung der mitteleuropäischen Gesinnung dem See- und Kolonialinteresse schädlich sei, und daß in meinem Buche die Wirtschaftseinheit der Mittelmächte aus kriegerischen Angriffsneigungen gegenüber dem übrigen Europa gefordert werde. Die erste dieser Meinungen ist mehr eine innerdeutsche, die zweite mehr eine ausländische.

Es wird also beispielsweise in Hamburg von gewissen Beurteilern gesagt, daß der mitteleuropäische Plan eine Ablenkung von der bisherigen vor dem Kriege geübten Marinepolitik sei. Wer den Abschnitt „Mitteleuropa in der Weltwirtschaft" wirklich gelesen und verstanden hat, wird das einfach nicht glauben, denn nie und an keiner Stelle behaupte ich, daß die mitteleuropäische Wirtschaftsgemeinschaft sich vom internationalen Austausch und von tropischen und subtropischen Erzeugnissen so unabhängig machen könne, daß etwa in Zukunft die Hafenanlagen oder Kolonien weniger Bedeutung für uns haben sollten als bisher. Auch vereint bleiben die mitteleuropäischen Staaten Glieder des weltwirtschaftlichen Verkehrs und haben nur dabei die Absicht, ihre Verträge gemeinsam abzuschließen und ihre Käufe und Verkäufe nicht gegeneinander, sondern miteinander auszuführen. Selbst die nähere Gemeinschaft mit der Türkei, die wir wünschen, kann den sonstigen überseeischen Austausch nie ersetzen und, ich sehe es als sicher an, daß Hamburg, Bremen und Triest bei Gelingen der Wirtschaftseinheit noch viel mehr zu tun haben werden als bisher.

Was aber die Behauptung anlangt, daß die von mir vorgetragene mitteleuropäische Politik einen „aggressiven Charakter" habe, so findet sie sich in zahlreichen französischen, italienischen und schweizerischen Besprechungen. Ich rechne aber das zur Kriegsseelenstimmung und nehme es nicht tragisch. Es wird unseren Gegnern und denen, die ihnen mehr oder weniger zugetan sind, offenbar schwer, sich darein zu finden, daß wir Deutschen, Österreicher und Ungarn diesen ungeheuren Krieg nicht gesucht haben und von uns aus sicher keinen neuen herbeiführen werden. Wir müssen gerüstet bleiben wegen der bösen Absichten der umgebenden

Welt, und wenn die Wirtschaftsgemeinschaft unsere Rüstung verstärkt, so ist das sicherlich gut, und zwar nicht bloß für uns, sondern für den künftigen Frieden des ganzen schwer geprüften und geplagten Erdteiles.

Bis jetzt existiert von „Mitteleuropa" eine ungarische Übersetzung (Naumann Frigyes, Középeuropa, übersetzt von Dr. Kircz Andorné, Budapest 1916), eine französische erscheint mit Genehmigung von Georg Reimer und mir bei Delachaux und Niestlé, Neuchâtel, noch 1916. Ohne Verhandlungen mit uns, die die Aufhebung der Berner Schutzgesetze durch die englische Regierung in England ausgeschaltet hat, brachte der Verlag King & Son, London, eine von Prof. Ashley kritisch gegen mich eingeleitete, übrigens zuverlässig übersetzte und gut ausgestattete englische Ausgabe.

Wir nennen diese billigere Ausgabe mit dem Wort „Volksausgabe". Sie will die Kreise erreichen, die jetzt und auch sonst mit dem Gelde genau rechnen müssen, dabei aber für die wichtigsten Zeitfragen Sinn und Eifer haben. Sie will vor allem auch im Heere gelesen werden. Schon jetzt erfahre ich aus vielen deutschen und österreichischen Feldpostbriefen, wie manche Schützengrabengemeinschaft sich über Mitteleuropa Gedanken macht. Ich kann nicht jede Karte beantworten, benutze aber diesen Anlaß, vielen Kämpfern zu danken, daß sie zu Mitdenkern und Mithelfern werden.

So gehe denn hinaus, du zweiter Bote!

Oktober 1916.

Fr. Naumann.

# Inhalt.

# Mitteleuropa

# I. Der gemeinsame Krieg und seine Folgen.

Während ich dieses schreibe, wird im Osten und Westen gekämpft. Absichtlich schreibe ich mitten im Krieg, denn nur im Krieg sind die Gemüter bereit, große umgestaltende Gedanken in sich aufzunehmen. Nach dem Krieg kommt dann sehr bald die Alltagsseele wieder aus ihrem Versteck heraus, und mit der Alltagsseele läßt sich Mitteleuropa nicht machen. Wie Bismarck das Deutsche Reich im Krieg von 1870 herstellte und nicht nach dem Krieg, so müssen im Krieg, im Fließen des Blutes und im Wogen der Völker, von unseren Staatsleitern die Grundlagen der neuen Gestaltung gelegt werden. Später könnte und würde es zu spät sein.

Das, wovon ich reden will, ist das Zusammenwachsen derjenigen Staaten, die weder zum englisch-französischen Westbunde gehören noch zum russischen Reiche, vor allem aber ist es der Zusammenschluß des Deutschen Reiches mit der österreichisch-ungarischen Doppelmonarchie, denn alle weiteren Pläne über mitteleuropäische Völkerverbindungen hängen davon ab, ob es gelingt, zuerst die zwei Zentralstaaten selber zusammenzufassen.

Als der Krieg begann, haben viele von uns, auch ich, gedacht, es könnte noch eine Verständigung mit Frankreich eintreten, denn auf deutscher und auf österreichischer und ungarischer Seite besteht keine Feindschaft gegen Frankreich. Sobald die Franzosen es wollen, können wir ihnen die Hand reichen, aber allerdings erschwerte jeder weitere Kriegsmonat die gegenseitige Annäherung. Frankreich hat sein Schicksal an Englands Seite gewählt, wird von nun an von England benutzt, wird keinen selbständigen Frieden für sich allein mehr machen wollen, wird leider wohl in nächster Zukunft an Englands Seite ein größeres und besseres Portugal werden. Wir lassen darum in den folgenden Ausführungen die Franzosen aus dem Spiel, immer noch hoffend, daß sie in fernerer Zukunft sich einmal zu Mitteleuropa rechnen werden.

Auch über Italien darf unsere Schrift nur in zurückhaltender und vorsichtiger Weise reden, da Italien zwar unter Mißachtung alter Vertragsgemeinschaft ins feindliche Lager übergegangen ist, damit aber wohl kaum für alle Zeiten seine wirtschaftspolitische Zugehörigkeit festgelegt hat. Volksstimmung und Wirtschaftsinteressen sind gerade in Italien oft nicht harmonisch. Italien sollte wirtschaftlich zu Mitteleuropa gehören, wir wissen ja aber, daß lateinisches Volkstum und adriatisch-alpine Grenzfragen den italienischen Sinn in andere Richtung gelenkt haben. Jetzt sprechen zunächst die Waffen am Isonzo, und darum reden wir von Mitteleuropa ohne Italien.

Über die nordischen Mächte, die Rumänen, Bulgaren, Serben, Griechen, auch über Holland und die Schweiz reden wir im weiteren Verlauf unserer Arbeit noch einiges aber nicht vieles, denn es würde falsch sein, diese kleineren mitteleuropäischen Staaten von vornherein in unserm Plan als feste Größen einzusetzen, da sie noch geschichtliche Wartezeit ihrer Entscheidung vor sich haben. Sie wollen und müssen erst mit Augen sehen, ob der Kern von Mitteleuropa sich bildet, ob das Deutsche Reich und Österreich-Ungarn sich finden.

Im Kriege stehen wir, die Österreicher und die Ungarn, mit den Türken brüderlich zusammen. Die letzteren streiten dabei für ihre eigene Sache, kämpfen einen tapferen Lebenskampf um die Reste eines einst mächtigen Staates und um die politische Existenz des islamischen Glaubens und Daseins. Die wunderbar spielende Geschichte hat uns und die Türken zusammengeschoben, denn ihre Feinde wurden unsere Feinde. Es gab für sie keine andere Möglichkeit, sich zu erhalten, als mit uns und dadurch gleichzeitig mit den Österreichern und Ungarn zu gehen. Wir grüßen sie und hoffen, daß wir auch weiterhin mit ihnen gemeinsame Geschichte erleben, aber in die Organisation des Kernes von Mitteleuropa gehört die Türkei zunächst nicht herein, denn sie liegt geographisch nicht unmittelbar mit uns zusammen und ist ein Volks- und Wirtschaftsgebiet sehr anderer Art, südländischer, orientalischer, altertümlicher und menschenärmer. Auch in dieser Richtung muß der Kristallisationskern selbst erst da sein, ehe über Anschlußbedingungen erfolgreich gehandelt werden kann.

Unsere Augen sind also zunächst auf das mitteleuropäische Land gerichtet, das von Nord- und Ostsee bis zu den Alpen, dem Adriatischen Meere und dem Südrande der Donauebene reicht. Nehmt die Karte zur Hand und seht, was zwischen Weichsel und Vogesen liegt, was zwischen Galizien und Bodensee lagert! Diese Fläche sollt ihr als eine Einheit denken, als ein vielgegliedertes

Bruderland, als einen Verteidigungsbund, als ein Wirtschaftsgebiet! Wie soll aller geschichtliche Partikularismus im Drange des Weltkrieges soweit verwischt werden, daß er die Einheitsidee verträgt. Das ist die Forderung der Stunde, das ist die Aufgabe dieser Monate. Die Geschichte will im Donner der Kanonen darüber mit uns reden; an uns aber ist es, ob wir hören wollen.

* * *

Es fragt sich, ob die Gemeinsamkeit des Krieges ein Zufall oder eine Notwendigkeit ist. Wir behaupten das letztere. In den alten Zeiten zwar war es Zufall, ob und wann Österreich und Preußen einmal zusammengingen. Sie fanden sich, wenn sie gemeinsam ein einzelnes Werk vollbringen wollten, wie die Teilung Polens oder die Besiegung Napoleons, trennten sich aber, sobald sie ihre eigenen Grenzen regulierten oder von verschiedenen anderen Mächten verschieden herangezogen wurden. Es gab in der langen vergangenen Zeit viel mehr Kampf in Mitteleuropa als Harmonie. Jeder Teil ging seinen eigenen Weg, denn noch waren keine zwingenden Gründe zu dauerndem Bunde vorhanden. Die Territorialstaaten waren streitende Herrschaftsgebilde und noch keineswegs weltgeschichtlich festgeformte Staatengruppen. Sie wuchsen und zerflogen wie Wolken. Auch die Gemeinsamkeit im alten Deutschen Reich war kein fester Verband, denn kaum je oder wohl nie in den letzten Jahrhunderten ist dieses alte Reich als ein geschlossener politischer Körper aufgetreten. Es war zerbrochen im Dreißigjährigen Kriege, zerbröckelt im Siebenjährigen Kriege, gespalten in der Napoleonszeit, geteilt im Bruderkrieg von 1866. Von dieser Vorgeschichte sprechen wir späterhin genauer. Jetzt genügt der Satz: mehr Einheit als je im alten Deutschen Reiche ist heute vorhanden! Heute sind alle alten Groß- und Kleinstaaten der vorhin beschriebenen Fläche ein einziges gemeinsames kämpfendes Lebewesen geworden, und Sieg und Verlust von Helgoland bis Orsova ist ein Erlebnis für sie alle. Das ist nicht mehr die frühere Kleinstaaterei, das ist nicht ein künstlich geschachteltes Unterstützungsverhältnis. Der Krieg wurde zum Schöpfer einer mitteleuropäischen Seele, die zeitiger da zu sein anfängt als die Ausgestaltung der zu ihr gehörigen greifbaren Formen. Von dieser Seele wollen wir sprechen und ihre Formen wollen wir suchen.

Alle Mitkämpfer des Weltkrieges fühlen unmittelbar, daß in der gegenwärtigen und zukünftigen Zeit keine kleinen und mittleren Mächte mehr große Politik machen können. Unsere Quantitätsbegriffe haben sich gewaltig geändert. Nur ganz große Staaten haben noch etwas Eigenes zu bedeuten, alle Kleineren leben von der Ausnutzung des Streites der Großen oder müssen sich Erlaubnis holen, wenn sie eine ungewohnte Bewegung machen wollen. Die Souveränität, das heißt die Freiheit der weltgeschichtlichen Entschließung, hat sich an ganz wenige Stellen auf der Erdkugel gesammelt. Noch ist der Tag fern, wo „eine Herde und ein Hirt" sein wird, aber die Tage sind vorbei, wo zahllose kleine und mittelgroße Hirten ihre Herden ungeregelt über die Triften Europas trieben. Der Geist des Großbetriebes und der überstaatlichen Organisation hat die Politik erfaßt. Man denkt, wie einst Cecil Rhodes sich ausdrückte, „in Erdteilen". Wer klein und allein sein will, wird trotzdem von selber mit abhängig von den Lageveränderungen der großen Mächte. Das folgt aus dem Zeitalter des Verkehrs und aus der zentralen Technik der Heere. Wer unverbündet ist, ist isoliert; wer isoliert ist, ist gefährdet. In dieser heraufziehenden Geschichtsperiode der Staatenverbände und Massenstaaten ist Preußen zu klein und Deutschland zu klein und Österreich zu klein und Ungarn zu klein. Kein solcher Einzelstaat hält einen Weltkrieg aus. Denkt, daß wir Reichsdeutschen allein kämpfen oder daß Österreich-Ungarn allein sich wehren sollte! Das geht nicht mehr. Das ist vorbei. Darum ist heute der mitteleuropäische Bund kein Zufall sondern eine Notwendigkeit. Auch wenn man ihm nicht mit Begeisterung entgegengeht, so muß man ihn wollen, weil sonst alles noch viel schlimmer aussieht. Verstand aber ist das freiwillige Tun des erkannten Notwendigen.

* * *

Es wird jedoch sehr schwer sein, Mitteleuropa zu gründen, und keineswegs kann dazu ein einzelner Akt oder Beschluß ausreichen. Ein Menschenalter wird mindestens daran zu tun haben. Doch liegt jetzt die Aufgabe vor, daß die Regierungen und Bevölkerungen wissen und sagen, ob sie überhaupt Mitteleuropa wollen oder nicht. Sowohl die Vertreter des Deutschen Reichs wie die Österreichs und Ungarns gehen nämlich mit völlig verschiedenem Geist in die künftigen Friedensverhandlungen hinein, je nachdem sie auch in Zukunft verbunden sein wollen oder nicht.

Wir beabsichtigen keineswegs über die materiellen Friedensziele etwas zu sagen, teils weil es zur Zeit für die Öffentlichkeit noch verboten ist, und teils weil wir selbst es für zwecklos und bedenklich halten, über etwas zu sprechen, das noch von den militärischen Erfolgen oder Mißerfolgen abhängt. Mögen aber die Außengrenzen der beiden Zentralreiche Mitteleuropas nach beiden Seiten auf Grund militärischer Siege etwas mehr westlich oder östlich gebogen werden, so bleibt unter allen Umständen die Frage bestehen, ob die Gesandten aus Berlin, Wien und Budapest den Saal des Weltfriedenskongresses als klare, treue Freunde verlassen oder als heimliche Gegner. Wir wünschen, daß sie zu ihren Völkern heimkehren mit der Losung: auf ewig ungeteilt! Dann bringen sie nämlich für alle etwas Wirkliches mit, eine neue schöpferische Arbeit, eine große Hoffnung, den Anfang einer neuen Periode. Nur in diesem Falle erscheint es den mitteleuropäischen Völkern nachträglich berechtigt, daß wir einer für den anderen unser Blut vergossen haben. Was ging uns Reichsdeutsche Serajewo an? Was suchten wir auf den Karpathenpässen? Was kümmern sich Ungarn oder Südslawen um Zeebrügge? Was haben Deutschböhmen oder Tschechen am Vogesenkamm zu verteidigen? Die ganze Kriegsgeschichte mit allen ihren Leiden und Heldentaten wird zwecklos, sinnlos, wenn der Krieg mit einem Mißverständnis der in ihm Verbundenen schließt. Dieses Mißverständnis liegt aber nicht so fern als mancher glaubt, denn noch ist der Geist des einheitlichen Mitteleuropas nicht eine einfache Selbstverständlichkeit, und die bevorstehenden Friedensverhandlungen werden kleine und große Gelegenheiten zu Reibungen und Trübungen in Fülle bieten. Alle Koalitionskriege hatten seit alten Tagen schwere Friedensschlüsse, denn sie endigten mit Gewinnen und Verlusten, die untereinander ausgeglichen werden müssen. Jede verbündete Macht kann und wird aber dem Bundesgenossen viel leichter Vorteile gönnen und zuschieben, wenn sie weiß, daß er mit Sicherheit ihr Bundesgenosse bleibt. Beide Mächte werden zusammen auf dem Friedenskongreß viel mehr erreichen, wenn sie grundsätzlich gemeinsam verhandeln und sich nicht in Extraabmachungen einlassen. Es müssen diese Andeutungen genügen, sie werden aber auch genügen für den, der sich der betrübenden Geschichte des Wiener Kongresses von 1815 erinnert. Damals trat das ein, was jetzt vermieden werden soll. Versucher zur Untreue werden sich an beide Teile heranschleichen, denn für unsere Gegner ist alles für die Zukunft gewonnen, wenn sie uns beide spalten können. Das wiegt für sie mehr als jeder andere Kriegsvorteil. Für was aber haben wir dann unsere Söhne hingegeben und für was haben unsere und die österreichisch-ungarischen Invaliden ihre Glieder verloren?

* * *

Es wird gelegentlich gesagt, daß der Krieg zu einer Lockerung aller Verbände der Großstaaten überhaupt führen werde und daß jede beteiligte Macht den Wunsch haben müsse, frei und unverpflichtet aus der schweren Tragödie der Staatenbünde herauszukommen. Daran mag insofern etwas Richtiges sein, als der Zwang der Staatensyndikate im Kriege überall als solcher gefühlt wird, trotzdem aber wird es nicht anders gehen als bei gewerblichen Syndikaten auch: sie entstehen immer von neuem, sobald einmal der Verbundenheitsgedanke Wurzel gefaßt hat. Es ist eine ungeschichtliche Auffassung, wenn heute jemand glaubt, daß fünf oder acht Großmächte den Tempel des Friedenskongresses verlassen werden, ohne schon neue Verträge in der Tasche zu haben. Was als „Freiheit" bezeichnet wird, ist nichts als ein bereits vorhandener Wunsch, seinen Anschluß künftig zu wechseln.

Man denke doch nicht, daß am Schlusse dieses Krieges schon das lange Jubeljahr des ewigen Friedens beginnt! Ohne Zweifel zwar wird es viel allgemeine Friedensstimmung geben, denn Kriegsopfer und Kriegssteuern reden eine eindringliche Sprache, und wir alle werden dann noch mehr als vorher darauf bedacht sein, leichtfertige Kriegstreiber zur Ruhe zu verweisen und Verständigung der Völker zu suchen, aber andrerseits wird der Krieg eine unglaubliche Anzahl ungelöster neu entstandener und alter Probleme hinterlassen, wird Enttäuschungen und Hoffnungen geweckt haben, die sich in weiteren Rüstungen äußern. Alle Kriegsministerien, Generalstäbe und Admiralitäten werden über die Lehren des vergangenen Krieges nachdenken, die Technik wird noch wieder neue Waffen erfinden, die Grenzbefestigungen werden noch breiter und vor allem länger angelegt werden. Glaubt man wirklich, daß in solcher Luft der Einzelstaat ein einzelner bleiben kann?

Um von Deutschland und Österreich-Ungarn zu reden, so müssen sie entweder beiderseits ihre Grenzen auf dem Kamm von Riesengebirge, Erzgebirge und Böhmerwald verschanzen, oder sie müssen grundsätzlich diese Linie nur als innere Verwaltungsgrenze eines nach außen einheitlichen Gebietes betrachten. Diese Logik gilt ebenso für Wien wie für Berlin. Man kann nach den Erfahrungen dieses Krieges nicht unverschanzt bleiben, wenn man unverbündet ist. Denn das ist das erste und wichtigste kriegstechnische Ergebnis, daß künftig nur noch in langen Linien gefochten werden wird und daß der Schützengraben die Grundform der Vaterlandsverteidigung sein wird. Die Politik des Schützengrabens besteht darin, daß jeder Staat sich ausrechnet, welche Grenzen er in Schützengrabenzustand versetzen kann oder nicht. Dabei wird etwa so argumentiert werden: wenn Frankreich vor 1914 seine Befestigungsausgaben nicht in schwere Festungsbauten veranlagt, sondern zur Schützengrabendeckung seiner ganzen Grenze von Belfort bis Dünkirchen verwendet hätte, so wäre wahrscheinlich ein Eindringen der Deutschen in Nordfrankreich über Belgien nicht möglich gewesen. Dasselbe gilt von unserer ostpreußischen und von der österreichisch-galizischen Grenze. Nach dem Kriege werden Grenzverschanzungen überall dort errichtet werden, wo Kriegsmöglichkeiten vorliegen. Neue Römerwälle entstehen, neue chinesische Mauern aus Erde und Stacheldraht.

Die Folge dieser Politik des Schützengrabens ist der Zwang, schon bei Anlage der militärischen Befestigungen sich darüber klar zu sein, mit wem man unter allen Umständen in Freundschaft zu leben gedenkt. Europa bekommt zwei lange Wälle von Norden nach Süden, von denen der eine irgendwie vom Unterrhein bis zu den Alpen geht, der andere von Kurland bis rechts oder links von Rumänien. Das wird die große und unvermeidliche Dreiteilung des Erdteiles sein. Die mitteleuropäische Frage ist nun, ob sich zwischen den zwei großen nordsüdlichen Wällen noch ein Zwischenwall zwischen Deutschland und Österreich-Ungarn nötig macht. Er wird nötig, sobald die Einheitlichkeit der zukünftigen Politik nicht gewährleistet erscheint, ist aber, wenn er nötig werden sollte, im allerhöchsten Grade schädlich und verhängnisvoll für beide Teile.

Kleinstaaten können in der künftigen Politik des Schützengrabens ihre Selbständigkeit nur mit äußerster Mühe aufrechterhalten, denn bei diesem System vermindern sich die Militärkosten mit der Größe der zu verteidigenden Fläche im Verhältnis zur Grenze. Ein Staat wie Rumänien wird kaum ein eigenes allseitiges Schützengrabensystem sich leisten können. Das aber bedeutet, daß er sich von vornherein aussucht, welche Grenze er offen lassen will. Die Neutralitätsschacherei wird bei der herannahenden Schützengrabenpolitik sehr erschwert sein. Möglicherweise ist der Schützengraben das größte Mittel der Vorsehung, um den

Krieg durch seine eigene Technik illusorisch zu machen. Aber zunächst müssen die langen Gräben hergestellt, bezahlt, bemannt werden. Dabei wird Mitteleuropa entweder hergestellt oder seine Einheit für alle absehbaren Zeiten ausgeschlossen.

Es muß aus diesen Gründen ein Entschluß gefaßt werden.

* * *

Im Kriege werden die verantwortlichen Leiter der kämpfenden Staaten von Tagesaufgaben so umdrängt, daß sie vor lauter Arbeit kaum zum geschichtlichen Nachdenken gelangen können. Sie sind nicht in der günstigen Lage, in der Bismarck im Winter 1870/71 war, daß er von vornherein ungefähr wußte, was er wollte, denn dieser unerhört gewaltige Krieg erschien im Sommer 1914 ungewollt und diplomatisch unvorbereitet. Wir gehen absichtlich auf die verworrenen Erörterungen über die Kriegsveranlassung nicht ein, denn dafür wird erst später die Zeit kommen, wenn alle Akten bekannt sind, aber soviel darf mit Sicherheit gesagt werden, daß beide mitteleuropäischen Reiche kein fertiges Kriegsziel besaßen, weil sie überhaupt nur für Verteidigung gerüstet waren. Der Krieg wurde nicht begonnen, um dieses oder jenes zu erreichen. Deshalb fehlte ihm die innere Einheitsidee, und den zum Kriege aufrufenden monarchischen und ministeriellen Kundgebungen fehlte etwas Programmatisches, es fehlte eine Parole für alle Streiter von Apenrade bis Fiume. Der Krieg fing als reiner Verteidigungskrieg an und hatte darum, von Mitteleuropa aus angesehen, etwas ideell Unorganisiertes an sich. Das wurde unseres Erachtens in Österreich und Ungarn noch stärker gefühlt als im Deutschen Reiche. Im Deutschen Reiche waren die beiden Gedanken, daß doch irgend einmal eine Auseinandersetzung mit dem russischen Zarismus kommen und daß einmal mit England um die Seegewalt gefochten werden müsse, in Regierung und Volk schon immer vorbereitet, und das Neue war nur, daß nun beides gewaltig rauschend ineinanderfloß, der Franzosenkrieg, der Ostkrieg und der Wasserkrieg. Österreich und Ungarn aber hatten keinen Anteil am Franzosenkrieg und deutsch-englischen Seekrieg, dafür aber sehr dringende balkanische, südslawische und italienische Spannungen. Es dachte sogar anfangs offenbar mehr an seine Südgrenze als an seine galizische Gefährdung. Erst im Krieg wurde den Nationen der Donaumonarchie die russische Gefahr völlig faßbar und eindringlich. Das Kriegsziel verschob sich von Belgrad nach

Przemysl und nach den Karpathen, um dann wieder nach Triest zurückzukehren und sich auf polnische Gebiete auszudehnen. Es trat ein Zustand ein, bei dem wir beiden Teile einen gemeinsamen Ostkampf hatten, dabei aber die Norddeutschen ihre besonderen Westkämpfe und die Österreicher und Ungarn ihren besonderen Südkampf. Daß wir uns dabei gegenseitig aushalfen, war selbstverständlich, aber trotzdem sah und sieht der Krieg von Wien und Budapest her etwas anders aus als von Berlin. Es fehlte der Oberbegriff der gemeinsamen Staatlichkeit und gleichen Verantwortlichkeit nach allen Richtungen. Dieser Oberbegriff stellte sich aber trotz mancher Meinungsverschiedenheiten im einzelnen während des Krieges bei den Bevölkerungen und Regierungen ein. Erst damit erwuchs für die Beteiligten die innere Idee, daß dieser Krieg nicht nur ein deutscher Krieg ist und nicht nur ein Donaukrieg, sondern daß er die Geschichtsprobe Mitteleuropas ist. Noch aber ist dieser Leitgedanke nicht ins Bewußtsein aller Glieder emporgehoben. Er ist längst noch nicht so sicher, daß alle Kriegsäußerungen auf diesen Ton gestimmt sind. Unsere Aufgabe ist es, zu dieser Bewußtheit beizutragen, bis auch die leitenden Männer in ihren offiziellen Äußerungen von der emporquellenden Einheit Mitteleuropas wie von etwas Selbstverständlichem reden.

Die Reichsdeutschen haben sich in ihren Äußerungen über den Krieg nicht immer gegenwärtig gehalten, wie die Hervorhebung rein deutscher Ziele auf die slawischen und magyarischen Mitkämpfer wirken muß. Wenn beispielsweise vom Entscheidungskampf zwischen Germanen und Slawen geredet wurde, so war das ein Mißgriff, eine sehr begreifliche, aber doch auch sehr bedenkliche Abweichung vom Bündnisgedanken. Solche Worte klingen in tschechischen, polnischen und slowenischen Ohren natürlich sehr anders als in den unseren. Wenn wir verlangen, daß Hunderttausende von Polen und anderen Slawen ihr Leben mit dem unseren vereint den russischen Geschossen aussetzen, dürfen wir diese unsere Mithelfer nie aus dem Gedächtnis verlieren. Darin liegt für uns ein gewisses Opfer unserer mitgebrachten nationaldeutschen Denkweise, aber hier gibt es schließlich nichts als ein klares Entweder-Oder. Entweder es ist ein deutscher Krieg, dann dürfen wir uns nicht beschweren, wenn er in Prag und Agram als solcher aufgefaßt wird, oder es ist ein mitteleuropäischer Krieg, dann sollen und müssen wir von ihm mitteleuropäisch reden und dementsprechend handeln.

Ähnlich liegt es mit der Verkündigung des „deutschen Gedankens in der Welt". Mein Freund Rohrbach hat uns allen einen großen Dienst getan, indem er in seiner vielgelesenen, vortrefflichen Arbeit der Prophet dieser Idee geworden ist, und kein nationaldenkender Ungar oder Tscheche wird es uns nationalen Deutschen verdenken, wenn wir „Deutschland, Deutschland über alles" singen, träumen, erwägen und erarbeiten. Wir brauchen das. Das ist unser Lebensblut. Nur dürfen wir dabei nicht versäumen, uns daran zu erinnern, daß auch die nichtgermanischen Bundesgenossen ein Lebensblut besitzen und wissen wollen, wofür sie zu sterben bereit sind. Indem wir unsere Nationalität hochhalten, sollen wir die ihrige mit in unseren Händen tragen.

Sicherlich darf man dabei nicht kleinlich sein. Es versteht sich von selbst, daß im kämpfenden Deutschland alle unsere alten Heldenerinnerungen aus den Gräbern auferstehen, und wir den Preußenkönig Friedrich II. vor uns herziehen sehen und Blücher, Moltke und Bismarck. Wir streiten als Deutsche, aber wir streiten gemeinsam mit Millionen von Nichtdeutschen, die bereit sind, mit uns in Kampf und Tod zu gehen, wenn sie von uns geachtet werden und wenn sie glauben dürfen, daß unser Sieg zugleich ihr Sieg sein wird.

Auch auf österreichischer und ungarischer Seite aber muß sich derselbe Umdenkungsvorgang noch klarer vollziehen als bisher. Die oft vorhandenen Gefühle der Gekränktheit und Empfindlichkeit gegenüber jeder starken Äußerung deutschen Nationalgefühls müssen verschwinden und untergehen in einer gemeinsamen Freude an der vielgestaltigen Kraft unseres großen und herrlichen Bundes. Es gibt im Donaureiche noch sehr erklärliche Restbestände alter Stimmungen von 1866, die zum neuen Mitteleuropa schlecht passen, antipreußische Regungen, die für den Norden, wenn sie laut werden, ebenso unerfreulich sind als die vorhin besprochenen norddeutschen Sonderklänge für den anders gebauten Süden. Es findet sich bisweilen etwas, was wie Neid aussieht, ein Mißgönnen der Kraft, die doch für alle zusammen unentbehrlich ist. Um ganz offen zu reden: es kommt vor, daß man sich helfen läßt und dabei über die Helfenden schilt! Feinere Gemüter im Donaureiche haben das stets als unpassend empfunden, aber es gibt dort wie hier auch Leute, die nicht so fein fühlen. Ihnen gegenüber muß auf beiden Seiten der Gedanke der brüderlichen Kampfgemeinschaft mehr als bisher öffentlich hochgehalten werden, und die ersten Köpfe der Staaten müssen mit ihren Völkern noch freier und fester von der vollzogenen Tatsache reden, daß das Alte vergessen ist und daß wir alle einen Strich durch unsere früheren Rechnungen und Schulden machen und von nun an Hand in Hand vorwärts streben als gute redliche Kameraden. Der Krieg vereint.

* * *

In den späteren Abschnitten unserer Schrift werden wir von den einzelnen Schwierigkeiten des Zusammenschlusses genauer reden müssen, aber schon hier muß mit kurzen Strichen gezeichnet werden, wie verschieden die beiden Reiche sind, damit wir von vornherein der ganzen verwickelten Aufgabe ins Gesicht schauen.

Österreich-Ungarn ist eine alte Einheit mit Zerbröckelungsneigungen, das Deutsche Reich ist eine neue Einheit mit noch zunehmender Zentralisation. Dort ist ein wachsender Geist des Partikularismus oder der Landschaftlichkeit, ein beständiges Versuchen, der Zentralgewalt etwas aus den Fingern zu nehmen und die Monarchie Maria Theresias zur Legende zu machen, während bei uns die schöpferische Kraft mehr in der Reichsverwaltung liegt als in den Bundesregierungen. Deutschland wird, um ein altes Wort zu brauchen, täglich mehr aus einem Staatenbund ein Bundesstaat, Österreich-Ungarn aber aus einem Staat ein Staatenbund oder auch nur ein Verband zweier Staaten, von denen der eine fast Staatenbund ist und der andere ein Versuch eines Nationalstaates mit schwierigster Zusammensetzung. Bei uns sind die politischen Talente und Strömungen reichspolitisch, drüben aber sehr vielfach provinziell, einzelstaatlich, nationalistisch, nicht aber zentralistisch.

Das Deutsche Reich ist auf dem deutschen Nationalgedanken aufgebaut und findet in ihm seinen Daseinsgrund. Die fremdsprachlichen Bestandteile, vor allem die preußischen Polen, sind zwar ein schweres Kapitel der Staatsleitung, aber doch nicht so zahlreich und mächtig, um als mitregierend in Betracht zu kommen, Österreich-Ungarn aber fürchtet seit hundert Jahren den Nationalgeist seiner Völker als dezentralisierende Kraft. Sein Staatsgedanke ist darum farbloser. An Stelle eines zentralen Nationalismus steht das, was die Franzosen Etatismus nennen, die Verwaltungsmaschinerie an sich: Monarchie, Bureaukratie, Heer.

Österreich-Ungarn ist älter, war längst an Land und Ehren reich, als noch Preußen um Anerkennung seiner Königswürde nachsuchen mußte, war europäische Großmacht, ehe der Norden ernstlich mitreden durfte, wurde weder im Dreißigjährigen Kriege noch in den Napoleonszeiten so gebrochen wie der Norden, ging mit bedächtigem Schritte durch die Jahrhunderte und hat viel mehr Traditionen zu tragen. Das Deutsche Reich dagegen ist die letzte europäische Großstaatsgründung, ein Eindringling in die hochgekrönte Gesellschaft, weniger ererbt als erstritten, ein Kind des neunzehnten Jahrhunderts. Es ist, als ob man das achtzehnte und das neunzehnte Jahrhundert zusammengießen wollte, wenn man Österreich und Preußen zu einem historischen Metall verarbeiten will.

Das Deutsche Reich ist nördlicher, kälter, einförmiger, technischer. Österreich-Ungarn ist südlicher, bunter, naturwüchsiger, romantischer. Das, was sich im Deutschen Reiche als Unterschied von Norddeutschland und Süddeutschland zeigt, ist in noch erhöhtem Maße der Unterschied von Deutschland und Österreich-Ungarn.

Das Deutsche Reich ist westlicher, Österreich ist östlicher. Dieselben Verschiedenheiten, die wir als Westelbien und Ostelbien kennen, sind verstärkt in Mitteleuropa vorhanden, sobald die Lande zwischen Theiß und Karpathen zu den ihnen fernen Gebieten an Mosel und Niederrhein treten.

Deutschland ist in seinem größeren Teile protestantisch, Österreich-Ungarn in seiner Mehrheit katholisch.

Deutschland ist viel kapitalistischer und darum auch sozialistischer als Österreich-Ungarn. Eine Vereinigung bedeutet für uns Reichsdeutsche ein Zurückgreifen auf die schon halb überwundenen Debatten unseres vorigen Menschenalters, für Österreich-Ungarn aber einen schnellen Übergang zu Gestaltungen und Fragen, die dort erst langsam und leise heranreifen.

Der Rhythmus des Lebens ist verschieden. Es wird bei uns mit mehr Rotation gearbeitet. Wir sind geldwirtschaftlicher, pünktlicher, geschäftlicher, dabei ärmer an schlichter Behaglichkeit und einfacher Kunst des Lebens. Das geht so weit, daß jeder Teil den anderen im stillen etwas mit Mitleid und Nachsicht betrachtet, weil er gerade das nicht hat, was als eigentliche Kultur anzusehen sei.

Österreich-Ungarn besitzt mehr Vergangenheit, weil es die ältere Bildung hat, und mehr Zukunft, weil es noch mehr unverwendeten Boden und Menschenkraft aufweist, aber es hat weniger Gegenwart, weil es der vom Westen kommenden Technik mit längerem Zögern sich fernhielt und nicht so reich ist an Seeküste, Kohle, Eisen und organisierender Energie.

Deutschland ist ein Land der Großstädte und wird es täglich mehr, Österreich und noch mehr Ungarn ist noch für lange Zeit ein Land der Wälder, Äcker und Weiden. Bei uns steht die Fabrik vor dem Rittergut und die Arbeiterstraße vor dem ländlichen Dorf, dort aber ist das Verhältnis noch umgekehrt, so wie es bei uns vor reichlich 40 Jahren war.

Berlin und Wien, zwei verschiedene Temperaturen, verschiedener noch als Wien und Budapest!

* * *

Die Zahl der Gefühlswiderstände und der praktischen Interessengegensätze ist beträchtlich. Deshalb ist es nicht verwunderlich, wenn man auf beiden Seiten mit viel Kritik an das Problem Mitteleuropa herangeht. Es ist hier wahrhaftig keine Liebe auf den ersten Blick. Es ist vielmehr ein Ausweichen und Nichtwollen, ein Ablehnen aus innerer Angst vor unübersehbaren neuen Verwirrungen. Man weiß, was man hat, nicht aber, was man bekommt. Darum ist es nötig, den Verstandesgründen für die Herstellung Mitteleuropas noch genauer nachzugehen und in Nachprüfung der Gegenerwägungen zu zeigen, daß es für beide Reiche keine andere Möglichkeit gibt. Wir beginnen diese Untersuchung von der reichsdeutschen Seite aus und nehmen uns dabei vor, auch unangenehme Gegengründe offen auszusprechen, weil sie nur so überwunden werden können.

Die Bismarckische Politik hat in ihrer ersten Hälfte das preußisch-deutsche Reich von Österreich-Ungarn abgetrennt und in ihrer zweiten Hälfte zwischen beiden Reichen das bis jetzt gültige Vertragsverhältnis hergestellt. Auf Bismarckischem Boden kann man also eine Weiterentwicklung und Vertiefung des Vertragsverhältnisses ebensogut wünschen wie ablehnen, je nachdem man es mehr mit dem jüngeren oder mit dem älteren Bismarck hält. Der jüngere Bismarck bis 1866 war kleindeutsch und führte gegen Österreich den kleindeutschen Gedanken zum Sieg. Das war der Ausgangspunkt aller seiner späteren gewaltigen und für uns und Europa heilsamen Erfolge. Wollt ihr euch verwundern, wenn es noch heute besonders in Preußen viele Kleindeutsche bei uns gibt?

Soviel ich sehe, findet man zwei Hauptformen kleindeutscher Richtung: eine altpreußische und eine liberal-kapitalistische. Der konservative, herrschaftsstarke Altpreuße betrachtet in der Tiefe seiner Seele schon das Deutsche Reich als eine Verwässerung seines friderizianischen Staates und beargwöhnt bei aller sonstigen Liebe und Hochachtung die Süddeutschen im stillen als nicht ganz staatsbildend. Er will klare Herrschaftsverhältnisse, und zwar für sich, obwohl er recht gut einsieht, welchen materiellen und machtpolitischen Vorteil ihm die reichsdeutsche Macht- und Markterweiterung gebracht hat. Er könnte und wird auch am engeren Bunde mit Österreich-Ungarn Vorteile erkennen, über die wir später reden, zunächst aber fühlt er von seiner Tradition und politischen Klasse aus jede Form der Mitregierung der Österreicher und Ungarn auch bei verdoppeltem Umfange des gemeinsamen Herrschaftsgebietes als ein Zurücktreten seiner eigenen Bedeutung. Der preußische Adel und was mit ihm zusammenhängt ist am stärksten im preußischen Landtag, schon weniger stark im Reichstag, noch weniger mächtig voraussichtlich in irgendeiner zukünftigen mitteleuropäischen Vertretung, falls aus den jetzigen Anfängen später einmal eine solche hervorgehen würde. Da er die Entwicklung des Deutschen Reiches erlebt hat, ist er vorsichtig geworden und geneigt das Wort zu beherzigen: principiis obsta! Diese seine Haltung rein egoistisch zu erklären, ist nicht angebracht, denn bei ihm hat sich Staatsgedanke und Eigenvorteil so ineinander geflochten, daß man ihm unrecht tut, wenn man ihm bei historischer Betrachtung ideelle Absichten abspricht. Er steht bei Hingabe ans Vaterland aller den Staat verändernden Erweiterung innerlich zweifelnd gegenüber.

Ganz anderer Struktur ist sein politischer Widerpart, der Kapitalistisch-Liberale. Ihm liegt alles an der ungestörten Entfaltung der Industrie und des Handels, weil er sie als die Mittel des Volkswohlstandes und der finanziellen Staatskraft betrachtet. Ihm erscheint der Wirtschaftsbund mit Österreich-Ungarn als Verlangsamung des Aufstieges, als Bleigewicht am Fuß. Das Deutsche Reich macht bei Lebensgemeinschaft mit Österreich-Ungarn voraussichtlich seine letzten dreißig Jahre innerer Politik noch einmal durch, und es besteht keine Garantie, daß der zweite Gang so glücklich sein wird als der erste war. Es kann sein, daß wir dann in einer agrarischen Wirtschaftspolitik stecken bleiben, die bisher von uns aus guten Gründen bekämpft wurde. Österreich-Ungarns Wirtschaftsgemeinschaft bedeutet Verlängerung der Zollpolitik, Kräftigung der Mittelstandsbestrebungen, Erschwerung des Anschlusses an die englische Weltwirtschaft, Verzögerung der modernen Energie.

Dabei weiß natürlich auch der Kapitalistisch-Liberale, daß das mitteleuropäische Bündnis andrerseits ebenso für ihn Vorteile bringt, indem es den zollbegrenzten Markt erweitert und die kapitalistischen Anlagemöglichkeiten beträchtlich vermehrt. Als Liberaler füchtet er, daß von Österreich und besonders auch von Ungarn her ein undemokratischer Geist einziehen kann, da Österreich-Ungarn zwar viel Parlamente hat, dabei aber in Österreich wenig wirksamen Parlamentarismus und in Ungarn bei streng durchgeführtem parlamentarischem System wenig allgemeine Demokratie.

Zu diesen beiden kleindeutschen Typen gesellt sich dann eine großdeutsche Richtung, die aus nationalen Gründen zwar mit den Deutschen Österreichs und Ungarns engste Fühlung und Gemeinschaft sucht, aber keine sprachfremden Bestandteile in das deutsche Staatsgebilde aufnehmen will, da ihr schon unsere Polen, Dänen und Franzosen schwer zu tragen sind. Es finden sich gewisse Mitglieder dieser Gruppe, die wohl auch heute noch aus deutschnationalen Gründen auf den bevorstehenden Zerfall der Donaumonarchie rechnen und gern einen rein deutschen Staat von der Nordsee bis nach Triest, dem „deutschen Hafen", herbeiführen möchten. So wenigstens stellte sich bis vor dem Kriege die Auffassung vieler Alldeutscher dar, während andere von ihnen immer den Donaustaat als gegebene vorhandene Größe annahmen und mit ihm rechneten.

Selbstverständlich trifft man in der Wirklichkeit des Lebens sehr verschiedene Mischungen und Abstufungen dieser drei Denkweisen. Wer Mitteleuropa als Ziel ansieht, muß sich mit ihnen auseinandersetzen. Soweit nun diese Auseinandersetzung wirtschaftlich und innerpolitisch ist, verschieben wir sie auf spätere Abschnitte, reden aber hier von dem, was allen Dreien gemeinsam ist, vom Willen zur Erhaltung der deutschen Macht. Wir erwarten von ihnen allen, daß sie grundsätzlich anerkennen, daß diese Macht an sich noch wichtiger ist, als die Erhaltung entweder des ungeschmälerten altpreußischen Herrschaftssystems oder der schnellen industriell-kapitalistischen Entfaltung oder die Herbeiführung des reinen Nationalitätsstaates. Für sie und uns alle gilt, daß das Vaterland höher zu werten ist als jedes noch so berechtigte Sonderinteresse. Die Frage ist also, ob das Deutsche Reich auch ohne Verband mit Österreich-Ungarn der Zukunft getrost entgegengehen kann, ob es vielleicht sogar wahr ist, daß wir ohne Österreich-Ungarn stärker sind als mit ihm. Das ist es, was wir verneinen.

Schon an einer anderen Stelle haben wir gesagt, daß das Deutsche Reich für sich allein zu klein ist, dem Ansturm aller andern in Zukunft und auf die Dauer zu trotzen. Dieser Satz ist ein so unzweifelhaftes Ergebnis des bisherigen Krieges, daß er nicht des weiteren begründet zu werden braucht, denn wenn wir uns Österreich-Ungarn auch nur neutral denken, so haben wir alle russischen Armeekorps allein gegen uns; wenn wir aber Österreich-Ungarn unter der Menge unserer Gegner sehen, so entsteht für Deutschland eine militärische Unmöglichkeit. Es kann also das feste und verpflichtende Bündnis mit Österreich-Ungarn von reichsdeutscher Seite nur aufgegeben werden, wenn ein anderes ebenso sicheres und ebenso natürliches Bündnis an seine Stelle tritt. Das aber kann nach allem, was im Kriege vorgekommen ist, schwer ausgedacht werden. Das Bündnis mit Frankreich würde, wie schon gesagt, für uns und die Franzosen sehr nützlich sein, aber welche französische Regierung kann es jetzt noch schließen? Das Bündnis mit England ist trotz der beiderseitigen Haßgesänge zwar immer noch theoretisch denkbar, aber wer bürgt gerade in diesem Falle für Dauerhaftigkeit? Und wie wenig hilft uns selbst ein günstiges England gegenüber der Wiederkehr eines Siebenjährigen Krieges auf dem Kontinent? Was dann ein Bündnis mit Rußland anlangt, so bietet es der Volksstimmung und der Reichssicherheit weniger, viel weniger als der Bund mit Österreich-Ungarn und würde als Dauerbündnis nur um den Preis der gemeinsamen Teilung Österreich-Ungarns zu erlangen sein. Man vergesse doch nicht, daß nach Bismarcks Gedanken und Erinnerungen vom Jahre 1876 an das traditionelle Einverständnis zwischen Rußland und Preußen eben daran zerbrach, daß Bismarck unter Zustimmung von ganz Deutschland bereit war, Österreich-Ungarns großstaatliche Erhaltung mit unserem Blute zu schützen! Das war die Entscheidung, auf der in unseren Tagen der Krieg beruht, das war die Politik des auf der Höhe seiner Leistung schaffenden Meisters, dem wir alle zu folgen uns bemühen sollen. Die Würfel sind damals für Mitteleuropa gefallen.

Denkt euch, bitte, einmal aus, ob es erträglich wäre, wenn unser Staatssekretär des Auswärtigen Amtes vom Friedenskongreß mitbrächte, daß wir wieder vor 1876 angekommen sind, das heißt, vor der Entscheidung zwischen Rußland und Österreich! Jeder würde verstehen, was das bedeuten müßte: Zukünftige Opferung der Donaumonarchie! Dahin führt unter heutigen Verhältnissen der bis an sein Ende durchgedachte kleindeutsche Gedanke. Man würde zwar selbstverständlich diese letzte Folge zunächst nicht öffentlich sagen, aber in Österreich und Ungarn würde man schon eine Lockerung des Händedrucks in diesem Sinne verstehen, und von dem Tage der Lockerung an sich nach anderen Verbindungen um jeden Preis umsehen. Bei der Weltlage Österreich-Ungarns ist mit halben Sicherheiten gar nichts gedient. Dort braucht man festen Halt. Und das Deutschland, das nach einem so ungeheuren Krieg den Bundesgenossen verläßt, würde später von seinem neuen Partner wieder verraten werden! Das ist das Sicherste von allem. Über die wirtschaftlichen Aussichten russischer oder englischer Angliederung sprechen wir noch später.

* *
*

Auch von österreichischer und ungarischer Seite sind mächtige Gegenströmungen gegen Mitteleuropa zu erwarten, und zwar, soweit ich sehen kann, in folgenden fünf Typen:

Der k. k. Hof-, Staats- und sonstige Rat, dieser im Dienste seiner Krone bewährte österreichische Beamte, der zur Staatserhaltung des schwierigen Völkerstaates so unendlich viel getan hat, ohne immer die nötige Anerkennung zu finden, ist so verwachsen mit der altösterreichischen Würde und so voll von Abneigung gegen preußische Formen und Formlosigkeiten, daß er die Preußen so wenig wie nur möglich in seinen Tätigkeitsbereich hineinlassen will. Diese norddeutschen Träger der Unruhe würden im alten, sorgfältig zu behandelnden Österreich mehr stören als fördern; und daß die Preußen jemals den guten Willen haben werden, sich auch von ihm etwas sagen zu lassen, das glaubt er einfach nicht. Er achtet den preußischen Apparat wie eine fremdartige Maschine, deren Erfolge nicht zu leugnen sind, deren Geräusch und schablonenhafte Exaktheit ihm aber ein Grauen einflößen. Er selbst will lieber auch in Zukunft gute Handarbeit alten Stiles leisten: mag sie zeitraubender sein, so ist sie doch menschlicher.

Der österreichische und auch der ungarische Slawe (Tscheche, Pole, Ruthene, Slowake, Slowene, Dalmatiner) ebenso wie der ungarische Rumäne versprechen sich von vornherein von einer Verbrüderung mit den Reichsdeutschen nicht allzuviel Gutes, weil sie in ihren kommunalen und provinziellen Umgebungen meist einen unaufhörlichen Streit mit den dortigen Deutschen haben, wobei sie diese als ihre inneren Feinde ansehen und nach ihnen das ganze Deutschtum zu beurteilen pflegen. Meist ist zwar glücklicherweise ihre Neigung zu den Russen noch geringer als die zu den Deutschen, und sie wollen gern Österreicher bleiben, aber sie beklagen eine Weltordnung, die sie überhaupt nötigt, zwischen zwei solchen ihnen fremden Großkörpern sich ihren Platz zu suchen. Sie werden sich vielfach bemühen, auch bei dieser Gelegenheit der Konstruktion Mitteleuropas nationale Einzelvorteile zu erreichen, da sie selbst als geborene Partikularisten sich für die Entstehung von Mitteleuropa nur in zweiter Linie interessieren, in erster aber für ihre besondere Nationalität.

Die magyarischen Ungarn sind in einer sehr andern Lage. Ihre Herrschaft hängt von der Besiegung und Fernhaltung der Russen ab, denn es versteht sich von selbst, daß eine der ersten Maßregeln siegreicher Russen die Erniedrigung der Magyaren auf Kosten der ungarischen Slawen und wohl auch der Rumänen sein würde. Der magyarische Staat kann nur in Anlehnung an eine nichtslawische Großmacht als selbständiger politischer Faktor in bisherigem Umfange bestehen bleiben. Das ist es, was die Magyaren fast aller Schattierungen so fest mit dem Deutschen Reiche verbindet. Sie wissen genau, daß Österreich allein sie nicht vor den Russen schützen kann. Soweit es sich also um deutsch-ungarische Freundschaft handelt, sind wir und die Maggaren sehr einig, aber sobald man dann von der früher oder später notwendig werdenden mitteleuropäischen Verfassung redet, zeigt sich, daß das gegenwärtig bestehende Verhältnis Ungarns zu Österreich längst nicht so klar geordnet ist, um auf den österreichisch-ungarischen Ausgleich ohne Schwierigkeit noch einen neuen mitteleuropäischen Ausgleich zu setzen. Und da der Magyare von Natur und durch seine Geschichte ein Staatsrechtler ist, oft mehr Theoretiker als Opportunist, so kann von seiner Seite aus trotz besten Willens an einem gewissen späteren Zeitpunkt ein großes Hemmnis auftreten. Da wir an anderer Stelle noch genauer über diese Dinge reden wollen, genügt es, sie hier angedeutet zu haben.

Der österreichische Deutsche, vielleicht auch der ungarische, besonders der siebenbürgische Deutsche, greift natürlich mit beiden Händen zu, wenn er eine Art von staatlicher Gemeinschaft mit dem Deutschen Reiche erlangen kann, verlangt aber in manchen Fällen etwas anderes, als was wir Reichsdeutschen ihm leisten können. Hundertmal haben die vom Bismarckischen Reiche verlassenen Deutschen der Ostmark zu uns herübergerufen: kommt und helft uns! Ebensooft ist ihnen geantwortet worden: es geht nicht, denn ihr seid eurer Staatszugehörigkeit nach Österreicher oder Ungarn und wir dürfen uns nicht einmischen! Da bei uns im Deutschen Reiche auf Grund Bismarckischer Erziehung Staatspolitik über Nationalitätspolitik ging, so durften wir nichts tun und haben nichts getan, was wie Erweckung einer deutschen Irredenta aussehen konnte. Während Italiener, Serben, Rumänen, Russen von jenseits der Grenzen her ihre Stammesverwandten beständig lockten und riefen, haben wir auf Grund des Bundesverhältnisses unsere Stammesbrüder sehr oft vergeblich schreien lassen müssen. Das erzeugte ein gewisses gedrücktes Gefühl: wozu ist mein Vaterland so mächtig, wenn es mir nicht auch über die Grenzen hinweg die Hand reichen will? Die Deutschen in Österreich haben viel fürs Deutschtum auf schwerem Posten und für den österreichischen Staat getan, was ihnen von keiner Seite greifbar gelohnt wird. Noch jetzt im großen Kriege stellen sie vergleichsweise in Österreich die meisten Soldaten, haben, wie sie sagen, die stärksten Verluste, zahlen relativ das meiste zu den österreichischen Kriegsanleihen und sind doch keinen Tag sicher, daß sie nicht nach dem Kriege, wenn der parlamentarische Mehrheitsbetrieb wieder arbeitet, von der Mitregierung ausgeschaltet und trotzdem mit den Wiederherstellungskosten Galiziens am meisten belegt werden. Aus dieser Verlassenheit heraus strecken sie ihre Hände von neuem nach dem Deutschen Reiche und verlangen, daß kein neuer Vertrag mit Österreich gemacht wird, der ihnen nicht Garantien gegen politische Ausschaltung und Vergewaltigung bringt. Von ihrem Standpunkt aus haben sie damit nicht unrecht, es ist aber keineswegs gewiß, ob das Deutsche Reich imstande ist, mit seinem neuen mitteleuropäischen Bündnisvertrag zu warten, bis die sehr notwendige innerösterreichische und innerungarische Nationalitätenregelung vollzogen ist. Und wenn sie vollzogen wird, so wird das eine innerösterreichische und innerungarische Angelegenheit sein wie bisher, bei der zwar das Deutsche Reich freundschaftlich wird mitreden können, aber sicherlich nicht als eine Art Diktator von außen auftreten darf, wenn es nicht das ganze für alle Teile notwendige Werk der Einheit von vornherein gefährden soll. Ich weiß, daß ein Teil unserer Stammesbrüder in Österreich bis vor dem Kriege so standen, daß sie dann lieber Österreich verloren geben und von Deutschland aufgenommen werden wollten, nehme aber an, daß im Kriege gerade bei den Deutschen die Einsicht in die weltgeschichtlichen Zusammenhänge und Verantwortlichkeiten so gewachsen ist, daß sie die Fortsetzung der Bismarckischen Erhaltungspolitik von 1876 und 1879 künftig noch mehr als bisher als das national Notwendige begreifen.

In vielen Fällen ist übrigens der nationale Trieb zum deutschen Vaterlande sehr eigentümlich durchkreuzt von den österreichischen Interessen der deutschen industriellen Unternehmer. Es gibt natürlich in Österreich und Ungarn eine sehr große Zahl nichtdeutscher Unternehmer, aber immerhin ist das deutsche Unternehmertum eine so bedeutende und hervorragende Gruppe, daß es hier als besonderer Typ aufgezählt werden muß. Der deutsche Unternehmer wünscht im allgemeinen als Mensch und Deutscher den möglichst engen Anschluß an das große liebe Heimatland, aber als Geschäftsmann spricht er bisweilen: Gott behüte mich vor meinen Freunden! Es liegt das in den verschiedenen Gewerbezweigen sehr verschieden. Oft ist die reichsdeutsche Konkurrenz die stärkste Gefahr für den österreichisch-deutschen Betrieb oder wird wenigstens so angesehen. Auf Einzelheiten gehen wir später ein, wollten hier nur die Richtung im ganzen nicht übergangen haben. Auch nichtdeutsche Unternehmer können von derselben Sorge erfüllt sein.

Über die Stellung der Krone und der obersten Heeresleitung zur mitteleuropäischen Idee reden wir hier absichtlich nicht, weil das über den Bereich unserer Kenntnis hinausgehen und vielleicht mehr schädlich als nützlich sein würde.

So bunt gemischt und noch viel bunter ist die Aufnahme des mitteleuropäischen Gedankens in Österreich und Ungarn. Auch hier aber ist das letztlich Entscheidende nicht, welchen Vorteil oder Nachteil diese oder jene Gruppe erhofft oder befürchtet, sondern ob man die Staatserhaltung der Doppelmonarchie will oder nicht. Wer sie will, muß für das mitteleuropäische Bündnis sein, weil ein bündnisloses Österreich-Ungarn noch viel verlorener ist als ein bündnisloses Deutsches Reich und weil kein anderes Bündnis in der Welt der Doppelmonarchie den erforderlichen Rückhalt geben kann.

Wir haben vorhin als theoretisch möglich vorausgesetzt, daß sich im Falle der Lockerung des Bismarckischen Bundes, den Graf Andrassy 1879 unter Zustimmung seines kaiserlichen Herrn für Österreich-Ungarn schloß, das Donaureich in irgendeiner Zukunft in Erinnerung an den Siebenjährigen Krieg in eine Reihe mit Rußland und Frankreich stellen könnte. In der Tat nehmen wir an, daß es einzelne Köpfe in Wien oder in den slawischen Landesteilen gibt, die gelegentlich an so etwas denken. Es ist dies die einzige wirksame Drohung, die die österreichische Staatsleitung uns gegenüber in der Hand hat, denn ein bloßes Bündnis Österreich-Ungarns mit England würde gerade so platonisch sein, wie ein Krieg der Doppelmonarchie allein gegen England. Denkbar ist, daß ein französisch-österreichisch-russischer Bund von Gegnern dem Deutschen Reiche ernstlich gefährlich sein könnte, ja fast sein müßte. Nicht unbezweifelt ist zwar, ob die österreichisch-ungarische Krone für diesen neuen Siebenjährigen Krieg ihrer Nationen und Truppen sicher sein würde, aber wir wollen auch dieses um der theoretischen Exaktheit willen mit einigen wichtigen Einschränkungen annehmen. Was kommt dabei für Österreich schließlich heraus? Es wird dann auch im Falle des Sieges aus Österreich-Ungarn ein zerbröckelnder Balkanstaat von Rußlands Gnaden, zerbröckelnd deshalb, weil dann die Slawen mit aller Gewalt nach Rußland und die Deutschen nach Deutschland gezogen werden. Ein Österreich, das diesen Weg geht, hat keine Ostgrenze mehr und keine Zukunft im Süden und hat seine Weltgeschichtsaufgabe und damit seinen inneren Magnetismus verloren. Eine solche Politik läßt sich zur Not aus psychologischen Gründen vorstellen, aber nicht aus politischen Erwägungen. Da nun die alte österreichisch-ungarische Monarchie einen Erbschatz von politischem Gefühl besitzt, wie er an wenigen Stellen der Erde vorhanden ist, so kann mit Sicherheit darauf gerechnet werden, daß im Entscheidungsfalle nicht nach vorübergehenden Stimmungen, sondern nach tieferen Entwicklungsgesetzen gearbeitet wird. Das aber heißt, daß das mitteleuropäische Bündnis trotz aller in ihm liegenden staatsrechtlichen und sonstigen Schwierigkeiten zur Tatsache erhoben und erhalten wird.

Es mag mancher Leser für wenig angebracht ansehen, daß wir von so schweren und traurigen Möglichkeiten überhaupt sprechen, aber man muß bei solchen Staatsentscheidungen alle denkbaren Fälle ins Auge fassen, weil man immer annehmen muß, daß jede Denkbarkeit an irgendeiner Stelle erwogen wird. Zur Festrede eignen sich solche Erörterungen nicht, aber wir beabsichtigen ja auch gar nicht, eine Begeisterungsansprache zu halten, sondern wollen mit dem Verstande auch der Zweifler und Abgeneigten diskutieren. Ehe zwei Reiche sich auf Gedeih und Verderb verbinden, machen sie vorher große Inventur. Da Österreich-Ungarn genau so selbständig ist wie das Deutsche Reich, so hat es die unbedingte Freiheit seines Handelns und hat das moralische Recht, von dieser Freiheit einen Gebrauch zu machen, der dem Donaureiche Dauer und Glück verspricht, auch wenn er dem norddeutschen Reiche unerwünscht ist. Österreich treibt österreichische Politik und Ungarn ungarische Politik. Wir bestreiten also nicht das formale Recht einer gegnerischen Stellungnahme, sondern behaupten nur, daß eine Auflösung des Dauerverbandes von österreichisch-ungarischer Seite eine Art eigener Vernichtung sein würde und müßte. Der Bund mit Deutschland ist, von Österreich-Ungarn aus betrachtet, weniger eine Gemütspflicht als eine zwingende Notwendigkeit der eigenen Selbsterhaltung.

* * *

Auch damit haben wir aber noch nicht die ganze Tiefe des Problems erschöpft. Es muß noch eine letzte schwerste Frage offen gestellt werden: ob das Donaureich überhaupt mit oder ohne Bündnis am Leben erhalten werden kann? Diese Frage wird in und außer den schwarzgelben Grenzen tatsächlich erörtert, und wir dürfen nicht an ihr vorbeigehen, weil es ernsthafte deutsche Politiker gibt, die nur deshalb vom mitteleuropäischen Bunde nichts hören wollen, weil sie den Zerfall des bisher bundesgenossischen Doppelstaates für eine geschichtliche Unvermeidlichkeit halten, und weil es ernsthafte Deutschösterreicher und sonstige Angehörige anderer Nationen in Österreich und Ungarn gab oder gibt, die ebenso denken. Wir unsererseits sind nicht dieser Ansicht, denn wenn wir es wären, so würden wir nicht über Mitteleuropas Zukunft schreiben. Wir sind Optimisten. Da aber Pessimisten existieren, so muß man auch ihre Meinungen prüfen.

Die Pessimisten sind in Österreich und außerhalb seiner Grenzen keine neue Erscheinung. Schon als Maria Theresia, die glorreiche Aufrichterin der inneren Verwaltung, die Königin, die tausend Männer überragte, den Thron bestieg, sagten die Zweifler, daß es über die Kraft ginge, diesem Staate Leben einzuhauchen. Von da an hat das Raunen und Zischeln vom Kranksein zum Tode nicht aufgehört, aber der Kranke hat dabei recht leidlich weiter gelebt. Es gab fast stets Zersetzungssymptome, aber auch stets neue Lebenszeichen. Und der Verlauf des jetzigen Krieges spricht sehr für die Lebensfähigkeit des habsburgischen Staatenverbandes. Wenn wir Reichsdeutschen auch da und dort nicht alles so einmütig fanden, wie wir es wünschten, so anworteten uns erfahrene und bewährte Österreicher, daß Mobilmachung,

Kriegsführung und Verwaltung weit besser vonstatten gegangen seien, als sie es für möglich gehalten hätten. Der Hader schwieg, der Kleinmut sank, die Müdigkeit fiel ab, die Pflicht erstand, der Wille wuchs, der Staat war da!

Es steht uns nicht zu, allerlei einzelne unerfreuliche Kriegserlebnisse, von denen wir privatim gehört haben, hier des näheren zu erwähnen, schon deshalb nicht, weil eine Nachkontrolle ausgeschlossen ist. Es wird für Österreich eine traurige aber unvermeidliche Pflicht sein, nach Kriegsschluß auch eine Rechnungslegung über staatliche Treue oder Untreue vorzunehmen. Zugegeben, daß im allgemeinen die Nachfüllung der Armee nach der ersten Mobilmachung in den nichtdeutschen und nichtmagyarischen Gebieten schwieriger war als bei uns, so erinnere man sich an das, was über die Lage der slawischen Österreicher schon gesagt wurde. Wer diese Dinge mit Einrechnung der Vergangenheit betrachtet, wird trotzdem sagen: der Staatszusammenhang hat sich über Erwarten hinaus bewährt! Welche Vorstellungen hatten sich Engländer und Russen vom Verlauf des Krieges gemacht! Sie sahen ganze Völker von der Donau her auf sich zukommen. Das ist nicht und nirgends eingetreten.

Die schwerste Prüfung der Doppelmonarchie liegt natürlich auch für die Zukunft nach dem Kriege in der Nationalitätsidee. Ohne nun hier den Erörterungen über die Nationalitätenfrage vorzugreifen, kann wohl gesagt werden, daß der höchste Temperaturgrad der Nationalitätenkämpfe schon nicht mehr vorhanden ist und daß der Krieg ein starker Lehrmeister und Erzieher zur Mäßigung national-partikularistischer Ansprüche sein wird. Die Unmöglichkeit kleinstaatlicher Souveränitäten bei gemischtwohnenden Bevölkerungen liegt auf der Hand. Das bedeutet nun nicht, daß die Nationalitäten sich alles Zankes entschlagen werden, aber sie werden ihren Streit als innere und nicht als äußere Politik betrachten und anerkennen, daß ein tschechisches Heer oder ein kroatischer Generalstab oder ein bloß magyarisches Auswärtiges Amt oder eine slowenische Wirtschaftspolitik oder eine galizische Staatskasse zu den unausführbaren Dingen gehören. Der Zentralbetrieb kommt sehr belastet, aber doch gestärkt vom Karpathenkampfe heim. Gerade auch die Ungarn, die im Kriege hervorragende Stellungen im Zentralbetriebe besetzt haben, werden dieses Ergebnis anerkennen müssen. Sie denken nicht daran, prinzipiell etwas vom Dualismus aufzugeben, aber auch sie sehen mit ihrem scharfen Blick für das staatlich Notwendige die technische Unvermeidlichkeit des Zentralbetriebes. Wenn dieser die Gunst dieser Zeit benutzt, so kann er von neuem das schaffen und erweitern, was Maria Theresia fertig brachte: Staatsbewußtsein! Nichts wird dazu hilfreicher sein, als das gemeinsame Arbeiten an der neuen großen Aufgabe Mitteleuropa: Beginn einer Periode!

Solange die österreichisch-ungarische Zentralregierung oder die verantwortliche Vertretung der Dynastie nichts anderes im Sinne hat, als den vorhandenen Zustand mit kleinen Reformen zu erhalten, fesselt sie die Phantasie der heranwachsenden Jugend aller zu ihr gehörigen Nationalitäten nur wenig. Sobald sie aber von sich aus die Fahne einer neuen Zeit emporhält, dann drängen sich die Fähigen zu ihren Pforten. Österreich-Ungarn besitzt zweifellos in allen Nationalitäten nach Verhältnis viele Talente, schöne und tüchtige Begabungen, aber bisher im staatlichen Getriebe zu wenig weitschauende Aufgaben, um sie anzulocken. Das kann und soll jetzt anders werden. Aus Zwang und Notwendigkeit wird neuer staatsbildender Enthusiasmus gekeltert. Die Krone hat es in der Hand, jetzt durch die Parole Mitteleuropa die Geister zu wecken und den Streit um Kleinigkeiten als klein erscheinen zu lassen. Sie hat es in der Hand, ob nach dem Kriege Herbst oder Frühling sein wird. Es gehört Optimismus dazu, zu glauben, daß sie ohne weiteres den Frühling wählen wird, aber zum Verzweifeln ist sicherlich kein Anlaß.

Ein alter Staat hält unendlich viel aus, solange nur seine Verteidigung nach außen gesichert ist. Dafür ist ein höchst merkwürdiges Beispiel die Türkei. Wenn die Türkei einen Landesteil nach dem andern verlor, so war das eine Folge ihres nicht modern gewordenen Heeres und der Unklarheit der Kompetenzen der Ratgeber und Instrukteren aus sich bekämpfenden Staaten. Jetzt wo die jungtürkische Bewegung auf Grund preußischer Erziehung das Heer auch nur zu erneuern begonnen hat, sieht sofort die Sache günstiger aus. Österreich-Ungarn aber war stets fester und ist nie so militärisch schwach geworden wie die Türkei. Darum blieb im allgemeinen der Staatsumfang auch in bedrücktesten Zeiten erhalten und darum ist auch heute noch kein Grund, die weitere Heilung der Doppelmonarchie als aussichtslos zu bezeichnen. Es ist kein Naturgesetz, daß die volle Gesundung gelingen muß, aber sie kann gelingen, und wir wollen, daß sie gelingt; wir Reichsdeutschen müssen es wollen.

Die Österreicher aber sollen es mir nicht übelnehmen, wenn ich sage, daß sie selber vielfach daran schuld sind, wenn pessimistische Urteile über Österreich in der Welt allzusehr verbreitet werden. Es gibt so eine besondere Art von Wiener Staatskritik, die sich interessant und gehaltvoll vorkommt, wenn sie trübe Bilder malt. Das ist in Wien selber gar nicht so tiefernst gemeint, sondern gleicht nur den täglichen Klagen einer älteren Dame, die es nicht für ganz vornehm halten würde, glattweg einzugestehen, daß sie gut gegessen und geschlafen habe. Diese künstliche Melancholie ist im Grunde etwas rein Literarisches und hat mit Politik sehr wenig zu tun, aber von der Außenwelt wird solchen Müdigkeitsdichtungen ein politischer Wert beigelegt. Wenn beispielsweise vor dem Krieg in Paris erzählt wurde, daß sich nächstens die Bayern vom Deutschen Reiche trennen würden, so hoben wir den Maßkrug und riefen: Prost! Kam aber im Corriere della Sera oder sonstwie in der Auslandspresse eines Abends die Nachricht, daß die Tschechen den österreichischen Staat bedrohen und offene Ohren für fremde Einflüsterungen haben, dann seufzte das Wiener Kaffeehaus: ach ja, die Tschechen! Sicherlich nun gab es gelegentlich Anlaß zum Seufzen, aber man soll es nicht so öffentlich und wohlgefällig tun. Wenn Österreich selbst seine pessimistischen Anwandlungen als das erkennt, was sie sind, nämlich Ästhetenpolitik, dann wird es sofort auch draußen als gesunder eingeschätzt werden. Wir glauben an euch, glaubt ihr an euch selber!

* * *

Das Ergebnis unserer Untersuchung war bis zu diesem Punkte die Notwendigkeit der engen Verbindung beider Reiche. Dabei haben wir an verschiedenen Stellen ohne weiteres vorausgesetzt, daß der neue Bund inhaltreicher sein müsse als der bisherige, konnten aber noch nicht ausführen, warum die seitherige gegenseitige Bindung nicht mehr ausreicht.

Der bisherige Zweibund, zeitweise Dreibund genannt, dann wieder Zweibund, der am 16. Oktober 1879 begann, war ein Verteidigungsbündnis in dem Falle, daß eine der beiden mitteleuropäischen Mächte von dritter Seite angegriffen würde. Ob und wann dieser Fall vorlag, war aus dem Wortlaut nicht zu ersehen. Darum ist, soviel ich verstehe, der Bündnisfall im strengen Sinne des Wortes nie eingetreten, kann auch kaum eintreten, denn wenn die Tatsache des Angegriffenwerdens sozusagen gerichtsnotorisch ist, kommt die Hilfsbereitschaft zu spät. Der praktische wirkliche Inhalt des Zweibundes war infolgedessen teils mehr, teils weniger als ein Vertrag, mehr insofern der beiderseitige gute Wille für alle etwa auftauchenden Verwicklungen grundsätzlich vorhanden war, weniger aber, indem ein Zwang zur Anerkennung des Bündnisfalles ausgeschlossen blieb. Wir sahen an Italien, dessen Vertrag sich allerdings etwas vom deutsch-österreichisch-ungarischen Vertrage unterschied, wie biegsam jeder sorgfältig hergestellte Wortlaut auf diesem Gebiete bleibt, wenn böser Wille die Auslegung übernimmt. Da jeder neue Fall anders gestaltet ist, so muß er von vornherein als neu von Kabinett zu Kabinett besprochen werden. Das liegt in der Natur der Sache, solange es zwei Auswärtige Ämter mit verschiedenen Ansichten, Methoden und leitenden Köpfen gibt. Diese zwei Auswärtigen Ämter werden aber, wie wir später noch genauer darlegen, bleiben müssen. Die Folge ist, daß Staatsverteidigungsverträge für sich allein als völkerverbindend nicht betrachtet werden können.

Als wir beispielsweise im Jahre 1911 im Zusammenhang mit der Demonstration von Agadir in Gefahr eines französisch-russischen Krieges um Marokko waren, ohne daß von unserer Seite die Tatsache des französischen Angriffs behauptet werden konnte, blieb es unseres Wissens eine offene Frage, ob die österreichisch-ungarische Macht uns überhaupt zur Seite stehen würde, weil sie durch den Wortlaut nicht gebunden war.

Als im Sommer des vergangenen Jahres der österreichische Thronfolger und seine Gattin in Serajewo von bubenhafter Frevlerhand getötet wurden, lag an sich dem Paragraphen nach für das Deutsche Reich keine Notwendigkeit vor, sich überhaupt um diesen Vorgang zu kümmern. Daß Kaiser Wilhelm und seine Berater es dennoch taten, war mehr als Vertrag. Deutschland hat sein Blut zur Verfügung gestellt und Österreich-Ungarn haben daraufhin wiederum ihrerseits die Feinde Deutschlands als die ihrigen betrachtet. Der Weltkrieg ist also viel mehr als ein Vertragskrieg, er ist eine Gesinnungsgemeinschaft, als ob wir schon zusammengewachsen wären.

Wenn sich nun beide Reiche nach dem Ende des Weltkrieges wieder einfach auf den alten Zustand zurückziehen würden, so würde das weniger sein, als das, was heute im Krieg vorhanden ist; gerade deshalb weniger, weil die blutige Gemeinsamkeit nicht statutarisch zu fordern war und wir alle dieses genau wissen. Wie aber soll das zukünftige Verhältnis formuliert werden? Wir ahnen in Nord und Süd, daß wir noch weiteren schweren Dingen in der Zukunft entgegengehen, daß die Welt für uns voll dunkler, unheimlicher Gefahren bleibt; wie schützen wir uns da gegenseitig, daß nicht eines Tages aus irgendeinem menschlichen Grunde die Gemeinsamkeit nicht da ist?

Der Schutz liegt sicherlich nicht in bloßen Staatsverträgen. Es läßt sich zwischen zwei souveränen Staaten kein Vertrag formulieren, der nicht seine Ritzen und Lücken hätte. Der Schutz liegt in der Vielseitigkeit des staatlichen, wirtschaftlichen und persönlichen Zusammenlebens, im freiwilligen und organisierten Überfließen des einen Körpers in den andern, in der Gemeinschaft der Ideen, der Historie, der Kultur, der Arbeit, der Rechtsbegriffe, der tausend großen und kleinen Dinge. Nur wenn wir diesen Zustand der Wesensgemeinschaft erlangen, sind wir ganz fest verkettet. Aber schon der Wille, ihn zu erreichen, ist unendlich viel wert. Im Sinne dieses Willens verkünden wir Mitteleuropa als das Ziel der Entwicklung.

* *
*

Für kleinere und mittlere Dinge kann man fertige Baupläne oder Voranschläge aufstellen und beschließen, für eine Angelegenheit von der Weite und Schwere Mitteleuropas würde das aber ein höchst unzweckmäßiges Verfahren sein. Nichts ist für den sachkundigen Menschen leichter, als die Aufzählung von zehn oder zwölf Programmpunkten. Etwa so:

Gleiches Rekrutierungsgesetz.
Wechselseitige Militärinspektionen.
Gemeinsamer Ausschuß für auswärtige Angelegenheiten.
Gemeinsamer Eisenbahnbeirat, Stromverwaltung usw.
Gleichheit der Münzen und Maße.
Gleiches Bank- und Handelsrecht.
Gleiche Veranlagung der Militärausgaben.
Gegenseitige Haftbarkeit für Staatsschulden.
Gleichheit des Zolltarifes.
Gemeinsamkeit der Zollerhebung.
Gleicher Arbeiterschutz.
Gleiches Vereinsrecht, Syndikatsrecht usw.

So kann man noch eine ganze Weile fortfahren, aber es hat keinen Sinn, denn im wirklichen Leben treten die Fragen nacheinander auf, und niemand kann ihre Reihenfolge und Auswahl vorher wissen. Schon bei politischen Parteien ist der programmatische Katalog von Forderungen oft mehr eine Schwäche als eine Stärke, weil durch die Kataloge einerseits Menschen abgeschreckt werden, die gerade einen der aufgezählten Punkte nicht vertragen, dafür aber einen andern lebhaft vermissen, und andrerseits, weil die Parteiführer sich selbst unnötig die Hände binden und oft gar nicht leisten können, was sie unterschrieben haben. Sie wollen und sollen von Fall zu Fall nach ihren Taten beurteilt werden und sollen Schritt für Schritt nach bestem Wissen die der Partei gemeinsamen Ideale und Lebensziele verwirklichen. Diese praktische, aus der Erfahrung stammende Auffassung von der Partei gilt in noch viel höherem Grade vom Staat. Es kann ein verständiger Ministerpräsident zwar ein oder zwei neue Vorlagen versprechen, die in absehbarer Zeit verwirklicht werden können, nie aber wird er alles ausschütten, was er machen würde, wenn er Zeus wäre. Tritt nun gar ein neues gewaltiges staatliches Gebilde in den Kreis der zu schaffenden Dinge, eine Art Oberstaat über den Staaten, ein Reich über den Reichen, so würde es direkt eine Versündigung am Gedanken der Neuschöpfung sein, wenn man sie von vorherein auf zehn oder zwanzig Jahre mit Arbeitsaufgaben übermäßig bepacken wollte. In jedem der oben genannten Programmpunkte steckt eine Arbeit von Jahren. Manches wird vergeblich versucht werden. Anderes, an das wir heute nicht denken, wird eines Morgens an die Tür klopfen. Politik ist Arbeit aus dem Leben für das Leben.

Eher könnte man versucht sein, von Anfang an die Gebiete zu bezeichnen, auf denen der Oberstaat nichts zu sagen hat, wir wissen aber aus der Geschichte der deutschen Reichsverfassung, wie flüssig auch nach mehr als 40 Jahren die Abgrenzung von Reich und Einzelstaat geblieben ist. Über einige hierher gehörige Abgrenzungsgrundsätze sprechen wir im Abschnitt über Verfassungsfragen. Das jetzt in dieser Sache Nötige ist nicht eine akademische Generalvollmacht für ein bis zwei Menschenalter, sondern die Einsetzung eines wirklichen Anfanges der neuen Institution selbst. Wie der beschaffen sein kann, wird uns später noch mehr beschäftigen.

Auch darf man ja nicht denken, daß Mitteleuropa nur durch Gesetze, Verordnungen und Strafen zum Dasein gerufen werden könne. Es gehört mindestens ebensosehr dazu, daß für alle großen geistigen und materiellen Interessengruppen die Grenzen der verbündeten Staaten übersprungen werden, wie es ja teilweise schon geschehen ist: Gemeinsamkeit der Banken, Syndikate, Gewerkschaften, Handwerksvertretungen, Landwirtschaftstage, der Volkswirte, der Historiker, der Juristen, der Ärzte und vieler anderer.

Bisher haben derartige Überlandgruppen von uns aus meist nur die Deutschösterreicher erreicht, es ist aber erforderlich, daß ganz Mitteleuropa eine gemeinsame Atmosphäre findet. Dieses alles darf von den Regierungen nicht heimlich oder offen gehemmt, sondern muß deutlich gefördert werden, damit aus der Bundesgenossenschaft eine Lebensgemeinschaft von oben bis unten sich bilde.

* * *

Aus dem Kriege heraus klingt es: wir wollen sein ein einig Volk von Brüdern, in keiner Not uns trennen, noch Gefahr! Dieser erhabene Ruf der Lebenden und Sterbenden ist der Grundton der nächsten Periode. Nicht zwar, als ob es im Kriegführen nicht auch Reibungen gegeben hätte! Diese waren und sind vorhanden und erscheinen oft den Nächstbeteiligten als so störend, daß sie gar keine große Lust haben, die Nachbarschaft gar zu innig werden zu lassen. Wenn man mit reichsdeutschen Offizieren und Soldaten spricht, die aus dem gemeinsamen Kampfe zurückkehren, so findet man gegenüber den Österreichern und Ungarn oft Bitterkeit im Urteil über mangelnde Pünktlichkeit, geringe Marschleistungen, fehlende Exaktheit. Dabei werden die Schwierigkeiten des vielsprachlichen Heeres oft längst nicht genügend berücksichtigt. Auch vergißt man, daß der österreichisch-ungarischen Armee die Schule von 1870 fehlt. Diese reichsdeutschen militärischen Kritiker vergegenwärtigen sich nicht, daß auch die neuen Armeeteile der deutschen Armee 1870 von verschiedenem Werte waren und erst des Zusammenwachsens mit der preußischen Armeekraft bedurften. Geklagt wird übrigens auch gelegentlich in der reichsdeutschen Armee gegeneinander. Das aber bedeutet nicht, daß die todesmutige Tapferkeit bei irgendeinem Bestandteil des mitteleuropäischen Heeres verkannt wird. Auch die herbsten Kritiker rühmen die reine und rückhaltlose Hingabe der österreichischen und ungarischen Mannschaften gegenüber der Gefahr und die gute, treue Kameradschaftlichkeit. Umgekehrt klagen die Österreicher und auch Ungarn gegenüber den Reichsdeutschen und insbesondere den Preußen über Rücksichtslosigkeiten, harten Verhandlungston oder ähnliches. Auf beiden Seiten sind Ungeschicklichkeiten erfolgt und Mißstimmungen im einzelnen oft recht tief gegangen. Aber das alles bedeutet doch nur eine Reihe von Zwischenereignissen. Die Kampf- und Todesgemeinschaft ist viel größer als diese unliebsamen Dinge, von denen wir nur sprechen, weil sie sonst unausgesprochen schlimmer wirken. Ohne Reibungen kann es nicht gehen. Solche Unter- und Nebentöne fehlen übrigens bei keinem menschlichen Werk. Auch in der Armee jedes einzelnen Staates vergeht kein Kriegstag ohne Aneinanderfahren der Wagen, ohne sich kreuzende Befehle, ohne Unterlassungen und Aburteilungen. Ist es zu erwarten, daß zwei Heere, die seit hundert Jahren nicht in der gleichen Front gestanden haben, sofort siamesische Zwillinge sind? Wenn einmal die Kanonen schweigen und die Heimgekehrten ihr Haus und ihre Werkstatt wieder pflegen, dann wird das Vorübergehende an störenden Eindrücken und Erwägungen sich senken und das Große wird bleiben: so viele Nationalitäten vor einem Tod in einem Kampf! Nach dem Kriege leuchtet allen der gemeinsame Sieg.

Und wenn einmal wieder, was Gott verhüte, die Sturmglocke für Mitteleuropa läutet, dann wird dieser Krieg ein unvergeßlicher Hintergrund sein, dann erzählen die Väter den Söhnen, wie sie von treuen Kameraden, mit denen sie kaum sprechen konnten, aus dem Feuer herausgetragen wurden. Heute wissen wir noch gar nicht, wie anders wir alle in ganz Mitteleuropa nach dem Kriege geworden sein werden. Wir haben Weltpolitik in voller Wucht und Härte gewaltig erlebt, haben mehr Kinder und Brüder verloren als je ein Geschlecht, aber auch mehr Gottes- und Menschenhilfe erfahren als je die Tapferen einer früheren Zeit. Wir verloren im Krieg vieles von unseren sozialen Härten, es schmolz der Klassenkampf zur Interessenvertretung, es fanden sich frühere Feinde als treu verbündete Helden, es reichten sich Nationen die Hände, die sich vorher nur scheelen Blickes ansahen. Das zu erleben, was späteren Menschen wie hehre Sage erscheinen wird, ist unser hohes Geschick. Mit diesem Krieg im Rücken können wir Berge versetzen. Jetzt oder nie wird die dauernde Einheit zwischen Ost und West, wird Mitteleuropa zwischen Rußland und den westlichen Mächten.

---

## II. Zur Vorgeschichte Mitteleuropas.

Wenn aus Mitteleuropa eine geschichtliche Größe werden soll, so muß dazu ein neues Geschichtsbewußtsein entstehen, denn mit bloßen Wirtschaftserwägungen, so ernsthaft sie sein mögen, ist der hierzu nötige Wille nicht zu wecken. Ein derartiges Werk läßt sich zwar selbstverständlich nicht ohne vielfältige Abschätzung der materiellen Vorteile und Nachteile durchführen, aber es ist eine falsche

Geschichtsauffassung, wenn man glaubt oder glauben möchte, daß gerade die großen staatlichen Umwandlungen nur vom rechnenden Geiste erschaffen werden. Jedes neue Gemeinschaftsgebilde muß in der Seele der Menschen geboren werden, und diese Seele ist niemals bloß wirtschaftlich, sondern war zu allen Zeiten und ist noch heute von materiellen und ideellen, von klaren und unklaren Trieben und Wünschen vielseitig zusammengesetzt und vorwärts gedrängt.

Es ist ein Umdenkungsvorgang notwendig, der sich der geistigen Arbeit vergleicht, die der Bismarckischen Reichsgründung voranging oder nachfolgte, eine Umwertung zwar nicht aller aber vieler überkommener Werte. Wenn wir jetzt in unseren deutschen Reichstag kommen, so merken wir nur noch bei einigen wenigen Angelegenheiten, daß hier Preußen, Bayern, Sachsen, Württemberger, Hessen, Hannoveraner, Mecklenburger nebeneinander sitzen. Unsere politischen Parteien haben durchweg in allgemeinen Staatsfragen ihren landsmannschaftlichen Charakter verloren: haben Reichsbewußtsein! Während des Krieges tritt dieses Reichsbewußtsein mit besonders bewundernswerter Wucht zutage. Es kann zwar auch jetzt unter uns Deutschen jeden Tag noch Interessengegensätze geben, aber keine Absonderungsneigungen. Etwas anders liegt die Sache natürlich bei unseren fremdsprachlichen Reichsgliedern, aber auch sie stehen im Kriege tapfer und ausdauernd ihren Mann für die Einheit des Reiches. Diese volle Einmütigkeit in der Hauptsache ist der höchste Triumph der Bismarckischen Gründung, denn damals, als das Deutsche Reich „gezimmert" wurde, wie man in jenen Tagen zu sagen pflegte, gab es den preußisch-deutschen Einheitsgeist nur erst als Wunsch, noch nicht als Tatsache. Damals hatten die Einzelstaaten noch ihre eigene Geschichte, ihren eigenen Stolz und ihre eigene Empfindlichkeit. Viele Jahrhunderte von verzankter, zerrissener Einzelgeschichte lagen hinter ihnen. Oft kann man die Kleinkrämereien ihrer gegenseitigen Beziehungen kaum Geschichte nennen. Es waren die Deutschen ein unpolitisches Volk von braven Leuten und Bedienten; geistig regsam, staatlich aber schwach. Jeder sah auf seinen Weg wie Schafe, die keinen Hirten haben. Inzwischen aber ist doch aus aller dieser Krähwinkelei und Wirrnis eine preußisch-deutsche Geschichte geworden, d. h. wir alle haben uns aus unseren sehr bunt gewürfelten Vergangenheiten das herausgenommen, was wir als deutsches Gesamterbe zusammen weiter tragen können, und haben schon vieles von dem in Vergessenheit versinken lassen, was alter

Streit und Neid und Unrecht gewesen ist. Einige Wunden sind freilich noch nicht ganz ausgeheilt, wie man an den Welfen sehen kann, aber wer nimmt heute nachträglich noch übel, daß Preußen dem sächsischen Königshause seine fruchtbarsten Landstriche wegnahm? Wer denkt in der Praxis noch daran, daß fast alle Bundesstaaten im Laufe früherer Zeiten und noch 1866 gegen Preußen zu Felde gezogen sind? Wer nimmt übel, daß damals Frankfurt a. M. annektiert wurde? Das ganze Volk fühlt ohne viel Worte, daß es keinen geschichtlichen Fortschritt ohne eine Löschung alter Belastungen geben kann. Was vergangen ist, das ist vergangen! Man soll nicht mit den Toten rechten wollen. Sie haben ihrer Zeit gedient, wie wir der unseren dienen wollen. Ehre ihrem Namen und ihrer Asche!

Als Auslöschung sehr vieler alter Mißhelligkeiten muß nun auch der mitteleuropäische Staatsgeist über uns kommen, wenn er etwas wert sein soll, denn zwischen Österreich und Preußen und zwischen Österreich und Bayern hat es vielen harten, scharfkantigen und bösen Krieg gegeben. Auch hier lagert ein Schutt von Jahrhunderten, der weggeräumt werden muß, ehe der Neubau aufgerichtet werden kann. Schlesien, Böhmen und Tirol sind Zeugen unglaublichen Ringens gewesen. Wir reden an dieser Stelle noch nicht von den Kämpfen mit und über Tschechen, Ungarn, Polen, Serben, sondern bleiben zunächst bei den Schlachten, die zwischen dem alten deutschen Österreich und den gleichfalls deutschen Mächten Preußen und Bayern durchgefochten wurden. Alle unsere alten Fahnen sind im ganzen alten deutschen Reichsgebiet gegeneinander getragen worden. Wir wollen sie ruhig an den Wänden weiter hängen lassen, denn kein wackeres Regiment schämt sich früherer Tapferkeiten, aber es darf leise etwas Staub auf diese Zeichen alter Streite niedersinken, da neue Fahnen hinzugekommen sind, Ehrenzeichen eines unbeschreiblich großen gemeinsamen Kampfes. Lasset uns verfahren nach dem Wort: alles verstehen, ist alles vergeben! Wir verstehen, daß die alte goldene Macht Österreich sich mit allen Kräften gegen das Aufkommen Preußens sträuben mußte. Ihr versteht, daß die vorhandene Kraft des norddeutschen Staates sich ausleben wollte. Wir verstehen beiderseits, daß die Politik des 18. Jahrhunderts erobernde Fürstenpolitik war und im Rahmen ihrer Zeit gar nichts anderes sein konnte. Ihr gingt nach Oberitalien als Eroberer so, wie König Friedrich II. nach Schlesien ging. Hundert kleine und größere Kriege wurden innerhalb des jetzigen österreichischen Landes ausgefochten, damit es Österreich werden konnte; hundert Kämpfe waren nötig, damit Preußen-Deutschland auf die Füße kam. Das war und ist der Gang der Welt. Heute begreifen wir kaum mehr, wie sich einst benachbarte Städte und Grafschaften Fehde ansagen konnten. Früher haben sie sich belagert, jetzt tagen und tafeln sie zusammen. Jetzt empfängt auch der edle, ehrwürdige Nachkomme der Königin Maria Theresia den Familiensproß König Friedrichs II.: wir siegen gemeinsam; dein Feind ist mein Feind!

Es muß zwischen Nord und Süd ausgelöscht werden, was vor der Napoleonszeit lag, was in ihr an üblen Mißhelligkeiten geschah, und was dann nach ihr das Zusammenleben verbitterte. Wir sehen rückwärts blickend Friedrich II. und Maria Theresia zusammen als zwei herrliche streitende Typen derselben Zeit, Gestalten der gleichen Walhalla, Landesvater und Landesmutter desselben Geistes absolutistischer Fürsorge. Wir vertragen selbst Metternich und den Freiherrn vom Stein auf einem Bilde, so fern sie sich auch im Leben waren als Staatstechniker voll leichter arbeitsamer Eleganz und als Prophet voll schwerer nationaler Moral. Wir Reichsdeutsche vergessen absichtlich die Unterdrückung unserer jugendfrohen Nationalbewegung durch die Tagungen von Aachen, Karlsbad und Wien, wir wissen nichts mehr von Olmütz und vom Druck des Frankfurter Bundestages, wir bleiben geduldig, wenn wir an die Verhandlungen denken, die Beust von Wien aus gegen Preußen mit Frankreich führte, denn das alles ist gewesen und findet in der Geschichte seine hinreichende Erklärung. Ebenso aber vergißt der Österreicher, daß Preußen auf dem Wiener Kongreß bereit war, mit Rußland gegen Österreich zu marschieren, daß der Zollverein von Preußen gegen Österreich gegründet und geleitet wurde, daß Preußen im Jahre 1859 den Österreichern gegen Frankreich und Italien nicht half. Von beiden Teilen sind die Reibungen des Krimkrieges in den Aktenschrank geschoben. Unsere beiderseitigen Grenzen, früher so oft umstritten, sind von nun an ewige Grenzen, nicht mehr Außengrenzen, sondern Inlandsgrenzen verbündeter Staaten, und der vor einem Vierteljahrhundert verstorbene Kaiser Wilhelm I. strahlt in der Geschichte unseres mitteleuropäischen Bundes als ein Bruder des österreichisch-ungarischen Kaisers und Königs Franz Joseph I., der wie ein Wunder Gottes noch unter uns lebt, um nach so vielen alten Zerwürfnissen den Segen des vielgeprüften, vielgeliebten Alters auf die neue Zeit legen zu können, ein Attinghausen des völkererhaltenden neugeborenen Friedens.

Laßt uns denken, Bismarck, der vielumstrittene und vielstreitende, könnte heute für die Friedensverhandlungen nach dem Weltkrieg noch einmal unter uns auftauchen, so würden nicht nur alle Richtungen und Parteien des Deutschen Reiches ihn mit unendlichem Vertrauen begrüßen, sondern alle Nationen Österreichs und Ungarns würden ihm brausend entgegengehen, denn trotz seines Kampfes von Königgrätz würde er uns allen von der Nordsee bis an die bosnische Grenze als der Meister Mitteleuropas erscheinen, der Mann, der gewaltig Macht und Recht verwaltete in der Mitte des Erdteils. O wäre er da!

* * *

Das Vergessen allein aber genügt nicht, um die neue mitteleuropäische Gesinnung zu wecken, sondern ist nur die Vorbereitung eines weiteren geistigen Vorganges. Wir müssen es lernen, die Keime und Ansätze, die Weissagungen und Versuche des Neuen in der Vergangenheit zu entdecken. Neue Aufgaben verlangen neue Augen. Es ist das ein sehr wichtiges Kapitel, wert, daß die jungen Geschichtschreiber ihm ihre ganze Sorgfalt und Hingebung widmen, denn die Geschichtschreiber sind doch schließlich die Erzieher der Völker. Ihre Verantwortung wächst mit der demokratischen Beteiligung der Völker am Staat. Alte Kabinettspolitik ließ sich zur Not ohne historische Ideen mit Söldnern, Rechenstift, politischer Technik und List gestalten, aber seitdem die Massen auf dem Boden der irdischen Schicksalsbestimmung zu Mitwirkenden geworden sind, brauchen sie Gedanken, Ziele, Deutungen dessen, was werden will. Nicht alle zwar lesen, was ein Treitschke oder Friedjung schreibt, aber durch hundert Kanäle, durch Rede, Schule und Zeitung fließt der Brunnen ihrer Erkenntnis bis zur Hütte des Staatsbürgers und Wählers. Es sei darum erlaubt, an dieser Stelle eine gewisse allgemeine Ausführung über Volk und Historiengestalter einzuschieben.

Wenn ich in solchem Zusammenhange vom Geschichtschreiber als dem Erzieher zur Politik rede, so sehe ich rechts von ihm den Philosophen und links den Dichter. Ich betrachte ihn nicht bloß als den Ausgraber alter Denkwürdigkeiten, sondern als den Verarbeiter der von ihm und seinen Mitarbeitern gefundenen Ergebnisse. Zunächst zwar ist der Beruf des Historikers ein rein sachlicher; er stellt fest, was gewesen ist. Das ist die absolut notwendige Grundlage seiner Kunst, so notwendig wie das täglich erneute Aufnehmen der Natur für den Maler. Wer die Übung der

Tatsächlichkeit verliert, taugt auch als Künstler nichts. Hat er aber den Stoff um sich gehäuft wie farbige Stifte für ein Mosaik, dann muß sich zeigen, ob er noch mehr ist als nur ein Sammler, ob er ein Wiederbeleber zu sein vermag, der dem Stoffe gebietet, daß er Gestalt und Wille werden soll. Er muß etwas in den Stoff hineintragen, was in ihm selber wächst. Das gilt selbst in gewissem Grade vom Beschreiber ganz alter und völlig vergangener Völker und Zeiten. Als Mommsen seine römische Geschichte schrieb, war es eine deutsche Geschichte mit römischen Gestalten, eine römische Geschichte mit deutschen Worten, ein Anhauchen der Steine, daß sie reden lernten. Das konnte er, weil er in den Tagen des aufsteigenden jungen deutschen Staates den ersten antiken Großstaat des Abendlandes nacherlebte. Mehr aber noch als der Darsteller vergangener Epochen, hat der ein Mitwollender zu sein, der uns unsere eigenen Ahnen zeigt, damit wir ihre Nachkommen und Fortsetzer werden. Von den tausend Dingen, die er aufzählen könnte, beschreibt er das, was im Sinne seiner Lebensidee als fördernd oder hemmend in Betracht kommt. Wenn der Maler Max Liebermann einmal zu mir sagte: „Kunst ist Weglassen", so hat er damit die Grenze gezogen zwischen handwerksmäßiger Nachstrichelei, bei der zwar auch vieles fortgelassen wird, aber nur das, was zufällig nicht aufs Papier kommt, und einer künstlerischen Durchgeistigung, die Hauptsachen und Nebendinge zu scheiden weiß und mit Bewußtsein Zwischendinge fallen läßt und das verstärkt, was unbedingt gesehen werden soll. Das soll um der Wahrheit willen niemals mit kleiner und trügerischer Absichtlichkeit geschehen, sondern von selbst aus der eigenen „Weltanschauung" herausquellen.

Bismarck, der mächtige Gestalter, las viel Geschichte, und zwar Geschichte oder geschichtliche Dichtung großen Stiles. Indem er las, erlebte er. So wurde er schließlich in seinen „Gedanken und Erinnerungen" zu einem unvergleichlichen Hersteller von staatsleitenden Gedanken. Das letzte, beste, was er uns hinterlassen konnte, war seine eigene Geschichte: sehr persönlich, nicht ohne Lücken, Irrtümer und Einseitigkeiten, aber strotzend von Eindringlichkeit der Belehrung. Er sang das Schlußlied seiner eigenen Reichsgründungszeit und gab dabei Töne an, die man erst dann recht hören wird, wenn die nächste neue Periode tagt. Für uns, für jetzt hat er geschrieben.

Zunächst aber spreche ich noch nicht von seinem wunderbaren Testament, sondern von den Historikern, die seine Vorgänger und

Trabanten waren. Es gab eine Schule von Reichsgründungsschreibern im engeren Sinne des Wortes: Arndt, Raumer, Dahlmann, Gervinus, Häusser, Baumgarten, Droysen, Sybel, Treitschke.

Unter sich waren die Männer verschieden, aber sie hatten im Grunde dasselbe Blut. Sie halfen sich und vielen anderen zum Verständnis des kommenden Nationalstaates. Über den ganz Europa überschauenden Altmeister Ranke hinaus, der die ältere Internationalität der vornapoleonischen christlichen und aristokratischen Kultur besaß, stiegen sie mit der liberal-nationalen deutschen Welle in die Höhe. Mancher von ihnen hat seine Zeit nicht überlebt, weil er allzusehr nur ihr gehörte. Als aber die hohen Jahre des preußisch-deutschen Staates erschienen, da brauchte man gerade solche Denker und Dichter, da haben sie ihr Werk getan. Solche Leute wird nun auch Mitteleuropa brauchen. Es kann nicht von Geheimräten allein zurechtgedacht werden. Der Geheimrat ist wahrhaftig im Vordergrund der Politik an seiner Stelle sehr nötig, aber hinten aus dem Wald der Geheimnisse heraus muß es dabei rauschen und brausen von weiter Vorzeit und von alten Rittern, von sehnendem Volk und verlorenen und gewonnenen Schlachten, von gemeinsamem Wuchs aus Sumpf und Gestrüpp. Der Naturton der Geschichte selbst muß gefunden werden, der Wille, der in den Dingen waltet, vor und über aller schreibenden Vernunft.

Man wird aber bei den Historikern der deutschen Reichsgründungszeit zwei Hauptgruppen unterscheiden dürfen, die mittelalterlich-kaiserliche und die protestantisch-preußische. Ich habe zwar mit Hilfe eines viel erfahreneren Freundes vergeblich versucht, jede einzelne Gestalt in eine der zwei Gruppen zu schieben. Es gibt merkwürdige Zwischenformen; im Grunde aber ist es doch so: altkaiserlich oder preußisch! Was nun die erste Gruppe bietet, wirkt jetzt gerade beim Beginn der mitteleuropäischen Epoche mit neuer Frische, denn unser Mittelalter haben wir Deutschen aller Art in Nord und Süd und Ost gemeinsam gehabt, was aber die zweite Gruppe, die Preußenhistoriker, unseren reichsdeutschen Seelen eingeprägt haben, ist nicht ebenso als vereinender Besitz auch für die Donaudeutschen anzusehen; denn diese zweite Melodie entstand ja gerade im Abtrennungskampfe des Nordens vom Süden. Wenn wir deshalb jetzt im Weltkrieg unsere Schritte nach Mitteleuropa lenken, disputieren wir unterwegs beständig mit diesen Lehrern unserer eigenen Jugend, besonders mit v. Treitschke, Sybel und Genossen. Wenn sie nämlich ganz und endgültig recht haben, dann hat schon der Bismarck von 1878 unrecht. Sie aber hatten nur vorübergehend ganz recht, behalten in vielem auch weiter recht, aber das Spiel wird umfassender, die Fülle der Gesichte wächst über ihre Offenbarungen hinaus, und indem wir ihre Begrenztheit erkennen, eröffnet sich neues geistiges Land. Das ist es, was uns hier etwas breiter auszuführen obliegt, weil ohne eine gewisse Vertiefung in diese historische Ausweitung der Gedanke Mitteleuropa nur ausschaut wie ein altes Kursbuch mit einigen neuen Eisenbahnverbindungen. Auch gibt es uns dabei viel zu denken, daß von den Geschichtschreibern der letzten Jahrzehnte zwar Meinecke, Marcks, Oncken, Brandenburg und andere die Reichsgründungsgeschichte durch feine und tiefschürfende Forschungen aufhellten und ausbauten, daß aber andere politisch eingestellten Kräfte unter den Geschichtschreibern der Gegenwart vielfach mehr oder weniger von der Reichsentstehung abgerückt sind, entweder wie Delbrück oder Hintze zur reinen militärischen bzw. organisatorischen Staatlichkeit an sich, oder wie Roloff, Schäfer, Darmstädter zur überseeischen Weltpolitik, oder wie Gumplowicz und Lamprecht zur sozialen und psychologischen Kulturgeschichte, Helmolt zur Weltgeschichte auf breitester geographischer Grundlage, oder vor allem zur ruhigen kritischen Würdigung vergangener Kämpfe wie Friedjung auf österreichischem Boden.

* * *

Alle ältere Geschichte ist in vorderster Linie Fürstengeschichte. Daran kann auch der überzeugteste Republikaner nichts ändern, denn einen Staatswillen der Beherrschten gab es ehemals noch nicht. Man wird vergeblich versuchen, fürsten- und papstlose Kulturgeschichte der Nationen zu schreiben; sie bleibt lahm in sich selber, weil es kein Dienerkleid gibt, das nicht vorher ein Herr getragen hat, und kein Hausgerät, das nicht zuerst in der Kammer der herrschenden Dame zu finden war. Und auch heute noch sind uns die von der Legion früherer Souveräne übrig gebliebenen Herrscher immer noch Vorgänger in vielen Dingen des Lebens und Herzöge unserer Massenheere in Krieg und Frieden. Dagegen kann man theoretisieren, aber es ist! Wir werden darum das deutsche Mittelalter zuerst immer als die Geschichte der Kaiser ansehen müssen, ehe wir von ihnen zu den Völkern gelangen.

Die deutschen Kaiser der früheren Zeiten sind mitteleuropäische Gestalten im vollen Sinne des Wortes und werden darum erst jetzt wieder ganz erkennbar. Kleindeutschem Auge bleiben gerade die größten der alten Kaiser unerkennbar. Man hat nach 1870 zwar viel von Barbarossa und Wilhelm I. gesungen, aber es fehlte der innere sachliche Zusammenhang zwischen beiden Gestalten. Heute im Kriege von Nordsee bis Anatolien, heute steigt Barbarossa aus dem Flusse Selef im fernen Türkenlande in die Höhe.

Im einzelnen weiß unser Volk nur von den allerbedeutendsten alten deutschen Kaisern etwas: Karl der Große, Heinrich I., Otto I., Heinrich III., Heinrich IV. (Kanossa!), Friedrich Barbarossa, Friedrich II., Rudolf v. Habsburg, Maximilian I., Karl V. Aber wir haben in ganz Mitteleuropa und über die deutschen Sprachgrenzen hinaus bis tief ins Volk hinein eine Ahnung, daß es damals schon einmal eine Weltmacht Mitteleuropa gab. Mochte der innere Zusammenhang des Reiches in jener verkehrsarmen, walddurchwachsenen Zeit oft gering sein, und mochte das Wahlkaisertum zeitenweise kaum kräftiger erschienen sein als das alte Wahlkönigtum in Polen oder Ungarn, so war doch im Prinzip während des ganzen Mittelalters ein Wille zur einheitlichen Macht von Jütland bis zum Adriatischen Meere und selbst bis Sizilien vorhanden. Auch abgesehen von Karls V. burgundischer und spanischer Erbschaft, verlief die Westgrenze Mitteleuropas etwa dort, wo heute der deutsch-französische Schützengraben verteidigt wird. Sie begann bei Brügge und Gent, zog sich südwärts bis fast nach St. Quentin, enthielt Verdun und Toul und umschloß in starken Zeiten Besançon, Lyon, Vienne und selbst Avignon. Die Ostgrenze freilich schwankte sehr, je nachdem es gelang, die Pommern, Preußen, Polen, Böhmen, Ungarn und Kroaten an das Reich anzugliedern oder nicht. Nördlich und südlich der Alpen waltete aber mit geringen Unterbrechungen von Karl dem Großen bis zu Karl V. eine höchste Autorität, der man in echt mittelalterlicher Weise zwar nicht immer gehorchte, die man aber grundsätzlich als vorhanden anerkannte. Dieses alte, breite und in seiner Gesamtwirkung mächtige Reich wird von jetzt an viel besser als unsere Vorgeschichte gesehen werden können als bisher, denn weder das kaiserliche Österreich noch das königliche Preußen konnten sich in ihrer Trennung ganz auf den Boden dieser romanischen und gotischen Kaisergeschichte stellen, weil jedes eben nur einen Teil der einstigen Fülle in Händen hatte. Es gab und gibt seit Jahrhunderten kein Reich der Karolinger, Ottonen und Hohenstaufen, bis daß es neu geboren werde aus der Vereinigung der Habsburger mit den Hohenzollern, der Friesen mit den Illyriern, der Preußen mit den Tirolern. Sie alle haben schon einmal in fernerer Vorzeit dunkle Gemeinschaftsgefühle untereinander gehabt. Es war sogar eine Zeit, da galten auch Warschau und Krakau als zur Hansa gehörig. Aus allen Teilen Mitteleuropas fuhr und ritt man weite Wege zu den Reichstagen. Ritter aus allen Gebieten des heutigen Deutschen Reiches und der österreichisch-ungarischen Monarchie zogen mit Friedrich Rotbart zum heiligen Grabe. Es gab in der Tat eine besondere mittelalterliche mitteleuropäische Lebens- und Kulturgemeinschaft, die etwas anderes war als das damals noch durcheinanderwogende Engländer- und Franzosentum, und etwas sehr anderes als die Byzantiner, Petschenegen und Waräger. Die Deutschen füllten die Mitte Mitteleuropas, an allen ihren Rändern aber zogen sie benachbarte Völker an sich heran: das heilige römische Reich deutscher Nation. Dieses alte Reich ruckt und stößt jetzt im Weltkriege unter der Erde, denn es will nach langem Schlafe gern wieder kommen. Alle Einheitssehnsucht vieler dazwischen liegender zerbröckelter Jahrhunderte war ein Nachflimmern seines Lichtes. Als dann die Freiheitskriege gegen Napoleon I. vor hundert Jahren auf kurze Zeit alle deutschen Stämme vereinten, sangen die Propheten von Kaiser und Reich mit romantischer Rückschau in diesem alten weiten Sinne: das ganze Deutschland soll es sein! Merkt ihr, wie jetzt im übermenschlichen Kriege die Vorfahren erwachen? Gehen unsere Söhne bloß deshalb zusammen bis in den Tod, weil wir einen geschriebenen Vertrag haben, oder ist es mehr? Ballten sich nicht die Wolken am Himmel über den Karpathen und über Antwerpen, als ob uralte Rosse und Reiter sich zu grüßen suchten? Das alles war schon einmal ein Reich! Jetzt ist es nur erst der Traum eines Reiches. Was aber, meine Freunde, was wird es morgen sein?

* * *

Von allen mittelalterlichen Reichen ist Mitteleuropa am längsten in seinem gelockerten und unorganisierten Zustande geblieben. Während Frankreich und England einerseits und Rußland andererseits verhältnismäßig bald und leicht zu einheitlichen Staatskörpern zusammenwuchsen, blieb die Mitte des Erdteils von Schweden bis zum Königreich Neapel ein Gebiet der unglaublichsten Kleinstaaterei. Ein Hauptgrund dafür scheint, wie schon erwähnt, in der Wählbarkeit der Kaiser zu liegen. In allen monarchischen Wahlstaaten wuchern erfahrungsgemäß die wählenden Teile über das Ganze hinaus, denn jede Wahl vermehrt ihre partikularistischen Ansprüche. Dazu kam, daß von vornherein die Bodengestaltung Mitteleuropas zur Vielgliedrigkeit einlädt und daß ihm eine mittelalterliche Hauptstadt fehlte. Da man das ewige Rom immer noch als die Kaiserstadt der abendländischen Welt betrachtete und da die früheren Kaiser meist mit umherziehendem Hoflager arbeiteten, so unterblieb nördlich der Alpen die Gründung und Pflege einer Seßhaftigkeit der Staatsleitung. Mitteleuropa schuf sich nördlich der Alpen nichts, das mit Rom, Konstantinopel, Moskau, Paris oder London verglichen werden konnte, denn alle unsere mittelalterlichen Städte entbehrten der kristallisierenden Herrschaftskraft. Weder Köln, noch Mainz, noch Frankfurt, Augsburg, Nürnberg, noch Hildesheim, Lübeck, Leipzig, noch Prag, Graz, Wien wurden europäische Metropolen. Erst mit dem Aufsteigen der südlichen und nördlichen Ostmarken erwuchsen in spätmittelalterlicher Zeit das ältere Wien und in noch jüngeren Tagen das neuere Berlin, zwei Zentren, von denen doch keines für sich die gegebene Hauptstadt Mitteleuropas war. Vielleicht haben unsere Leser in naturwissenschaftlichen Büchern vergrößerte Abbildungen des Vorganges der Zellteilung gesehen: eine Zelle bekommt zwei Mittelpunkte und wird immer formloser je mehr die Punkte sich entfernen. So etwa ist Mitteleuropa nach Karl V. Oder anders gesprochen: die Herrschaft rückt vom Westen nach Osten, zerlegt sich in zwei Hälften und bekämpft sich; dabei aber bleibt ein gewisser dehnbarer und auch zeitweise zerreißbarer Zusammenhang zwischen fast allen Teilen, die einmal unter den Ottonen oder Hohenstaufen vereint gewesen waren. Die Folge ist ein Vertrocknen des Reichsgedankens auf dem linken Rheinufer und als Ersatz ein Vordringen des Deutschtums nach Polen, Litauen, Böhmen, Mähren, Ungarn und bis in südslawische Gebiete unter türkischer Herrschaft.

Es ist zwar nicht ganz wörtlich richtig, wenn man es so kurz ausspricht, wie wir es eben taten, daß die beiden neuen Herrschaftsmittelpunkte die Träger der germanisatorischen Kraft nach dem Osten geworden sind, denn Berlin ist mehr nur die Sammlerin früher geleisteter Arbeit in Ostpreußen, Pommern, Mecklenburg; Wien aber ist im allgemeinen mehr auf östliche Herrschaftserweiterung als auf deutsche Beeinflussung bedacht gewesen. Immerhin bleibt die Hauptsache dieses: die zwei nach Osten zu vordringenden

Vormächte ziehen einen gestaltlosen Körper hinter sich: das Deutsche Reich, ein Land voll herrlicher Burgen und Dome, mit goldenen Saaten und kostbaren Weinbergen, aber ohne eigene Militärkraft und ohne politischen Geist. Während sie beide nach Osten vorwärtsstreben, zanken sie sich vorn um den Raum in Polen, seitlich um Schlesien und Sachsen, mit ihren Hinterbeinen aber um allen den tollen Kleinkram geistlicher und weltlicher Fürsten, um die täglichen Erbschaftsprozesse der Erlauchten, um die Grenzregulierungen der Zwergherrschaften und um die Kriegssubsidien der Franzosen und Engländer. Das war der deutsche Jammer, in den schließlich drohend und umstürzend Napoleon I. hereinfuhr. Nur auf diesem Boden konnte er den Rheinbund gründen. Der Rheinbund aber war das Ende, das letzte, völlige Ende der alten deutschen Reichsgeschichte. Die alte Krone wird abgelegt. Finis Germaniae! Wann und wie wird es wiederkommen? In welchen Zwischenformen und auf welchen Zwischenstufen?

* *
*

Mit der Napoleonszeit fängt die zweite Geschichte Mitteleuropas an, die Geschichte, die wir noch erleben. Das alte Kaiserdrama war bis zu Ende gespielt. Mitteleuropa war geschichtliches Geröll geworden, und wird zwischen West und Ost hin- und hergeschoben. Die wirklichen Mächte am Anfang des 19. Jahrhunderts sind Napoleon und Alexander I. von Rußland, hinter dem die Engländer stehen. Es handelt sich hier nicht darum, über die persönlichen Eigenschaften des Zaren Alexander zu reden, sondern ihn bei diesem Überblick als Ausdruck der russischen Macht und als Vorgänger Nikolaus' I. zunehmen.

Es gibt in den Napoleonskriegen zwei Züge: einen Zug von Paris nach Moskau und einen Zug von Moskau nach Paris. In beiden Fällen wurde Mitteleuropa geschoben, erst von Napoleon ostwärts, dann vom Zaren Alexander westwärts.

Der Zug von Paris nach Moskau (1805—1812) hätte am Rhein aufgehalten werden können, wenn „das Reich" etwas bedeutet hätte, er hätte vor dem Böhmerwald sich stauen müssen, wenn die zwei Vormächte gemeinsam gekämpft hätten, statt sich getrennt schlagen zu lassen, aber es gab kein Gefühl des Zusammenhangs. Erst in der „großen Armee" Napoleons lernten Österreicher und Preußen gemeinsam marschieren. Es zogen im Juni nach Moskau 200 000 Franzosen, 45 000 Italiener, 79 000 Bayern, Sachsen,

Hessen, Württemberger usw., 34 000 Österreicher und Ungarn, 32 000 Preußen, 50 000 Polen. Das war das erstemal, daß Mitteleuropa gemeinsam in einer Richtung sich bewegte!

Der Zug von Moskau nach Paris (1812—1815) gibt aber das umgekehrte Bild. Es maschierten im August 1813 von Osten nach Westen 160 000 Russen, 130 000 Österreicher und Ungarn, 180000 Preußen, 20000 Schweden. Je weiter nach der Völkerschlacht von Leipzig die verbündete Armee nach Westen zu drang, desto mehr mitteleuropäische Truppen nahm sie in sich auf, bis schließlich ganz Deutschland über den Rhein ging. Das war das zweitemal, daß Mitteleuropa sich gemeinsam bewegte!

Es ist notwendig, sich die Vorgänge der Napoleonszeit in dieser sehr abgekürzten Weise zu vergegenwärtigen, damit man nicht in den Einzelstaatsgeschichten hängen bleibt. Wir pflegen in den Schulen des Deutschen Reiches eine Geschichtsdarstellung, die alles Gewicht auf den nationalen Freiheitskampf Preußens legt, und wissen, daß in Österreich viel mehr Gewicht auf die kluge Diplomatie der Hofburg gelegt wird, die unter schwierigen Verhältnissen rettete, was zu retten war. Das erste große gemeinsame Erlebnis beider Staaten wird historisch noch nicht gemeinsam gedacht, weil man sich beiderseits scheut rückhaltlos zuzugeben, daß das napoleonische Frankreich vor hundert Jahren ohne Rußland nicht zurückgeworfen werden konnte. Als auf dem Monarchenhügel bei Leipzig die drei Herrscher von Rußland, Österreich-Ungarn und Preußen standen, war der Russe der stärkste unter ihnen, denn er hatte sein Land schon befreit. Als Triumphator zog Alexander bis Paris, und die Mitteleuropäer gingen mit ihm und taten für ihn die Arbeit, dabei noch weiter untereinander sich streitend und den erhabenen Mann des Ostens bittend, ihr Freund und Schiedsrichter zu sein. Was Freiherr vom Stein für sein heißgeliebtes deutsches Vaterland erreichte, tat er mehr durch den Zaren als durch den preußischen König. Nur auf diesem Hintergrunde erklärt sich der Verlauf des Wiener Kongresses.

Der Wiener Kongreß war die Wiederaufrichtung Mitteleuropas unter russischem Schutz. Wir reden nicht absolut schlecht über die damals beschlossene deutsche Verfassung. Sie war trotz ihrer handgreiflichen Schwächen und Fehler doch ein erster Versuch zu dem Werk, das uns jetzt von neuem beschäftigt. Man wird sie vor dem neuen Friedenskongreß, der uns bevorsteht, viel genauer studieren müssen, als es seit 50 Jahren geschehen ist, denn mit ihr beginnt das Ringen um die Zukunftsform der Gebiete und Völker, die heute zwischen Ost und West, zwischen Frankreich und Rußland und unter dem Widerstande Englands sich selbständig und erfolgreich verteidigen. Damals war Mitteleuropa Geröll, jetzt wird es vor unseren Augen harter Stein. Der Unterschied ist ungeheuer. Ein Jahrhundert hat Wunder hervorgebracht. Wir halten jetzt die Mitte aus eigener Kraft gegen Russen, Franzosen und Engländer und noch einige andere. Wenn das Freiherr vom Stein sehen könnte!

* * *

Die Napoleonszeit hatte aber für den inneren Geist Mitteleuropas eine unvergleichliche Bedeutung, da sie die Völkerschaften politisierte und demokratisierte. Napoleon war als Verkörperung der französischen Revolution erschienen und hatte als persönlicher Diktator starke Reformen gebracht oder indirekt veranlaßt. Die Vollendung der Bauernbefreiung, soweit sie gegen den Widerstand der alten Landmagnaten durchgesetzt werden konnte, war Ergebnis der napoleonischen Durchrüttelung aller Lebensverhältnisse. Das was Maria Theresia, Joseph II. und Friedrich II. als Wohltat von oben dem Volke zuerteilen wollten, trat im Blinken der Waffen als Volksbegehr auf. Die zeitweilige Wiederherstellung Polens wirkte nationalisierend auf alle Grenznachbarn. Die preußische Erhebung zeigte einen König, der vom volkstümlichen Willen zum Siege vorwärts geschoben wird. Die allgemeine Wehrpflicht in Preußen machte den Untertan zum Staatserhalter. Die Zerbrechlichkeit größerer und kleinerer Monarchien lag offen zutage. Es gärte und brodelte überall, ein neues Zeitalter wollte heraufziehen, eine Zeit der Völker, aber das Neue war noch ohne Gestaltung, traditionslos und ohne politisch-parlamentarische Technik, so daß es zunächst in der Ermüdung nach den unsagbaren Mühen des Krieges schwächer blieb als die gewohnte Kunst der alten Regierungen. Die Regierungen versprachen den erwachenden Völkern vieles, ohne es zu halten, teils weil man nicht wollte, teils weil man nicht konnte. Die besten Kämpfer hingen wie Blücher mißmutig ihr Schwert an die Wand, weil dieser Friede und dieser Kongreß ihrer Anstrengungen nicht wert war. Mitteleuropa hatte erscheinen wollen und war nicht erschienen. Trotzdem aber blieb die neue Saat im Acker. Es gibt nun einen heimlichen Wachstumsvorgang von 1815 bis 1848. Es wuchs der Gedanke an ein freies deutsches Reich in alter Kraft und Herrlichkeit, es wuchsen dabei auch die nationalen Ansprüche der Grenzvölker, es wuchsen Hoffnungen, Schwierigkeiten und Möglichkeiten. Das alles geschah, während offiziell die beiden mitteleuropäischen Hauptstaaten sich von Rußland leiten und dämpfen ließen. Der indirekte Regent Mitteleuropas war erst Alexander I. und dann Nikolaus I. Die deutschen Gebiete lagen zu seinen Füßen wie bessere Balkanstaaten, die von Rußland ihre Freiheit erhielten. Zwischen West und Ost hatte der Osten gesiegt und nutzte seinen Sieg.

So ging es, bis im Jahre 1848 vom französischen Westen her eine neue demokratische Woge bis an die Grenzen des Zarenreiches brandete. Die Pariser Revolution wurde eine europäische Angelegenheit und wirkte in Mitteleuropa bis nach Warschau und Budapest beinahe wie ein Napoleonismus ohne Napoleon. Der Geist des Westens flutete gegen die Herrschaft des Ostens. Die Herrschaft in Wien wurde dabei stärker erschüttert als die in Berlin, weil Wien noch weniger vom Geist der Freiheitskriege hatte aufkommen lassen als Berlin, und weil das Nationalitätsprinzip der Ungarn bei dieser Gelegenheit seinen großen, schweren Waffengang wagte. Der Mittelstand, das Bürgervolk, in Deutschland und Österreich wollte nun selber mitreden, die Bildungsschicht verlangte, an der Weltgeschichte beteiligt zu werden, die Steuerzahler forderten, über ihr Geld beraten zu dürfen. Alle Gassen und Plätze hallten wider von deutscher Frage, Bürgerrechten und Verfassungsforderungen. Aber wieder war das Neue noch ohne Gestaltungskraft, denn es war unmilitärisch. Wrangel in Berlin und Windischgrätz in Wien zeigten sich stärker als alle Volksaufläufe. Nur in Ungarn trat die Revolution mit einer eigenen Armee auf den Plan, und da Österreich zu unterwühlt war, mit den Ungarn fertig zu werden, ließ es die Russen über die Karpathen kommen, dieselben Russen, die jetzt an denselben Pässen sich stauten, und übergab dem Zaren Nikolaus I. den Schutz seiner wankenden Autorität. Nichts kennzeichnet die damalige Lage Mitteleuropas so, wie dieser Vorgang.

Wenn aber auch die Revolution im ganzen keinen sieghaften Erfolg hatte und haben konnte, so brachte sie doch einen wesentlichen Fortschritt über 1815, nämlich den Beginn des parlamentarischen Lebens in den Landesvertretungen, mochten sie sonst sein wie sie wollten, und den erneuten Versuch, das mitteleuropäische Problem des Wiener Kongresses mit frischen Kräften durchzuarbeiten in der Paulskirche in Frankfurt a. M. Was dabei an verfassungsmäßigem Inhalt für eine Neugestaltung Mitteleuropas gewonnen wurde, ist staatsrechtlich nicht viel, aber es war etwas Großes an sich, daß es in den Jahren 1848 und 1849 ein Parlament gegeben hat, in dem Mitteleuropa, soweit es Deutsch sprach, vertreten war. Es sind in der Paulskirche viele kluge Worte über alle mitteleuropäischen Fragen gesprochen worden von Italien hin bis nach Dänemark, von der französischen Grenze bis nach Polen und Ungarn. Der Geist war beweglich, das politische Wetter war der Debatte günstig, nur fehlte das, was wir jetzt im Kriege haben, der Zwang äußerer Tatsachen und die Kraft der Armee. Die Aussprache wurde so zum Vorspiel, zum bloßen Probieren der Instrumente; dann aber versank zunächst alles Mitteleuropäische wieder, und in der Eschersheimer Gasse in Frankfurt hielt von neuem der Bundestag seine Sitzungen, wie wir sie aus Bismarcks Briefen und Berichten kennen.

* * *

In und während der Frankfurter Verhandlungen trennten sich unter Schmerzen und mit Betrübnis die großdeutsche und die kleindeutsche Richtung. Bei der Abstimmung über die Wahl König Friedrich Wilhelms IV. von Preußen zum deutschen Kaiser stimmten 290 Mitglieder für den preußischen Erbkaiser und 240 Mitglieder enthielten sich der Wahl. Die Deutschösterreicher waren zum Teil ausgeschieden, die Tschechen hatten ihre Ankunft nur in Aussicht gestellt und die anderen Völkerteile Mitteleuropas fehlten, denn man wollte ja nicht Mitteleuropa herstellen, sondern das Deutsche Reich. Auch in dieser Zusammensetzung bestand also eine starke Minderheit, die sich nicht auf den kleindeutschen preußischen Gedanken festlegen wollte und die noch immer an einen gemeinsamen Bundesstaat glaubte, indem sie auf ein „verjüngtes Österreich" hoffte. Die Mehrheit trug dem preußischen Könige die deutsche Krone an, er aber lehnte sie ab. Damit war zunächst die ganze deutsche und mitteleuropäische Staatsfrage erledigt, und niemand weiß, wie und mit welchem Erfolge sie wieder aufgenommen worden wäre, wenn nicht Bismarck von anderen Voraussetzungen aus die kleindeutsche Idee aufgenommen und zum Siege geführt hätte. Während nämlich die Frankfurter Mehrheit von dem Wunsch und Ziel der deutschen Einheit ausgegangen war und um ihretwillen sich mit dem preußischen Kaisertum leichteren oder schweren Herzens befreundete, ging Bismarck von der preußischen Macht aus und nahm, um sie zu fördern, die deutsche Idee in seine Hand. Er war durchaus kein deutscher Revolutionär, sondern ein entschiedener Gegner der Volksbewegung, aber um Königspolitik treiben zu können, mußte er die volkstümlichen Forderungen der Zeit aufgreifen.

Es ist hier für uns notwendig, die Haltung Bismarcks im ganzen so gut und vielseitig wie möglich zu erfassen, weil es für die mitteleuropäische Idee sehr entscheidend ist, ob sie mit oder gegen Bismarcks Geist durchgeführt werden soll. Das letztere würde sie zur Aussichtslosigkeit verurteilen. Fragen wir also noch genauer, was Bismarck veranlaßte, den Krieg von 1866 herbeizuführen und den kleindeutschen Staat auf monarchische Weise zu verwirklichen.

Er lebte auch schon vor seiner Siegeszeit stets mehr in der äußeren Politik als in der inneren, verstand sich schon in jüngeren Jahren außerordentlich auf das Abwägen der vorhandenen internationalen europäischen Kräfteverhältnisse und hatte einen absoluten Sinn für das Militärische. Daraus folgt, daß er einer militärisch unklaren deutschen Einheit und darum auch der Frankfurter Verfassung nichts zutraute. Wie sollte eine wirksame Militäreinheit hergestellt werden, wenn auf der Bundesversammlung militärisch unfähige Kleinstaaten das große Wort führten? Vergessen wir nicht, daß das Preußen von 1850 einen viel geringeren Umfang in Deutschland besaß als das durch Bismarck vergrößerte Preußen von 1867! Die entsprechenden Kapitel der Gedanken und Erinnerungen sind ebenso wie die älteren Bismarckischen Aufzeichnungen aus den fünfziger Jahren ganz durchzogen von militärischen Erwägungen. Wenn Preußen nach der Demütigung von Olmütz, bei der es aus Sorge vor der österreichischen Armee in Böhmen seine Ansprüche an Kurhessen und Schleswig-Holstein gegenüber den Forderungen des österreichischen Ministerpräsidenten Schwarzenberg aufgeben mußte, zunächst eine norddeutsche, außerösterreichische Militärhoheit gewinnen wollte, so konnte es nicht gleichzeitig großdeutsche Politik treiben. Dazu kam die Einwirkung des Krimkrieges, von dem man bei uns im Deutschen Reiche wenig zu wissen pflegt, den aber Bismarck mit ganzer Teilnahme aller seiner seelischen Kräfte durchlebte. Der Krimkrieg war die Ablösung Österreichs von der russischen Vormundschaft, sein Übergang zu den damaligen Westmächten. Man kann jetzt nachträglich der Meinung sein, daß es geschichtlich für Mitteleuropa besser gewesen wäre, wenn im Krimkrieg ganz Mitteleuropa mit dem Westen zusammen gegen Rußland gegangen wäre, Polen frei gemacht und die Russen zurückgedrängt hätte. Gerade jetzt liegt uns ein derartiger rückschauender Wunsch nahe, damals aber zitterte die Furcht vor der Übermacht des französischen revolutionären Westens noch zu sehr im Blut des Preußenstaates, denn 1870 war noch nicht erlebt und der preußische König war an die russische Oberleitung gewöhnt. Er blieb mit Schwankungen neutral wie jetzt der König von Rumänien. In dieser Lage erfuhr Bismarck die Hilflosigkeit des Deutschen Bundes. Gab es da für seine ungewöhnliche, übermächtige, in ihm gärende Tatkraft ein anderes Ziel als zunächst einmal sein Preußen aufzurichten und ihm die Herrschaft im Bunde militärisch zu sichern? Nur so konnte für ihn eine auswärtige Politik entstehen, die wirklich den Namen Politik verdiente. Der Starke mußte sich seinen Schauplatz oder Kampfplatz erst schaffen, er mußte seinem König Stufen bauen, damit eine Stelle des Willens da sei. Und der Verlauf der Jahre bis 1866 zeigte, daß er recht hatte. Er schuf das, was die Mehrheit der Paulskirche unmilitärisch als frommen Wunsch verkündet hatte, anders als jene Doktoren es sich dachten, aber er schuf es. Er wurde mit seinem König und mit Moltke zusammen der Vollender des Werkes Friedrichs II. von Preußen und gleichzeitig Vollführer des Volksauftrages der Kleindeutschen aus der Paulskirche.

Sobald nun aber der Umschwung in den innerdeutschen Machtverhältnissen erreicht war, ist er nach dem Siege von Königgrätz sofort und völlig auf Erhaltung der österreichischen Unverletztheit bedacht und erzwingt sie vom preußischen König und seinen Generalen. Da zeigt sich, daß *er, er allein, im Grunde mitteleuropäischer denkt als seine ganze Umgebung.* Seine eigene Darstellung der Verhandlungen in Böhmen ist das wichtigste Dokument für unseren Gedankengang. Er will kein deutsches Reich mit Ausschluß von Ungarn, Galizien usw., keinen unhistorischen rein deutschen Nationalstaat, aber er will die dauernde Verbindungsmöglichkeit der beiden mitteleuropäischen Großmächte zwischen Ost und West, denn nie vergaß er die Möglichkeit, daß Rußland und Frankreich die zerbrechliche Mitte zu erdrücken versuchen könnten. In seinem Ringen mit König Wilhelm in Nikolsburg über den „schmachvollen Frieden" lag schon seine gesamte spätere Politik. Er war im Zweifelsfall immer mehr österreichisch als russisch. Seine Erwägungen lauten:

„Wenn Österreich schwer geschädigt wäre, so würde es der Bundesgenosse Frankreichs und jedes Gegners werden; es würde selbst seine antirussischen Interessen der Revanche gegen

Preußen opfern. Auf der andern Seite könnte ich mir keine für uns annehmbare Zukunft der Länder, welche die österreichische Monarchie bildeten, denken, falls letztere durch ungarische und slawische Aufstände zerstört oder in dauernde Abhängigkeit versetzt werden sollte. Was sollte an die Stelle Europas gesetzt werden, welche der österreichische Staat von Tirol bis zur Bukowina bisher ausfüllt? Neue Bildungen auf dieser Fläche könnten nur dauernd revolutionärer Natur sein. Deusch-Österreich konnten wir weder ganz noch teilweise brauchen, eine Stärkung des preußischen Staates durch Erwerbung von Provinzen wie Österreichisch-Schlesien und Stücken von Böhmen nicht gewinnen, eine Verschmelzung des deutschen Österreichs mit Preußen würde nicht erfolgen, Wien als ein Zubehör von Berlin aus nicht zu regieren sein."

So hat der alte Bismarck nachträglich und dokumentarisch seine Haltung im Jahre 1866 dargestellt, so will er von der Nachwelt gesehen sein. Er will um keinen Preis als der Zerbrecher der alten deutschen Einheit und des mitteleuropäischen Bundes in die Erinnerung der späteren Geschlechter eingetragen werden. Und in der Tat hat er es erreicht, daß Österreich und Ungarn ihn und seine Politik nach wenigen Jahren noch zu seinen Lebzeiten verstanden haben. Es war 1866 eine Verlegung des Schwerpunktes, aber nicht eine Zerstörung des erst noch werdenden Mitteleuropa.

* * *

Der Deutsch-Französische Krieg von 1870/71 bedeutete die endgültige Befreiung Mitteleuropas von Frankreich. Da unser gegenwärtiges Geschlecht kaum mehr weiß, welchen Einfluß Frankreich vor diesem Kriege auf weite Kreise Süd- und Mitteldeutschlands ausübte und wie naheliegend für Österreich der Gedanke war, mit Hilfe der Franzosen den Preußen ihren Ertrag von 1866 wieder wegzunehmen, so lesen die heutigen Menschen in den Bismarckischen Erinnerungen leicht über die Stellen hinweg, wo er von der Gefahr eines neuen Rheinbundes spricht. Heute ist uns der Rheinbund eine ferne, schwer begreifliche Überlieferung, damals aber war er noch eine praktische Möglichkeit. Mitteleuropa stand zwischen Ost und West noch nicht auf eigenen Füßen. Ich erinnere mich eines geringen Erlebnisses aus meinen Knabenjahren: die angesehenen Bürger unserer kleinen königlich sächsischen Erzgebirgsstadt sprachen im Juli 1870 zueinander: wir Sachsen haben es gut; jetzt gehen wir mit den Preußen, weil wir müssen, aber die Franzosen wissen, wenn sie kommen, daß wir es nicht gern getan haben! So oder ähnlich malte sich die Welt in vielen Köpfen. Der französische Zauber mußte erst einmal gründlich beseitigt werden und wurde glänzend zerbrochen. Dabei ward dann der Ertrag von 1866 völlig in Bismarcks Scheunen gebracht: Süddeutschland trat dem Norddeutschen Bunde bei, und es entstand das Deutsche Reich. Jetzt gab es einen norddeutschen Kaiser. Ohne daß Österreich von neuem verletzt worden wäre, entstand das kleindeutsche Reich, ein überschwänglich herrlicher Erfolg für die, die schon 1848 dieses und nur dieses erwartet hatten; noch aber nicht die ganze Erfüllung der Weissagungen vom Untersberg und vom Kyffhäuser.

Es waren wunderbare Tage, in denen Nord- und Süddeutschland gemeinsam über Frankreich siegten. Das war ein Sieg ohne Rußlands Mitwirkung, nur unter seiner Duldung, das war die Überwindung jeder westlichen Vormundschaft, das Wagnis, frei zu sein nach einem halben Jahrtausend verwickelter Abhängigkeiten! Auch Österreich fühlte trotz allen Mißmutes, daß es durch diesen Krieg mit frei geworden war. Man sang die Wacht am Rhein auch an der neutralen Donau. Die Völkerschlacht von Leipzig war 1870 ohne Zarenhilfe in Frankreich wiederholt worden. Welche Wendung durch Gottes Fügung!

Versuchen wir von österreich-ungarischem Standpunkt aus den Ertrag des Deutsch-Französischen Krieges zu formulieren, so war als österreichischer Verlust einzutragen, daß „das Reich", besonders auch die süddeutschen Staaten, für alle absehbare Zeit unter norddeutsche Führung kamen, daß damit nun erst völlig die alte Habsburger Kaiserzeit im übrigen Deutschland zu Ende war. Österreich-Ungarn hatte nun im Westen kein unklares Hinterland mehr, es besaß seine eigenen Grenzen und nichts sonst. Aber gleichzeitig gewann es einen Freund von sieghafter Kraft, der seine Stärke stärken und seine Schwäche ausgleichen konnte. Dieses haben die klugen Männer in Wien und Budapest sofort verstanden und haben dementsprechend unter Führung von Graf Julius Andrassy und unter Zustimmung von Kaiser Franz Joseph gehandelt.

Es ist für den Reichsdeutschen überaus lehrreich, die Geschichte des Jahres 1870 in dem Buch von Wertheimer zu lesen „Graf Julius Andrassy, sein Leben und seine Zeit" (Stuttgart 1910). Da lernen wir, Vorgänge, die wir von innen heraus als Reichsdeutsche miterlebt haben, von außen zu betrachten. Andrassy war bei Beginn des Krieges für Neutralität, weil er die Hoffnung hegte, Frankreich und Preußen werden sich im gegenseitigen Kampfe schwächen, wodurch dann Österreich-Ungarn die entscheidende Rolle des Schiedsrichters beim Friedensschlusse zufallen könnte. Während der österreichische Ministerpräsident Beust antipreußisch eingreifen wollte, erzwang der weitblickende Ungar die Neutralität, und die unerwarteten preußisch-deutschen Siege gaben ihm recht. Man kann ihn als den Retter Mitteleuropas bezeichnen, denn wenn Österreich damals versucht hätte, seine Rechnung mit Preußen nochmals auszugleichen, so war in jedem Falle die gemeinsame Zukunft verloren. Andrassy war also schon von 1870 an der Mann, mit dem dann später Bismarck den denkwürdigen Vertrag von 1879 schließen sollte. Wenn wir einmal bis zur festen Staatsform Mitteleuropa gelangen, müssen die Bilder von Bismarck und Andrassy zusammen mit dem Lorbeer des Dankes und der Ehre umkränzt werden.

* * *

Die Abgrenzung Mitteleuropas nach Westen hin war also 1871 erfolgt, die Abgrenzung nach der russischen Seite zu mußte kommen. Im Herbst 1876 erhielt Bismarck ein chiffriertes Telegramm aus Livadia, welches im Auftrag des Zaren eine Äußerung darüber verlangte, ob das Deutsche Reich neutral bleiben würde, wenn Rußland mit Österreich in Krieg geriete. Das war die Schicksalsfrage in reinster Form. Nachdem Verzögerungsversuche vergeblich waren, antwortete Bismarck, daß wir es zwar ertragen könnten, wenn unsere Freunde gegen einander Schlachten verlören und gewönnen, aber nicht, daß einer von beiden so schwer geschädigt würde, daß seine Stellung als unabhängige und in Europa mitredende Großmacht gefährdet sei. Auf Grund dieser Antwort vereinbarte sich Rußland mit Österreich-Ungarn friedlich über Bosnien und Herzegowina und begann an Stelle eines russisch-österreichischen einen russisch-türkischen Krieg.

Die Folge dieser Dinge war der Berliner Kongreß vom Jahre 1878 und der Zweibund von 1879. Mit diesen Geschehnissen hörte das traditionelle Bündnis zwischen Rußland und Preußen tatsächlich auf. Die Fortwirkung des Monarchenhügels von Leipzig war zu Ende. Bismarck hielt zwar in der Form der Rückversicherung noch einen gewissen Zusammenhang mit Rußland aufrecht, aber die preußisch-russische Gemeinsamkeit war gelöst. Die

Würfel waren gefallen. Es entstand Zweibund gegen Zweibund: Mitteleuropa zwischen Ost und West. Man kann sagen, daß der gegenwärtige Krieg schon im Jahre 1876 begonnen hat. Das deutsch-russische Bündnis wurde zwar auch noch nach 1876 von russischer Seite angeboten, aber das Deutsche Reich war gebunden, es war von da an auf Tod und Leben mit Österreich-Ungarn verheiratet. So sind nun beide Reiche zusammen durch die letzten drei Jahrzehnte gegangen, so kämpfen sie heute Schulter an Schulter und so werden sie weiter gehen.

Das, was Graf Andrassy und Bismarck im Jahre 1879 vereinbarten und was Andrassys letzte große Tat war, ist keineswegs als ein vorübergehendes Ergebnis einer wechselnden politischen Lage anzusehen. Bismarck wollte zwar nach dem Deutsch-Französischen Kriege ursprünglich nach alter Gewohnheit den Dreibund Rußland-Deutschland-Österreich, den Dreikaiserbund der monarchischen Ordnung, gegen alle westliche Desorganisation wiederherstellen. Um dieses Zweckes willen veranstaltete er von 1872 an verschiedene Dreikaiserzusammenkünfte. Aber diese schönen Besuchstage verhinderten eben doch die Schicksalsfrage von 1876 nicht. Der Staatsmann in der Mitte Europas mußte auf den Traum des Monarchenhügels verzichten und klar, ganz klar sagen, ob er Österreich-Ungarn um jeden Preis und mit jeder Gefahr erhalten wolle oder nicht. Wer heute das deutsch-österreichisch-ungarische Bündnis lockern will, der wirft uns, wie schon gesagt, politisch bis hinter 1876 zurück und zwingt uns, nochmals alles Für und Wider der damaligen russischen Anfrage zu erwägen. Das Erwägen schadet gar nichts, denn es wird schließlich doch immer zur Bismarckischen Entschließung zurückführen, die wahrhaftig nicht leicht und ohne genaueste Kenntnis aller Bedenken getroffen wurde.

Bismarck nennt bei Besprechung der Entstehung des Zweibundes die folgenden Bedenken: Wandelbarkeit ungarischer Stimmungen, Unklarheit der Haltung der Deutschen in Österreich, Gefahr des katholischen Übergewichtes über den Protestantismus, Sorge vor polnischen Herrschaftsgelüsten auf österreichischer Grundlage. Gegen alles das helfe ein Bündnisvertrag wenig. Trotzdem schloß er das Bündnis mit Andrassy und formulierte seine Beweggründe in dem Briefe, den er im September 1879 an den damaligen bayrischen König schrieb:

„Unterbleibt jedes Abkommen (Bundesverhältnis), so wird man es Österreich nicht verargen können, wenn es unter dem Drucke russischer Drohungen und ohne Gewißheit über Deutschland schließlich entweder bei Frankreich oder bei Rußland selbst nähere Fühlung sucht. Träte der letztere Fall ein, so wäre Deutschland bei seinem Verhältnis zu Frankreich der gänzlichen Isolierung auf dem Kontinent ausgesetzt. Nähme Österreich aber bei Frankreich und England Fühlung, ähnlich wie 1854, so wäre Deutschland auf Rußland allein angewiesen, und wenn es sich nicht isolieren wollte, an die, wie ich fürchte, fehlerhaften und gefährlichen Bahnen der russischen innern und äußern Politik gebunden."

Diese Worte gelten im Kern noch heute. Wer heute nicht mitteleuropäisch denken will, weil ihm die schon 1876 und 1879 vorhandenen Zweifel nicht kleiner, sondern größer geworden sind, der wird sich einen Gedanken darüber machen müssen, welche Staatenverbindungen eintreten, wenn wir Bismarcks Pfade endgültig verlassen.

* * *

Wir haben, indem wir dieses ausführten, viel, sehr viel von Bismarck persönlich gesprochen, aber dieser Mann war eben fast 30 Jahre lang unsere Politik. Solange er lebte, stritt man für ihn oder gegen ihn, aber er war es, der das letzte Wort hatte. Alle politischen Handlungen Deutschlands bis zum Weltkrieg sind entweder Fortsetzungen seines gewaltigen Daseins oder kleine Versuche, sich ihm zu entziehen. Er war Herkules. Einen solchen Mann haben die Österreicher nicht gehabt, aber sie haben ihn mit uns gemeinsam gehabt. Ich glaube aufgezeigt zu haben, daß er der Anfänger Mitteleuropas ist. Unsere Aufgabe ist es, ihn fortzusetzen. Alle Sorgen, die ihn bewegten, sind im Weltkrieg eingetroffen, alle! Sollen nun nicht auch seine Hoffnungen reifen?

Es ist zwar nach Bismarcks Ausscheiden alles mögliche versucht worden, um die reichsdeutsche Politik anders zu orientieren. Der Kaiser Wilhelm II. hat sich zuzeiten die erdenklichste Mühe gegeben, mit Franzosen und Engländern bessere und dauernde Verbindungen zu erlangen. Als aber dann das Wetter der Weltgeschichte hereinbrach, war doch nur Österreich-Ungarn an unserer Seite und die Türkei trat zu beiden hinzu. Was Fürst Bülow als deutscher Reichskanzler an „Nibelungentreue" geleistet hat, war eine starke mitteleuropäische Weissagung. Die Geschichte eines Jahrhunderts hat uns erst auseinander und dann wieder zusammengetrieben. Die Probezeit unserer Zusammengehörigkeit ist vorbei.

Jetzt gilt es, eine gemeinsame Zukunft zu bauen. Was in aller Welt sollten wir auf Grund aller unserer Geschichte anderes machen?

Wenn das Deutsche Reich sich mit Rußland verbindet, so tritt es zurück in die preußische Rolle unter Friedrich Wilhelm IV. Wirtschaftlich mag das, wie wir später noch zeigen werden, gewisse Vorteile haben, aber politisch ist es der Tod unserer Selbständigkeit. Das verträgt auch die deutsche Bevölkerung nicht auf die Dauer, denn darin liegt Mitverantwortung für Allzurussisches, wie schon im vorhergehenden Abschnitt gesagt wurde.

Wenn das Deutsche Reich sich mit England verbindet, was nach diesem Kriege schwer denkbar ist, aber vor ihm als Möglichkeit erschien, so wird es von der ersten Seemacht als militärischer Genosse aufgenommen, der für die Briten die kontinentalen Kämpfe führen muß, eine Stellung, die handelspolitisch manches für sich haben mag, die aber volkspolitisch das Ende der eigenen Weltgeschichte sein würde. Andere Bedenken sind ebenfalls schon erwähnt.

In beiden Fällen würde die deutsche Zeit von 1870 bis 1914 nur ein historisches Zwischenspiel sein, eine Episode voll Glanz und Selbstgefühl, ein kurzer Geschichtstag, wie ihn Holland hatte. Ein eigener Weg ist nur mit Österreich-Ungarn zusammen möglich.

Und wie steht es auf österreichisch-ungarischer Seite?

Wer es ernstlich versucht, sich in die Geschichtsgefühle der Doppelmonarchie hineinzudenken, der wird ohne weiteres verstehen, daß dort die feste Bindung an das preußisch-deutsche Reich als ein sehr ernster Schritt aufgefaßt wird, denn er enthält bei aller notwendigen Rücksicht auf eigene Selbstbestimmung doch ohne Zweifel eine Bindung, die unter Umständen schwer zu tragen sein mag. Um es ganz rückhaltslos zu sagen: Österreich-Ungarn unterschreibt endgültig die im Jahre 1866 erfolgte Verlegung des Schwergewichtes. Es verzichtet darauf, nochmals wieder wie in alten glänzenden Tagen die erste herrschende mitteleuropäische Macht zu sein. Es ist das keine formelle Abhängigkeit, keine Schmälerung der Souveränität, kein Aufgeben der ererbten Macht, aber doch eine tatsächliche Anerkennung des vorhandenen Kräfteverhältnisses. Über die sehr verwickelten verfassungsrechtlichen Fragen reden wir an anderer späterer Stelle, hier muß nur als Ergebnis der bisherigen Geschichte formuliert werden, daß durch die Bismarckische Reichsgründung und ihre Bewährung im Weltkrieg eine Lage geschaffen ist, bei der in Mitteleuropa das Deutsche Reich an Volkszahl, Militärkraft und Einheitlichkeit zum ersten der zwei führenden Staaten geworden ist. Diese Lage ist da, sie ist schon längst nichts Neues mehr, aber allerdings ist es für Österreich-Ungarn ein Entschluß, zu dieser Wirklichkeit auch staatsrechtlich sich zu bekennen.

Es ist selbstverständlich, daß man auch auf österreichisch-ungarischer Seite alle anderen Möglichkeiten prüft, ehe man sich für den Dauerverband Mitteleuropa entscheidet. Darüber ist schon einiges gesagt worden, aber es scheint nötig, hier beim Überblick über die vergangene Geschichte nochmals festzustellen, daß Österreich-Ungarn für sich allein nicht in der Welt bestehen kann, weil es einem gleichzeitigen Ansturm gegen seine verschiedenen Grenzen nicht gewachsen ist, und daß es keinen anderen natürlichen Bundesgenossen hat als das Deutsche Reich. Eine russische Garantie für den bisherigen österreich-ungarischen Staatsumfang ist sachlich unmöglich, solange die panslawistische Strömung vorwaltet, und eine englisch-französische Garantie ist unwirksam. Noch sicherer als der Satz, daß das Deutsche Reich den Bund mit Österreich-Ungarn braucht, ist der umgekehrte Satz, daß Österreich-Ungarn auf Gedeih und Verderb mit dem Deutschen Reiche zusammengekoppelt ist. Es ist! Man löse dieses Band, und der Balkan rollt nach Norden! Man löse es, und die Deutschösterreicher verlieren ihren Halt in der Doppelmonarchie! Österreich-Ungarn kann im Verbande sich alle Klauseln und Sicherheiten ausmachen und soll es tun, aber den Verband selber wird es nicht hindern können, auch wenn es wollte. Das ist die Sprache der vergangenen Geschichte, denn Mitteleuropa entstand in erster Linie durch preußische Siege besonders im Jahr 1870.

Geschichte der Vergangenheit, du wunderbares Chaos, du Menge der Gestalten, wir bitten dich, uns freundlich zu helfen! Wenn du willst, so kannst du alles stören! Wenn du willst, so kannst du alles erleichtern! Tretet hinzu, ihr kundigen Sachwalter der Historie, ihr Deuter der werdenden Geschicke der Völker, öffnet eure Sinne dem oft verborgenen Suchen nach dem Werden Mitteleuropas! Ihr sollt nichts verdecken und verschleiern, was gewesen ist, aber ihr sollt herausheben, was man dann erst sieht, wenn man Mitteleuropa zu denken und zu suchen beginnt! Heute sind die Ohren offen für euer Wort! Die Nationen der Mitte des Erdteils wollen wissen, was aus ihnen werden soll, alle Nationen zwischen Ost und West. Sprecht, und wir wollen hören!

## III. Konfessionen und Nationalitäten.

Mitteleuropa ist in gegenwärtiger Stunde ein geographischer Ausdruck, der bis jetzt noch keinen politischen und verfassungsmäßigen Charakter gewonnen hat, aber Österreich war auch einst einmal nur ein geographischer Ausdruck, und Preußen war eine landschaftliche Benennung, die nichts als den alleröstlichsten Teil der Monarchie bezeichnete. Es ist gar nicht allzulange her, da hieß es, Deutschland sei nur ein geographischer Begriff; und welchen Inhalt hat inzwischen dieses Wort erhalten! Dabei hat das noch nicht historisch verbrauchte Wort „Mitteleuropa" den großen Vorzug, daß es keine konfessionelle oder nationale Färbung mit sich bringt und darum nicht von vornherein Gefühlswiderstände weckt. Wir werden ja mit solchen Gefühlswiderständen schon sowieso genug und übergenug zu tun haben, denn wenn irgendein Gebiet auf der menschenbewohnten Erdkugel einen Überfluß leidenschaftlicher Spannungen und Reibungen in sich enthält, so ist es dieses unser mitteleuropäisches Land!

Man kann zwar sagen, daß in den neuen Kolonialländern, besonders in den Vereinigten Staaten von Nordamerika noch merkwürdigere und gewaltsamere Mischungen von Gesinnungen und Rassen zu überwinden sind, aber die Einwohner von Kolonialländern haben ihrem Wesen nach weniger geschichtliche Hartnäckigkeit, denn zwischen ihnen und der alten Heimat liegt der Ozean, und auf der langen Überfahrt haben sie sich vorgenommen, sich in neue Verhältnisse fügen zu wollen. Diese Überfahrt fehlt uns im alten Europa! Hier hat man nicht den Stolz, das modernste Land der Welt sein oder werden zu wollen, sondern verteidigt mit Inbrunst alte Rechte, alte Gebräuche, alte Grenzen, mögen sie gut sein oder faul. Gerade die radikalsten Parteien sind bei uns in diesem Sinne oft die allerkonservativsten. Es würde aber herrlich und gut sein, wenn beim Einzug nach Mitteleuropa etwas *frohe und bewegliche Überfahrtsstimmung* sich einstellen würde, eine tapfere Heiterkeit derer, die nach übermenschlichen blutigen Kämpfen noch mehr an die Zukunft glauben als an die Vergangenheit. Mit griesgrämiger Ahnenverehrung kommt man allein nicht an das Ziel. Wir reichen grüßend die Hand von Nord bis Süd allen denen, die vorwärts wollen.

Natürlich aber müssen wir dabei doch alle Einwendungen und Sonderwünsche hören, denn Mitteleuropa entsteht nur in Millionen

Gesprächen über die Interessen aller seiner Richtungen und Gruppen. Es hilft gar nichts, wenn jemand sich eine theoretische Vereinigung der betreffenden Staaten zurechtdenkt und dabei mit Absicht etwa von konfessionellen und nationalen Schwierigkeiten nichts hören mag. Nehmen wir einmal an, es sei jemand so „aufgeklärt", daß ihm selbst alle Naturfarbe verloren gegangen ist, so kann er doch, wenn er nicht auch noch dumm sein will, die Mächtigkeit angeborener und erworbener Charakterzüge nicht leugnen und verkennen. Wenn ihm selber die Kirchen nichts bedeuten, so sind sie doch trotzdem Wirklichkeiten, und wenn er nur ein volkloser Eisenbahnmensch ist, so haben die, welche zwischen Nordwest und Südost den Boden bebauen, die Kleinstädte und Großstädte bewohnen, die Weinberge pflegen, die Bergwerke bearbeiten, diese haben ihre unübersehbare Menge von Eigenart. In einer unglaublichen und beängstigenden Fülle von charakteristischen Gestalten liegt unser mitteleuropäischer Reichtum an Kraft und zugleich unsere tägliche politische und gesellschaftliche Schwierigkeit.

Ich habe die meisten Teile des mitteleuropäischen Landes selber gesehen und kenne Menschen wohl aus allen seinen Gebieten. Soll ich sie alle mir vergegenwärtigen können? Da bin ich in Gedanken in einer niederdeutschen Bauernstube, in einem oberdeutschen Landhaus, in der Alpenwirtschaft, beim böhmischen Kleinstädter, in der oberschlesischen Industrie, im Kaufgeschäft in Posen, im Hotel in der Tatra, bei Freunden in Budapest, am Hafen von Triest, zu Hause in Berlin, im alten prächtigen Stephansdom in Wien, in der Stille des Böhmerwaldes, am Strande von Rügen und immer weiter quillt es von Gestalten, von Männern, Frauen, Kindern, und ich höre alle deutschen Mundarten vom breiten friesischen Plattdeutsch bis zum tiroler Gebirgsdeutsch, von niederrheinischer Weichheit bis zur ostpreußischen Schärfe, von der mecklenburgischen Ruhe bis zur Wiener Lebendigkeit, und dazu klingt noch Dänisch im Norden, Französisch im Westen, Italienisch und Kroatisch im Süden, Tschechisch in Böhmen, Magyarisch, Rumänisch, Polnisch in Südosten und Osten. Es lebt das alles wie ein ungeheurer Wald mit Hochwald und Unterholz, mit Laubbestand und Tannenforst und tausend kleinen Sträuchern und Blumen. Es ist wie ein See, in dem alle Arten von Fischen sich tummeln. Und nirgends sind feste Gräben und Abgrenzungen. Alles fließt, drängt und schiebt durcheinander, säuselt und schreit, bittet und schilt, betet und rechnet. Wenn diese alle nicht guten Willens sind, so kann auch der Erzengel Michael aus ihnen keine Heerschar formieren.

Diese Menge zur politischen Wirkung zusammenzufassen, zu einem Heer und einer Kraft und einem geschichtlichen, staatlichen Organismus —, es ist etwas fast Übermenschliches und dabei Herrliches, eine Arbeit für große Staatsgestalter, die Völkerseele in sich tragen und denen der Geist der Geschichte die Gedanken lenkt. Wer sich an dieses Werk herannahen will, darf nicht kleinlich sein, muß groß sein in Wille, Herrschaft, Güte und in Geduld. Für dieses Werk aber wollen wir aus allen Teilen Mitteleuropas unsere besten Männer und Frauen rufen, oder besser gesagt, wir wollen ihnen den Ruf in Worte fassen, den die Vorsehung selbst in diesem Kriege an uns alle richtet: Werdet einig! Bleibt einig nach soviel Blut!

* * *

Es gibt im Regieren eine konservative Geduld und eine liberale Geduld, und beide müssen zur Entstehung Mitteleuropas zusammenwirken. Die konservative Geduld hat Sinn für das, was geworden ist. Die liberale Geduld bietet Bewegungsfreiheit für das, was werden will. Wir müssen es besser als bisher lernen, die Staatsnotwendigkeiten, die Zwang und Gesetz sind, von den Dingen zu scheiden, in denen man dem eigenen Sinn seinen Spielplatz unbehelligt läßt nach dem Spruch: in necessariis unitas, in dubiis libertas, in omnibus caritas = in Staatserfordernissen Zwang und Gleichheit, im Persönlichen Freiheit, in beidem Kameradschaftlichkeit! Die Befugnisse des Staatsverbandes, der Staaten, der Unterstaaten, der Kreise, der Gemeinden, der geographischen Gebiete, der volklichen Gemeinschaften, der religiösen Verbände, der Wirtschaftsorganisationen, Arbeitsgruppen, Gewerkschaften, Ideenvertretungen, Parteien müssen biegsam gegliedert werden, so daß Mitteleuropa bei vollendeter Organisiertheit eine weite Heimat freier Beweglichkeit sei. Alle vorhandenen Begabungen der Staats- und Gemeindeleitung aus Norddeutschland, Süddeutschland, Österreich und Ungarn müssen zusammengegossen werden, damit eine Tradition entsteht, die sich lebensfähig immer neu gebiert und bei der unsere Kinder und Enkel harmonisch fortsetzen, was wir zagend und mühsam beginnen.

Man kann Mitteleuropa nicht als Kaserne behandeln und nicht als Kloster, nicht als Volksversammlung und nicht als Fabrik, nicht als Gutshof und nicht als Vorstadt, nicht als Bank und nicht als Werkstatt, aber alles muß darin seinen Platz haben: Disziplin und Selbständigkeit, Drohung und Belohnung. Das ist es, worüber wir nachdenken müssen, denn von selber kommt es nicht. Die Natur der Völker soll von uns erhöht werden durch ordnende Vernunft.

Und was ist dabei das Ziel?

Es gibt in der Entwicklungsgeschichte der Nationen die Ausbildung von menschlichen Typen, die das Ergebnis vieler Jahrhunderte sind. Man weiß, was ein Italiener ist, ein Franzose, ein Engländer, ein Russe, ein Amerikaner. So weiß man auch, was ein Deutscher ist, ein Magyare, ein Pole, ein Tscheche. Aber unser mitteleuropäischer Typ ist noch nicht fertig ausgewachsen, er bildet sich noch. Während Franzosen und Engländer in ihrer Art fertig sind, so haben wir Deutschen und die uns umgrenzenden kleineren Völker noch nicht den Grad von Sicherheit der Lebensführung und des Taktes, auch noch nicht diejenige politische Erziehung und künstlerische Sitte, die uns ganz von selber in großen und kleinen Dingen leitet. Wir sind im Vergleich mit den zwei westlichen Nationen noch jung. Als die Franzosen schon die hohe Glanzzeit ihrer Könige erlebten, begann bei uns erst die Nachahmung der romanischen Kultur. Unsere Vorfahren lernten Französisch und reisten nach Paris, um dort zu erfahren, wie man sich benimmt und was guter Ton und rechte Kleidung ist. Auch vom Engländer holten wir Sport, Reisegewohnheiten, Stadtanlagen und vielerlei sonst. Wir sind noch nicht ganz aus den Schülerjahren heraus. Das ruhig zu sagen, ist auch im Krieg keine Schande. Es leben zwar in uns alte, ehrwürdige Überlieferungen und Urbestandteile an Gemütsart und Charakter, dazu auch manche kräftige altgebrauchte Form und neue Erfindung, aber Altes und Neues, Vorgeschichtliches, Mittelalterliches, Neuzeitliches und Modernes ist noch nicht ausgeglichen. Wir sind, wenn ich mich so ausdrücken darf, geschichtliches Halbfabrikat und warten noch des Tages der Vollendung. Das gibt uns etwas Ursprüngliches und Aufnahmefähiges. Ich möchte an keiner anderen menschlichen Stelle arbeiten als gerade an dieser, weil sie die wunderbarsten Aufgaben in sich trägt. Wir haben viel Hintergrund, sehr viel Qualitäten, haben auch Anlage zur Durcharbeitung, nun aber soll erst die hohe Schule beginnen: um das Deutschtum herum wächst die Kultur von Mitteleuropa, es wächst der Typ des Menschen, der zwischen Franzosen, Italienern, Türken, Russen, Skandinaviern und Engländern die Mitte ist. Diesen Mitteleuropäer laßt uns suchen! Aber freilich haben wir es schwer, weil wir eben in Mitteleuropa sind, im Durchgangsland aller Völkerwanderungen, im Kampfland aller großen Geisterschlachten, im Gebiet der Religionskriege, der Nationalitätskämpfe, der sich rastlos folgenden Wirtschaftsperioden, in einem Gebiet, das keine innere Gemächlichkeit bieten und besitzen kann, weil es zu voll ist für bloßen Schematismus. Als Gesamtgebiet sind wir voller vergeblicher Bemühungen und sogar oft voll Verzweiflung im einzelnen, trotzdem aber voller Optimismus im ganzen. Wir kennen die Verzweiflung derer, die ihren Sieg nicht erreichten, den Optimismus derer, die die alten Probleme von neuem aufnehmen. Laßt uns in diesem Sinne zunächst von den alten und noch fortwirkenden Religionskämpfen Mitteleuropas sprechen, von vielem Versuchen, Zweifeln, Grübeln, Steigen, Stürzen, von Blut und Tod und Gesang heiliger Engel!

* * *

Mitteleuropa war von fernen Zeiten her ein Gegenstand des Streites zwischen beiden Teilen des alten Römerreiches. Anders ausgesprochen: der größte Teil Mitteleuropas ist von Haus aus, seit seiner Christianisierung und Zivilisierung von der alten unvergänglichen italischen Welt- und Geisteshauptstadt Rom abhängig, aber in den Karpathenländern und an der unteren Donau hat es immer ein Vordrängen und Zurückebben byzantinischer Einflüsse gegeben. Auch bei den Magyaren und Böhmen hat wie bei den Polen das vortürkische, orthodoxe Ostrom gelegentlich festeren Fuß zu fassen gesucht. Am weitesten drang aber Byzanz nach dem Nordwesten, als es mohammedanisch-türkisch geworden war, denn die Türken standen ja zweimal vor Wien, bestürmten Graz und Istrien und gingen andererseits bis nach Galizien, belagerten Lemberg und Przemysl und standen an den Karpathenpässen, die jetzt wieder unser Schlachtgebiet waren. Da sie aber den unterworfenen Völkern zwar eine oft drückende politisch-militärische Oberherrschaft und Steuerpflicht, aber keinen Übertritt zum Mohammedanismus auferlegten, so blieb auch unter ihrer Gewalt das frühere west- und oströmische Geistesverhältnis in seiner räumlichen Ausdehnung ungefähr bestehen. Im Laufe der Zeiten hat mit geistlichen und weltlichen Mitteln Westrom seine Ostgrenze weit vorgeschoben bis über die Weichsel. Ostrom wich nach Osten und Süden. Heute finden sich mohammedanische Teile nur noch in Bosnien und Herzegowina; orientalische orthodoxe Christen von Serbien aus an den Rändern von Dalmatien, Kroatien, Slawonien und vor allem in den rumänischen Gebieten am Zusammenfluß von Theiß und Donau, um Siebenbürgen herum und in der Bukowina. Ein Teil der Rumänen und fast alle österreichischen und ungarischen Ruthenen auf beiden Seiten der Karpathen sind griechisch-katholisch, d. h. sie sind in ihrer Religion byzantinischen Ursprungs, aber römisch-päpstlicher Organisation. Alles andere gehört zum mittelalterlichen Gesamtbestande von Westrom und erlebte darum alle gewaltigen inneren Erschütterungen dieser großen Geistesgemeinde.

* * *

Die weströmische Abtrennungsbewegung, die mit den Katharern, Waldensern, Wiklefiten und Hussiten begann und dann in der deutschen und schweizerischen Reformation gipfelte, ist in den germanisch-slawisch-ungarischen Gebieten Mitteleuropas mit ungeheurer Kraft und Gegenkraft durchlebt worden. Von 1517 an bis zum Westfälischen Frieden wogte der belebende und verwundende Kampf und erschütterte die mittelalterliche Staatsordnung und Wohlfahrt fast bis zum Zerbrechen. Es vollzog sich auf deutschem Boden und um ihn herum ein vulkanisches geistiges Erlebnis, dessen Folgen überall gemerkt wurden, wo entfernte Kinder Westroms saßen; die aber die ersten Träger dieses Vorganges waren, brachten dabei vielfach sich und ihr Land zum Opfer. Es gärte in den Seelen. Fast alle Gebiete, die heute zu Deutschland, Österreich, Ungarn und zum einstigen Königreich Polen gehören, sind erst einmal von der neuen Lehre ergriffen worden, wurden dann wieder zurückerobert, wechselten oft mehrfach den Herrn und den Glauben, bis schließlich nach viel Blutvergießen der Geist und die Widerstandsfähigkeit ermatteten und die Konfessionen sich nach Herrschaften und Normaljahren ordneten. Alle diese unübersehbaren Kämpfe in fast allen Städten, Flecken, Grafschaften, Bistümern, Kurfürstentümern sind für unser heutiges Geschlecht von Menschen schon beinahe innerlich unverständlich geworden, weil wir inzwischen etwas in uns aufgenommen haben, was vor vier Jahrhunderten kaum die fortgeschrittensten Köpfe sich auszudenken wagten, weil es das Ende eines Weltalters war, nämlich die persönliche Loslösung des Einzelmenschen vom Zwangsverband der Religionsgesinnung. Die Loslösung des Individuums erscheint als eine Folge der Reformation, zunächst aber war nach ihrer eigenen Absicht die deutsche und auch die schweizer Reformation nur ein Übergang von der alten allgemeinen zu einer neuen besonderen Gebietsgemeinschaft des kirchlichen Lebens und Handelns. Auch Luther und Calvin wollten Zwang und standen auf dem Grundsatz: cuius regio, eius religio: die Herrschaft bestimmt den Glauben! Die gebundene Zeit brauchte feste Formen, sie brauchte Disziplin des seelischen Inhaltes. Das war im ausgehenden Römertum nicht so gewesen, aber von da an, wo der römische Glaube zur nördlichen Massen- und Missionsreligion wurde, besonders seit er zu den germanischen Franken kam, wurde er Bestandteil des öffentlichen Wesens. Aus der wunderbaren freien, gesetzlosen, überirdischen und persönlichen Bergpredigt wurde eine Art geistlicher Militarismus, ohne den keine sittliche und bürgerliche Ordnung möglich schien. Luther und Zwingli wollten also nicht die Regel an sich brechen, aber ihren Geist dem biblischen Urbild wieder nähern und das Persönliche in der Frömmigkeit, das Selbsterlebte im Kultus steigern. Das war ihr heiliges Werk und das erschien den Vertretern der alten, längst regulierten Seelengemeinschaft als Überhebung, Unbotmäßigkeit und Volksverführung.

Diese Ausführung über die kirchliche Reformationsbewegung kann hier als unnötig erscheinen, aber mir liegt daran, daß wir in Mitteleuropa eine Geschichtsauffassung gewinnen, bei der Katholik und Protestant ohne Aufgabe ihrer geistlichen Werte und Ehren sich als Bestandteile einer gemeinsamen Vorzeit begreifen, denn es ist nicht zu leugnen, daß der Zusammenschluß von Nord und Süd auch auf religiösem Gebiete, und gerade auf ihm, sehr empfindliche Nebengefühle auslösen kann. Da sich nämlich im allgemeinen Norddeutschland in dieser Entwicklung anders verhalten hat als Österreich, und Österreich, Böhmen und Polen wieder anders als Ungarn, so sind überall Restbestände von Bitternissen übriggeblieben, die leicht über Nacht einmal wieder aufwachen können. Während fast der ganze Norden und einzelne wichtige Teile von Süddeutschland zur evangelischen Landeskirchlichkeit übergingen, war die Gegenreformation, die zwangsweise Unterdrückung der neuen Glaubensform in den habsburgischen Ländern am allerstärksten. Dort wirkte unter König Ferdinand I. der Jesuit Canisius, den die einen als den „Ketzerhammer“ und die andern als den „zweiten Apostel Deutschlands“ bezeichnen. Von dort wanderten zu verschiedenen Zeiten Evangelische von Haus und Hof, die dann teilweise von den preußischen Herrschern aufgenommen wurden. Die Folge davon ist, daß man bei den reichsdeutschen Protestanten vielfach noch die Vorstellung von der katholischen Gewaltsamkeit der Österreicher hat und bei den frommen österreichischen Katholiken die Scheu vor Gottlosigkeit und Verneinung alles Heiligen unter den Preußen. Wer in Tirol wandert und Sonntags in die Kirchen geht, kann davon etwas zu hören bekommen. Zu den politischen Machtkämpfen zwischen Nord und Süd tritt dieser Gesinnungsunterschied als verschärfendes Merkmal hinzu, und leise fragen sich gerade die nachdenklichen Kreise, welche geistig-religiösen Folgen die vollere Verbindung für beide Teile haben könne.

* * *

Diese Art der Fragestellung ist nicht neu. Schon als sich in der Mitte des vergangen Jahrhunderts die großdeutsche von der kleindeutschen Richtung schied, war ausgesprochen oder unausgesprochen dabei ein konfessionelles Element beteiligt. Und als dann der bismarckische Historiker des neuen Deutschen Reiches v. Treitschke die Vorgeschichte der Reichsgründung in seinem Sinne schrieb, zog er eine möglichst gerade Linie von Wittenberg nach Berlin, von Luther zu Bismark. Luther brachte das deutsche Christentum und dieses führte über den Großen Kurfürsten, Friedrich II., Kant und Hegel zum Deutschen Reich. Uns, die wir in dieser Darstellungsweise aufgewachsen sind, ist sie so einleuchtend, daß wir nur schwer verstehen, wie fremd sie schon reichsdeutschen Katholiken sein muß. Sicherlich ist auch an ihr rein sachlich sehr viel Wahres, denn der besondere preußische Staatsgeist war kein katholisches Gewächs; aber diese Auffassungsweise genügt nicht als ganze Erklärung des Deutschen Reiches, weil dieses ja keineswegs nur aus Königsberger Kantianismus besteht, weil auch König Friedrich II. nur in sehr abgeschwächtem Sinne als evangelischer Christ anzusehen ist. Vor allem aber kann diese rein protestantische Geschichtskonstruktion, mag sie wahr sein oder nicht, als grundlegende Reichstradition nicht aufrechterhalten werden, nachdem der Kulturkampf von allen Seiten beigelegt wurde und von keinem wieder wachgerufen werden soll und wird. Indem das Bismarckische Reich seinen Frieden mit Papst und Zentrumspartei machte, wurde der protestantische Charakter des hohenzollernschen Kaisertums zu einer außeramtlichen Privateigenschaft des überkonfessionellen Trägers der Krone. Das Deutsche Reich hat von da an als solches keine besondere Konfession und kann sie nach seiner Zusammensetzung nicht haben.

Während nun also in einer gewissen Zeit das friderizianische Preußen als „protestantische Vormacht“ gefeiert wurde, sah man

Österreich als die politische Auswirkung des Papsttums und des Jesuitenordens an. Gegenüber dem Freigeist Friedrich II. erschien dann seine große Gegnerin Maria Theresia im Glanze strenger und harter Kirchlichkeit, als Gründerin eines Staatskirchensystems, das noch immer nicht ganz erloschen ist und unter dem die protestantischen Minderheiten in Österreich, seien sie deutsch oder slawisch, sehr zu leiden haben. Auch diese Betrachtungsweise aber, so richtig sie im ganzen ist, leidet sicherlich an Übertreibungen, denn dieselbe Maria Theresia holte sich protestantische Ansiedler, Lutheraner und Calvinisten, nach Galizien und anderswohin und war ihnen gnädiger als manche spätere Herrschaft.

Die Haupttatsache selbst aber ist, daß bei Gemeinsamkeit von Deutschland und Österreich-Ungarn der deutsche und mit ihm der ungarische Protestantismus als Minderheitspartei erscheint. Das liegt vielen Protestanten schwer im Gemüt, so sehr sie sonst den historischen und politischen Zwang zur Vereinigung verstehen. Sie sagen etwa so: „Selbstverständlich ändert der Zusammenschluß unmittelbar an den vorhandenen Konfessionsbeständen gar nichts; es ist auch nicht wahrscheinlich, daß bisher protestantische Landesregierungen dadurch zu einer andern Religionspolitik veranlaßt werden, aber je inniger im Laufe der Zeit der politische Gesamtverband Mitteleuropa werden kann, desto größer wird für uns Evangelische die Gefahr, daß wir sozusagen geschichtlich unvertreten sind, weil sich leicht eine ganz Mitteleuropa füllende päpstliche Partei bilden kann, die sich dann für weltpolitische oder handelspolitische Leistungen in einzelstaatlichen konfessionellen Bevorzugungen bezahlen läßt und die nach außen hin den Charakter des Deutschtums als katholisch und nicht als evangelisch in die Erscheinung bringt." Man hört wohl sagen, daß dann die Protestanten im Gesamtreiche etwa so angesehen sein werden wie jetzt in Bayern, d. h. nicht geschädigt, aber doch beiseite gedrückt.

Auch ich gestehe, daß für mein geschichtliches Denken hier eine Sorge bleibt, und zwar um so mehr, als im Kriege die Verbindung zwischen den Evangelischen Englands und Deutschlands sehr gelockert ist und wir nicht wissen, ob sich das Gemeinschaftsgefühl des deutsch-englisch-amerikanischen Protestantismus so bald wieder einstellt. Es ist auf diesem Gebiete zwar keine Organisation zerbrochen worden, denn es bestand keine, aber wer den Protestantismus kennt, weiß, wie wenig er von seinen Organisationen lebt und wie sehr von unformulierten Gemeinschaftsgefühlen. Er ist als Kirche schwach und als Gesinnungsverband stark. Man kennt sich als evangelisch in der ganzen Welt, aber — wird man sich in den nächsten Jahrzehnten wieder so kennen? Der Krieg stört uns Protestanten mehr als die Katholiken, denn deren päpstlicher Zentralsitz ist trotz seiner örtlichen Lage in Italien doch durch die Haltung des gegenwärtigen Papstes außerhalb der Kämpfe. Bei uns versuchen wohl evangelische Neutrale die protestantische Gemeinschaft aufrechtzuerhalten, sind aber dazu doch nicht kräftig genug, da sie sonst meist von Deutschland und England ihre geistige Führung erhielten. Während wir also um die Zukunft des Protestantismus als Gesamterscheinung und um seine Missionsgebiete in fremden Erdteilen uns Gedanken machen, ist es kein ganz leichtes Stück, gleichzeitig für innigen und unauflöslichen Zusammenschluß mit einer grundsätzlich und praktisch katholischen Macht eintreten zu müssen. Wir müssen es aus allen sonst angeführten Gründen, aber es darf erlaubt sein, offen auszusprechen, daß wir dabei in religiöser Hinsicht ein gewisses Opfer bringen. Andere werden dabei andere Opfer zu bringen haben, wie es bei Verbandsschließungen unvermeidlich ist.

* * *

Das, was es uns als Evangelischen einigermaßen schwer macht, die Reise nach Mitteleuropa anzutreten, wird in demselben Maße den Katholiken die Fahrt erleichtern, aber auch da sind die Dinge nicht so einfach, wie sie bei bloßer statistischer Betrachtungsweise aussehen können. Die Katholiken Mitteleuropas sind weit entfernt davon, eine geschlossene Einheit zu bilden. Sie finden ihre Einheit vor dem päpstlichen Stuhl, aber nicht immer untereinander. Es ist viel leichter, die protestantischen Minderheiten Österreichs und Ungarns an uns anzugliedern, als die reichsdeutschen Katholiken mit den österreichisch-ungarischen Katholiken aller Sprachen als Einheit zu erfassen. Um einige Hauptstücke anzuführen, so ist der katholische Klerus in Ungarn seit alten Zeiten selbständig und nicht politisch im Sinne der Wiener Christlichsozialen oder der Kölner und Berliner Zentrumsleitung. In Ungarn bedeutet der meist calvinische Protestantismus vieler herrschenden Geschlechter tatsächlich viel mehr als nur statistisch ersichtlich ist, und auch der starke israelitische Zusatz zur gebildeten Schicht trägt dazu bei, das ungarische Königreich vor Konfessionsparteien zu bewahren. Man hat gewisse Versuche von klerikaler

Politik gemacht, aber sie haben nur geringe Erfolge gebracht. In den polnischen Gebieten Österreichs aber ist der katholische Klerus ebenso wie im preußischen Polen mehr polnisch national, als allgemein katholisch oder mitteleuropäisch staatlich, und geht seine eigenen Wege. Ähnlich verhält es sich offenbar mit dem kroatischen und überhaupt dem südslawischen Katholizismus und wohl auch mit dem tschechischen. Sie sind alle bisher sicherlich nicht eingestellt auf die Idee einer mitteleuropäischen Weltmacht, und es wird eine gute Weile dauern, bis sie es sein werden. Dazu kommt, daß das reichsdeutsche Zentrum durch eine lange Schule hindurchgegangen ist, in der es gelernt hat, daß Übertreibungen an einer Stelle zu Gegenwirkungen an andern Stellen führen. Das merkt man zwar beiderseits nicht immer in den Wahlreden, aber in der parlamentarischen Politik ist es wohl zu beobachten. Und vergessen wir nicht, daß in Österreich und Ungarn die Zahl der Katholiken, die sich nur wenig um ihren Katholizismus kümmern, nicht gering ist!

Von vornherein muß natürlich feststehen und wird auch von keiner Seite aus anders aufgefaßt, daß die Kirchen- und Schulfragen niemals mitteleuropäische Bundesangelegenheiten werden sollen und dürfen. Aller etwaige konfessionelle Einfluß des Bundes kann nur sehr indirekt sein und wird, wie wir hoffen, aufgewogen werden durch das steigende politische Gemeinschaftsgefühl der verbundenen Völker. Je mehr Mitteleuropa Gestalt gewinnt, desto ferner rücken wir vom Zeitalter der Konfessionskriege und nähern uns der Duldsamkeit, die gerade im Höchsten und Innerlichsten frei vom Staatszwange leben will und leben läßt.

Wie ich höre, hegen einige Leute den Gedanken, es könne der politische Zusammenschluß benutzt werden, um alte vergebliche Hoffnungen auf konfessionellen Ausgleich neu zu beleben. Das ist gut gemeint aber gefährlich. Der Friede besteht auf diesem Gebiet am besten, wenn nicht gar zu viel von ihm geredet wird. Wir haben jetzt wahrhaftig genug anderes zu tun!

* * *

Hier an dieser Stelle zwischen den Konfessionen und Nationalitäten muß ein Wort von den mitteleuropäischen Juden geredet werden. Im Deutschen Reich gelten sie als Konfession und legen Gewicht darauf, Deutsche zu sein. In der Donaumonarchie ist die Sache viel verwickelter, da es hier nicht nur deutsche, sondern ebenso polnische, tschechische, ungarische Juden gibt, und da sie im Nationalitätengemisch vielfach als selbständige Nationalität auftreten und sich nicht erst an eine der vorhandenen Völkergruppen anschließen. Wenn ein Jude aus Galizien nach Wien übersiedelt, so bedeutet das nicht immer, daß er deutsch wird. Dazu kommt, daß die Juden in den östlichen Gebieten Österreichs und teilweise auch Ungarns viel gedrängter und volkhafter beieinander sitzen, vergleichbar einer besonderen Kaste, die ihre eigenen Gebräuche, Berufe und Sprache besitzt und gar nicht in dem übrigen Volksgemisch verfließen will. In dem langen Verzeichnis der österreichischen politischen Parteien tritt sogar als kleine Parteigruppe der „jüdische Klub" auf, während sonst natürlich Juden fast in allen andern Parteien erscheinen. Es gibt eine ganze Anzahl von beachtlichen Städten, in denen die Juden über 50% der Bevölkerung ausmachen und also die Verwaltung direkt in der Hand haben. Wir nennen als solche Orte: Rzeszow, Rawaruska, Brody, Zloczow, Tarnopol, Rohatyn, Stanislau, Kolomea (alle in Galizien) und Munkacs in Ungarn. In den Hauptstädten Wien, Prag und Krakau ist der israelitische Bestand und Einfluß etwa so wie in Amsterdam und Frankfurt a. M., wesentlich höher als in Berlin und Breslau. In Budapest wird fast die Zusammensetzung von Warschau, Odessa und Lodz erreicht. Es würde deshalb sehr falsch sein, beim Gedanken an Mitteleuropa die Juden außer acht zu lassen. Sie sind vorhanden und bedeuten viel für Zeitungen, wirtschaftliches Leben und Politik. Im allgemeinen nehmen wir an, daß sie in ihren westlichen Teilen durchaus für die Erweiterung des Wirtschaftsgebietes durch Schaffung einer mitteleuropäischen Wirtschaftseinheit zu haben sind; von den Meinungen der galizischen Juden kann ich mir eine eigene Vorstellung nicht machen, besonders jetzt, wo sie wie alle Bevölkerungen Galiziens unter den harten und widerspruchsvollen Einwirkungen des grausamen Krieges zu leiden hatten.

Es ist möglich, daß von antisemitischer Seite aus im Deutschen Reiche der große Prozentsatz der Juden in der Donaumonarchie als Gegengrund gegen die Herstellung von Mitteleuropa angeführt wird; möglich, aber nicht sicher, denn dieselben Kreise pflegen sehr gute Freunde der zum Teil antisemitisch gerichteten Deutschen in Österreich zu sein und werden gern mit ihnen zusammen arbeiten wollen. Ein politischer Erfolg ihrer antisemitischen Bestrebungen wird aber voraussichtlich auch dann nicht eintreten, um so weniger als im deutschen wie im österreichischen und ungarischen Heere israelitische Soldaten während des Krieges ihre Pflicht getan haben wie jeder andere und ihre Staatsbürgerlichkeit wie alle andern in vielen Fällen mit dem Tode bekräftigten. Nach dem Kriege muß Schluß gemacht werden mit allen gegenseitigen Verhetzungen, denn im Hintergrund liegt der gemeinsame Schützengraben. Der ist politisch ebensoviel wert als die Taufe.

* * *

Und damit sind wir nun an der eigentlichen Nationalitätenfrage angelangt. Die Judenfrage ist mehr soziale Frage als Nationalitätenfrage im engeren Sinne des Wortes, denn nirgends in Mitteleuropa kann der Jude für sich allein staatbildend auftreten wollen. Mag seine zionistische Richtung auch das Judentum im ganzen als politische Macht innerhalb der Weltpolitik erfassen und in Palästina einen Mittelpunkt jüdischer Gesamtwirkungen suchen, so berührt doch dieses den inneren Zustand der mitteleuropäischen Großstaaten nur sehr indirekt. Wir können und werden diese internationale Erscheinung in unsere politischen Berechnungen einsetzen, wenn wir an den türkischen Orient herangehen, vielleicht auch, wenn wir der westlichen Gebiete Rußlands gedenken, aber weder im Deutschen Reiche noch in Österreich-Ungarn handelt es sich um jüdische Sprachenfragen, Herrschaftsfragen und Parteifragen im größeren Stil. Das ist alles örtlich, höchstens provinziell. Was hier der Jude mit Recht verlangt, ist bürgerliche Anerkennung, nicht mehr! In welcher Volksgruppe er sich diese Anerkenung suchen will, ist seine Sache. Mit dieser mehr passiven Staatsbürgerlichkeit aber begnügen sich die Völkerteile nicht, die in ihrer Nachbarschaft größere politische Staatskörper ihrer eigenen Art besitzen oder die in ihrer Erinnerung eine leuchtende politische Vergangenheit mit einer düsteren Gegenwart vergleichen. Sie streben zum Zusammenschluß als Staat, und auch gesicherte und günstige materielle Zustände sind für sie kein vollwertiger Ersatz verlorener oder nie erreichter geschichtlicher Selbständigkeit.

Alle europäischen Großstaaten und selbst mehrere Kleinstaaten haben mit nationalen Schwierigkeiten dieser Art zu kämpfen. Am meisten überwunden sind sie in den lateinischen Staaten Italien, Spanien und Frankreich, weil hier die alte Herrensprache die Reste der Volkssprachen so weit verdrängt hat, daß diese sich nur noch als provinzielle Dialekte hindurchretten und zu keiner wirksamen Organisation mehr ausreichen. Schon anders ist es mit den Iren in Großbritannien und mit den Vlamen in Belgien. Das Hauptgebiet der Nationalitätsfragen findet sich aber dort, wo Mitteleuropa in die weite russische Fläche übergeht, an der Ostsee, an der Weichsel, an den Karpathen und an der Donau bis hin zum Goldenen Horn von Konstantinopel. Und der Mittelpunkt aller dieser Probleme ist in gegenwärtiger Geschichtszeit die österreichisch-ungarische Monarchie, der „Völkerstaat".

Da wir Reichsdeutschen mit diesen Nöten weniger zu tun haben, so findet man bei uns im allgemeinen recht wenig wirkliches Verständnis für sie und wenig Lust, grundsätzlich und ernstlich auf sie einzugehen. Wir haben oder hatten bisher unsere Grenzschwierigkeiten in Elsaß-Lothringen und an der dänischen Grenze, aber da es sich hier nur um kleinere Minderheiten handelte, so glaubte man ihre Regelung auf dem Verwaltungswege erledigen zu können und sah die Widerstände, die sich regten, als unbefugte Opposition an. Es ist an diesen zwei Stellen im Namen des Deutschtums recht viel Kleinliches geschehen, dessen wir uns schämen, das deutsche Volk im ganzen aber hat sich wenig darum gekümmert. Es regte sich kaum bei den wechselnden Experimenten am lebendigen Leibe dieser Kleingruppen und meinte, die betreffenden Behörden würden schon wissen, was der Staatssicherheit diene. Jetzt im Kriege fangen erst viele an, sich eigene Gedanken zu machen, beginnen aber oft dabei mit dem elementarsten Plan: Germanisierungszwang, kaum wissend, wie viele trübe Erfahrungen in aller Welt mit dieser in Rußland noch möglichen, an den Vogesen und in Jütland aber bereits unmöglich gewordenen Methode schon gemacht worden sind. Wenn beispielsweise am Markt in Kolmar nicht mehr Französisch gesprochen werden soll, so ist ein solcher Erlaß selbst im Kriege wenn nicht unmöglich, so doch sicher von geringer Wirkung. Die Gewinnung fremdsprachlicher Bevölkerungsteile für einen anderssprachlichen Nationalstaat ist eine viel kompliziertere Sache als daß hier einige Verbote und Abschiebung etlicher Führer einen Erfolg zeitigen könnten. Mag im Kriege kurze militärische Erledigung oft unvermeidlich sein, so werden wir bei jeder etwa beabsichtigten Verfassungsänderung oder Eingliederung der Reichslande nach dem Frieden mit der Auffindung der richtigen Behandlung der dortigen Bevölkerung nochmals von vorn anfangen müssen, und zwar mit der Absicht, dabei von Österreich zu lernen, denn sprechen wir es offen aus: so unvollkommen die Ergebnisse der Nationalitätenbehandlung in Österreich und Ungarn sind, so findet sich doch dort immer noch viel mehr Sachverständnis für diese Art von Aufgaben als bei uns, wo sie nur nebenbei und widerwillig erledigt werden. Es gibt so viele Gebiete, auf denen die Österreicher von uns lernen können, daß wir uns nicht scheuen sollen, ihnen ihre größere Erfahrung in den mancherlei Sachen willig zuzugestehen, wo sie in der Tat vorhanden ist.

Dasselbe gilt in erhöhtem Maße von der reichsdeutschen und insbesondere preußischen Polenpolitik. Preußen hat die Polen in sich aufgenommen, ehe es selber ein deutscher Nationalstaat war, und dachte damals gar nicht daran, diese Landesteile verdeutschen zu wollen. Erst als später in der Napoleonszeit der Nationalitätstrieb auf beiden Seiten gleichzeitig in die Höhe wuchs, als dann 1830 die preußischen Polen vom Wellenschlage der großen vergeblichen polnischen Revolution mit bewegt wurden, als dort die Toten erwachten und ein an eigener Schwäche und Unfähigkeit zugrunde gegangenes Staatswesen wieder krampfhaft sich aufrichten wollte, da sah der Preuße im Polen den nationalen Gegner, ohne ihn deshalb aus dem Staatsverband freilassen zu können, weil unsere ganze Ostgrenze unmöglich wird, sobald ein neues, politisch unabhängiges Königreich Polen unsere an sich schwere Verteidigungslinie durchschneidet. Preußen nahm in die eine Hand den Zwang und in die andere die materielle Wohlfahrt und verlangte dafür Gesinnungsanschluß. Es brachte wirtschaftlich sehr viel Gutes zustande, aber zur Seele der polnischen Bevölkerung fand es keinen Weg. Kaum einige Gruppen des Hochadels suchten den Übergang zum Preußenstaat, diese aber waren ihrer Natur nach schon immer international und deutsch verschwägert gewesen. Auch die kleine Gruppe evangelischer Polen wurde innerlicher und blieb länger königlich preußisch, weil sie ein konfessionelles Anlehnungsbedürfnis hatte, die Masse des katholischen Polentums war aber und ist polnisch national. Auch soweit sie an die Aufrichtung des Polenstaates im preußischen Gebiete nicht mehr glauben und sich in Preußen wirtschaftlich wohlbefinden, bleibt doch eine Kluft: es ist ein anderes Volk. Aller deutsche Schulunterricht macht sie zwar zu brauchbaren und erwerbsfähigen Zweisprachlern, aber nicht zu Deutschen. Pole bleibt Pole, sehr oft sogar, wenn er seinen Wohnsitz nach Berlin oder Westfalen verlegt. Auch als Wanderarbeiter behält er seine Landesart und träumt von andern Dingen als die deutschen Inspektoren, die ihm die Arbeit zuweisen. Das ist nicht nur und gar nicht in erster Linie der soziale Gegensatz von Knechtsvolk und Herrenvolk. Der spielt an vielen Stellen mit, aber man sieht es am polnischen Bergarbeiter, wie ungern er sich in deutsche sozialdemokratische Gewerkschaften einordnen läßt. Auch als Sozialdemokrat will er Pole bleiben und erzwingt sich seine eigenen gewerkschaftlichen Verbände.

Wenn trotzdem die preußischen Polen im Kriege fast ohne Ausnahmen treu ihre Pflicht getan haben und noch tun, so braucht das niemanden zu wundern, der vorher nicht an die Reden der übertreibenden Polengegner geglaubt hat. Die magnetische und reale Gewalt jedes zum Krieg sich erhebenden Staates ist so ungeheuer, daß sich kein Teil ihr entziehen kann. Man denke an die vielen Deutschen, die leider drüben im russischen Heere kämpfen! Das sind nicht nur Gezwungene. So wie sie zog der russische Pole mit den Russen, der preußische Pole mit den Deutschen, der galizische Pole mit den Österreichern. Da er für das entschwundene Vaterland seiner Träume nicht kämpfen konnte, so stellte er sich in den Dienst der Macht, zu der er gehört. Und wenn er stirbt, so stirbt er für ein Vaterland, von dem er Achtung verlangt für seine Brüder. Es wird auch hier nach dem Kriege eine große Revision aller Methoden stattfinden müssen, eine Loslösung vom Germanisierungszwang und eine Zuwendung zu besserer innerstaatlicher Regelung. Das aber bringt uns Reichsdeutsche ganz von selbst den österreichischen und ungarischen Nationalitätenfragen näher. Wir müssen anfangen, sie begreifen zu lernen, wir müssen es.

* * *

Dabei ist es ein großer Unterschied, ob man an die Nationalitätenfragen der südlichen Doppelmonarchie nur als Deutscher herangeht oder als deutscher Mitteleuropäer. Wir verlangen und versprechen gar keine blasse Objektivität, denn diese ist in solchen politischen Lebensfragen von vornherein unfruchtbar, weil sie die Seelen der Völker mit Paragraphen zu ordnen gedenkt, die ihnen von außen her aufgedrängt werden; wir wollen als Deutsche diese Sache durchdenken, aber nicht als kleine Leute, die nur an sich und ihr nächstes Interesse denken, sondern als Mitglieder der größten und ausschlaggebenden Nation Mitteleuropas. Vom einzelnen bedrängten Deutschen, der, umgeben von Slawen oder Magyaren, geschäftlich beschwert von Polen oder Rumänen, beständig überstimmt von Tschechen oder Slowenen, für seine Kinder keine deutsche Schule findet und beim Bezirksvorsteher kein Ohr für seine Nöte und vor dem Richter keinen deutschen Protokollführer, von diesem hilflos gewordenen unterdrückten deutschen Bauer oder Handwerker, der täglich überlegt, ob er nicht mit Schmerzen den Acker seiner Väter verlassen soll, verlangen wir sicherlich nicht, daß er als Philosoph über den Dingen schweben und die ähnlichen Nöte aller andern Nationalitätssplitter gleichzeitig mit auf seinem überladenen Herzen tragen soll. Er kämpft für sich und seine Sache, und wenn er mit uns redet, da fließt sein Mund über von Bitternis und Gram. Er leidet in seiner Verlassenheit für sein deutsches Volk. Er kann nicht Politik mit Tschechen, Magyaren oder Rumänen zusammen treiben, denn er ist unter die Räder gekommen und ihm hilft zurzeit nur Trotz und eine lederne Haut. Dieser Mann aber ist nicht das Deutschtum im ganzen, sondern er ist an seinem Posten nur wie ein Vertreter eines bedrückten Kleinvolkes. Als solcher darf und soll er so reden, wie er redet, aber wir empfinden es als peinlich, wenn Deutsche, die nicht in derselben Lage sind, sich desselben Tones bedienen. Das kommt zwar täglich auch bei andern Nationalitäten vor, aber es ist auch da unfein. Als mir ein deutscher Vertreter starker Industrien in ähnlicher Weise zusprach, habe ich ihm keinen Zweifel gelassen, daß ich darüber sehr traurig war. Man soll nicht den Notleidenden spielen, wenn man es nicht ist! Wir Reichsdeutschen wollen, soweit wir es können, in Mitteleuropa allen bedrängten Brüdern helfen, aber wir verwahren uns dagegen, nur deutsche Ansprüche auch auf jeder Sprachinsel und gegen jede Verschmelzung bis ans letzte Ende zu vertreten, weil das, wenn es von allen so betrieben wird, der Zerfall der Gemeinschaft beider Staaten Mitteleuropas sein würde. Dort, wo die Deutschen in Österreich oder Ungarn als Versprengte oder Gekränkte leben, sind sie unserer Teilnahme und unseres Schutzes unbedingt sicher, aber auch sie sollen nach Möglichkeit erwägen, daß gegenseitige Gerechtigkeit ein Volk erhöht und daß mit uns auch die anderen Nationen leben wollen.

Die Deutschen in Österreich haben im Laufe des letzten Jahrhunderts viel verloren. Sie waren vom 18. Jahrhundert her die staaterhaltende und staatbildende Nation und sind heute in der Donaumonarchie ein Volk unter Völkern geworden. Ihre vergangenen großen Verdienste werden nicht gewürdigt, ihrer Mühen für die Hebung der Kleinvölker wird nicht gedacht. Vor vielen

Jahrhunderten wurden sie von fremdländischen Königen und Bischöfen gerufen, um Gewerbetüchtigkeit und Landwirtschaft zu heben. Wo neue Gebiete in Kultur genommen werden sollten, lockte man mit allerlei Rechten und Versprechungen Abwanderer von der Eifel oder aus Schwaben oder Thüringen oder aus sonst einem Gebiet mit vielen Kindern. Sie kamen und wurden hospites, Gäste, und halfen sich und dem Lande, das ihrer Dienste begehrte. So wurden sie überall zwischen Alpen und Karpathen mit Absicht zerstreut als Salz der Erde und haben treu und redlich ihre bürgerliche Pflicht erfüllt. Sie haben die Straßen gebaut, auf denen jetzt andere fahren, die Schulen angelegt, in denen jetzt gegen sie unterrichtet wird. Und dabei haben sie das Gefühl, daß nicht ein großer innerlich starker Gegner sie überwunden hat, sondern daß sie oft den kleinen Machenschaften der Vielen unterlagen, dem Trotz derer, die doch nicht imstande sind, sie zu ersetzen. Das gibt ihnen häufig eine wehmütig herbe Stimmung, die sehr erklärlich, aber für künftige politische Erfolge nicht günstig ist. Viele reichsdeutsche Kreise haben sich von den österreichischen Fragen zurück gezogen, weil ihnen diese wehleidig anklagende Tonart schwer erträglich ist. Dabei haben übrigens beide Teile unrecht, denn der betreffende Reichsdeutsche hat meist keine Ahnung, was in der Seele des österreichischen Deutschen und in der seines Vaters vorgegangen ist. Er versteht die ältere Generation der Donaudeutschen überhaupt nicht, und von der jüngeren sieht er noch keine Beweise ihres anderen stärkeren Wollens und ihrer volleren bewußten Einordnung in die Welt, wie sie nun einmal geworden ist.

Richard Charmatz hat in der Broschüre „Österreich-Ungarns Erwachen" (Flugschriften herausgegeben von Dr. Ernst Jäckh, Deutsche Verlagsanstalt, Stuttgart) von der jüngeren deutschen Generation gesagt: „Sie lernen im modernen Sinne österreichischer denken als ihre Vorgänger, ohne daß sie deshalb weniger deutsch wären." Das scheint uns den Kern der Sache zu treffen. Österreichisch denken heißt für sie: anfangen, mitteleuropäisch zu denken. Diese Umdenkung wird keinem in Österreich und Ungarn lebenden Deutschen erspart und auch keinem Glied einer anders sprechenden Nation. Weitere wertvolle Gesichtspunkte finden sich in den im literarischen Teil genannten Büchern von Springer und Popovici. Ersterer behandelt die Frage als österreichischer Sozialdemokrat, letzterer als rumänischer Großösterreicher.

* * *

Was vielen unserer deutschen Brüder in Österreich und Ungarn noch im Blute liegt, ist der alte Zustand, bei dem der Staat ein Eigentum der Habsburger Dynastie und ein Verwaltungsgebiet des deutschen Beamtentums war. Diese altösterreichische Zeit hatte ihren eigenen, etwas steifen, aber sehr achtbaren und erklärbaren Charakter. Die deutsche Ostmark war geschichtlich der Kern der Monarchie. Von ihr aus wurde Böhmen angegliedert, die Adriagebiete besetzt, Ungarn freigemacht, Galizien hinzugezogen. Der ganze Staat war ein erweitertes Vorwerk des Deutschtums. Er war ein Verwaltungsstaat, der den angegliederten Völkerschaften die Vorteile deutscher Ordnung brachte, ein Polizeistaat, der für alle sorgen wollte, indem er alle als Untertanen betrachtete. Nirgends ist der absolute Staat, der volkslos und unpsychologisch den Herrschaftsberuf verständig übte, so durchgebildet gewesen als im alten österreichischen Kaisertum. Das war der Staat Maria Theresias und auch ihres in Weltanschauungsfragen anders gerichteten Sohnes Joseph II.

Diesen altösterreichischen Staat wollte Metternich inmitten einer nationalistisch gewordenen Welt künstlich erhalten. Es war Stil und Charakter in diesem Staate, aber allerdings ein Charakter, der wie alles Irdische seinen Anfang und sein Ende hatte. Ehe wir aber darüber reden, woran dieser Charakterstaat zerbrach, sollen wir ihn in seiner eigenen Würde erfassen, weil er nur dann innerlich überwunden wird, wenn man ihn vorher achtet. Dieser Staat war nicht so militärisch wie Preußen, nicht so rein verwaltungstechnisch wie Kursachsen, nicht so patriarchalisch wie Altbayern, er war in seiner Art kulturell und für seine Verhältnisse modern. Er leistete militärisch die wahrhaftig nicht leichten, langen Türkenkriege, war Weltstaat in Italien und Flandern, vereinte viele Kräfte mit verhältnismäßig geringen Reibungen und zeigte, was in der Hand einer vorsichtigen Erbmonarchie eine einheitlich disziplinierte, wohlabgestufte Beamtenschaft fertig bringt. Dieser alte Staat hielt die napoleonischen Prüfungen besser aus, als das mehr auf schnelle Erfolge angewiesene Preußen, hatte eine Zähigkeit im Verteidigen errungener Gewinne, die in Erstaunen setzt, und ist in seiner Weise eine historische Leistung gewesen, die als derb, tüchtig und dabei formvoll bezeichnet werden kann. Von diesem vortrefflichen und hausbackenen altösterreichischen Staate zehrt die Doppelmonarchie noch heute, so wie die französische Republik von ihrem Königserbe zehrt. In ihm leben die alten deutsch-österreichischen Beamten, als ob er noch da wäre. Er hat zwar in verschiedenen Absätzen seine Grenzen verkleinert, hat Außengebiete, wie besonders Italien, aufgegeben, aber seine Tradition ist nicht erloschen, selbst nicht erloschen, als im Jahre 1848 alle Grundfesten wankten, und zwar nicht nur vom Ansturm der Nichtdeutschen, sondern auch vom Unwillen der deutschen Bauern und Bürger. Der altösterreichische Staat nämlich war deutscher Beamtenstaat, aber keineswegs deutscher Volksstaat. Was an ihm deutsch war, saß in den Amtsstuben. Von deutscher Nationalbewegung und Demokratie war er so unberührt, wie von irgendwelcher anderen volkstümlichen Massenbewegung. Er war die alte Ordnung der Dinge an sich. Darum aber war er das Ziel der revolutionären Angriffe aus allen Lagern zugleich, auch aus dem deutschen.

* * *

Metternich ist uns in der Hauptsache bekannt als Bekämpfer des fortschrittlichen Geistes seiner Zeit. Er war in seiner Art ein Mitteleuropäer, aber einer alten Schlages: Kavalier, Staatsmann, Regent ohne eine Spur von demokratischer und nationaler Volkstümlichkeit. Er hinderte von der Donau bis zur Elbmündung den neuen Geist, dem sich Friedrich Wilhelm III. von Preußen in den Freiheitskriegen widerwillig fügte, denn er wußte oder glaubte, daß sein Staat, der altösterreichische Staat, zerbrechen würde, wenn der Völkergedanke siegte. Gegen ihn und sein System richtete sich darum die Revolution des Jahres 1848, und ihn und seinen Kaiser traf sie viel schwerer als etwa den preußischen oder bayrischen Herrscher, denn die damaligen Österreicher waren die Antidemokraten an sich.

Was aber war 1848 die alte deutsche Demokratie?

Sie war und ist eine bis zu Ende durchgedachte Herrschaft der Beherrschten, damals getragen vom aufstrebenden Bürger- und Bauernstande, später übernommen von der nachdrängenden Arbeiterschaft. Die angestrebte Herrschaft der bisher Beherrschten beruht theoretisch auf der Voraussetzung, daß die Masse durch gewählte Vertreter und parlamentarische Mehrheiten zu regieren fähig sei. Gegen diese Voraussetzung lassen sich und ließen sich Einwendungen erheben aus der Natur der Masse an sich, aus der Technik des parlamentarischen Betriebes und vor allem auch aus der Unvereinbarkeit ungleichartiger Bevölkerungen innerhalb eines demokratisch-parlamentarischen Systems. Das letztere war die besondere österreichische Frage. Alle andern demokratischen

Schwierigkeiten wurden in den rein nationalen Staaten auch erlebt und zum größeren Teil überwunden, aber für den doppelt verwickelten Fall der vielsprachigen, national gespaltenen parlamentarischen Demokratie wurde das alte Österreich das Musterbeispiel der Weltgeschichte, und Kaiser Franz Joseph I. hat diese Probe von 1848 an bis jetzt an leitender Stelle durchlebt.

Die Demokratie gibt mit dem Wahlrechte den Bevölkerungen einen Teil der Souveränität in die Hand unter der Voraussetzung, daß sie es verstehen, regierungsfähige Mehrheiten zu bilden. Das ist an sich eine nicht leichte Leistung für Volksmengen, die bisher aus unorganisierten Untertanen bestanden. Oft bekamen sie in halbentwickelten Ländern Wahlrechte in die Hand, ohne zu wissen, was sie mit ihnen anfangen sollten. Sie sendeten Vertrauensmänner ohne Zusammenhang, Ortsgrößen, Redner und Ehrenbürger ins Parlamentshaus und wunderten sich dann, wenn die Regierung mit diesem Potpourri von Personen umsprang, wie es ihr beliebte. Solange nämlich eine demokratische Volksvertretung in sich undisziplinierte und mehrheitslos ist, stärkt sie im Grunde die Bureaukratie, weil sie ihr die Unbehaglichkeiten der Steuerbewilligungen abnimmt, ohne doch die Leitung der Geschäfte in die Hand nehmen zu können. Das war die unerwartete Erfahrung fast aller konstitutioneller Regierungen nach 1848, am meisten aber die der österreichischen Regierung. Es blieb trotz geänderter Verfassungsformen und bei etwas mehr Regierungsmühe im Grunde alles beim alten. Und es würde in der ganzen Donaumonarchie so geblieben sein, wenn nicht an einer Stelle eine disziplinierte, festgeschlossene Organisation auf den Plan getreten wäre, in Ungarn. Die ungarische Revolution von 1848/49 macht erst diesen Zwischenfall der Volkserhebung zum historischen Ereignis, denn die ungarische Revolution war mehr als der unklare Regierungswunsch der vielsprachigen demokratischen Bauern und Bürger, er war die Schilderhebung eines schon vorher fast in sich fertigen nationalen Körpers. Der ungarische Adel war anders revolutionär als die Wiener Handwerker, denn er wollte nicht nur auf die Straße gehen, protestieren und den Regierenden etwas abhandeln, sondern er wollte selber herrschen und wußte, was das heißt. Erst mit der ungarischen Erhebung begann der ganze Ernst der Nationalitätenfrage.

* * *

Ehe wir aber von den Ungarn und ihrem Einfluß auf alle anderen nichtdeutschen Elemente reden, wird es nötig sein, noch einige weitere Ausführungen über Demokratie und Nationalismus hinzuzufügen.

Demokratie ist also, wie schon gesagt, die Beteiligung der vorher Beherrschten an der Regierung. Das ist ein langsamer Vorgang, denn wer nichts gewesen ist als nur eben mittelalterlicher Knecht, Dienstmann oder Untertan, hat überhaupt keinen Herrschaftswillen. Er muß erst im Laufe von Geschlechtern aus seiner Dumpfheit herausgehoben, aufgeklärt werden, ehe er auch nur daran denken kann, selber politischer Herrschaftsfaktor zu werden. Diese Aufklärung war die Leistung des 18. Jahrhunderts, und an ihr beteiligten sich auch Fürsten und Aristokraten, ohne die Folgen ihrer volksfreundlichen Bildungsbestrebungen zu überschauen. Ohne es zu wollen, machte man im absoluten Staate aus Analphabeten künftige Revolutionäre. Indem die alte Gesellschaft einige Brosamen ihrer Bildung in die Gesindestube sendete, untergrub sie sich selber. Das hat man im wohlwollenden Österreich des vornapoleonischen Zeitalters in harmlosester Weise reichlich getan.

Das Volk des 18. und auch noch des 19. Jahrhunderts nimmt die ihm von oben gebrachte Bildung langsam und mißtrauisch an, weil es nicht gewöhnt ist, Wohltaten ohne Hintergedanken zu empfangen, und weil es selber auch nicht ahnt, was ihm gegeben wird. Es kann nicht wissen, was in ihm für Kräfte schlummern. Die Zeit der Adelsherrschaft oder der Klosterherrschaft hat so lange gedauert, daß die weit zurückliegenden Zeiten alter Gemeinfreiheit und Völkerwanderungswildheit ganz vergessen und verloren sind. Denn wer hat früher jedem gemeinen Volke seine eigene Geschichte erzählt? Es sah die Herren über sich und merkte, daß die Herrschaften zwei Sprachen hatten, eine Obersprache für ihren europäischen Verkehr, sei er ritterlich oder priesterlich, und eine Sprache fürs Volk. Diese zweite Sprache wurde nun der Inhalt der Volksbildung. Das Lallen der Taglöhnerwohnungen ward durch Volksbildung und Volksschule zur Schriftsprache, der Dialekt untergegangener Einwanderungsvölker und ihrer verlorenen Herrschergestalten wurde zum Lehrgegenstand. Aus dem Munde der Unmündigen und Säuglinge wurde die anfangs noch zitternde Macht neu entstehender Nationalitäten bereitet. Unter dem internationalen Obervolke breiteten sich die nationalen Untervölker aus und wuchsen mit Naturtrieb so hoch, daß oft die Bewohner der Schlösser ihr Latein, Französisch oder Deutsch verbargen, um volkstümliche Herzöge dieser vorher sprachlosen Masse zu werden. Alte deutsche oder italienische Herrschaftsgeschlechter fingen an Tschechisch zu reden, zwar nicht immer, aber doch auf ihrem Landaufenthalt. Die vorher verachtete Sprache der Menge wird ein Gegenstand des Stolzes, ein Mittel des Trotzes. Oft sind es die Glaubenskämpfe, an denen die Volkssprache sich emporlebt. Die Tschechen stiegen schon zeitig aufwärts mit Johann Hus und seinen Nachfolgern. Die Ungarn gewannen in Schloß und Hütte an magyarischem Eifer, als sie den Calvinismus magyarisch bekannten. Überhaupt sind religiöse Bewegungen von größter demokratisch-volkstümlicher Wirkung. Auch der Katholizismus der Gegenreformation hat so gewirkt, wenn der Adel evangelisch, das Dienstvolk aber römisch war. Auf diese Weise bekamen die Nationen von unten her ihre eigene Seele, ihren besonderen Gott, ihre Mutter Maria oder ihren Katechismus. Je tiefer der Glaube in die Masse dringt, desto landschaftlicher wird er. Der polnische Himmel ist anders als der rumänische Himmel, und die Königin über den Sternen blickt anders an der Weichsel als am Isonzo. Das sind keine Konfessionsunterschiede im theologischen Verstande, aber Nationalitätsgestaltungen. Und was geistlich begonnen hat, wird dann oft überraschend schnell ins Weltliche übersetzt. Es entstehen Volksdichter, und alte Gesänge werden aufgeschrieben. Die Volkstracht, die oft nur ein Rest alter, in den Winkel geschobener Herrenkultur ist, wird als angeboren in besonderen Ehren gehalten. Romantik verschönert und vergrößert die heimischen Legenden und weiht den altbäuerlichen Baustil, indem sie in ihm und in großväterlichen Speisen, Tieren und Blumen wunderbare Geheimnisse findet. In der Periode solchen Erwachens sind wie im Frühling selbst dürftige Völkerschaften schön. Es ist das das Erwachen der Masse zur Menschheit, die Vorstufe der nationalen Demokratie.

Dieser Entwicklungsgang verläuft bei jedem vorher vernachlässigten und bedrückten Kleinvolke oder Untervolke etwas anders, aber wer ihn überhaupt nicht kennt, der weiß dann auch nicht, woher die wundersamen Lebenskräfte und Leidenschaften der aus der Niedrigkeit aufsteigenden Nationen stammen. Er urteilt dann kalt von außen und hält es für politisch sinnlos, daß gerade dieses Volk sich für den Mittelpunkt der Welt ansieht. Das ist es auch, sobald man nur erfolgreiche Großvölker als lebenswert will gelten lassen, aber jedes Lebewesen und jede Nation wünscht beim Aufwachen ihrer Menge ihren eigenen Tag zu erleben, ihren heiligen sonnigen Mai, und versucht dazu, was sie kann. Das mag störend und unverständig sein, aber es ist tief menschlich. Diesen Geist der Völker, dessen Sinn zuerst von allen bedeutenden Denkern Herder zu erschließen versuchte, sollen die Lenker der Nationalitätenstreite nie vergessen. Herder als Seelenkenner der Völker glaubte nicht an den Bestand des österreichischen Staates, sehr erklärlich von ihm und allen denen, die Volkspsychologie ohne militärische Staatskunde treiben, denn psychologisch wird tatsächlich der alte österreichische Staat durch die Geburt der Nationalitäten auseinandergetrieben, und was ihn zusammenhält, ist die Unmöglichkeit kleiner Volkssplitter, sich militärisch in der Welt zu behaupten. Der Militärstaat zwingt die Nationalitäten, der alte deutsch-österreichische Verwaltungsstaat bindet die wild nachwachsenden Bevölkerungsstaaten.

* * *

Da nun aber die Deutschen in Nord und Süd ein ähnliches nationales Aufwachen an sich selber erlebt haben, so mußten sie eigentlich für alle derartigen volkstümlichen Regungen, auch wenn sie ungefüge und gegnerisch auftraten, Verständnis zeigen. Auch die Deutschen waren ja von fremder lateinisch-französischer Kultur übergossen, bis sie wirkliche, freie Deutsche wurden. Es ist aber ein sehr merkwürdiges Ding um die Altersstufen der Völker, und ich bringe das Nächstfolgende hier nicht zur Sprache, um etwas Endgültiges zu sagen, sondern nur, um die für den Gemeinsinn Mitteleuropas wichtige Frage anzuregen: warum die Deutschen von einem gewissen Zeitpunkt an für die Jugendbewegungen der nach ihnen aufsteigenden Nationen kein volles Mitfühlen mehr hatten und warum sie selber aufhörten, germanisatorisch zu wirken? Beide Fragen hängen auf das innigste miteinander zusammen. Nur der Strebende gewinnt die Liebe und Anhänglichkeit derer, welche erst anfangen zu streben. Solange die lateinischen Franken (Franzosen) jung waren, schoben sie ihre Nationalitätsgrenze fast bis an den Rhein; solange die unlateinischen Germanen (Deutsche) jung waren, schoben sie ihre Nationalitätsgrenze weit nach dem Osten und machten durch Mission und Herrendruck weite Länder endgültig deutsch. Dann aber versagte ohne ersichtlichen äußeren Grund ihre Anziehungskraft. Früher hatten sie eine Menge von Slawen oder anderen Volksfremden in Deutsche verwandelt (Brandenburg, Lausitz, Schlesien,

Pommern, Preußen), dann aber standen sie mit einem Male wie vor einer Mauer. Sie stehen noch heute vor derselben Mauer. Wie schön wäre es für uns, die Tschechen zu Deutschen zu machen, wenn es ginge! Aber es geht einfach nicht. Die Zeit dafür ist vorbei, denn beide Teile sind dafür zu alt. Die Deutschen haben längst nicht mehr die frohe Naturwüchsigkeit, Derbheit und Kindlichkeit ihrer mittelalterlichen Germanisatoren, und die Tschechen sind längst nicht mehr so wachsweich, wie einst die Sorben, Wenden, Liutitzen, oder wie sie sonst geheißen haben. Diesen Wechsel der Zeiten zu verkennen, ist die tragische Schuld der gegenwärtigen alldeutschen Germanisatoren. Sie wollen mit Schule und Gesetz durchsetzen, was sie mit Phantasie und Absichtslosigkeit nicht mehr machen können.

Es ist überhaupt nicht unwichtig, in diesem Zusammenhange kurz darauf einzugehen, daß die heutigen Deutschen fast überall in der Welt leider schlechte Germanisatoren sind. Nach meiner Meinung ist das eine Rückwirkung unserer stärksten Vorzüge. Wir sind Denker, Verstandesmenschen, Techniker, Organisatoren, erfolgreiche Nüchternheitsmenschen, vollkommene Apparate, wertvolle wollende Maschinenteile, aber gerade darum den Naturvölkern und Mittelvölkern fremd. Das trifft sogar für den Reichsdeutschen noch in viel höherem Maße zu als für den deutschen Österreicher. Dieselben Tüchtigkeiten, die uns den Weltmarkt öffnen und die uns militärisch sieghaft machen, verschließen uns das Gemüt der aus dem Nebel Herausschreitenden. Deshalb sind wir auch in ferneren Erdteilen nur mäßig gute Kolonisatoren. Wir sind, wenn der Vergleich nicht übel genommen wird, bisweilen in der Lage, wie wenn ein Geheimrat einem Pferde zureden soll; das kann sein Pferdeknecht viel besser. Mit anderen Worten: jene altösterreichischen Beamten, die den neuen Nationalitätsbewegungen gegenüberstanden, hatten alle Vorzüge einer gesteigerten staatlichen Kultur, nur nicht den eingeborenen Sinn für gestaltlose Werdekräfte. Sie waren Geheimräte mit allen dazu gehörigen Vortrefflichkeiten und Mängeln. So konnte es kommen, daß im wohlverwalteten Österreich, zu dem damals auch Ungarn gehörte, das Jahr 1848 eine unerhörte Überraschung brachte: die Völker, die Nationalitäten bewegen sich nach eigenem Rhythmus und nicht nach den vorgeschriebenen Noten. Unten im Untergrund des Staates beginnt es zu rumoren: Molekülbewegungen im Urgestein der Monarchie.

* * *

Das Hauptvolk aber, das sich im alten Österreich erhob, waren die Magyaren. Sie erzwangen die Staatstrennung, zwar nicht sofort im Jahre der Revolution, aber später im Kriege 1866. Sie wurden ein Staat, ein zweites Herrschaftsvolk neben den Deutschen. Hier kann es sich nicht darum handeln, die Einzelheiten ihrer aus der vortürkischen Zeit stammenden Auseinandersetzungen mit der habsburgischen Dynastie zu besprechen, sondern nur um ein reichsdeutsches Verständnis ihrer ganz besonderen starken und umstrittenen Rolle innerhalb der uns verbündeten Monarchie. Ich habe oft gerade über dieses merkwürdige Volk nachgedacht, das weder slawisch noch germanisch in unserer Mitte sitzt und unsere deutschen Schicksale schon jetzt mit bestimmt. Es ist nicht wie die andern, nicht so fein nervös wie die Westvölker, nicht so tief im Denken wie die Deutschen, nicht verträumt und lässig wie oft die Slawen, nicht mittelalterlich ehrwürdig wie die Türken, sondern auf altem Völkerwanderungsuntergrund ein merkwürdig modernes Volk, anspruchsvoll, leistungsfähig, stolz, herrisch und politisch, vor allem zäh in seinen nationalen Trieben. Wem soll ich dieses Volk vergleichen? Es hat in Schicksal und Art etwas gemeinsam mit den Spaniern, so weit entfernt ihm diese rassemäßig auch sein mögen. Spanier und Magyaren sind in West und Ost die ersten Nationen, die von der mohammedanischen Herrschaft wieder frei wurden. Sie waren nicht solange und nicht sosehr unterwürfig wie die Balkanvölker oder die Marokkaner, aber doch lange genug, um das Joch der Fremdherrschaft getragen zu haben. Sie haben nicht nur, wie wir Deutschen, einige Jahre Napoleonismus durchgemacht, sondern unvergleichlich viel mehr. Ihre ganze politische Existenz hat in der Türkenzeit auf dem Spiele gestanden, und in der Schule der Knechtschaft verwuchsen Adel, Geistlichkeit und Volk. Dabei aber war die türkische Oberherrschaft andererseits so sehr nur äußerlich, daß sie Volk blieben. Es war bei den Türken, wie schon erwähnt, kein Gedanke, sie in den Islam hineinzuzwingen. Unterworfen, aber nicht seelisch zerbrochen warteten sie waffenkundig des Wechsels der Dinge, und waren, als Österreich sie vom türkischen Zwange durch heldenhafte Kriege völlig freimachte, weit entfernt, aus bloßer Dankbarkeit im Befreiervolke zu verfließen. So wenig heute Rumänien russisch sein will, so wenig wollte Ungarn österreichisch sein. Die Österreicher aber kamen als Eroberer gegenüber der Türkei, kaum anders als später die Russen, Befreier für sich. Sie sendeten deutsche Beamte in die türkenfrei gewordenen Komitate und erwarteten, daß die Magyaren sich verhalten sollten, als wären sie irgendein kleinslawisches freigemachtes Volk. Das aber konnte sich nicht erfüllen. Von Jahrzehnt zu Jahrzehnt ziehen sich die Verhandlungen hin, aus dem Wahlkönigtum der Ungarn wird eine erbliche habsburgische Dynastie, aus Widerständen werden Ausgleiche, aber schließlich bricht den Magyaren die Geduld und sie benutzen die westeuropäische demokratische Revolution von 1848, um ihre eigenste anders geartete nationale Revolution zu machen, die so brennend war, daß die Österreicher sie nur mit russischen Truppen niederzwingen konnten. In dieser Revolution ging die nationale Herrschaft der Magyaren zunächst zum zweiten Male zugrunde, aber nur um neugestärkt sich zu erheben, sobald die Monarchie in Gefahr war und die Magyaren brauchte. Auf dem Schlachtfelde von Königgrätz siegten zusammen der Preuße und, ohne daß er als Gegner auftrat, der Magyar. Der sächsische Minister Beust wurde nach Wien berufen, und dieser biegsame Nichtösterreicher formulierte unter Mithilfe der Kaiserin Elisabeth und unter Mitarbeit von Deak und Andrassy den österreichisch-ungarischen Dualismus. Damit war das alte zentralistische Österreich zu Ende, es begann von Budapest aus der Doppelstaat und der Völkerstaat.

* * *

Während nun aber im Jahre des Ausgleiches 1867 die Österreicher nicht sofort genötigt waren, ihre Nationalitätentradition mit einem Male neu zu regeln, mußten die Magyaren in Ungarn ihr künftiges Verhältnis zu ihren Kleinvölkern grundlegend ordnen. Dort also ist die Stelle, wo zuerst prinzipielle Nationalitätenpolitik durchgearbeitet werden mußte von einer Nation, die bis dahin selber unter dem Druck der Fremdvölker gestanden hatte. Wie ist es ihr gelungen?

Das ungarische Nationalitätengesetz vom Jahre 1868 ist vor allem ein Sprachengesetz. Es findet sich in den Gesetzessammlungen, aber auch in seinen Hauptbestandteilen abgedruckt in dem lehrreichen Schriftchen „Geschichte der Deutschen in Ungarn von R. F. Kaindel, Gotha 1912". Jeder Bewohner Ungarns ist berechtigt, an die Staatsregierung in Budapest seine Eingaben in der eigenen Muttersprache abzufassen, und die Regierung ist verpflichtet, in ihrem Bescheide neben der magyarischen auch diejenige Sprache anzuwenden, in der die Eingabe geschrieben war. Die Gesetze werden magyarisch erlassen, aber in alle im Lande vorkommenden Sprachen übersetzt. In den Komitaten können die Protokolle auch in nichtmagyarischer Sprache geführt werden, wenn es ein Fünftel der Mitglieder verlangt. In den Komitatsversammlungen kann jeder bedingungslos seine Muttersprache gebrauchen. An ihre Komitatsbehörde können Private und Gemeinden in ihrer eigenen Sprache schreiben. Die Gemeindevertretungen wählen selbst ihre Amts- und Protokollsprache. Vor Gericht kann sich jeder der Muttersprache bedienen, wenn diese als Protokollsprache zugelassen ist. Niemandes Nationalität kann als Hindernis bei der Erreichung eines Amtes oder einer Würde angesehen werden. Die Bestimmung der Unterrichtssprache in den staatlichen Anstalten hängt vom Unterrichtsministerium ab, dieses aber ist verpflichtet, dafür zu sorgen, daß in Volks- und Mittelschulen jede Nationalität, wenn sie in größeren Massen zusammenlebt, Bildungsanstalten in ihrer Sprache erhält. Die Sprache der Privatinstitute und Vereine wird durch den Gründer bestimmt.

Dieses Gesetz von 1868 ist gut in seiner Anlage, ein großer Wurf aus einer ringenden Zeit, wurde aber durch spätere Zusätze sehr eingeschränkt und mehr und mehr auf die magyarische Staatssprache zugeschnitten. 1879 wurde die zwangsmäßige Erlernung der magyarischen Sprache in den Volksschulen eingeführt. Jeder Lehrer kann entfernt werden, wenn seine Schüler nach Beendigung des vierten Jahrganges der magyarischen Sprache in Wort und Schrift nicht mächtig sind! Den Mittelschulen wurde durch Gesetz von 1883 der Betrieb der magyarischen Sprache in solchem Umfange aufgenötigt, daß der Unterricht in den anderen Fächern Schaden leiden muß. Die Lehramtskandidaten müssen ihre Prüfungen in magyarischer Sprache ablegen. Das hindert selbst die deutschen Oberlehrer am Besuch deutscher Universitäten.

Auch in den Gerichten traten Rückwärtsbiegungen des Grundgesetzes ein. Der Gerichtspräsident kann den Alleingebrauch der magyarischen Sprache entscheiden. Von den Geschworenen wird verlangt, daß sie des Magyarischen mächtig sind.

Magyarisierung von Orts- und Personennamen wird amtlich befördert.

Und das, was durch Gesetze und Verordnungen entgegen dem Geist des Grundgesetzes eingeführt wird, erfährt noch eine Steigerung durch die tägliche Praxis. Obwohl „für alle in größeren Massen zusammenlebenden Staatsbürger, welcher Nationalität immer", in der Nähe der von ihnen bewohnten Gegend Mittelschulen angelegt werden sollen, ist im amtlichen Bericht von 1911 zu lesen, daß sämtliche 4102 staatlichen Schulanstalten (Kindergärten, Volksschulen, Mittelschulen und Gymnasien) magyarische Unterrichtssprache hatten. Von den 3299 Schulanstalten, die von einzelnen politischen Gemeinden erhalten werden, haben 3028 ausschließlich magyarische Unterrichtssprache. Obwohl im Grundgesetz unter den dort angegebenen Bedingungen die Führung nicht magyarischer Gemeindeprotokolle beschlossen werden kann, werden solche Beschlüsse, wenn sie vorkommen, von den Verwaltungsbehörden vielfach gewohnheitsmäßig annulliert.

Man sieht also, daß mit einem einfachen und guten Grundgesetz an sich die Sache noch keineswegs gemacht ist. Das sollen sich insbesondere diejenigen merken, welche glauben, daß man mit einem klug ausgedachten Normalstatut von morgen an den Nationalitätenfrieden herbeizaubern könne. Mindestens ebenso wichtig als Gesetze sind Sitten und Verwaltungsgewohnheiten. Diese aber entstehen überall in der Welt nur langsam und durch unzählige Erörterungen.

* * *

Wir versuchen, uns in den Gedankengang der herrschenden Magyaren zu versetzen, was uns ja deshalb nicht allzuschwer fällt, weil die Deutschen dort, wo sie die Macht haben, ganz ähnlich zu denken geneigt sind. Den Magyaren ist die Nationalitätenzusammensetzung ihres Staates natürlich immer gegenwärtig. Sie wissen, daß sie selbst, nach Kopfzahl berechnet, unter der Hälfte sind und bei gleichem und unbeeinflußtem Wahlrecht und gleicher Wahlkreiseinteilung von der Vereinigung der übrigen stets aus der Herrschaft geworfen werden könnten. Daraus ergibt sich für sie, deren nationaler Herrschaftswille den Staat geschaffen hat, die Aufgabe, einerseits die gleichmachende Demokratie offen oder versteckt von sich abzuwehren und anderseits die Zahl der Magyaren zu vermehren.

Die Abwehr der Demokratie, die bei einem Volke, das durch Revolution zur Selbständigkeit gelangte, eine etwas gewundene Gedankenoperation voraussetzt, geschieht durch Wahlrechtskünste, Wahlkreiseinteilungen, Verwaltungsmechanik, worüber wir hier nicht moralisch reden, sondern rein sachlich. Auch in Preußen gab und gibt es ja ähnliche Dinge. Aber alle solche Mittel haben nur eine begrenzte Dauer, denn überall in der Welt nähern sich auf

Grund der Volksschule und der allgemeinen Wehrpflicht die Völker dem allgemeinen Wahlrecht. Das gilt in Ungarn um so mehr, als man dort aus Erfahrung weiß, daß eines Tages die Dynastie das gleiche Wahlrecht auf ihr Programm setzen kann, wenn sie glaubt, mit der magyarischen Aristokratie nicht mehr auskommen zu können. Sie kann es, das genügt! Also wird die magyarische Staatsherrschaft nur sicher sein, wenn es in Zukunft über 50% Magyaren gibt. Hier liegt der Grund des brennenden Magyarisierungseifers. Und in der Tat berichtet die ungarische Statistik von greifbaren Erfolgen. Es hob sich zwischen 1900 und 1910 der Prozentsatz derer, die magyarische Muttersprache angaben oder nicht hindern konnten, daß sie angegeben wurde, von 45,4% auf 48,1%, und die Zahl derer, die der magyarischen Sprache überhaupt mächtig waren von 52,9% auf 57,4%. Wenn man das noch einige Jahrzehnte so fortsetzt, kann man in der Statistik und später wohl auch in der Wirklichkeit die sichere Mehrheit beschaffen. Ist diese vorhanden, dann schreckt das allgemeine Wahlrecht weniger. Also Zeit gewinnen und magyarisieren!

Dieser Gedankengang hat politisch manches für sich, und wir würden unserer Verständigungsaufgabe nur ungenügend gerecht werden, wenn wir ihn nur auf Egoismus und materielle Interessen der Herrschenden zurückführen wollten. Daß diese dabei mitspielen, wird selbstverständlich nicht bestritten, aber es wird bestritten, daß sie ausschlaggebend sind. Wenn schon bei uns in Preußen es gar nicht wenige Konservative gibt, die ehrlich glauben, daß der Staat nur von ihnen mit Hilfe des Dreiklassenwahlrechts erhalten werden könne, so liegt eine ähnliche Erwägung, wie man zugeben muß, für den magyarischen Politiker noch viel näher. Er ist meist staatsrechtlich gut unterrichtet und überschaut die bedenklichen Folgen eines vielsprachlichen wechselnden Parlamentarismus. Ein vielsprachlicher, zu festen Mehrheiten unfähiger Parlamentarismus stärkt, wie wir schon an früherer Stelle sagten, die Bureaukratie, welche mit einigem Geschick und etlichen wiederkehrenden Liebesgaben stets die Hadernden gegeneinander ausspielt. Das ist es, was die Magyaren drüben in Österreich vor Augen sehen, das ist es, was sie unter keinen Umständen bei sich erleben wollen, denn für sie würde nicht einmal diejenige bureaukratische Tradition vorhanden sein, die in Österreich von alten Zeiten her noch nachwirkt. Ungarn ist ein junger Staat, der sich seinen Staatsapparat in Anpassung an die altösterreichische Maschinerie erst nach 1867 schaffen mußte und sich noch im Übergange von alter Komitatsverfassung zu neuzeitlicher Staatsdienerverwaltung befindet. Das parlamentarische Regiment der zwei sich bekämpfenden magyarischen Richtungen wirft diesen erst noch werdenden Apparat nicht um, da beide magyarischen Gruppen an ihm beteiligt sind, aber ein unvermittelter Sieg der vereinigten Nichtmagyaren würde ihn zweifellos umwerfen und zu einer Wiener Diktatur führen, wenn nicht zu schlimmeren Zersetzungen. Es streiten sich also letztlich parlamentarisches Regiment und demokratisches Gleichheitsprinzip, indem jenes magyarisch ist, dieses aber die Sache der Kleinvölker, der Rumänen, Slowaken, Serbokroaten und ungarländischen Deutschen.

* * *

Im Krieg aber wird jede Staatsklugheit zum weiteren Lernen gezwungen. Verschiedene Reden des ungarischen Ministerpräsidenten Graf Tisza zeigen, wie sehr ihn die Nationalitätenfrage während des Völkerringens beschäftigt. Da nämlich das ungarische Regierungssystem, dessen sachliche Begründung wir soeben vom magyarischen Standpunkt aus darzustellen versuchten, die Kleinvölker rücksichtslos und dauernd von der Mitregierung ausschließt, so bleibt bei diesen ein nur allzu begreiflicher Restbestand von Unbehagen. Das trat in diesem Kriege bei den Deutschen nicht zutage, weil ja der ganze Krieg in engster Verbindung mit dem Deutschtum geführt wurde, aber es zeigte sich bei Rumänen und Südslawen.

Die 3 Millionen Rumänen haben es materiell sicherlich in Ungarn besser, als sie es in Rumänien haben würden, da die Entwicklungsstufe des ungarischen Staates trotz vieler Verwaltungsmängel doch eine höhere ist; aber allerdings in Rumänien würden sie zum Herrschaftsvolke gehören, hier nicht. Ähnlich steht es mit den Serben, nicht ganz so mit den in Ungarn halb selbständigen Kroaten. Sie haben aber auch einen eigenen unterdrückten Herrschaftsgedanken in ihrer Seele, denn gerade das große und leuchtende Beispiel der Magyaren hat sie alle gelockt. Demgegenüber hilft es wenig, wenn den Kleinvölkern vorgehalten wird, daß jeder einzelne von ihnen in Rumänien oder Serbien sehr wenig bedeuten würde, weil es zwar richtig ist, aber nicht tröstet. Man muß sich offen gestehen, daß hier und an allen ähnlichen Stellen des übrigen Mitteleuropa solange unbefriedigte Wünsche bleiben, als die benachbarten magnetisch wirkenden Kleinvölker nicht in einem großen freien mitteleuropäischen Verbande mit untergebracht und in den Hauptstaaten feste allgemeingültige Nationalitätsregeln aufgestellt und wirklich durchgeführt sind. Aber auch wenn ein mitteleuropäischer Oberstaat und eine mitteleuropäische Nationalitätenduldung eines Tages da sein sollten, so würde das wiederum keine reine Souveränität der Kleinvölker bedeuten können. Das ist schmerzlich, aber so will es die Weltgeschichte: politische Kleinbetriebe bedürfen der Anlehnung. Es bleiben darum also unerledigte Nationalitätshoffnungen, Enttäuschungen, die kein Friedenskongreß und kein Ministerpräsident in Wonne verwandeln kann; trotzdem aber hat der Staat, zu dem die Teilvölker gehören, alle Veranlassung, sie nicht zu mißmütiger Verzweiflung oder auch nur zu passiver Opposition zu treiben. Das ist es, was im Krieg gelernt werden muß: staatserhaltende Nachgiebigkeit in den Dingen, die ohne Staatsgefahr gewährt werden können! Überall in Mitteleuropa ist eine freundlichere Denkweise über nationale Minderheiten dringend nötig. Das muß recht eigentlich der Geist unseres mitteleuropäischen Staatsverbandes sein, wenn dieser überhaupt etwas Gedeihliches werden soll. Es muß viel mehr sachlicher, fühlbarer Liberalismus auch über Sprachengrenzen hinaus vorhanden sein! Es muß, wenn wir nicht am Nationalitätenstreit verbluten sollen.

* * *

Sehr anders als in Ungarn liegt die Nationalitätenfrage in „den im Reichsrat vertretenen Königreichen und Ländern", das heißt in dem nach dem Ausscheiden Ungarns übriggebliebenen Hauptbestande des früheren habsburgischen Einheitsreiches. Hier wirkte der ungarische Vorgang zuerst bei den Tschechen, die eine uralte Königstradition besaßen und gern sich ebenso wie die Ungarn unter Beibehaltung der habsburgischen Dynastie als selbständiger Staat ausgestaltet hätten, die auch lange Jahre aus Protest gegen die deutsche Regierung in Österreich, die ihnen ihr böhmisches Staatsrecht versagte, sich vom österreichischen Parlamentarismus fernhielten. Sie sind die Hervorbringer der Kampfmethode, durch Abstinenz, Obstruktion und Straßenauflauf den öffentlichen Betrieb zu stören, bis ihre Wünsche erfüllt würden, einer Methode, die dann in den bewegten Zeiten nach der Badenischen Sprachenverordnung von 1897 zeitweise von den Deutschen übernommen und gelegentlich auch von Ruthenen und Polen geübt wurde.

Nachdem vorher und besonders im Jahre 1848 die Böhmen aller Schattierungen mit zu den lebhaftesten Forderern einer parlamentarischen Landes- und Staatsvertretung gehört hatten, waren sie die Ersten, die die Errungenschaft des Parlamentarismus aufs Spiel setzten, um von der Regierung staatsrechtliche Zugeständnisse zu erreichen. Und dieselbe Regierung, die wenige Jahrzehnte vorher von Volksvertretungen nichts wissen wollte, war nun mütterlich bemüht, die Formen des parlamentarischen Systems zu erhalten, um durch das Abgeordnetenhaus die Staatseinheit zu beweisen. Von allen Parlamentsgeschichten ist keine reicher an Stürmen, Geschäftsordnungskämpfen, Ratlosigkeiten und wunderlichen Auflösungen verzweifelter Verwicklungen als die österreichische, weil nirgends in der Welt der Parlamentarismus schwerere Aufgaben hat. Das war so unter dem alten Kurienwahlrecht und ist seit der großen Wahlrechtsreform von 1907 nicht sehr viel anders geworden. Die reichsdeutschen Zeitungsleser haben von allen diesen Dingen meist nur die Lärmszenen und parlamentarischen Maschinendefekte erfahren und vergessen leicht, welche aufreibende Arbeit zwischen den Explosionen liegt. Durch unendliche Debatten sind im allgemeinen die Österreicher aller Sprachen in Parlmentskämpfen geschulter, als wir es bei unseren einfacheren Verhältnissen zu sein brauchen. Wer die Einzelheiten dieser Streite verstehen will, dem empfehlen wir als Einführung den zweiten Band von Charmatz' „Österreichs innere Geschichte von 1848 bis 1907" (bei Teubner in Leipzig) und dann die schon genannten Bücher von Springer und Popovici. Hier in unserem Zusammenhang aber kann es sich nur um eine ganz allgemeine Charakteristik der Einwirkung der Nationalitätenstreite auf die Staatsführung Österreichs im ganzen handeln.

Die Streitgegenstände sind fast dieselben, die wir schon bei Besprechung der ungarischen Auseinandersetzungen berührt haben: Amtssprache, und zwar innere und äußere, Gerichtssprache, Anstellungsbedingungen der Beamten, nationale Gewerbepolitik, Schul- und Universitätsfragen. Es trat die Frage der Militärsprache hinzu, und damit wurde der Punkt getroffen, an dem das gemeinsame Herrscherhaus nicht nachgeben kann. Über alles andere läßt sich schließlich reden, aber allerdings bindende Formeln, die auch bei gegenseitigem üblen Wollen allen Zweifel ausschließen, wird wohl kein Staatsmann finden. Es ist unendlich viel überlegt und beraten worden und wird auch nach dem Kriege noch oft und lange weiterberaten werden. Wiederholt schien der Kampf den

Staatszusammenhang überhaupt zu gefährden, und öfter hat sowohl der Reichsrat in Wien wie der Landtag in Prag seine Verhandlungen nur zum Scheine fortführen können, und es trat mit dem vielbesprochenen § 14 in der Hand der reine Beamtenabsolutismus helfend ein. Die stärksten Staatsnotwendigkeiten, wie besonders der österreichisch-ungarische finanzielle Ausgleich, kamen nicht zur Erledigung, weil eine Angelegenheit, die man von der Ferne aus für eine rein technische Sache zu halten geneigt ist, den Willen zum Staate selbst in Frage stellte. Der Parlamentarismus, der die eine Frucht des demokratischen Zeitalters ist, wurde unbrauchbar, weil der Nationalismus, der das zweite demokratische Ergebnis ist, ihn lähmte. Der Herrschaftstrieb der Nationen bemächtigte sich des Apparates der Volksvertretung und schob zeitweilig alle anderen Gesichtspunkte beiseite, forderte Wahlrechte und Provinzgrenzen nur nach seinem Bedarf und zerstörte die Legende von der allheilenden Kraft einer übervölkischen, demokratischen Normalverfassung.

* * *

Da die Deutschen in Österreich, solange Galizien im Reichsrat vertreten ist, zwar das alte Herrschaftsvolk sind, aber kaum mehr als 35% der Bevölkerung ausmachen, so können sie beim gegenwärtigen Staatsumfang in Österreich keine Magyarenpolitik treiben, selbst wenn sie es wollten. Aber wer will sagen, ob sie es wollen? Da sie nicht aus der Schule der Unterdrückung herauskommen, sondern umgekehrt das treueste und wohlgepflegteste Dienstvolk der Dynastie gewesen sind, fehlte ihnen von Haus aus der gepanzerte Sinn und die Geschlossenheit, die bei ihnen kaum an den Hochtagen des Streites sich einstellte. Es ist ihnen nur schwer verständlich geworden, daß auch sie sich zu einer nationalen Macht im Völkerstaate erziehen und gegenseitig zwingen mußten, und sobald das politische Wetter erträglich wird, fallen sie in ihre gelinde Gelassenheit zurück, die anmutig ist, aber für sie selbst gefährlich. Viele von ihnen sind an der auswärtigen Politik des Großstaates Österreich-Ungarn und seinen Wirtschaftsfragen und seiner Sozialpolitik viel mehr interessiert, als an dem Wettbewerbe, ob die Gemeindevertreter oder Schulvorsteher in einem böhmischen Mittelorte deutsch sind oder nicht. Aber was half es? Das Problem war einmal da und wurde ihnen aufgedrängt. Erst im Kampfe selbst stieg bei ihnen Groll und Eifer in die Höhe, und so wurden sie langsam und mit etwas gebrochenem Herzen im Völkerstaate ein Volk wie die anderen, mußten es werden. Wie aber, so frugen sie inmitten dieser Zwangsentwicklung sich selber, wie kann und soll ein Staat bestehen, der aus lauter solchen Völkern sich zusammensetzt, von denen das eine Verbrüderungsfeste im Osten feiert, das andere im Norden und noch ein anderes im Süden? Wir erinnern uns der Zeiten, als die Wortführer der österreichischen Deutschen zu uns ins Reich kamen, um von einem Tag der Rache zu reden, der aller Slawengemeinschaft ein Ende bereiten soll. Es war etwa im Jahre 1880, als ich zum ersten Male als junger Student in Leipzig eine derartige revolutionsdrohende Rede von Prager Studenten hörte, der später manche andere von älteren Männern gefolgt ist. Wir gedenken der Tage, in denen die Tschechen sich von Russen mit schwertklirrenden Reden begrüßen ließen und nach Nancy fuhren, um mit den Franzosen wortreiche Brüderschaft zu trinken, als österreichische Italiener nach Italien und südslawische Österreicher nach Serbien ähnliche staatsgefährliche Freundschaftswinke sendeten. Das alles ist Tatsache gewesen. Man sprach offen von Panslawismus, Großserbien, Großrumänien, von italienischer Irredenta, von Alldeutschtum und allen nur möglichen exzentrischen Verbindungen, während, nach dem Ausspruch eines hervorragenden Gelehrten, in Wien eine Kommission beriet, ob Österreich überhaupt noch ein Staat sei. Aber gerade, wenn wir uns das alles vergegenwärtigen, dann wirkt nachträglich die Fülle dieser Erinnerungen tröstlich, denn inmitten aller dieser Spannungen und nationalen Zerreißungen behielt doch und trotz allem der österreichische Staat ein aufsteigendes Wirtschaftsleben und eine jetzt im Krieg je länger desto klarer in die Erscheinung tretende militärische Kraft. Alle Volksgruppen haben schon einmal gesagt, daß der Staat sterben solle, aber oft leben die Totgesagten am längsten, und wenn das alte zerstrittene Österreich von äußeren Feinden mit dem Tode bedroht wird, erschrecken sie fast alle und nehmen die Waffen von der Wand für Kaiser und Vaterland!

Diese tatsächliche Einheit hätte beim Kriegsbeginn noch ganz anders zum Heile der Monarchie in die Erscheinung treten können, wenn die österreichische Regierung genügend Zuversicht gehabt hätte, um in den ersten Tagen des August 1914 das Abgeordnetenhaus nach Wien zu berufen, wie es in Berlin und Budapest geschehen ist. Die Unterlassung der Berufung des Parlaments beleuchtet mehr als alles andere die Lage im Völkerstaat. Das Parlament der streitenden Nationen ist selbst bei Kriegsbeginn kein einfach notwendiger selbstverständlicher Ausdruck des Staatswillens. So sehr hat es durch seine Vergangenheit gelitten, so schwer war es, dort Mehrheitsgeist zu pflegen! Aber was am Kriegsanfang aus einem wohl unnötigen Gefühl der Sorge unterblieben ist, das muß am Kriegsschluß nachgeholt werden, denn irgendwann müssen die Staatsfinanzen von der Volksvertretung doch auf ihre Schultern genommen werden. Es wird dann zwar viel schwieriger sein, als es im August gewesen wäre, aber am Tage des Zusammentrittes des österreichischen Abgeordnetenhauses wird es sich zeigen, ob und wie der große gemeinsame Krieg mit seinen zahllosen blutigen Opfern den Staatssinn der streitenden Nationen gefestigt hat, so daß alle nun doch wieder Österreicher sein wollen, weil es nichts anderes mehr für sie gibt und geben kann. Es wird nach dem Krieg, wie wir hoffen, der panslawistische Traum zerronnen sein, die italienischen Grenzfragen irgendwie geregelt, die alldeutschen Sonderbestrebungen übergegangen in treue Bundesgesinnung der zwei mitteleuropäischen Mächte. Wohl wird es nötig sein, nachträgliche Abrechnung mit Treulosigkeiten zu halten, und einige sehr schwere nationale Auseinandersetzungen werden sofort ausbrechen, wenn die Kanonen schweigen, aber das vergeht, die Völker selbst und der Staat bleiben. Die Wunden der Kriegserlebnisse müssen irgendwie heilen. Dann wollen wir ohne Aufdringlichkeit, aber mit lebhafter reichsdeutscher Teilnahme diese Dinge miterleben.

* * *

Während nun die Nationalitäten heftig stritten, erwuchs mit der steigenden Industrie den altösterreichischen Staatsräten ein merkwürdiger mächtiger Bundesgenosse in der sich rasch vermehrenden Sozialdemokratie. Das Verhalten der österreichischen Sozialdemokratie ist sehr interessant und lehrreich, um so mehr, da die Partei gut und auch theoretisch klar geleitet wurde und in ihren Parteitagsprotokollen wichtige Dokumente ihrer Entwicklung darbietet. Wir wollen versuchen, den Vorgang kurz zu beschreiben. Die Anfänge der österreichischen Sozialdemokratie sind reichsdeutschen Ursprungs, und es gab eine Zeit, in der es beinahe richtig war, wenn ein bekanntes deutsches Parteimitglied zu mir sagte: in Österreich sind wir Sozialdemokraten die erfolgreichste germanisierende Macht. Dabei wurde stillschweigend vorausgesetzt, daß die von der deutschen Agitation erfaßten und aufgeweckten Tschechen, Polen, Ruthenen oder auch Slowenen selbst in fernerer

Zukunft von der Parteileitung in Wien aus ihren Gedankenbestand entnehmen würden. Es war das recht eigentlich die k. k. Sozialdemokratie. Energisch gegen Kapitalismus, Agrariertum und Bureaukratie, fest in allen Arbeiterforderungen, glaubte sie die störenden Nationalitätseinflüsse durch ein internationales Programm überwinden zu können. Das ist, wie wir wissen, nicht ganz geglückt. Als die fremdsprachigen Kinder erwachsen waren, rissen sie sich los. Jetzt besteht die Partei aus nationalen Klubs mit sehr lockerem gemeinsamen Oberbau, und auch die Gewerkschaften sind in nationaler Sonderung begriffen, ja in den wichtigsten Streitgebieten schon getrennt. Das Nationale war stärker als das Proletarische. Das braucht nicht für immer so zu sein, aber es ist der gegenwärtige Zustand.

Der erste Satz, mit dem die österreichischen Sozialdemokraten den Nationalitätenkampf abzulehnen pflegten, lautete: das ist eine bürgerliche, kapitalistische Angelegenheit, denn es ist im Grunde nichts als ein Streit um Staatsvorteile und Staatslasten. Materialistisch richtig gedacht, aber sachlich nicht ausreichend! Es ist in der Tat wahr, daß in allen Nationalitäts- und Sprachenkämpfen gewisse finanzielle oder geschäftliche Interessen mit ausgestritten werden. Wenn beispielsweise die ungarischen Agrarier ihre Nationalitätsherrschaft aufrichten, so tun sie das nicht ohne Rücksicht auf Gutsherrschaftsrechte, Getreidehandel und Tagelöhnerordnung. Wenn sich deutsch-böhmische und tschechische Industrielle um ihren beiderseitigen Einfluß auf die Minister streiten, so sind Nebengedanken über Staatsaufträge keineswegs ausgeschlossen. Wenn die deutschen Provinzen gegen die galizischen Polen protestieren, so spielt dabei keine kleine Rolle, daß sie bei polnischer Mehrheitsführung als reichere Minderheit für polnische Kanäle und Kreditkassen zahlen müssen, für die sie nicht das geringste Interesse haben. Überall in der Welt bedeutet politische Macht gleichzeitig auch Wirtschaft und Geld. Wenn also die Sozialdemokraten darauf hinwiesen, so war das ihr unbestreitbares wissenschaftliches und proletarisches Recht, nur überspannten sie den Bogen, indem sie diese Erklärung in der Agitation oft als einzigen wirklichen Sachgrund ausgaben; und das hat sich gerächt. Die mährischen Tschechen und andere Genossen glaubten es den Parteirednern nicht auf die Dauer, daß es ihnen als Arbeiter gleichgültig sei, ob in Brünn deutsch oder tschechisch Recht gesprochen wird. Auch der einfachste Arbeiter und gerade er ist vom Parteigeist der Volkstümer beeinflußt und durchdrungen. Außerdem ist ein vielsprachiger Parteiapparat und Gewerkschaftsmechanismus an sich fast so schwer wie ein vielsprachiges Parlament.

Um nun aber gegenüber den auch in proletarischen Kreisen auftretenden und von Gegenparteien absichtlich gepflegten Nationalitätsbestrebungen die Ablehnung der Nationalitätenstreite programmatisch zu begründen, konnte sich die Sozialdemokratie nicht auf ein ganz allgemein gehaltenes internationales Bekenntnis beschränken, sondern mußte zu den Einzelfragen Stellung nehmen. Das geschah im sozialdemokratischen Nationalitätenprogramm von 1899. Dieses Programm liegt etwa 7 Jahre vor dem Wahlrechtskampf, der bisher die stärkste Leistung der österreichischen Sozialdemokratie ist, es versteht sich darum von selbst, daß als Heilmittel des Nationalitätenstreites das allgemeine, gleiche und direkte Wahlrecht angegeben wird. Wir haben schon erwähnt, daß diese heilende Wirkung zum wenigsten nicht unmittelbar eingetreten ist. Man kann eher sagen, daß mit der vergrößerten Agitation und erhöhten Zahl der aktiven Parteimitglieder auch die Gruppenscheidungen zugenommen haben. Es kann sein, daß bei ganz durchgeführter Demokratie die sozialen Fragen später einmal so stark werden würden, daß sie die Sprachenfragen verdrängen, aber sicher ist auch dieses nicht zu erwarten, bis aus vielen Debatten und Beschlüssen festere Nationalitätsordnungen für die ganze Welt des Völkerstaates entstehen. Für diese Nationalitätsordnung fordert die Sozialdemokratie an Stelle der historischen Kronländer national abgegrenzte Selbstverwaltungskörper und begegnet sich darin mit der deutsch-nationalen Forderung der Zweiteilung Böhmens. Die so entstehenden nationalen Verbände sollen ihre Angelegenheiten autonom ordnen, während ein allgemein gültiges Staatsgesetz die Minderheiten schützt. Eine Staatssprache wird nicht anerkannt, aber eine Vermittlungssprache als möglich zugelassen. Ob diese Vermittlungssprache nicht schließlich in allen Oberbehörden nötig und beim Heer unentbehrlich von selbst wieder Staatssprache sein würde, wird nicht näher ausgeführt. Zum Schlusse wird das Recht jeder Nationalität auf nationale Existenz und nationale Entwicklung anerkannt, dabei aber gesagt, daß der Fortschritt der Kultur von der einheitlichen Geschlossenheit aller Völker abhängt.

Man kann alles das für richtig halten, jedoch noch immer eine Ausführung darüber vermissen, wie nun das Sonderrecht der Nationalitäten sich mit der notwendigen Geschlossenheit verbindet. Auch die Sozialdemokratie muß schließlich auf Einzelabmachungen nach dem jeweiligen Kräfteverhältnis und nach allgemeinen Staatsgesetzen hinauskommen, hat aber vor radikalen völkischen Parteien den unzweifelhaften Vorzug, daß sie den sozialen gesetzgeberischen Gemeinschaftsgeist viel kräftiger in den Vordergrund stellt, was für alle mitteleuropäischen Pläne eine wirksame und erfreuliche Vorarbeit ist.

* * *

Es würde nun an dieser Stelle unserer Arbeit ein Abschnitt über die Polen erforderlich sein, jetzt aber während des Krieges schweben alle polnischen Wirklichkeiten und Pläne so sehr in der Luft, daß zwar die Polenfrage als oberste Hauptfrage in die Erörterung der „Kriegsziele" gehört, aber noch nicht in die Besprechung des Dauerzustandes von Mitteleuropa. Je nachdem Sieg und Friedensschluß sich gestalten, kann dieser Krieg für das Polentum ein gewaltiger Wendepunkt werden. Die Polen selbst wollen, soviel ich verstehe, zunächst Zusammenschluß, dann erst, soweit es möglich ist, Selbstregierung. An einen neuen, absolut unabhängigen Polenstaat zwischen Rußland und Mitteleuropa glauben nur wenige der politisch geschulten polnischen Vertreter. Mehrere hoffen auf ein österreichisches Polen, das die Hauptmenge ihrer Nation vereint und etwa ungarische Selbständigkeiten innerhalb der Donaumonarchie gewinnt. Daß Preußen seine Ostgrenzen ohne Zwang sehr verändert, ist schwer zu glauben; ob Österreich seinen Polen unterstaatliche Selbstverwaltung gewähren will und ob sie finanziell zu eigener Unterstaatlichkeit imstande sind, muß von beiden Seiten erwogen werden. Vom Standpunkt der österreichischen Deutschen aus spricht sehr vieles für diese Lösung. Aber was wird dann aus den Ruthenen, wenn sie bei Galizien bleiben? Doch davon und von allen damit zusammenhängenden Grenzfragen des Ostens wird in diesen nächsten Monaten an so vielen anderern Stellen gesprochen werden, daß es nicht nötig ist, daß wir hier zur großen Tagespolitik unmittelbar Stellung nehmen. Es kann sehr wohl sein, daß die Aufrichtung Polens der stärkste Antrieb zur Herstellung Mitteleuropas wird. Das aber vollzieht sich, wenn es kommt, zunächst in den diplomatischen Gemächern, denn nur dort können die notwendigen monarchischen Verständigungen vorbereitet werden. Sicher aber ist, daß das neue Polen ohne vorhergehenden mitteleuropäischen Staatsvertrag kaum denkbar erscheint.

* * *

Und über das alles, über deutsche, französische, dänische, polnische Reichsdeutsche, über magyarische, deutsche, rumänische, slowakische kroatische, serbische Ungarn, über deutsche, tschechische, slowakische, polnische, südslawische Österreicher denken wir uns nun nochmals den Oberbegriff Mitteleuropa. Mitteleuropa wird im Kern deutsch sein, wird von selbst die deutsche Welt- und Vermittlungssprache gebrauchen, muß aber vom ersten Tage an Nachgiebigkeit und Biegsamkeit gegenüber allen mitbeteiligten Nachbarsprachen zeigen, weil nur so die große Harmonie emporwachsen kann, die für einen allseitig umkämpften und umdrängten Großstaat nötig ist. Wir Reichsdeutsche müssen diesem Zentralproblem der verbündeten Monarchie viel mehr wirkliche Aufmerksamkeit und Sorgfalt widmen als bisher, und zwar nicht nur dem staatstechnischen Problem selber, sondern vor allem auch den Gefühlen der mit uns auf Tod und Leben verbündeten Völkerschaften. Daran hat es vor dem Kriege sehr gefehlt, denn wenn schon unsere Anteilnahme an den Geschicken unserer deutschen Brüder in Österreich und Ungarn nicht hinreichend groß war, so ist offenbar, daß unsere Vertiefung in die Vorgeschichte und das Wesen der Ungarn, Böhmen, Polen, Südslawen noch viel geringer gewesen ist. Unsere Augen waren westlich gewendet. Wir studierten die Nationen älterer Kultur und haben viel von ihnen gelernt und bei ihnen gefunden, aber die werdenden kleineren Kulturen des Ostens waren uns nicht wichtig genug, schon weil man eher zu den romanischen Bildungssprachen ein persönliches Verhältnis hatte als zu den Sprachen der Mitträger unserer Waffen. Hier soll die neue, nach dem Krieg erwachsende Jugend es besser machen als wir Alten, damit der Typ des mitteleuropäischen Menschen mit Aufnahme aller Bildungselemente und Kräfte herausgearbeitet werde, der Träger einer um das Deutschtum herum wachsenden vielgliedrigen starken und inhaltreichen Kultur.

Ich denke an die ersten Jahre nach dem Krieg. Wohin soll dann gereist werden? Die meisten romanischen Gebiete sind zunächst so gut wie verschlossen. Wandert, ihr Wandervögel, in die Karpathen, nehmt die Mandoline mit, laßt euch in den Waldstädten die Zigeuner etwas vorspielen! Klettert, ihr Bergsteiger, nicht nur wie bisher in Tirol und Dolomiten, sondern auch weiter östlich bis nach Steiermark und zum Karst und badet euch dann im breiten sonnigen Plattensee! Fahrt, ihr Kunstsucher, in die schönen geheimen Winkel, zu den Schlössern und Kirchen, zu den traulichen Stadtbauten, beseht euch Prag mit seinen Merkwürdigkeiten,

Krakau mit seinen Altertümern, Graz, das schöne und stolze! Es gibt dort überall sowohl Gotik wie Barock und manches treffliche moderne Gebilde. Setzt euch in Passau auf die Donau und laßt euch bis zur Kaiserstadt tragen und dann wieder nach Gran und zur glänzenden Burg und Stadt von Ofen und Pest! Besucht aus völkischem Interesse die Versprengten in der Zips oder in Siebenbürgen oder bei Stuhlweißenburg. Sagt ihr, Besitzer von Automobilen, eurem Chauffeur, daß die Kaiserstraßen glänzende Linien sind, und versucht, ihr Jäger und Reiter, ob nicht gerade für euch die Beskiden oder Bosnien noch Freuden bergen, die sich im allzu zivilisierten Westen nicht finden. Beseht, euch ihr geheilten Krieger, die Schlachtfelder des größten Gebirgskampfes der Weltgeschichte! Wenn jährlich ein Hunderttausend Reichsdeutscher mehr als bisher ins treue Nachbarland rollen, so wird das bei bei allem Vergnügen, das es bringt, auch politisch sehr wertvoll sein, denn dort sind die Menschen noch offener als in den alten verwöhnten Fremdenländern. Ich erinnere mich, indem ich schreibe, an manche herrliche Stunde vom polnischen Kamm in der Tatra bis nach Dalmatien hin. Wie leuchtete der Abend bei der Donaufahrt nach Budapest! Und wie volkstümlich echt war der Tanz oben auf der Koralp in Steiermark! Also glückliche Reise!

---

## IV. Das mitteleuropäische Wirtschaftsvolk.

Konfessionen und Nationalitäten sind die ältesten und greifbarsten, aber keineswegs die einzigen Unterschiede innerhalb der Bevölkerungen. Es gibt noch andere Schichtungen, die mehr mit der Wirtschaftslage und Arbeit zusammenhängen, ohne doch ganz rein wirtschaftlich zu sein, Unterschiede, die wir als **Wirtschaftstemperamente** oder **Wirtschaftscharaktere** bezeichnen wollen. Von ihnen kann man nicht wie bei den stabil gewordenen Konfessionen und Nationalitäten mit statistischen Angaben reden, denn hier ist noch alles im Fluß und jede Übergangsform ist möglich und wird täglich erlebt.

Darf ich zuerst von den Wirtschaftstemperamenten in Nord- und Mitteldeutschland reden? Dieses norddeutsche Land hatte im 18. Jahrhundert noch keinen eigenen Wirtschaftscharakter, sondern war in Landwirtschaft und Kleinstadtgewerbe, ja auch in der geringen Großstädterei jener Tage ungefähr dasselbe Menschentum, wie es damals ganz ebenso auch in Böhmen, Österreich und bis nach Krakau hin wohnte. Es war das Volk, bei dem eine schullose Unterschicht schlecht und recht und langsam ihre Arbeit tat, damit sich über ihr in wohlgeordneten Stufen ein gebildeter Mittelstand und landbeherrschender Adel erheben konnte, der nach unseren Begriffen oft unglaublich schlicht in Technik und Luxusgütern, behaglich aber in Essen und Trinken und wohlerfahren in allerlei feinerer häuslicher Kunst und Sitte war. Das war die alte Welt, als deren Wunderblüten auf deutschem Boden am Schlusse ihrer Existenz Goethe und Mozart erschienen. Heute bezeichnet man die Reste der einstigen Unterschicht dieser braven alten Zeit als Analphabeten und verweist sie schon mit diesem schulmeisterlichen Fremdwort aus der Reihe der jetzt noch lebensfähigen Arten. In Norddeutschland ist nun dieses gute alte Volk, die Analphabeten, schon zuerst und fast schon ganz ausgestorben, kommt kaum noch in den verlorensten polnischen Einzelhöfen vor, ist so abgestorben wie Zigeuner, Planwagen, Dreifelderwirtschaft und Wölfe. Man schämt sich jetzt ordentlich, daß es hier bei uns in gar nicht zu ferner Vorzeit Menschen gab, die ihren Namen nicht schreiben konnten, obwohl man doch weiß, daß die herrlichen Kulturen von Athen bis nach Versailles und London auf dem Untergrunde jenes alten buchstabenfreien Volkes möglich gewesen sind. Mit unheimlicher Eindringlichkeit entstand in Nord- und Mitteldeutschland der Normaltyp des gebildeten Durchschnittsmenschen, ein Typ, wie er in gleicher Weise in den älteren südlichen und westlichen Kulturen nicht vorhanden war. In Kursachsen, Brandenburg und auch jenseits des Mittelgebirges in Württemberg fing der Umformungsprozeß an. Nachträglich haben auch die Franzosen und Engländer versucht, Schulvölker zu werden, aber es liegt ihnen nicht ganz. Bei ihnen wirkt die Zwangsvolksschule immer etwas wie eine importierte Maschine. Die Entstehung aber des nord- und mitteldeutschen Schulvolkes ist nicht einfach dasselbe wie die Entstehung des kapitalistischen Geistes, von der in vielen Büchern Professor Sombart redet. Durchaus nicht, denn diese Gebiete, von denen wir reden, waren, kapitalistisch betrachtet, vor 150 Jahren noch recht arme Außenschläge und befanden sich keineswegs im Vordergrunde der Entwicklung. Sie hatten als fürstlich-merkantilistische Territorien den Wunsch, in die kapitalistische Gemeinschaft aufgenommen zu werden, zunächst aber waren sie Nachahmungsländer, wie etwa heute die Balkanstaaten. In ihnen jedoch erwuchs etwas, was im Laufe der Zeit über die Art und Kraft der vorher existierenden, frühkapitalistischen Kulturen hinausschreiten sollte, eine hausbackene Kunst der Volkstüchtigkeit, durch Buchstaben und Gedächtnisübungen aus Träumern Arbeiter zu machen, es erwuchs unbewußt und idealistisch die Grundform der zweiten Periode der kapitalistischen Menschheit: Arbeitsmechanismus auf Grund schulmäßig erzogener Masse.

Der unternehmende Kapitalist erster Periode erwuchs, wie Sombart uns zeigt, in Ober- und Mittelitalien, Frankreich, London, Amsterdam, und kommt nur als Einfuhr fremden Könnens von dort nach dem Hinterlande Mitteleuropa. Dieser Kapitalist findet und schafft sich seine Welthauptstadt in London. Er steht dort auf der Höhe seiner Herrschaft und bedroht von da aus den nach ihm kommenden Typ des Kapitalismus, die neue, mehr unpersöhnliche Massenform des individuell begonnen neuen Arbeitsmenschentums, als deren gefährlichen Heimatort er Berlin (und wohl auch in etwas anderem Sinn New York) betrachtet. Wenn man den Ursachen des Weltkrieges bis auf die Wurzel nachgeht, so wird man bei Betrachtung der englisch-deutschen Gegnerschaft auf diesen grundlegenden Unterschied zweier verschiedenen Grundformen des kapitalistischen Menschentums gelangen. Der Kapitalismus erster Periode wehrt sich gegen den sich anmeldenden Kapitalismus zweiter Stufe, den disziplinierten Normal-Kapitalismus Deutschlands. Dieser ist ihm das Unerträgliche an sich.

Was ist also geschehen, um aus Kursachsen, Brandenburg, Württemberg und später im allerhöchsten Grade aus Rheinland-Westfalen, Hamburg, Mittelrhein und Schritt für Schritt aus ganz Deutschland das Land eines noch im Werden begriffenen neuen Menschentypus werden zu lassen? Dieses muß man überlegen und begreifen, wenn man sich über die Weltaufgabe und den Charakter Mitteleuropas verständigen will. Was ist und wie entstand das, was heute der Welt als wirtschaftliches Preußentum und Deutschtum Achtung abnötigt und Abneigung weckt? Wie entstand unsere neue sozialökonomische Konfession?

* * *

Wir alle überlegen uns im Kriege, warum wir Deutschen und insbesondere wir Reichsdeutschen in der übrigen Welt so unbeliebt sind. Vielen gutmeinenden Volksgenossen ist diese internationale

Abneigung etwas ganz Entsetzliches und sie zergrübeln sich den Kopf, was wir tun müssen, um endlich wieder Gnade zu finden. Dabei suchen sie die Quelle des bösen Willens der übrigen Völker oft in sehr nebensächlichen Punkten, wie etwa in dem Mangel an gesellschaftlichen guten Formen der im Ausland reisenden, laut sprechenden lodenbekleideten deutschen Touristen, oder in dem theatralischen Säbelklirren einiger verabschiedeter Generale und nicht im wirtschaftlichen Volkstyp selber, weil sie an den wirtschaftlichen und damit seelischen Veränderungen des eigenen Volkes viel zu unbewußt teilnehmen. Es kommt ihnen kaum in den Sinn, daß wir deshalb unbeliebt sind, weil wir eine Arbeitsweise gefunden haben, die zunächst und auf längere Zeit hinaus kein anderes europäisches Volk uns so nachmachen kann und die den anderen deshalb als nicht loyal erscheint. Es ist das, was wir soeben als den Übergang in den unpersönlichen Kapitalismus zweiter Stufe bezeichnet haben, ein Vorgang, der bei uns das Ergebnis von etwa $1^1/_2$ Jahrhundert Arbeit und Erziehung ist.

Um zunächst einmal den Unterschied der älteren und der neueren kapitalistischen Wirtschaftskonfession an Beispielen besser zu verdeutlichen, so beginne ich mit einer kleinen Erzählung aus London. Ich wollte den Londoner Hafen besehen und sagte das meinem verehrten englischen Freunde, den ich trotz des Krieges über alle Schützengräben hinweg grüße. Er antwortete: Bei uns besieht niemand den Hafen! Darauf ging ich zu dem Weltreisebureau Cook & Sons: ob sie Hafenbesichtigungen veranstalten? Antwort: Nein, denn es gibt gar keinen Londoner Hafen wie etwa den Hamburger Hafen, den man als Ganzes besehen und besuchen kann; der Londoner Hafen ist ein unorganisiertes Nebeneinander vieler sehr großer Etablissements, von denen jedes ein abgeschlossener privater Körper für sich ist. Also: als Quantität, Arbeit, Geldwert, Ware steht der Londoner Schiffsverkehr noch über dem Hamburger, aber als Einheit, Gliederung, Organismus ist er bereits eine ältere Lebensform. Hamburg lernte von London, brachte aber beim Lernen ganz von selbst etwas ganz besonderes Deutsches hinzu, das im Anfang nur als stärkere Polizei und Ordnung wie ein zufälliges Nebenmerkmal erschien, im Laufe der Zeit aber sich zum Wesenszug auswuchs. Warum besitzt, so fragen wir, die kleinere deutsche Seeschiffahrt die größten Schiffahrtsgesellschaften?

Oder ein anderes Beispiel: ich war im Jahre 1900 während der Ausstellung in Paris und redete mit einem deutschen Holzbildhauer (Feintischler), der lange in Frankreich gearbeitet hatte, über den Unterschied der Deutschen und Franzosen. Dabei sagte dieser Mann, soweit ich mich heute nach 15 Jahren noch erinnere, etwa so: Wenn ein französischer Tischler 30 Arbeiter hat und er kann einen darüber hinausgehenden größeren Auftrag bekommen, so nimmt er ihn zwar an, gibt ihn aber für Provision weiter, weil er sich nicht zutraut oder sich nicht die Mühe machen will, mit mehr als 30 Arbeitern zu tun zu haben, während der entsprechende deutsche Unternehmer den Auftrag für sich annimmt, seine Werkstatt vergrößert und um dieser Vergrößerung willen nach weiteren neuen Aufträgen sucht. Wenn es unter den Franzosen jemand anders macht, so ist er gewiß ein Elsässer oder Schweizer. Es hat also auch im mittleren Gewerbe und auch im Kunsthandwerk der Deutsche die größere Organisierungskraft.

Das, was die Besonderheit des Deutschen ausmacht, ist nicht eine an sich neue Eigenschaft, die sonst in der Welt nicht vorhanden wäre, sondern es ist die methodische, anerzogene Steigerung eines Könnens, das bei den bisherigen führenden Völkern auch vorhanden war und ist, aber nicht schulmäßig und absichtlich entwickelt wurde. Nach unserem eigenen Gefühl sind wir nun noch lange nicht am Ende der Organisiertheit angelangt, noch lange nicht, aber in den Augen der andern sind wir schon weit von ihrer Lebensart abgekommen, sind ein unfreies Volk, weil wir besser als sie gelernt haben, unsere Arbeit nach gemeinsamem Plan und in gemeinsamem Rhythmus zu vollziehen. Und zwar trifft das alle Arbeiten. Es ist nicht so, als ob der Industrialismus das besondere deutsche Merkmal sei, denn industriell, maschinell, gewerblich sind und waren die Engländer vor uns, und der besondere deutsche Geist, von dem wir reden, zeigt sich mindestens ebensosehr in unserem Landwirtschaftsbetriebe wie in unserem Gewerbe.

Es gibt natürlich auch in der französischen und englischen Landwirtschaft allerlei Versuche zu Organisationen und Verbandsbetrieben, wie etwa bei den Weinbauern in Südfrankreich, aber in der Nähe betrachtet ist das alles meist recht locker, während die deutsche Landwirtschaft bei aller formalen Festhaltung der bäuerlichen Selbständigkeit beinahe schon im durchsystematisierten Gemeinschaftsbetrieb ist oder wenigstens täglich zu ihm gelangen will. Durch das Ineinandergreifen von Landwirtschaftskammern, Landwirtschaftsschulen, Darlehnskassen, Kornhäusern und Molkereien ist ein ganz festes Netz um den einzelnen gesponnen. Er ist Verbandsbauer geworden, Mitglied eines geschlossenen Berufsstandes. Er kann sich zwar allen diesen Regelungen entziehen, aber es ist sein Schade, wenn er es tut. Aus persönlichem Interesse wird er Mitglied unpersönlicher Veranstaltungen und arbeitet für sie wie für sich. Diese Einschiebung des Einzel-Ich in das Gesamt-Ich, das ist es, was wir können und womit wir größere Intensität der Bebauung, größere Sortierbarkeit der Erzeugnisse, stärkere Weltmarktqualitäten für den Handel erzielen. Der Individualismus ist voll entwickelt, dann aber aufgenommen in die nächsthöhere Form der wirtschaftlichen gemeinschaftlichen Daseinsweise.

Aus demselben inneren Triebe heraus ist auch unsere Industrie so voll von Organisationsgedanken und Verbandsstatuten. Da ich an verschiedenen Stellen von den wirtschaftlichen Syndikaten oder Kartellen reden will, so soll hier nur die Tatsache selbst hervorgehoben werden, daß in den letzten 20 Jahren unsere deutschen Industrien ein völlig neues Gesicht bekommen haben. Indem sie wuchsen, wuchsen sie ineinander. Durch Arbeitgebervereine, Zahlungskartelle, Rayonierungsverträge und Preisvereinbarungen entstand ein vielgliedriger Apparat von Zugehörigkeiten und Abhängigkeiten, in dem sich der Fernerstehende kaum zurechtfindet, der aber Stück für Stück nach Bedarf geschaffen wurde und durch den der Privatunternehmer alten Stiles ganz leise im Laufe eines Menschenalters, auch wenn er ursprünglich durchaus nicht will, in die geordnete industrielle Gemeinwirtschaft hinübergleitet. Er wird Verbandsunternehmer. Wenn die erste und zweite Generation von Unternehmern diesem Entwicklungsgange sich nur mit Sträuben anbequemten und lieber Einzelkapitalisten im westeuropäischen Sinne bleiben wollten, so ist der Unternehmer dritter Generation meist schon von vornherein als Verbandsmensch geboren. Damit wird er in gewissem Sinne freier leitender Angestellter einer Gesellschaft, die Stahl erzeugt oder Garn oder Zucker oder Spiritus. Die gewerbliche Grundform des Zeitalters ist damit gefunden und bohrt sich nun beständig weiter durch. Noch weitere 20 Jahre, so werden wir die übersichtlichsten Haushaltspläne und Arbeitsverteilungen einer gewaltigen Industrie vor uns haben. Die Regelung der Produktion ist auf dem Marsch. Was vor 40 Jahren als weltferne Ideologie von sozialistischen und staatssozialistischen Träumern erschien, tritt mit fabelhafter Sicherheit als inzwischen fertig gewordene Wirklichkeitsform auf. Deutschland ist nicht nur auf dem Wege zum Industriestaat, sondern zum O r g a n i s a t i o n s s t a a t überhaupt.

Dem entspricht vollständig, was wir beim Lohnarbeiter erleben und nach seinem Vorbild bei allen Gruppen höherer Angestellter. Das alte Ideal des einzelnen, der seine Arbeitskraft verkauft, wann, wo und wie er will, ist fast untergegangen im sozialen Ideal des gemeinsamen Lohn- und Arbeitsverbandes. Der Nichtgewerkschaftler ist zwar noch zahlreich übrig geblieben, aber er hat in keiner Weise die Führung. Und was den deutschen Gewerkschaftler, soviel wir sehen, auch vom älteren englischen unterscheidet, ist seine größere Zusammenfassung und Diszipliniertheit, die er sich gegen den Wunsch der Staatsleitung und des Unternehmertums, trotz Sozialistengesetz und Polizeischikanen mühsam aber erfolgreich erkämpft hat. Die deutsche Masse will organisiert auftreten, das ist ihr Lebensprinzip. Es genügt nicht, zu sagen, daß sie aus Gründen des Lohnvorteils sich verbindet. Wer Gewerkschaftler kennt, weiß, daß der berechtigte Privategoismus nur ein Teil ihres Wesens ist und gerade bei den leitenden Personen nicht der entscheidende. Sie haben sich ihr gewerkschaftliches Lebensideal zugerechtgemacht, eng und steif, wie es bei kleinen Leuten mit kleinem Lebensspielraum nicht anders sein kann, aber fest geschlossen und klar in sich selbst. Der Gedanke der überpersönlichen Wirtschaftsführung der Masse in Arbeit, Arbeitsverkauf und -konsum setzt sich durch und wird einfach Selbstverständlichkeit. Darin ist die deutsche arbeitende Menge anders als alle romanischen Bevölkerungen, denn das, was in Italien und Frankreich Sozialismus genannt wird, ist zwar den Worten und der Theorie nach den deutschen Arbeiterverbänden verwandt, besitzt aber durchaus nicht den Härtegrad innerer Festigkeit, den unsere sozialdemokratischen oder auch sonstigen Gewerkschaftskörper schon jetzt erreicht haben.

Alles folgt nun demselben Zuge: die Techniker, die Lehrer, die Oberlehrer, die Gelehrten, die Ärzte, selbst die Künstler. Die Innungen der Handwerker beleben sich neu und passen sich den veränderten Zeitbedingungen an. Wir sind bei allem Streit der vielen gegeneinander kämpfenden Interessenverbände ein einheitliches Volk, großartig einheitlich in dieser Weise der praktischen Lebens- und Arbeitsverfassung. Daran hat Volksschule, allgemeine Wehrpflicht, Polizei, Wissenschaft und sozialistische Propaganda zusammen gearbeitet. Wir wußten kaum, daß wir im Grunde alle dasselbe wollten: die geregelte Arbeit der zweiten kapitalistischen Periode, die als Übergang vom Privatkapitalismus zum Sozialismus bezeichnet werden kann, falls man nur das Wort Sozialismus nicht als bloße proletarische Großbetriebserscheinung annehmen, sondern frei und weit fassen will als Volksordnung zur Erhöhung des gemeinsamen Ertrages aller für alle.

Dieser neue deutsche Mensch ist das Unbegreifliche für die Individualistenvölker, denn er erscheint ihnen teils als Rückfall in vergangene gebundene Zeiten und teils als künstliche Zwangskonstruktion, die das Menschentum verleugnet und vergewaltigt. Man hat in den gebildeten Kreisen von Paris und London gegenüber diesem deutschen Typ Mitleid, Scheu, Achtung und Abneigung zugleich. Auch wenn man dort dasselbe würde leisten können, würde man es nicht wollen, denn man will diese disziplinierte Seele nicht, man will sie nicht, weil das der Tod und die Preisgabe der eigenen Seele sein würde. Nur wer Deutschland auch gelegentlich von draußen her mit den Augen der Fremden anzuschauen versucht hat, wird das ganz verstehen. Dem Deutschen, der nur Deutschland kennt, muß die innere Stärke dieses Gegensatzes notwendig verborgen bleiben, er fühlt gar nicht, wie fremd er gerade den besten Menschen in den Westvölkern schon geworden ist, nicht durch etwas Einzelnes, das er tut, sondern einfach durch das, was er ist.

* * *

Dieses neudeutsche Wesen hat sich bei uns im Deutschen Reiche durchaus nicht ohne Widerstreben durchgesetzt, denn es ist etwas anderes als der altdeutsche Seelen- und Lebenszustand. Das altdeutsche war viel naturhafter, langsamer, toller oder weicher, je wie es kam. Alle unsere Romantik war nicht organisatorisch; sie ist treu, opferbereit und kameradschaftlich, aber der in den Vordergrund geschobene Zweckgedanke fehlt ihr. Die guten tollen Deutschen von einstmals waren darum auch kein Gegenstand der allgemeinen Befeindung. Man sah sie wohl gelegentlich als plump an und wünschte ihnen ein größeres Maß von französischer Politur, aber man hatte im Grunde nichts gegen den braven Bären, der sich hin und her kollern ließ und noch selber dazu lachte. Daß dieser alte, behaglich plumpe, ordentliche Kerl aber eines Tages seinen Traum abschütteln und als Denker der Arbeit aufstehen würde, das ahnte draußen niemand. Selbst als man Philosophen erster Größe unter uns aufsteigen sah, ahnten die Fremden noch immer nicht, daß das eine praktische und wirtschaftliche Wandlung des deutschen Wesens bedeutete, denn auch wir selbst merkten ja kaum, wie sehr unsere Philosophen praktische Propheten waren. Man hielt sie für Begriffskünstler und Weltverbesserer, ohne zu fühlen, daß von ihnen aus ein Arbeitsgeist voll Vernunft das ganze Volk in einem Jahrhundert umwandelte. Ja die Denker selbst übersahen noch nicht, wozu sie da waren. Sie dachten an reine und praktische Vernunft im Sinne der Einsicht und der Moral. Nach ihnen aber kamen ihre Schüler und versuchten die gedachte Vernunft in Staat, Recht und Wirtschaft hineinzuschieben. Auch das wurde immer noch kein vollkommenes Werk, aber wiederum in einer nächsten Generation fanden sich dann in allen Arbeitsgebieten scharf erzogene Denker der wirklichen Möglichkeiten. Weder Bismarck noch Savigny noch Helmholtz noch einer der beiden Siemens ist ohne dieses Philosophenöl in zweiter bis dritter Umgießung zu denken. Unsere technischen und landwirtschaftlichen Hochschulen sind deutsche Denkeranstalten mit Verwirklichungszwecken, heute fast charakteristischer für unsere nationale Art als die alten bewährten Universitäten. Hochschule mit Verwirklichungszweck, das ist das Neue, das wir selbst uns erst aneignen mußten und das die Völker der älteren Kulturen uns innerlichst übelnahmen, als es erstand, weil für sie das Wissen mehr ein feines Spiel ist als ein zweckbewußtes Können.

Die Engländer sind in früherer Vergangenheit bis zu dieser technisch-organisatorischen Wendung unseres Wesens immer recht wohlwollend gegen uns Deutsche gewesen. Der englische tiefe Denker Carlyle zwar begriff, was sich im Deutschtum vorbereitete, aber seine Landsleute nahmen, was vor Augen lag: die Deutschen machen gute Schulen und kaufen englische Maschinen! Erst als sie auf Grund ihrer Schulen dann selber Maschinen herstellten und den fremden Völkern anboten, da verlor sich das englische Wohlwollen, denn wie konnte sich der gelehrte Bruder auf dem Kontinent unterstehen wollen, nun auch ins Geschäft seine Hände zu stecken? Dieser gelehrte deutsche Techniker in allen Berufen erschien wie eine Ungehörigkeit an sich. So war die alte englische Welt nicht eingerichtet, daß Denken und Welthandel einen methodischen Arbeitsbund miteinander machen! Von dieser merkwürdigen Wendung an fühlte der gebildete Engländer sich vom Deutschen getäuscht und nannte ihn einen bösen Konkurrenten, was er in der Tat nun auch wurde, und zwar auf Grund der englischen Weltparole vom freien Spiel der Kräfte, aber mit einer anders geschulten Kraft.

Wie sehr übrigens die neue deutsche Arbeitsmethode eine Fortsetzung des deutschen schulmäßigen Denkens ist, kann man nur begreifen, wenn man die deutsche Behandlung wichtiger Aufgaben von seiten führender Männer mit der entsprechenden ausländischen nichtdeutschen Behandlung vergleicht. Unsere Finanzpolitik hat einen fühlbar doktrinären Zug, ist aber gerade darum sehr erfolgreich. Unsere Militärausbildung ist stark lehrhaft, aber nicht zu ihrem Schaden. Unsere Großkaufleute sind beinahe Volkswirtschaftler und Statistiker von Beruf. Unsere Forstwissenschaft ist fast so gut auseinandergedacht wie ein Handbuch der Sprachlehre. Unser Schiffsbau ist voll von Mathematik, unsere Stahlplatten sind wissenschaftliche Werke, unsere Farben sind ausgedachte Chemikalien. Es tritt in dem allen weniger der unmittelbare Erfindergeist des glücklichen Zufalls zutage als der sorgfältig erzogene Fleiß. Oder anders gesagt: man glaubt bei uns an gemeinsame Arbeit.

Der Zusammenhang mit der schulmäßigen Wissenschaft, den wir überall in der neuen Landwirtschaft und in allen Gewerbeunternehmungen größeren Umfanges entdecken, war und ist auch die Eigentümlichkeit der deutschen Sozialdemokratie. Von ihr sagte Fr. Engels, der Freund von Karl Marx, sie sei die Erbin der deutschen Philosophie, und wenn man dieses Wort nicht so ausdeuten will, als sei sie die einzige Erbin, dann liegt in ihm ein sehr wahrer Kern. Von allen Arbeiterschaften ist nur die deutsche (und deutsch-österreichische) in ihrer Massenbelehrung theoretisch im Sinne des reinen Marxismus aufgetreten. Das konnte im einzelnen oft falsch sein und über die Köpfe und über die Gegenwartsprobleme weit hinweggehen, aber die Tatsache selbst, daß wir die theoretischste Arbeiterbewegung der Welt besaßen, gehört zum Bilde des deutschen Wirtschaftsvolkes. Diese Arbeiterschaft zusammengebunden mit unseren geschulten Unternehmern, mit unseren Syndikatsleitern, mit unseren Geheimräten und Offizieren ergibt nicht die anmutigste und amüsanteste Gesellschaft, die es geben kann, aber die wirksamste, sicherste, ausdauerndste menschliche Maschinerie. Diese lebendige Volksmaschine geht ihren Gang, ob der Einzelmensch lebt oder stirbt, sie ist unpersönlich oder überpersönlich, hat ihre Reibungen und Störungen, ist aber als Ganzes etwas, was geradeso vorher nie vorhanden sein konnte, unser geschichtlich gewordener Charakter.

* * *

In dieser unserer deutschen Arbeitsweise sind wir alle durch den Verlauf des Krieges sehr bestärkt worden. Vom ersten Tage an wurde der uns aufgedrungene Krieg wie eine notwendige ganz allgemeine Pflicht und Arbeit angesehen, die eben getan werden muß. Jedermann erwartete von den verantwortlichen Stellen eine bis ins kleinste gehende durchdachte Organisation. Sobald man fühlte, daß sie vorhanden war, fand man die Truppen und Heimatkräfte zu den größten und seltensten Anstrengungen bereit, ohne sich dieses zum besonderen Verdienst anzurechnen. Der Krieg war eben nur die Fortsetzung unseres Lebens mit anderen Mitteln, aber im Grunde mit den gleichen Methoden. Darin wohl liegt das Geheimnis der Erfolge. Wir siegen weniger durch Einzelpersonen als durch das anerzogene Gefühl für gemeinsame schwierige Arbeit und die, welche auszogen, uns zu sich zu bekehren, mußten im Kampfe versuchen, uns zu gleichen. Wenn unsere Gegner diesen inneren Zusammenhang zwischen Kriegs- und Friedensarbeit als „Militarismus des Deutschtums" bezeichnen wollen, so kann uns das nur recht sein, denn in der Tat wirkt die preußische Militärzucht durch uns alle hindurch vom Industrieadmiral bis zum Erdarbeiter. Was wir ablehnen, ist nur der Nebenton, der sich mit dem Worte Militarismus verbunden hat, und der im Kasernenbetriebe der Friedensjahre schwer ganz fernzuhalten ist. In der gemeinsamen Wertschätzung der freiwilligen Zucht eines großen Volks-, Kriegs- und Arbeitsheeres werden wir sicherlich aber nach dem Krieg noch viel enger unter uns verbunden bleiben, solange als noch Menschen leben, die in diesem Kampf ihren Posten ausgefüllt haben. Mag's gehen wie es will, das Deutschtum hat seine gewaltige Taufe empfangen: der Geist der Nation war und ist vorhanden! Wir sind in unserem Wesen als Einheit uns selbst und der Außenwelt offenbar geworden. Jetzt handelt es sich darum, dieses im unheimlichsten Kampf erprobte deutsche Wesen bis ans Ende durchzuführen. Das wird und soll am Tage nach dem Friedensschlusse beginnen.

An diesem Tage holen nämlich alle Reichs- und Staatsämter und Parteien und Verbände ihre Notizblätter heraus, auf denen steht, was nach dem Krieg anders werden soll. Ich wette, daß drei Viertel dieser Blätter das Wort enthalten: bessere Organisation! Unser Auslandsdienst, unser Rotes Kreuz, unser Lazarettwesen, unsere Militärkleidung, unser Militäreinkauf, unsere Pferdebeschaffung, unsere Nahrungsversorgung, alles dieses und vieles andere soll noch ganz anders straff durchdacht und vorberechnet sein, damit wir nicht wieder so dastehen wie jetzt in den Ratlosigkeiten der Nahrungsdebatten. Da nun aber jede Organisierung wieder in Statistik, Gruppierung, Zergliederung, Zusammenfassung, Kontrolle und Ordnung besteht, so wächst von allen Seiten der Staats- oder Nationalsozialismus, es wächst die „geregelte Volkswirtschaft". Fichte und Hegel nicken von den Wänden: der Deutsche wird erst recht nach dem Krieg staatlicher Wirtschaftsbürger mit Leib und Seele, sein Ideal ist und bleibt der Organismus, nicht die Willkür; die Vernunft und nicht der blinde Kampf ums Dasein. Das ist unsere Freiheit, unsere Selbstentfaltung. Damit werden wir unseren Geschichtstag erleben wie es andere sieghafte Völker mit anderen Künsten und Tüchtigkeiten in anderen Zeitaltern taten. Unsere Periode bricht an, wenn der englische Kapitalismus seine Höhe erreicht und überschritten hat, und für diese unsere Periode haben uns Friedrich II., Kant, Scharnhorst, Siemens, Krupp, Bismarck, Bebel, Legien, Kirdorf, Ballin zusammen erzogen. Für dieses unser Vaterland sind unsere Toten im Felde gestorben: Deutschland in der Welt voran!

* * *

Und nun erst reden wir wieder von Mitteleuropa. Die deutsche Wirtschaftskonfession soll in Zukunft immer mehr der Charakter von Mitteleuropa werden. Damit steigt der militärische Verteidigungsbund zur inneren Gemeinschaft. Über alle Verfassungsgrenzen hinweg bildet sich ein zusammengehöriges Wirtschaftsvolk.

Wenn das ein neu ausgedachter Plan einzelner Menschen wäre, so würde er nicht gelingen, aber wir sprechen ja nur das aus, was sich schon längst von selber gestalten will, sprechen es aus, um einen bereits vorhandenen Vorgang zu fördern. Schon jetzt haben die Österreicher und Ungarn unser Leben mit uns gelebt, denn sie alle, auch die anderssprachlichen, sind wirtschaftlich unseres Blutes. Die Deutschösterreicher saßen mit uns auf unsern Schulbänken und lieferten uns vortreffliche Mitarbeiter und Lehrer derselben Technik und Gesinnung, aber auch die Tschechen oder Polen oder Magyaren konnten zwar oft antideutsch und uns unfreundlich sein in außergeschäftlichen Regungen und Lebensgefühlen, aber dem Magnetismus unserer Arbeitsmethode haben sie sich trotzdem nicht entzogen, dachten gar nicht daran. Für sie alle war Frankreich das Idealland der feineren Sitte, England die technische und finanzielle Weltkönigin jenseits aller kontinentalen Streite, Rußland vielleicht die geheimnisvolle Zukunftsmacht unbegrenzter Möglichkeiten, aber das Wirtschaftsleben aller österreichisch-ungarischen Nationen und Volksteile ist ganz überwiegend deutschen Ursprungs. Sie nahmen, vielfach ohne es besonders zu wissen und zu wollen, die internationale technische und geschäftliche Entwicklung aus deutschen Händen. Oft waren deutsch sprechende Juden dabei die Vermittler. Ihre Mitwirkung ist nicht zu unterschätzen, denn was es in Österreich und Ungarn an Banken, Aktiengesellschaften, Verkehrsmitteln, Getreidelagern, Holzversendungen und auch Fabrikationen gibt, bewegt sich vielfach inmitten aller partikularistischen Nationalitäten dadurch, daß die polnischen, magyarischen, tschechischen und deutschen Juden sich untereinander immer zu verstehen pflegen. Trotz alles Protestes der Antisemiten sind die Juden ein unentbehrlicher Bestandteil des Wirtschaftsvolkes der Doppelmonarchie. Ihnen ist zwar meist der eigentlich militärisch-organisatorische Kern des deutschen Wirtschaftscharakters fremd, aber sie sind geborene Erzieher zur Geschäftlichkeit an sich und damit Vorbereiter und Zurichter der modernen Arbeit.

Es würde ganz falsch sein, wenn irgendwelche Norddeutschen sich einbilden würden, daß sie berufen seien, den südlichen Bundesbrüdern die ersten Elemente des kapitalistischen Denkens beizubringen. Dabei könnten sie schön hereinfallen, denn der Budapester Getreidehandel, die Wiener Banken, die böhmischen Fabrikanten sind wahrhaftig nicht von gestern. Bei aller zur Schau getragenen Gemütlichkeit können sie recht gewandt sein. Überhaupt soll in allen diesen Fragen der Norddeutsche nicht vergessen, daß er zwar organisierter, aber nicht klüger ist als seine südlichen Nachbarn. Beides ist nicht ganz dasselbe. Die erstaunliche Wirtschaftskraft des Nordens ist kein reines Ergebnis des Verstandes, wenn man ihn als Beweglichkeit des Geistes im allgemeinen auffaßt. Oft sind ja die erfolgreichen Norddeutschen gar nicht so besonders geistig beweglich, aber sie sind zäh und bleiben bei der Sache und zwingen sich und andere in einen geregelten Gang. Das ist ihre Kraft. Wie diese Kraft sich zum gemeinsamen Nutzen mit den beweglichen Eigenschaften des Donaustaates zum mitteleuropäischen Wirtschaftswesen vereinigen soll, wie aus Natur, Tradition und Zucht ein sieghaftes gemeinsames Arbeitssystem werden soll, das ist es, was uns beschäftigt.

* * *

Oft schon wenn ich mit deutschen Österreichern über diese Dinge redete, hörte ich das Wort: „ihr müßt uns helfen". Wenn ich aber dann versuchte, diese häufig wiederkehrende Aufforderung in praktische Maßnahmen zu übersetzen, da gab es Stockungen. Denn es stand schon meist gar nicht fest, woran und zu welchem Ziele geholfen werden soll. Dann hieß es „bitt sehr, ihr müßt den Anstoß geben!" Ja, aber wenn wir das tun, seid ihr die ersten, das übel zu nehmen! „Bitt sehr, das ist wahr, aber trotzdem, wir allein können nicht heraus." Also nun einmal ohne alle Umschweife: aus was wollen diese Österreicher heraus?

Sie sind als Einzelmenschen genau so gescheit und fach- und sachkundig als jemand von uns und kennen unsere wirtschaftlichen Dinge meist besser als wir die ihrigen. An Einzelheiten können wir oft eher von ihnen lernen als sie von uns. Was ihnen fehlt, ist nur jener oben dargelegte preußisch-deutsche Wirtschaftsgeist als Massenerscheinung. Diesen möchten sie nun zwar eigentlich nicht haben, aber sie möchten doch seine Früchte genießen, denn sie sehen, daß er wohlhabend und stark macht, und zwar das ganze Volk. Daß gewisse Einzelmenschen unmäßig reich werden, ist in altaristokratischer und modernkapitalistischer Zeit an der Donau mindestens so sehr vorgekommen wie an der Spree, aber im ganzen bleiben im dortigen Wirtschaftsleben Rückstände, über die auch der beste Freund nicht schweigen kann. Die Produktivität des österreichisch-ungarischen Landes ist nicht so entwickelt, wie sie es mit den Hilfsmitteln der Neuzeit und auf Grund der Bodenschätze und Bevölkerungskräfte sein sollte. Es ist nicht so, als ob die österreichisch-ungarische Wirtschaft keine Fortschritte machte! Im Gegenteil, sie schreitet fort, wird ergiebiger und vielgestaltiger, aber sie hält nicht ganz Schritt mit dem Vorangehen Deutschlands und mit dem Nachdrängen kleinerer aufsteigender Völker. Zwar Böhmen ist fast wie das angrenzende Deutschland geworden, aber je weiter man in die Mitte und in den Osten der Donauländer kommt, desto mehr hängen Bleigewichte an den Füßen derer, die vorwärts wollen. Es ist noch viel unbeholfene Armut da, viel verlorene Mühe, viel Regiererei ohne eigentliches Lebensziel. Das drückt als Last und gelegentlich auch als Vorwurf und nur wenige starke Personen heben sich ganz über diese Gefühle hinweg und gehen tapfer und erobernd ihren Weg. So wenigstens erscheint mir die Sache, daß in der Wirtschaft der Donaumonarchie weniger etwas Technisches fehlt, das man einfach hinsenden kann, als etwas Seelisches, das erst erzogen werden muß, und zwar ebensowohl bei den Landwirten wie bei den Handwerkern und Industriellen, ebenso bei Unternehmern wie bei Arbeitern. Ich würde die Aufgabe dieses meines Buches nicht voll erfüllen, wenn ich an dieser Stelle aus begreiflicher und naheliegender Scheu nicht deutlich reden wollte. Erst wenn sie rund ausgesprochen sind, verlieren solche Sachen ihre Peinlichkeit.

Ich fuhr einmal mit einem deutsch sprechenden Ruthenen von Oderberg nach Breslau und freute mich seiner kräftigen Auffassung des für ihn neuen Lebens rechts und links der Eisenbahn. Von ihm hörte ich etwa: „was mich wundert, hier sind die Bauern Menschen". Natürlich konnte er von der Eisenbahn aus nicht sehen, wie viele recht kümmerliche und gedrückte Existenzen es gerade in Schlesien noch vielfach in ländlichen und städtischen Verhältnissen gibt, und wie wenig der heutige dortige Zustand unserem Ideal von Hebung des ganzen Volkes entspricht, aber immerhin ist es richtig, daß die Leute, die man drüben nach Galizien hin oder in Ungarn an den Stationsgebäuden beiderseits der Karpathen sieht, einen viel anderen und weniger gepflegten und weniger selbständigen Eindruck machen.

Oder um dasselbe auf andere Weise zu sagen, so hörte ich noch vor wenigen Wochen von einem österreichischen Volkswirtschaftler das Wort: „bei uns sind $^2/_3$ der Bevölkerung Bettler". Er sagte nicht Proletarier sondern Bettler, und kennt den Unterschied beider Worte sehr genau. Ob die Angaben von zwei Dritteilen nicht sehr übertrieben ist, will ich offen lassen, aber wahr bleibt, daß man fast überall, am meisten natürlich nach dem Osten zu, Männer und Frauen findet, die sozusagen ihr ganzes Leben lang aus den Lumpen nicht herauskommen. Diese Menschen haben wenig, können wenig, schieben sich von einem Tag zum andern, sind unglaublich genügsam in ihren Ansprüchen an sich selbst und an die übrige Welt und Gesellschaft. Volkswirtschaftlich sind sie und ihre Arbeit wohl in der Tat nicht viel mehr wert als die wenigen Kronen, die sie in die Hände bekommen, aber es wäre möglich, sie um vieles wertvoller zu machen. Das ist das Problem. Wir Reichsdeutsche kennen dieses Problem von uns selber, aber wir sind schon etwas über den Berg hinaus, sind aus dem gröbsten heraus und deshalb sagt der Österreicher zu uns: ihr sollt uns helfen!

Warum wandern denn so viele Leute aus? Es wanderten aus Österreich in einigen Jahren bis an oder über 170 000 Menschen über See und noch viele andere über die Landgrenzen, und aus Ungarn im Jahre 1907 sogar 193 000. Ein gewisser Teil der Auswanderer kehrt zwar wieder, aber dafür nehmen immer neue Trupps ihr Bündel auf den Rücken und suchen in Europa oder in Amerika Brot und Geld. Auch wir haben diesen Auswanderungszustand früher in Ost- und Westpreußen, Sachsen, Württemberg, Pfalz und anderswo gekannt und haben noch im Anfang der achtziger Jahre des vorigen Jahrhunderts sehr große Bevölkerungsverluste nach Amerika hin gehabt, aber wir sind darüber hinweg. Dieser letzte Ruck fehlt noch in Österreich und Ungarn. Er muß einmal kommen, denn es ist ein magerer Trost, daß die Abwandernden Geld schicken oder heimbringen. Eine gesunde Volkswirtschaft braucht ihre Kinder nicht abzustoßen, sondern wirkt anziehend und behält die Überzähligen zur Vermehrung des Gewerbes bei sich. Auch das Donauland soll und will aufhören ein Kinderland für fremde Wirtschaften zu sein.

Sozialpolitik ist gut und nötig, aber vorher muß überhaupt Arbeit da sein. Ich erinnere mich aus meiner Kindheit noch, wie es damals im sächsischen Erzgebirge aussah. Bald hielt es die eine Familie nicht mehr aus und bald die andere und packte ihre paar Sachen. Und das waren noch die Kräftigsten, denn wer ganz unterernährt und blutarm war, der konnte gar nicht fort. Damals, vor 50 Jahren, wurde dort ganz buchstäblich von gesunden Leuten gebettelt! Das erzähle ich absichtlich, damit niemand das Gefühl haben kann, die vorhergehenden Ausführungen seien in pharisäischem Sinn gemacht. Nichts liegt mir ferner. Wenn ich aber an Mitteleuropa denke, dann denke ich nicht nur an Könige, Grafen und Generaldirektoren, sondern an die ganze weite Masse, an unser gemeinsames großes Volk in allen Schichten und überlege mit den Volkswirten des Nachbarlandes zusammen, wie ihr zu helfen sei, weil nur auf gesunder, gebildeter und wohlgenährter Masse das militärische, finanzielle und kulturelle Mitteleuropa erstehen kann, von dem wir träumen.

* * *

Nun hilft es nicht allzuviel, über die Armut der Masse mitleidsvolle und moralische Reden zu halten, weil sie dadurch nicht gesättigter und kräftiger wird. Auch die Schule für sich allein kann das Werk nicht vollbringen, so unentbehrlich sie ist. Die Volksschule verwandelt das trauliche, aber hilflose Volk der Analphabeten in Rechner, Briefschreiber und Zeitungsleser, erweitert den Betätigungsumfang, bietet die Grundlagen für weitere Fortschritte, aber eine Arbeitschafferin für arbeitsarme Gegenden kann sie für sich allein nicht sein. Oft wandern die aufgewecktesten Knaben am weitesten in die Fremde. Auch wirkt die Volksschule erst in der dritten oder vierten Generation wirtschaftlich fühlbar, weil ohne Hauserziehung schon in den ersten Jahren nach der Schulentlassung zuviel wieder verloren geht. Und was die landwirtschaftlichen und technischen Schulen anlangt, so ist von ihrer großen Bedeutung schon gesprochen worden, aber sie setzen, um gedeihen zu können, fortschrittlich gerichtete Unternehmungen voraus, von denen gelernte Kräfte überhaupt verlangt werden. Wenn also Österreich und Ungarn in den letzten Jahrzehnten in der Tat sehr viel für ihr Schulwesen getan haben, so entspricht das ihrer deutsch-mitteleuropäischen Lage und Aufgabe und wird sicherlich im Laufe der Zeit noch große Früchte bringen, nur darf man nicht die Bildungsfragen für sich allein als die entscheidenden ansehen. Die erste dringende wirtschaftliche Frage ist die nach dem Ertrage der Arbeit.

Wenn hundert Menschen eine Arbeit fertigstellen, die von 60 Menschen gemacht werden kann, so ist es ohne weiteres klar, daß die 100 schlechter gekleidet und genährt sein müssen als die 60. Bei naturalwirtschaftlichen Lebensverhältnissen regelt sich das unmittelbar von selbst. Es kommt auf jeden Arbeiter mehr Getreide, Flachs, Wein oder Salz. Aber auch im System des Geldlohnes und Geldgehaltes bleibt dasselbe einfache Gesetz bestehen. Alle können mehr verbrauchen, wenn alle mehr schaffen. Was nun der Hauptunterschied zwischen der reichsdeutschen und der österreichisch-ungarischen Wirtschaft zu sein scheint, wobei hundert Ausnahmen von vornherein zugestanden werden, ist das, daß bei uns auf Grund des oben beschriebenen Wirtschaftscharakters dieselbe Arbeit im Durchschnitt von weniger Personen gemacht wird. Das haben auch die Norddeutschen und Süddeutschen erst langsam gelernt, denn von Natur sind wir alle ohne Ausnahme langsam und lassen uns Zeit. Es ist auch nicht wünschenswert, daß man den Ausnutzungsgrad der Arbeit so künstlich und übertrieben steigert, wie es das amerikanische Taylorsystem verlangt, weil das dem Menschentum selber zu schädlich ist, aber, so einfach die Sache sich anhört, hier liegen die ersten Wirtschaftssorgen Mitteleuropas: wir brauchen eine Annäherung der in der alten Arbeitsweise Verharrenden an den Arbeitsrhythmus der Vorgeschrittenen.

Dabei wird die Staatsverwaltung mit gutem Beispiele vorangehen müssen, indem sie den Beamtenapparat daraufhin durchmustert, daß weniger zahlreiche, aber besser bezahlte Beamte denselben Dienst tun, der jetzt von allzuvielen gering bezahlten Beamten ausgeführt wird. Es soll bei dieser Reform des Beamtenwesens nicht an Geld gespart werden, aber an verschleuderten Dienststunden. Auf diesem Gebiet ist auch nördlich des Erzgebirges vieles straffer zu fassen, mehr aber noch südlich. Professor v. Philippowich hat verschiedentlich auf diesen wichtigen Punkt hingewiesen. Bei dem eindrucksvollen Beispiel, das die Beamten in Stadt und Land den übrigen Einwohnern geben, sind sie die ersten Träger des Rhythmus. Von oben bis unten muß bei ihnen gerade von Jahr zu Jahr etwas Temposteigerung eintreten. Das macht die Beamten zwar vielleicht zunächst nicht liebenswürdiger, aber es hebt sie doch als Menschen, als Klasse, als Vorbilder der Menge. Später kann sich ja auch die angenehme Lebensform wieder einfinden, wenn sie sonst schon in der Rasse darinliegt. Wirtschaftlich ist derjenige Staat der beste, der die meiste öffentliche Arbeit mit den wenigsten Angestellten durchführt.

Oft freilich wird die Reform der Leistungssteigerung auf einem falschen Wege versucht, indem bei gleichbleibender Bezahlung die höhere Leistung mit Kontrolle und Drohungen erzwungen werden soll. Der Versuch ist naheliegend, kann aber nur sehr vorübergehend gelingen, wie man von jedem Pferdehalter aus seiner Erfahrung sich sagen lassen kann. Und auch aus volkswirtschaftlicher Berechnung heraus ist dieses Verfahren irrig, denn eine Verminderung der Zahl der Angestellten wirkt als Herabsetzung der allgemeinen Kaufkraft, wenn der einzelne nicht gleichzeitig als Konsument steigt. Der Bevölkerungsteil, der nicht mehr in den Schreibstuben sitzen soll, muß am erhöhten Verbrauch der stärker Beschäftigten den Beginn einer Erwerbsgelegenheit finden.

Damit berühren wir das volkstümliche Gegenargument gegen die Systematisierung der Arbeit in allen Arbeitszweigen. Man sagt, daß es dann noch mehr Arbeitslose, Unbeschäftigte und Abwandernde geben werde. Demgegenüber bietet aber jedes Land mit scharfer Arbeitszucht den handgreiflichsten Beweis, daß es in Wirklichkeit gerade umgekehrt ist. Dort, wo scharf gearbeitet wird, wird flott verbraucht, dort steigen die Löhne und Gehälter, auch wenn erst versucht wird, sie zurückzuhalten, und täglich wächst der innere Markt. Wo flott verdient und verbraucht wird, ist Arbeitsgelegenheit.

Als Lassalle vor etwa 50 Jahren seine glänzende sozialdemokratische Agitation unter den deutschen Arbeitern begann, sprach er das viel angefeindete und viel mißverstandene Wort von der „verfluchten Bescheidenheit“. Im Grunde aber hatte er recht. Ich bin gerade in den Gegenden aufgewachsen, zu deren armen Hausindustriellen er zuerst geredet hat. Da fand sich genau der Zustand, unter dem noch heute etliche Teile Deutschlands und viele Teile Österreich-Ungarns leiden: schlecht organisierte Arbeit, alte klapprige Webstühle, lange Arbeitszeit, geringe Stundenleistung, dürftige Bezahlung, Mattigkeit und Unterernährung. Das mußte als „nicht menschenwürdig“ gekennzeichnet werden, damit nicht nur diese Arbeitskräfte aus ihrer allzugeduldig getragenen Wertlosigkeit emporgehoben, sondern auch die damals noch schwer ringende deutsche Industrie überhaupt weltmarktfähig werden konnte. Der Wille nach oben mußte geweckt werden, der Ruf zur neuen Arbeitskonfession mußte erschallen. Wenn dabei einige Arbeiter zunächst ihrerseits die Sache so verstanden, als könnten sie auch ohne erhöhte Leistung mehr Lohn erreichen und mehr Konsum erlangen, so ist dieser auf die Dauer vergebliche Versuch von ihrem Standpunkt aus ebenso naheliegend, wie der schon erwähnte umgekehrte Versuch des Unternehmers, für bessere Arbeit weniger zu geben.

Fast scheue ich mich, so einfache Dinge so breit auszuführen, aber da im folgenden noch viel von der Intensität der mitteleuropäischen Wirtschaft gesprochen werden soll, so schien es zweckdienlich, auch diese notwendigen Anfangssätze nicht zu übergehen.

* * *

**Was könnten die Ungarn aus ihrem Boden machen!** Ich sehe Ungarn im Geiste vor mir: Wald in den Gebirgen und an den Rändern der Ebene, dazu Weiden und Wiesen. Beides zusammen ist ziemlich genau die Hälfte des Bodens. Dann aber kommt das Weizenland, dieser Mittelpunkt alles ungarischen Lebens. Je nach den verschiedenen Jahren werden 35 bis 39 000 qkm als Weizenboden bearbeitet. Was könnte da wachsen! Welche herrlichen, doppelt so dichten goldenen Ernten!

Natürlich darf man Folgen des Klimas nicht den Menschen zur Last legen, aber trotzdem bleibt eine von allen Seiten zugestandene peinliche Minderleistung zu beklagen. Ungarn hat bei seinem glänzenden Boden ungefähr den halben Ertrag pro Hektar als Deutschland. Mit andern Worten: Deutschland erzeugt auf dem halben Weizenboden in manchen Jahren dasselbe Quantum, zu dem der Ungar den doppelten Boden braucht. Genauere Ziffern bietet unser statistischer Teil.

Dazu aber kommt noch weiter, daß in Deutschland der Hektar, obwohl er fast doppelt trägt, von weniger Arbeitskräften bearbeitet wird als in Ungarn. Das ergibt sich, wenn man in beiden Ländern die Zahl der landwirtschaftlichen Bevölkerung mit der gesamten Ackerfläche in Beziehung setzt.

Wie es kommt, daß in Ungarn, dem Agrarlande, so viel weniger landwirtschaftliche Energie vorhanden ist als im Industrielande Deutschland, ist ein schon häufiger erörtertes, aber keineswegs einfaches Problem. Es kommen dabei einesteils ganz allgemeine soziologische Erfahrungen in Betracht und andererseits besondere ungarische Zustände und Einrichtungen. Die landwirtschaftlichen Maschinen aller Art sind eine Zurückverlegung von Arbeitern aus Scheuer und Acker in die Metallwerkstatt. Je mehr also eine Landwirtschaft maschinell durchsetzt ist, desto mehr verborgene Landarbeiter befinden sich in den Industrien. Das ist im hohen Grade der reichsdeutsche und auch der böhmische Zustand. Gleichzeitig aber vermindert die landwirtschaftliche Maschine, je mehr sie vorhanden ist, den Arbeiterbestand im Winter und damit die seßhafte Landbevölkerung überhaupt. Eins treibt nun das andere: die Maschine vertreibt Arbeiter und der Arbeitermangel schreit nach Maschinen. Nicht als ob etwa der ungarische Großbesitz keine Maschinen hätte! Ich war im schönen landwirtschaftlichen Museum in Budapest und empfehle diesen Besuch allen denen, die sich für ungarische Wirtschaft interessieren. Man findet dort prächtige Musterbeispiele allermodernster Einrichtung und eine Gesamtrichtung des Willens, die völlig mit der unsrigen zusammenstimmt. Offenbar ist aber trotzdem vielfach auch der Großbesitz und meist der bäuerliche Besitz noch auf der alten vorindustriellen Stufe. Zur maschinellen Durchsetzung tritt dann aber als fast gleichwichtiges Element die Beschaffung künstlichen Düngers, je nach Bodenqualität und Bedarf. Maschine und Düngung setzen Menschen voraus, die mit beiden umzugehen wissen, und deren Eigeninteresse hinreichend geweckt ist. Dazu gehört für den kleinen Bauer ein Verkauf, bei dem er selbst die Vorteile seiner Arbeit gewinnt. Hier fangen, soviel ich höre, besondere ungarische Verhältnisse an, über die ich bei Mangel eigener Sachkunde natürlich nicht rede: das dortige Getreidehandelssystem.

Wenn Ungarn seine landwirtschaftliche Produktion so heben würde, daß sie ein Dritteil mehr leistete, so würde damit für Mitteleuropa die Unabhängigkeit der Ernährung gewährleistet sein. Die bisherige geringe Leistung ist also für die Zukunft ein Aktivum an Möglichkeit. Hier begegnen sich reichsdeutsche und ungarische Interessen auf das engste. Ich sehe vor mir das zukünftige österreichische und deutsche Reichsgetreidelager in Budapest.

* * *

Aus ähnlichen Gedanken heraus habe ich bei verschiedenen Industrien den Versuch gemacht, auf Grund des veröffentlichten Materials den Unterschied der Arbeitsleistung der beschäftigten Kräfte in Österreich und Deutschland festzustellen, bin aber dabei nicht zu einwandfreien Ergebnissen gelangt, weil meist die beiderseitigen Zählungsweisen sich nur ungenau entsprechen. Beim Steinkohlenbau halte ich, soweit es mir möglich war, Berechnungen anzustellen, den Unterschied für nicht sehr groß, im Braunkohlenbau erscheint er auffällig groß, in der Roheisenproduktion habe ich kein klares Ergebnis erzielt, weil hier die maschinelle Ausstattung das erste Wort spricht. Je mehr diese Arbeitszweige an der Nordgrenze Österreichs liegen, desto mehr ähneln sie den sächsischen und den schlesischen Unternehmungen. Die Tatsache selbst aber, daß der Arbeiter als Wirtschaftskraft in Österreich-Ungarn nicht ganz das deutsche Durchschnittsmaß erreicht, darf als zugestanden angesehen werden. Neben anderen Beschwernissen, die in der österreichischen Aktiengesetzgebung und Besteuerung und in Frachtverhältnissen liegen, wird dieser Unterschied der Verhältnisse des Arbeiterbestandes von den österreichischen Unternehmern gewöhnlich als ein wichtiger Grund angegeben, warum sie nicht ohne besondere Sicherungsveranstaltungen in ein gemeinsames Wirtschaftsleben mit der reichsdeutschen Industrie eintreten können. Allerdings muß dabei nicht außer acht gelassen werden, daß der österreichische Arbeiter im Durchschnitt auch geringere Löhne erhält. Streng durchgeführte Vergleiche sind auch hierüber kaum möglich, da in jedem Landesteil jeden Staates die Löhne ihre eigene Bewegung besitzen, aber beispielsweise stehen die reichsdeutschen Bergarbeiterlöhne im allgemeinen in Mark höher als die österreichischen in Kronen. Der gewöhnliche Lohn für ungelernte Arbeit ist in Österreich wesentlich tiefer als in Deutschland.

Mögen die volkswirtschaftlichen Statistiker über alle diese sehr wichtigen Unterschiede schon heute besseres Material besitzen oder in Zukunft liefern können, so kommt es ja hier in unserem Zusammenhange nur darauf an, daß der Tatbestand im Ganzen begriffen wird. Wir machen den Versuch, das mitteleuropäische Wirtschaftsvolk als eine Einheit zu denken, und finden dabei, daß es keineswegs als in sich geschlossen und vergleichbar vorgefunden wird. Das aber weckt auf beiden Seiten Besorgnisse vor einer Zusammengießung. Der stärkere Teil fürchtet die Konkurrenz der ärmeren und billigeren Arbeit, der schwächere Teil fürchtet die gefestigtere Kraft. In jeder Branche sehen diese Erörterungen etwas anders aus, aber ganz fehlen werden sie nirgends.

Indem wir nun offen zugestehen, daß die Besorgnisse bei allen Zoll- und Syndikatsverhandlungen als Hemmnisse hervortreten werden, so dürfen sie doch auch in ihrer Bedeutung nicht überschätzt werden, weil wir schon bisher den Zustand haben, daß in jedem der beteiligten Staaten und in allen Provinzen sehr beträchtliche derartige Unterschiede ohne Schaden ertragen werden. Innerhalb des Deutschen Reiches sind die Ertrags- und Leistungsmöglichkeiten ganz verschiedene. Der Wert der Arbeit ist in Stadt und Land, im Osten und Westen sehr unterschiedlich. Die Löhne in Oberschlesien sind ganz andere als die im rheinisch-westfälischen Industriegebiet, die Anstellungsbedingungen der Privatbeamten und Kommunalbeamten ebenso. Das gleiche gilt zwischen Böhmen und Steiermark, zwischen Budapest und Siebenbürgen. Das also, was eine mitteleuropäische Wirtschaftseinheit mit sich bringt, ist nichts grundsätzlich Neues, es ist nur die Wiederholung eines schon bekannten Zustandes oder Vorganges auf erweiterter Fläche.

Dazu kommt, daß auf diesem Gebiet alles in beständigem Flusse ist. Das, was uns heute als niedrige Produktionsleistung erscheint, war vor nicht zu langer Zeit eine Höchstleistung. Es ist recht interessant, daraufhin die älteren Tabellen durchzublättern. Jede Entwickelungsstufe, die heute dem reichsdeutschen Beobachter als Zurückgebliebenheit erscheint, war einmal auch bei uns vorhanden, und zwar oft in gar nicht so sehr weit zurückliegender Zeit. Dabei stören allerdings gelegentlich Veränderungen in der Feststellungsmethode bei öffentlichen Angaben. Wenn wir von ihnen einmal absehen, so kann man landwirtschaftlich etwa sagen, daß Deutschland vor 20 Jahren dort war, wo heute Österreich ist, und vor 40 Jahren dort, wo heute Ungarn steht. Was aber sind 20 Jahre bei so umfangreichen Entwicklungen? Ähnliches läßt sich beim Gewerbe bemerken. Es ist das ein starker Gegengrund gegen die Überhebung der fortgeschrittenen und die Mutlosigkeit der langsamer vorangehenden Gebiete und Arbeitszweige. Sobald man diese Dinge aus einer gewissen Entfernung betrachtet, verkleinern sich die Abstände. Im mitteleuropäischen Arbeitsvolk finden sich alte und neue und neueste Perioden in buntem Gemische, aber doch ist es im Grunde schon heute im Begriff, ein Volk zu werden.

* *
*

Allerdings soll sich niemand denken, daß der Wille zur Annahme des neudeutschen Wirtschaftsgeistes mit seiner angestrengten Arbeitsenergie und Organisationskraft überall in der Donaumonarchie vorhanden wäre! Er ist ja auch bei uns nur langsam und unter viel Protest und Gegenwirkung entstanden, und es gibt noch jetzt in Landwirtschaft, Gewerbe und Kleinhandel gar nicht wenige Leute, die selbst heute noch im Deutschen Reiche um die verlorene „gute alte Zeit" klagen und den Kapitalismus beschuldigten, sie um die Sicherheit ihres Erwerbes gebracht zu haben. Bekenner der älteren Wirtschaftskonfession und ihres gemächlicheren Lebenstempos! Oft zwar reden so nur die Alten, während ihre Söhne entschlossene Kinder der Gegenwart sind und als solche zum Bund der Landwirte oder zum Detaillistenverband oder zur Handwerkergenossenschaft gehören oder hinneigen. Alle diese Wirtschaftsverbände mit ihren Kassen, Bezugseinrichtungen und Pflichten können nämlich gar nicht anders, als von ihren Mitgliedern einen gewissen Umsatz, gesteigerte Reellität, Streben nach vermehrter Leistung, Anpassung und Geldwirtschaftlichkeit zu fordern. In diesem Sinn sind sie grundsätzlich kapitalistische Gebilde trotz ihrer zum Teil antikapitalistischen Reden. Auch alle tarifschließenden Gewerkschaften und anderen Arbeiter- und Angestelltenverbände haben dieselbe innere Richtung und sind sich dessen meist recht wohl bewußt. Jeder Gewerkschaftler nimmt bei seinem Eintritt Abschied vom alten Zustand der ungeregelten Arbeit, wie es gerade paßt. Wenn wir also die eigentlichen Alten suchen, so sind sie nicht innerhalb der Wirtschaftsverbände zu finden, sondern es sind die einzelnen: die gebrechlich werdenden Normalmenschen der abgelaufenen vorhergegangenen Wirtschaftsperiode; die vielen kleinen Müller, Hausschlächter, Seiler, Gerber, Schneider oder Schuhmacher, denen es oft tief traurig geht, oder die alleinstehenden Kleinbauern ohne Anleitung, Zucht und Hilfe oder diejenigen wandernden oder seßhaften Händler, die in ihrer Jugend nicht rechnen gelernt haben und von ihrer Ware selber nichts verstehen. Solche braven aber unbehilflichen Einzelnen, die heute noch so sind wie vor 60 Jahren, weder Technik noch Zusammenschluß gelernt haben, leben in dem Gefühl, von der geldgierig gewordenen organisierten Mitwelt ganz gräßlich mißhandelt zu werden, denn sie begreifen nicht, daß die Durchschnittsanforderungen an den Wirtschaftsmenschen und an die Betriebsleistung steigen mußten. Derartige Personen entstehen nun aber mit jedem ruckweisen Wirtschaftsfortschritt immer von neuem und werden deshalb in irgendwelcher Zahl überall, selbst in den allergefördertsten Gewerben angetroffen. Man hat sie mit einem falschen Ausdruck als den untergehenden Mittelstand bezeichnet. Falsch ist der Ausdruck deshalb, weil aus demselben alten Mittelstand gleichzeitig auch alle stärkeren Unternehmer sich emporgeschwungen haben und täglich herausheben. Wo sollten sie denn sonst herkommen? Um beispielsweise von den Tischlern zu reden, so steigen sie im ganzen in der Menge der Aufträge mit den erhöhten Einnahmen der Bevölkerung sehr gewaltig, aber ein Teil von ihnen kann den Aufstieg persönlich nicht mitmachen, weil ihm dazu die Mittel oder Eigenschaften fehlen. Diese gesellen sich nun zu den Klagenden überhaupt und vermehren damit eine sozialpolitische Truppe, die fast gar nichts Positives schafft, weil sie oder solange sie kein Erziehungs- und Organisationsideal hat, die aber den allgemeinen Fortschritt sehr zu hindern vermag. Im Deutschen Reiche hat diese Proteströmung gegen die neue Wirtschaftskonfession sich nun in der Hauptsache schon ausgelebt und sucht vielfach schon Anschluß bei arbeitskräftigen genossenschaftlichen Gebilden, aber wenn ich nicht sehr irre, so sind derartige hemmende Stimmungen in Österreich und vielleicht auch in Ungarn in großer Dichtigkeit zu erwarten, sobald mit dem wirtschaftlichen Mitteleuropa Ernst gemacht wird, denn hier in der Doppelmonarchie ist die alte Zeit noch sehr mächtig in den Seelen der Menschen. Es kommt hinter einem mitteleuropäischen Zusammenschluß, mag er auch noch so vorsichtig und maßvoll eingerichtet werden, sicher eine Zeit der wirtschaftlichen Protestler und Romantiker, die von allem kapitalistisch-organisatorischen Kram nichts hören und sehen wollen. Darauf müssen wir von vornherein gefaßt sein und dürfen den Kopf nicht verlieren, wenn sie kommt. Sie dauert in Heftigkeit etwa ein halbes Menschenalter und ebbt dann ab, je mehr der Erfolg des strafferen neueren Systems sich zeigt.

* * *

Mit den von der Entwicklung übergangenen kleinen Einzelnen verbinden sich aber, wie wir schon aus der bisherigen sozialen Entwicklung sehen, gewisse Teile des Adels und der Geistlichkeit, weil sie patriarchalische Romantiker sind, wenn auch nicht aus persönlicher Not. Ihnen ist der demokratische Zug, der in aller gesteigerten Arbeit liegt, unbehaglich. Man kann nämlich keine höhere Durchschnittsleistung aus dem Menschen herausholen, ohne ihn als Person in die Höhe zu heben. Der Mensch, der eine Maschine bedienen kann, verhält sich zum gewöhnlichen Mann mit der Schaufel wie ein Reiter zum Fußgänger. Er fühlt sich doppelt. Man muß auf ihn ganz andere Rücksicht nehmen, weil er mehr schaffen oder verderben kann. Das gilt auf den Dörfern mindestens ebensosehr wie in der Stadt und zeigt sich auch ohne Agitation von selbst. Kommt nun die Agitation dazu, so verschärft sie die Umwandlung, und die patriarchalischen Lenker der älteren Arbeitsprozesse und der Seelenvorgänge empfinden begreiflicherweise die ganze technische Modernität zunächst als Störung. Das braucht kein dauernder Gegensatz zu sein, da der Adel schnell lernt, vom besseren Arbeiter höhere Gewinne zu erzielen, wobei beide Teile gewinnen, und da die Geistlichkeit die unerwartete Entdeckung macht, daß sie auch innerhalb der neuen Wirtschaftskonfession recht gut bestehen kann. Man erkundige sich in Rheinland-Westfalen und Oberschlesien! Es ist also der Gegensatz der patriarchalischen Oberschicht kein absoluter und dauernder, aber er ist zunächst bei jeder Verstärkung der durchschnittlichen Technik und Betriebssamkeit als vorhanden einzusetzen. Dabei sind auch allerlei gute und berechtigte Gefühle mit im Spiel. Die alte Wirtschaftswelt mit ihrer Gemächlichkeit und Willkürlichkeit, bei der allerdings, wie Prof. Max Weber sagt, „das trauliche Du immer nur von einer Seite aus verwendet werden darf", hat ihren eigenen Zauber, mehr zwar für die Oberen, als für die Unteren, aber sie hat ihn. Das alte Schloß ohne fabrikartigen Schlot in der Nähe, das Brachland auf dem die Natur versucht, sich wieder selber ins Recht zu bringen, der unregulierte Sumpf mit allerlei wucherndem Getier, die Kleinstadt mit ihrer Holprigkeit und Gutgläubigkeit, dieses alles und noch vieles dazu ist wie ein mittelalterliches Märchen, das man nicht zerbrechen möchte. Von derartiger Märchenhaftigkeit ist Österreich und Ungarn viel voller als der reichsdeutsche Boden. Man gehe nur in die Wälder! Man sehe die Landleute am Sonntag vor der Kirche! Soll und muß das wirklich alles normal reguliert und nach Nutzwert abtaxiert werden? Es ist im Sinne des Donaumenschen so langweilig an der Elbe, weil sie ein so viel verständigerer Fluß geworden ist. Diese romantischen Stimmungen sind Gegner der Modernisierung der Wirtschaft. Man will seine alte Seele nicht künstlich reinigen und reparieren lassen, denn — was hülfe es dem Menschen, wenn er die ganze Welt gewönne und nähme doch Schaden an seiner Seele?

Komm her, lieber Romantiker, wir wollen auch das als Freunde besprechen! Ich will dir nichts vorreden, als könne man technisch-organisatorisch mehr leisten, ohne sich selbst zu ändern. Das geht nicht. Der Eintritt in die mitteleuropäische Wirtschaft ist ein seelenverändernder Entschluß. Daß die unvermeidliche Veränderung bei diesem Eintritt in die Modernität der Seele des abhängigen Menschen mehr gibt als nimmt, wirst du vielleicht auch leugnen wollen, aber über diesen Punkt getraue ich mir wirklich aus Erfahrung und Anschauung zu sprechen: das alte Volk der vorkapitalistischen Tagelöhner, Kleinbürger, Handwerker und Gebirgsbauern wird von euch ästhetischen Menschen meist viel anders und vielfarbiger angeschaut als es ist. Es ist hart und gleichförmig und arm an inneren und äußeren Lebensgütern! Diese alte Unterschicht gewinnt seelich, überall mit dem Auftreten der neuen Arbeitsweise, selbst wenn sie sich aus Unkenntnis und aus den vorhin besprochenen Gefahren des wirtschaftlichen Absinkens gegen die Neuzeit sträubt. Ihr hat die schöne alte Kultur ja überhaupt kaum gehört. In der Kirche allein, und zwar in der Dorf- und Kleinstadtkirche, hatte der seßhafte Mensch alten Stiles einen Ausschnitt aus den schönen Künsten seines Zeitalters. Was die Kirche in dieser Hinsicht Gutes getan hat, darf ihr nicht vergessen werden. Aber ist denn das die ganze Welt, die auch für den kleinen Mann und seine Familie erreichbar ist? Nein, er ist es sicherlich nicht, der in der neuzeitlichen Umwandlung verliert. Vorübergehend wanken ihm beim Selbständigerwerden einmal alle mitgebrachten Begriffe, aber das ist Durchgangszustand. Was gut ist am mitgebrachten Bestand steigt schon von selber wieder auf. Allerdings aber gibt es eine gewisse Schicht, die auf der Oberseite saß, und auf Grund dieser dürftigen Unterwelt eine behäbige Kultur mit feiner Handwerkstüchtigkeit und Parkkultur pflegte. Diese Schicht ist inzwischen zwar auch anspruchsvoller geworden, benutzt das Automobil, legt ihr Geld auf der Bank vorteilhaft an, kleidet sich in gutes Maschinentuch, liest täglich die nachts von den Arbeitern mit der Rotationspresse hergestellte Zeitung, will aber dabei den schönen Schein der behaglichen großväterlichen Tage aufrechterhalten und den Zauber der patriarchalischen Vergangenheit mit der Nützlichkeit der technischen Gegenwart zu einem unklaren, aber wohlschmeckenden Getränke mischen. Siehe mein Freund, wenn ihr Romantiker wirklich die alte gute Zeit mit allen ihren Begleiterscheinungen, Strohdächern, Zeitversäumnissen, und Gerüchen erhalten wolltet, so würde ich das zwar nicht mitmachen, aber als berechtigte und interessante Besonderheit achten. Das aber wollt ihr ja gar nicht! Und das könnt ihr auch nicht! Ihr könnt es nicht, weil ihr dann selber viel zu arm sein würdet für diese neue anspruchsvolle Gegenwart. Dort liegt auch für euch der Zwang, um so mehr, als nach dem Krieg viel zu zahlen sein wird. Man kann eben nicht bei höheren Preisen wirtschaftlicher Romantiker sein wollen, ohne gesellschaftlich zu sinken.

* * *

Trotzdem aber ist in der Sorge vor der Alleinherrschaft des geschäftlich-organisatorischen Verstandes etwas sehr Richtiges, und gerade an dieser Stelle kann Österreich, besonders Wien, den Berliner Norden heilsam und vortrefflich ergänzen. Der Norden hat den Typ des erfolgreichen disziplinierten Menschen geschaffen. Damit ist ein hohes formales Können erreicht, das sich auf die verschiedensten Arbeitsgebiete anwenden läßt. Man kann den Arbeitsmilitarismus ebenso in Forstwirtschaft einsetzen, wie in Zuckerproduktion, wie in Stiefelfabrikation. Aber diese formale Fähigkeit reicht für sich allein nicht aus, die Märkte zu gewinnen, wenn nicht Geschmack und Form hinzutritt. Zwar bei Eisenbahnschienen und Kochtöpfen ist die Brauchbarkeit fast alles und die Form fast nichts, aber hundert Gegenstände werden erst dann ganz vollkommen, wenn der fortschrittliche Arbeitsprozeß sich mit sicherer, gut empfundener Form und Farbe verbindet. Jedermann weiß, welche Anstrengungen in dieser Hinsicht bei uns unter Führung des „Deutschen Werkbundes" gemacht werden. Als aber in den letzten Monaten vor dem Krieg der Werkbund seine schöne Ausstellung in Köln am Rhein hielt, da war das „österreichische Haus" der Sieger über alle andern. Wie wurden da auf einmal die hochfahrenden Gesellen so still, die sonst leicht denken, daß sie schon immer alles am besten können! Das war ein nachhaltiger, unvergeßlicher Erfolg. Wenn solches wunderbare Können in Mitteleuropa fehlt, dann fehlt etwas Köstliches und Zukunftsreiches.

Darum weisen wir alle Vorstellungen ab, als sei das gemeinsame Wirtschaftsvolk nur einseitig eine Ausdehnung unserer norddeutschen landwirtschaftlichen und gewerblichen Methoden bis an die untere Donau und nicht gleichzeitig eine umgekehrte Flutung vom Süden nach dem Norden. Nicht Beherrschung, sondern Mischung! Wir haben mehr Pferdekräfte und ihr mehr Melodie. Wir denken mehr in Quantitäten, die Besten von euch aber mehr in Qualitäten. Laßt uns zusammengießen, was wir beide vermögen, so bekommt erst die harte neudeutsche Kultur durch eure Mithilfe denjenigen Hauch von Anmut, der sie für die Außenwelt erträglich macht.

Es hat für uns Reichsdeutsche in Norddeutschland und Süddeutschland, wie schon einmal gesagt, Paris einen großen alten Zauber besessen. Auch nach dem Krieg werden sich schüchtern wieder neue Fäden anspinnen, denn ein Heimatort so großer Feinheit und Sicherheit verliert seine Kraft nicht durch militärische Begebenheiten und seien sie noch so schwer. Aber es ist eben doch etwas gerissen. Hier soll Wien seinen Tag erfassen. Jetzt ist ganz Deutschland offen für Wiener Gewerbe, mehr als je zuvor. Jetzt können die Wiener künstlerische Eroberungen machen bis nach Hamburg und Danzig. Es gibt viele Fertigindustrien, bei denen der Österreicher ganz eigene Waren liefern wird, sobald er erst nur einmal technisch und kapitalistisch im Sattel sitzt. Man sieht es ja schon an der Glasindustrie, Keramik, Papierverarbeitung, an Hüten, Schleiern, Stühlen und vielerlei anderem. Wo überhaupt Geist ist, geht er durch die Machinen nicht verloren, sondern wird nur so lange in die Ecke gescheucht, als die Maschine noch unbehilflich ist. Und die Welt verlangt nach geschickt gemachten Dingen. Wir wollen zusammen über Hamburg und Triest den Lebensschmuck und Hausrat der übrigen Völker versorgen.

* * *

Mit einer gewissen Absichtlichkeit haben wir in diesem Abschnitt bisher wenig vom reichsdeutschen **Süddeutschland** geredet, weil wir nun erst, nachdem die Aufgabe der Herstellung eines gemeinsamen Wirtschaftsgeistes herausgearbeitet ist, unsere Süddeutschen als Musterbeispiel des Gelingens vor Augen führen wollen. Fast alle Sorgen und Bedenken gegenüber der engeren Verbindung mit Norddeutschland fanden sich vor 1870 auch in Bayern, Württemberg, Baden, Hessen und Frankfurt a. M. Diese Länder gehörten zwar zum Zollverein, hatten aber sonst unter sich und noch viel mehr gegenüber Preußen einen handfesten und mißtrauischen Partikularismus. Kulturell und wirtschaftlich wollten sie bleiben, was sie waren. Das neue Reich wurde insbesondere in Bayern als Reich der Kasernen und Juden in oberbayrischer Mundart nicht immer brüderlich begrüßt. Der Berliner blieb lange ein Fremdling und ist es stellenweise heute noch. Trotzdem aber vollzog sich die Vereinheitlichung. Heute gehören die süddeutschen Landwirte in ihrer Mehrzahl zum Bund der Landwirte, die süddeutschen Unternehmer je nach Art ihres Betriebes und ihrer sonstigen Neigung zum Zentralverband der Industriellen oder zum Bund deutscher Industriellen, die Kaufleute zum Deutschen Handelstag, die Städte zum Städtetag, die Arbeiter zu den sozialdemokratischen, christlichen oder Hirsch-Dunckerschen Gewerkschaften, die Angestellten zum Bund der Festbesoldeten oder zu einem der zwei Technikerverbände und so weiter. Es gibt kein für sich marschierendes süddeutsches Arbeitsvolk, keine süddeutschen Sonderbünde, keine Maingrenze für Konsumvereine oder wirtschaftliche Kartelle, es ist alles ein gemeinsames Atmen geworden. Man weiß noch, daß Unterschiede da waren, aber sie stören nicht mehr. Und bei dem allen hat der Süden wirtschaftlich wahrhaftig nicht verloren. Welche Industrien sind in Nürnberg, München, Augsburg, am Neckar von Reutlingen über Stuttgart bis nach Heilbronn, am Rhein von Mannheim und Ludwigshafen bis Offenbach und Mainz erblüht! Der süddeutsche Bauer ist tüchtig vorwärts gekommen. Sein Ertrag stieg und sein Viehstand vermehrte sich. Kein Mensch will die gemeinsame Entwicklung rückgängig machen, keiner. Es gibt aber genug Leute, die die vorhandenen Reste von besonderer Eisenbahnhoheit, Wasserhoheit, Postmarke und dergleichen lieber auch noch fallen lassen würden. Was der Süddeutsche in seiner Weise behalten will und wird, ist sein stärkerer politischer und gesellschaftlicher Liberalismus; den aber will er gerade nach Preußen hineintragen. Er hat von sich aus seit 1870 merkbar am deutschen Nationalcharakter mitgeschafft und ist weit entfernt, sich nur als Anhängsel zu fühlen. Das bezeugen einmütig Katholiken und Protestanten, Bajuvaren und Alemannen. Alle früheren Rheinbundstimmungen sind weggewischt, als wären sie niemals gewesen. Man zankt sich, wie es Menschenbrauch ist, über hunderterlei, aber sicher nicht über die von nun an unverlierbare Zugehörigkeit zum deutschen Wirtschaftskörper.

Dieses Beispiel ist lehrreich für Mitteleuropa. Wir geben ohne weiteres zu, daß die Aufgabe jetzt größer und schwieriger ist, als damals, schon weil wir mehrsprachige Völker und noch größere Wirtschaftsunterschiede zu vereinigen haben. Aber hat denn nicht auch inzwischen jedermann eine weitere Auffassung von der Notwendigkeit größerer Vereinigungen gewonnen? Ein halbes Jahrhundert Eisenbahn und Weltverkehr hat alle erzogen. Vielleicht aber ist es gerade für die Süddeutschen eine Aufgabe, die gegebenen Vermittler zu sein, wenn nun die Berufsgruppen auch über die deutsch-österreichisch-ungarischen Grenzen hinaus sich suchen und finden sollen.

* * *

Es ist sicherlich ein aussichtsloses Beginnen, Mitteleuropa nur mit politischen Maßnahmen einigen zu wollen, solange nicht die Berufe von sich aus die Einheit herbeiführen. Anfänge dazu sind vorhanden, allerdings meist nur für das deutsche Sprachgebiet. Berührungen auf Kongressen finden in wissenschaftlichen, technischen, landwirtschaftlichen, gewerblichen Kreisen statt. Ein ganz alter Verband ist der der Buchhändler. Von den politischen Parteien hat die Sozialdemokratie den Zusammenhang am meisten gepflegt, zum Teil auch die Antisemiten und Alldeutschen. Dabei sind, soviel mir bekannt, die Deutsch-Österreicher meist fleißigere Besucher der reichsdeutschen Veranstaltungen, als umgekehrt. Es gibt den deutsch-österreichisch-ungarischen Wirtschaftsverband, den mitteleuropäischen Wirtschaftsverein und einige ähnliche Verbindungen. Diese Art von Zusammenkünften muß grundsätzlich vermehrt und geregelt, und aus unverbindlichen Kongressen müssen dauernde Arbeitsgemeinschaften gestaltet werden.

Wer sich in die Vorgeschichte der deutschen Reichsgründung vertieft, findet viele Versammlungen und Feste, bei denen getrunken, gesungen und geredet wurde. Im einzelnen möchten sie von zweifelhaftem Werte sein, als Ganzes betrachtet aber waren sie eine Vorübung zum staatlichen Zusammenleben, gemeinsame Spaziergänge vor der Verlobung. Das vollzieht sich selbstverständlich mit Gleichsprachlern unendlich viel leichter, als mit Sprachfremden. Da aber in Österreich und Ungarn die meisten führenden Köpfe aller Berufe und Bestrebungen des Deutschen mächtig sind, ist die Sprache kein absolutes Hemmnis, wenn sonst der gute Wille vorhanden ist. Das wird bei Berufsvereinigungen um so mehr der Fall sein, je mehr praktische und materielle Vorteile erstrebt und geleistet werden.

Es soll von jetzt an der Sinn aller beruflichen oder sonstigen Verbandsleitungen viel mehr als bisher auf Gemeinschaftstagungen gerichtet sein. Das Ziel ist folgendes: ein mitteleuropäischer Gewerkschaftsverband, Handwerkerverband, Technikerverband usw. Diese Verbände erscheinen zunächst, wie alle neuen Verbände, etwas inhaltsarm und künstlich hergestellt, aber von Jahr zu Jahr wächst ihre innere Wärme und der Umfang ihrer Geschäfte. Das erste ist der teilweise schon bestehende Mitgliederaustausch bei Ortsveränderungen über die Grenze, die beiderseitige Anerkennung erworbener Mitgliedsrechte, die Gemeinsamkeit der Verbandsliteratur, auch bei notwendiger sprachlicher Übersetzung. Dazu kommt dann das weitere Zusammenfließen von Kartellen, Banken, Versicherungsanstalten und Kreditkassen. Erst nähert man sich an in Ausgleichung der Statuten, Prüfung der Unterschiede, Einsetzung von Sicherheitsklauseln, bis später eines Tages die beiden Apparate so zueinander passen, daß sie ohne großen Ruck ineinander geschoben werden können. Von den Regierungen ist dabei nur zu verlangen, daß sie nicht hindern und hemmende gesetzliche Bestimmungen vereinsrechtlicher und ähnlicher Natur wegräumen. Die Völker selbst in ihrer Arbeitsorganisation müssen zueinander kommen wollen. Tritt das nicht ein, so ist das bloße äußerliche Herumdoktern vergeblich.

Ob das eintreten wird? Jetzt nach dem Krieg muß es versucht werden. Jetzt ist dafür die rechte Stunde. Mitteleuropäisches Arbeitsvolk, wir rufen dich!

## V. Gemeinsame Kriegs-Wirtschaftsprobleme.

Vor dem Kriege lebten wir alle in einem Zeitalter zunehmender Weltwirtschaftlichkeit. Wir kauften mit jedem Jahre mehr von ausländischen Märkten und arbeiteten für und verkauften an fremde Nationen. Das wurde zwar einigermaßen zurückgedrängt an den Grenzen und in den Häfen durch Zölle und verwandte Maßregeln, aber auch diese Schutz- oder Hemmungseinrichtungen konnten den Entwicklungsgang im ganzen nicht aufhalten, wollten es kaum, da sie mehr preisbildende, als wirtschaftsgestaltende Absichten hatten. Nachdem einmal die modernen Verkehrsmittel vorhanden sind, ist es gar nicht zu hindern, daß durch sie ein gewaltiges internationales Austauschsystem hergestellt wird. Unser Verbrauch internationalisiert sich in allen Stoffarten und Verbrauchsgebieten, und zwar nicht nur der Luxusverbrauch, der zu allen Zeiten etwas Internationales an sich hatte, sondern auch gerade der Massenverbrauch. Überall werden von Ober- und Unterschicht des Volkes Genußmittel verlangt, die das Inland nicht bieten kann, Kleiderstoffe getragen, die bei uns nicht wachsen, Materialien verarbeitet, die der eigene Boden nicht liefert. Jeder von uns braucht nur seinen Tagesbedarf einmal auf Ursprungsländer hin zu prüfen, so weiß er, wie stark er ein internationaler Mensch ist und wie weit er sich von unseren einfacheren Vorvätern entfernt hat, die, mit heimatlicher Wolle umkleidet, Mehlbrei und Grütze aßen. Dieser allgemeine Zug zur Austauschwirtschaft wird auch nach dem Kriege nicht aufhören und wird trotz aller Gegenversuche mit dem Zeitalter des Verkehrs noch weiter wachsen, sobald unsere Eisenbahnen wieder freien Anschluß nach allen Weltgegenden haben werden und unsere Häfen wieder in alter Fülle und Betriebsamkeit ausladen und einladen.

In dieser weltwirtschaftlichen Entwicklung bedeutet aber doch der Krieg einen sehr großen Abschnitt, denn er war und ist für Mitteleuropa die Unterbrechung der Weltwirtschaft. Wir wurden durch den Willen Englands vom großen Auslandsverkehr fast ganz abgeschnitten. Dieses merkwürdige wirtschaftliche Erlebnis haben wir Deutschen und Österreicher und Ungarn gemeinsam durchgemacht; wir saßen oder sitzen zusammen im Wirtschaftsgefängnis. Das ist eine Gemeinsamkeit, die uns in ihrer ganzen Bedeutung erst dann aufgehen wird, wenn sich die verschlossenen Pforten wieder öffnen und wir von neuem mit einer Welt den Verkehr beginnen, die uns eine Zeitlang weit enfernt war und die gerade das nicht erlebt hat. Alle Nationen werden dann nach dem Kriege von Wirtschaftsstörungen erzählen können, alle werden den neuen Austauschzustand begrüßen, aber etwas Bestimmtes, Besonderes gelernt und erfahren haben dann doch nur wir Mitteleuropäer, die wir den „geschlossenen Handelsstaat“ erlebt haben, den kühnen Traum des deutschen Philosophen Fichte, der durch Schicksal und Volksanlage bei uns im Kriege sich verwirklichte. Die Feinde gedachten es böse mit uns zu machen, aber Gott, so wie ihn Fichte glaubt und lehrt, gedachte es gut zu machen.

Es ist ein echt englischer Gedanke, durch Abschluß vom Weltverkehr uns demütigen und strafen zu wollen. England hat den überseeischen Weltverkehr geschaffen und läßt diejenigen an ihm teilnehmen, die ihm die Führung zubilligen. Das ist der Inhalt des Wortes Seeherrschaft. Wie gewaltig die Macht der englischen Seebedeutung ist, haben wir vorher oft unterschätzt. Wir wußten wohl, daß die Engländer die meisten Häfen, Kohlenstationen, Seewege und Kabel kontrollieren, aber da wir das alles mitbenutzen konnten, so nahmen wir es nicht allzuschwer, daß fast allein die Engländer Herren des Apparates waren. Und die Engländer selbst waren während der Friedensjahre in der Ausübung ihrer Herrschaft nicht engherzig, weil sie ja selber seit langen Zeiten im Verkehrs- und Welthandelsgedanken lebten. Das Glück der Menschheit lag nach ihrer freihändlerischen, verkehrsfreudigen Wirtschaftslehre im Anschluß an ihren erdumspannenden Austauschapparat. Den Ausschluß vom glückbereitenden Austauschsystem muß der Engländer als größte irdische Pein eines Volkes sich denken, weil er in der Tat für England tödlich sein würde. Der Ausschluß ist die Versetzung aus der Sonne in den Schatten. Wenn der Engländer um die Erdkugel fuhr, dann war er stolz, zum Herrenvolke des Weltbeglückungssystems zu gehören, und bedachte wohl dabei, wie es wäre, wenn man einen Widerspenstigen in Klausur setzte, um ihn so bei Wasser und Brot zu erziehen. Solche Gedanken lagen aber auch darum dem Engländer näher, weil er in seiner Geschichte die napoleonische Kontinentalsperre zu verzeichnen hat, den ersten großen Wirtschaftskrieg der Weltgeschichte. Alles das hat uns leider längst nicht in gleichem Maße beschäftigt. Den Fall, daß England uns eines Tages den Zugang zur Außenwelt versagen könnte, haben wir zwar öfter erörtert, aber nie ganz ernst durchdacht. Wenn wir ihn gründlich durchdacht hätten, so wären wir wirtschaftlich ganz anders für ihn gerüstet gewesen. Ich erinnere mich mancher Debatten, in denen wir vor dem Krieg die Abschließungsmöglichkeiten besprachen. Meist wurde dabei die Abhängigkeit der Neutralen vom englischen System sehr viel geringer eingesetzt, als sie in Wirklichkeit gewesen ist. Auch wurde meist nur vom Brotgetreide gesprochen, selten vom Viehfutter, noch seltener von allen anderen Posten unserer Einfuhr. England aber hatte demgegenüber ein viel geschulteres Bewußsein, welche Waffe in seiner Hand lag. Es prüfte unsere jährlichen Einfuhren und freute sich heimlich des Tages, an dem es uns mit Drohung oder Durchführung des Abschlusses vom Verkehr auf die Knie zwingen könnte. Man wird sagen müssen, daß unsere wirtschaftlichen Abhängigkeiten im Auswärtigen Amte von London besser bekannt waren, als an denselben Stellen in Berlin und Wien. Ohne diese Kenntnis würde England den Zweifrontenkrieg, den wir mit Rußland und Frankreich durchzukämpfen hatten, nicht zu seiner Abrechnung mit Deutschland benutzt haben. Es glaubte seiner Sache sicher zu sein: der Abschluß Mitteleuropas von Einfuhr sollte sich von selbst zu Nahrungsentziehung und Arbeitsentziehung gestalten! Wer nicht zur Weltwirtschaft gehört, der stirbt!

* * *

Indem die Engländer diesen Abschließungsplan sorgfältig und boshaft vorbereiteten, waren sie sehr klug in bezug auf unsere Wirtschaftslage, verrechneten sich aber doch. Sie setzten zwei Dinge nicht in ihren Voranschlag ein: die gewaltigen Rückwirkungen der Ausschaltung eines so großen Wirtschaftsgebietes auf die im Weltverband bleibenden Wirtschaftsländer und die von keiner Statistik bisher erfaßten Vorräte Mitteleuropas. Diesen letzteren Punkt müssen wir näher beleuchten, weil sich von hier aus weitere Folgerungen ergeben. Der Abschließungsplan war sozusagen theoretische Nationalökonomie. Man nahm in London die statistischen Jahrbücher der mitteleuropäischen Staaten in die Hand und las dort, wieviel Brotgetreide, Viehfutter, Baumwolle, Schafwolle, Kupfer, Leder, Salpeter, Eisenerze, Kohlen, Reis, Tabak, Kaffee, Gummi wir jährlich brauchen. Da wurden Millionen von Tonnen, Milliarden von Mark und Kronen zusammengeschrieben: das ist der Jahresbedarf! Diesen Bedarf würden, so überlegte man weiter, die Deutschen und Österreicher nicht jedes Jahr kaufen und bezahlen, wenn sie ihn nicht in jedem Jahr bitter nötig hätten! Also, sobald er auch nur zur größeren Hälfte abgeschnitten werden kann, so liegt das arme Mitteleuropa auf dem Boden. Diese Berechnungsweise kennen wir genau, da wir sie auf dem Ernährungsgebiet während des Krieges zum Teil fast ebenso angewendet haben. Unsere Ernährungsprofessoren und wir mit ihnen sagten: es fehlt so und so viel, und deshalb können wir ohne alleräußerste Anstrengung nicht ausreichen! Darin wurden wir ferner sehr bestärkt durch die unglaublich niedrigen Angaben, die bei den Bestandsaufnahmen über Getreide und Kartoffeln von den Erzeugern und Besitzern gemacht wurden. Wir hatten etwas falsche Einschätzung von vornherein angenommen und in Gedanken abgezogen, aber daß der Versuch einer Staatsinventarisierung des Ernährungsquantums bei seinem ersten unvermittelten Auftreten so falsche Resultate liefern würde, ging über alles Erwarten, da wir bei Einkommen- und Vermögenssteuern an viel größere Genauigkeit gewöhnt sind. Es wird dieses hier nur angeführt, um zu sagen, daß eine volkswirtschaftliche Ansicht oder Maßregel auf Grund des vorhandenen statistischen Materials richtig und doch dabei sachlich falsch sein kann. Rechnungsmäßig waren unsere Sorgen und waren jene englischen Pläne völlig richtig, aber — glücklicherweise waren die vorhandenen Lagerbestände in allen Bedarfsartikeln viel größer als irgend ein Volkswirtschaftler glaubte. Wir lebten gar nicht so aus der Hand in den Mund, wie es die Annahme der englischen und deutschen Statistiker war. Unsere Wirtschaft war viel vorsichtiger gewesen, als wir dachten, sehr gesund in ihrer Aufstapelung. Dieselbe Erfahrung die oft, leider nicht immer, bei belagerten Festungen gemacht wurde, daß sie Monate länger aushalten können, als es nach den Vorratsverzeichnissen möglich ist, haben wir als Ganzes gemacht. Es war erstaunlich, was aus allen Winkeln herauskam und wie findig man für jeden brauchbaren Stoff wurde. Wir erinnern uns, wie eine Zeitlang Wolle fehlte: suchet, so werdet ihr finden! Einiges kam trotz Englands Drohungen doch offen oder heimlich, mit oder ohne Gegengabe vom Ausland, viel mehr aber kroch aus unseren eigenen Kästen und Ballen. Wir dachten eine Zeitlang und vielleicht auch heute noch, es fehle an Kupfer. Dadurch erst bekamen wir Augen für das überall vorhandene Kupfer, das abgenommen und umgegossen werden kann. Wo Stoffe fehlten, da suchte oder schuf man Ersatzstoffe. Noch wissen wir nicht, welche neuen Erfindungen und Herstellungsverfahren aus diesen Kriegsbedürfnissen für die Dauer herauswachsen werden, aber kaum ein Teil der Kriegsgeschichte wird später so interessant sein wie dieser. Wenn einst vor 100 Jahren aus der englischen Kontinentalsperre zur Zeit Napoleons auf dem abgeschlossenen Kontinente der Rübenzucker und die kontinentale Baumwolldruckerei entstanden, so wird von diesem unserm mitteleurapäischen Kriege an eine Findigkeit der Industrie beginnen, die uns noch viel unabhängiger macht als vorher. Es ist eine hohe, strenge aber doch nützliche und wohltuende Schule, in die wir zwangsweise geschickt wurden. Wir lernen in der Weltwirtschaft auf eigenen Füßen stehen. Das lernt weder England noch Frankreich; diese Schule ist nur unser Vorzug, der Segen unserer Not, das ist unser besonderes mitteleuropäisches Erlebnis. Wir haben nicht nur militärisch zusammen etwas Wunderbares geleistet, sondern auch wirtschaftlich. Das ist die Einleitung unserer zukünftigen gemeinsamen Wirtschaft. Aus dem Kriege heraus kommen wir, ob wir wollen oder nicht, wie Knaben, die auf derselben Schulbank gesessen haben. Unsere Wirtschaftsgedanken sind von Hamburg bis Triest und Fiume in die gleiche Richtung gedrängt worden: Vorratswirtschaft und Anpassungswirtschaft zur Selbständigkeit!

* * *

Es sei gestattet, noch etwas tiefer auf unser großes Kriegswirtschaftserlebnis einzugehen, selbst wenn wir uns dabei scheinbar etwas vom mitteleuropäischen Problem entfernen. Man wird später sehen, daß wir das Ziel unserer Arbeit dabei doch nicht vergessen. Wir reden in diesem Zusammenhange zunächst mehr von den reichsdeutschen Erfahrungen, indem wir annehmen, daß sie in abgestufter Weise auch für Österreich und Ungarn gültig sind.

Der englische Abschließungskrieg beruhte auf ziffernmäßig richtigem aber unorganischem Denken. Das will sagen: die einzelnen Wirtschaftsvorgänge wurden isoliert betrachtet, aber nicht in ihrer Gleichzeitigkeit und Gegenseitigkeit innerlich begriffen. Richtig sind folgende Sätze:

a) Wenn eine Volkswirtschaft durch den Abschluß vom Weltverkehr einen großen schnell eintretenden Mangel an Rohstoffen und an Absatzgebieten erlebt, so müssen in ihr die allerstärksten Störungen und wirtschaftlichen Katastrophen eintreten.

b) Wenn einem Volke etwa $1/_6$ seiner gewohnten Nahrung und ein viel größerer Teil seines Viehfutters entzogen wird, so ist Knappheit, Teuerung und Hunger in den ärmeren Schichten unausbleiblich.

c) Wenn ein Volk genötigt wird, ein Zwölftel oder ein Zehntel seiner Kopfzahl aus dem bürgerlichen Beruf heraus in militärischen Dienst zu stellen, so werden dadurch alle Betriebe und alle Gleichgewichte der aufeinander folgenden Arbeitsstufen so gestört, daß ein wirtschaftliches Chaos gerade im entwickelten Industrialismus eintreten wird.

Auf dreifache Weise also sollte die Wirtschaft Deutschlands gleichzeitig zerbrochen werden: Zufuhr- und Absatzmangel, Nahrungsmangel und Arbeitermangel. Auch wir sahen diese drei Gefahren wie graue Wolken am Himmel heraufziehen. Ich gedenke mancher Sitzung und Besprechung im August und September 1914, in denen man Vorsorge gegenüber den zu erwartenden Notständen treffen wollte. Es wurde von uns mit viel mehr Störung und Armut gerechnet, als dann eintrat. Zu freudiger Verwunderung regelten sich aber alle diese Dinge sehr viel leichter, als man erwarten konnte, weil eine Not die andere heilt.

Man denke sich, daß wir den Wirtschaftsabschluß vom Weltverkehr ohne gleichzeitigen Krieg hätten (es ist das nur ein theoretischer Gedanke, da der Abschluß uns sofort zwingen würde, den Krieg zu beginnen), man nehme an, daß wir alle Arbeitskräfte zu Haus sitzen hätten und dann keine geordnete Einfuhr und Ausfuhr, — das wäre unerträglich! Das wäre die allerschwerste Wirtschaftskrisis, die sich vorstellen läßt. Da aber gleichzeitig mit der Handelsstörung die Einberufung der Mannschaften zum Heere stattfand, so stellte sich etwas ein, was man mit einem von Leibnitz stammenden Ausdruck als „prästabilierte Harmonie", als Einrichtung der Vorsehung betrachten kann, nämlich daß die Einberufungskurve und die Arbeitslosenkurve sich gegenseitig in Ordnung hielten. Das mußte nicht so sein, aber es war so.

Man denke sich ferner, daß wir die Nahrungsabschließung unter Friedensgesetz durchmachen müßten, so würde sie wahrscheinlich zu den allergrößten Nöten, Wuchereien und Hungerrevolten geführt haben. Da aber Kriegsrecht bestand, so konnte in wenigen Monaten ein Schritt getan werden, der sonst ein Menschenalter von Verhandlungen gebraucht hätte: die Erklärung aller notwendigen Bestände zu Staatseigentum und die Ersetzung des privaten Handels durch öffentliche Ämter und Staatsverwaltungsgesellschaften. Der Staatssozialismus hat über Nacht Riesenschritte vorwärts getan. Vor dem Krieg galt der Satz: „Ich kann mit meinen Kartoffeln machen, was ich will." Jetzt gilt der Satz: „Deine Kartoffeln sind unsere Kartoffeln." Wie das nach dem Krieg lauten wird, wissen wir noch nicht. Ganz der alte Zustand kommt sicherlich nicht wieder, da die Heilsamkeit der Möglichkeit staatssozialistischen Eingriffes gar zu handgreiflich geworden ist und da wir die Erfahrungen der Kriegswirtschaft im Gedächtnis behalten.

Das alles aber enthält fabelhaft große Organisationsaufgaben, denn der Ausgleich zwischen militärischer Einberufung und fehlender Arbeitsgelegenheit vollzieht sich nicht von selber, und die Übernahme der Rohstoffe und Nahrungsmittel durch die Kriegseinkaufsgesellschaft und die Kriegsgetreide- oder Kartoffelgesellschaft war und ist keine kleine Mühe. Vor beiden Maßregeln würden sich die Regierungsämter in Friedenszeiten sehr gescheut haben, jetzt aber mußten sie mit halbierten Beamtenbeständen heran an die Arbeit, und sie gelang. Sie wäre im Frieden viel schlechter gelungen, weil da jedermann auf sein Gewohnheitsrecht gepocht haben würde, aber der Krieg gab ungeahnte Kräfte: ihr müßt, ihr sollt, ihr wollt, ihr könnt! Ein wollendes Volk mit einer freiwillig getragenen Wirtschaftsdiktatur vermag Unendliches. Die Diktatur war unvollständig, denn auch hier fehlte die vorhergehende Mobilmachung, aber sie stellte sich doch allmählich ein. Das, was wir vor uns sehen, ist sicherlich nicht ganz das, was in der Sprache von Karl Marx „Diktatur des Proletariates" heißt, aber man darf doch in einiger Hinsicht an diesen Ausdruck erinnert werden: ein Schritt zum Sozialismus unter Führung der Regierung! Es ist die Wirtschaftsdiktatur der von den Nächstbeteiligten beratenen und unterstützten Staatsämter.

* * *

Die sehr starken und ungewohnten Veränderungen der Volkswirtschaft während des Krieges würden aber nicht trotz aller unvermeidlichen Reibungen so relativ leicht vor sich gegangen sein, wenn nicht eine sehr bewegliche Geld- und Arbeitstemperatur vorhanden gewesen wäre. Beides wurde weder von den rechnenden Engländern noch von zahlreichen besorgten Deutschen von vornherein angenommen. Wir hatten fast ohne Ausnahme keine genügende Vorstellung vom Bedarf eines modernen Krieges. Jetzt erst wissen wir, welche Mengen von Material er täglich rücksichtslos verschlingt. Er verbraucht viel mehr, als selbst die kühnste Phantasie sich ausgedacht hat, viel mehr Munition, Waffen, Geschütze, Pferde, Wagen, Automobile, Schienen, Zement, Holz, Wellblech, Draht, Leder, Kleidungsstoffe, Chemikalien, Ferngläser, Kochapparate, Konserven und hundert andere Dinge, die kaum jemand vorher als Heeresbedarf betrachtete. Das Heer wurde der erste gewaltige Käufer und Besteller. Wie wenn eine Riesenschildkröte sich aus dem Wasser erhebt, so kletterte dieser gigantische Käufer in wenigen Monaten in die Höhe und ersetzte den verlorenen Auslandsbesteller. Milliarden blieben im Handel aus, aber Milliarden wurden dafür von den Kriegsämtern verausgabt. Es floß das Geld. Mochte es bisweilen etwas ungeregelt fließen, so ist volkswirtschaftlich die Hauptsache, daß es überhaupt floß. Nur in wenigen Gewerben hatten wir völligen Stillstand, in viel mehreren erlebten wir Stockung, Umschaltung, mittleren Gang, in nicht wenigen sehen wir Hochkonjunktur mit Nachtbetrieb, Überstunden, hohen Löhnen und sehr starken, teilweise überstarken Gewinnen. Die Heimat wurde sozusagen eine große Fabrik für den Krieg. Der Krieg war fortgesetzte Volkswirtschaft. Die Räder rollten weiter.

Dabei lernten wir erst eigentlich den Sinn des Wortes „Volkswirtschaft" kennen. Wir hatten es schon immer im Munde geführt, indem wir sagten, daß zwischen der Privatwirtschaft und der Weltwirtschaft die Volkswirtschaft stehe, aber abgesehen von den Zollfragen und den sozialpolitischen Gesetzen war die Besonderheit der Volkswirtschaft als solcher, die Herrschaft des Volkswirtschaftsgedankens noch nicht zum Bewußtsein gekommen. Man ahnte wohl, daß es zwischen Privatwirtschaft und Weltwirtschaft ein eigenes, besonderes Organisationsprinzip gäbe, aber wirklich klar ist es nicht herausgearbeitet worden: die wirtschaftliche Staatserhaltung. Es mußte erst einmal der Staat um sein Leben kämpfen, ehe er sich mit wuchtiger Selbstverständlichkeit zum Subjekt und Direktor des Arbeits- und Erwerbsvorganges machte.

Daß wir Deutschen in diesen Staatssozialismus oder in diesen volkswirtschaftlichen Betrieb im strengen Sinne des Wortes hineingeglitten sind, als wäre er schon immer unsere Daseinsform gewesen, das ist unsere Selbsterkenntnis im Kriege. Wenn wir aus dem Kriege herauskommen, so sind wir nicht mehr dieselben Wirtschaftsmenschen wie vorher. Die Periode des grundsätzlichen Individualismus, die Periode der Nachahmung des englischen Wirtschaftssystems, die schon sowieso im Abstieg war, ist dann vorbei, aber gleichzeitig auch die eines den Gegenwartsstaat kühn überspringenden Internationalismus. Wir verlangen auf Grund der Kriegserfahrungen nach geregelter Wirtschaft: Regelung der Produktion unter dem Gesichtspunkt der staatlichen Notwendigkeit. Solche Regungen werden auch sonst in der Welt bei andern Völkern, auch bei den Engländern, sich zeigen, aber bei uns sind sie im abgeschlossenen Staate mehr gereift als irgendwoanders. Wir brachten den schon früher dargestellten deutschen Organisationsgeist mit, und der Krieg schmiedete ihn fest. Das ist ein weltwirtschaftliches Vorkommnis ersten Ranges, das in seiner weitwirkenden Bedeutung von späteren Generationen voraussichtlich noch viel besser und klarer begriffen werden wird, als von uns Ersterlebenden.

Es ist darin eine gewisse Aussöhnung zwischen der nationalbürgerlichen und der sozialistischen Wirtschaftsauffassung gegeben. Schon vor dem Kriege wußten wir, daß die Gegensätze sich verminderten, indem sich die Unternehmungen organisierten und die Arbeiter realistische kräftige Gewerkschaftspolitik im Gegenwartsstaate trieben. Die Theorien beider Seiten waren schon vor dem Kriege weiter entfernt als ihre Praxis. Nun aber hat die Kriegspraxis ein stolzes Werk getan: unter Fortdauer des Streites um die Arbeitsleitung und den Arbeitsertrag wird der Arbeitsvorgang selbst zunächst im Kriege als überparteiliches Einheitsinteresse erfaßt: wir sind ein Volk und haben zwischen einer Welt von Feinden im Wirtschaftsgefängnis Volkswirtschaft gelernt und gefunden. Das bleibt als Hintergrund für alles, was später sich begeben mag.

* * *

Indem nun aber der Staat als riesenhafter Besteller auftritt, braucht er viel Geld, das nicht vom Ausland hereingeholt werden kann. Neben den Verwaltungsgeneral Staatssekretär Delbrück tritt vom ersten Tage an der Finanzgeneral Reichsbankdirektor Havenstein. Diese beiden Männer sind ebenso geschichtlich geworden wie Hindenburg und Mackensen. Ohne ihre Arbeit würde viele Mühe vergeudet worden sein. Havenstein hat es fertiggebracht, ohne Moratorium, das heißt ohne Zulassung der finanziellen Rechtsunsicherheit, und ohne Aufgeben des Prinzipes der Golddeckung, das Deutsche Reich für die Milliardenanleihen fähig zu machen und somit den Kriegsbetrieb in gutem Gang zu erhalten. Er gab erst Geld aus, ehe er es als Anleihe wieder an sich heranzog. Er gab es im geschlossenen Handelsstaate aus, wo es der Nation nicht verloren geht. Ohne Krieg waren diese Anleihen undenkbar, denn da wandert der Kapitalzuwachs in Gebäude, Maschinen Neuanlagen oder Auslandswerte. Jetzt aber, wo es fast keine Neuanlagen mehr gab, jetzt war die Milliardenanleihe das einzig Rettende für den sonst gestörten Kapitalismus. Ihn und zugleich das Vaterland erhielt die Havensteinische Finanzpolitik, während unter dem Schutze des Reichsamtes des Innern derselbe vom Staate erhaltene Kapitalismus und Industrialismus in feste Bahnen gezwungen und zur staatlichen Hilfskraft erzogen wurde. Staatssekretär Delbrück hat es fertiggebracht, ohne Ausschaltung des Parlamentarismus aus dem privatwirtschaftlichen Friedensstaat den volkswirtschaftlichen Kriegsstaat zu gestalten und Grundlinien der Wirtschaft zu legen, die viel weitere Folgen haben werden, als heute die Mehrzahl des Volkes ahnt. Wenn unsere Truppen heimkommen, so finden sie ein anderes Deutschland, sie selbst sind aber inzwischen auch so durch den Lebens- und Todessozialismus des Krieges hindurchgegangen, daß das, was sie finden, ihnen als

Fleisch von ihrem Fleisch und Blut von ihrem Blute erscheinen wird.

Dadurch aber, daß wir auf solche Weise durch Anleihen und Organisationen unsere Kriegskraft aufrechterhielten, belasteten wir unsere Zukunft mit weiteren Pflichten, mit der Pflicht, aus der Kriegsorganisation in einen geordneten Friedenszustand überzugehen, und mit der Pflicht, eine Finanz- und Steuerpolitik zu beginnen, die aus den Schulden einen Ausweg zeigt. Beide Aufgaben hängen enger unter sich zusammen, als der Fernerstehende annimmt. Wir beginnen die Besprechung dieses Zusammenhanges bei den Finanzen.

Noch weiß kein Mensch, wie groß unsere Reichsschulden am Kriegsende sein werden und ob und in welchem Maße auf Zahlung von Kriegsentschädigungen gerechnet werden kann. Um dieser Unsicherheit willen vermeiden wir jede Angabe von Ziffern. Soviel aber ist sicher, daß wir sehr bedeutende Summen aufzubringen haben werden, die nicht durch Erhöhung bisheriger Steuern geschafft werden können. Es hat jede Steuerform ihre innere Grenze in sich selbst. In der Vergangenheit vor dem Kriege rechnete ich, daß an Reich, Staat und Gemeinde von den Begüterten in allerlei Formen $^1/_6$ des Einkommens in bar bezahlt wird. Es war das örtlich verschieden, aber längere Beobachtung hat mir das Wort eines süddeutschen Bankiers bestätigt: zwei Monate im Jahr arbeiten wir für den Staat! Ebenso rechne ich, daß der vom Arbeitslohne lebende Mann etwa auch $^1/_6$ seines Einkommens in Form direkter und vor allem indirekter Steuern an den Staat (und die durch staatliche Zollpolitik unterstützten Schichten) abgibt. Beide Teile sind auf Grund dieser schon vorhandenen Leistungspflichten empfindlich gegen neue Belastungen in alten Formen. Man wird neue Besteuerungsmethoden suchen müssen, wenn man die Kriegslasten (Anleihen, Neubau, Invalidenzahlungen, Pensionen) überwinden will. Hier ist die Stelle, wo die aus dem Krieg stammenden finanziellen Verpflichtungen zu neuen Organisationen führen müssen. Man kann das Neue, das sich angekündigt, als staatliche Erwerbsmonopole oder als Syndikatsbesteuerungen bezeichnen, so sind das im Grunde nur zwei verschiedene Ausdrücke derselben Sache.

* *
*

Es gab vor etwa 40 Jahren, als die sozialistischen Probleme auftauchten, drei Arten von theoretischem Sozialismus: Staatssozialismus, Unternehmersozialismus und Arbeitersozialismus.

**Staatssozialismus** war die Idee, nach Art der Eisenbahn- und Postverstaatlichung weitere Gebiete des Erwerbslebens in direkte Staatsverwaltung zu übernehmen und auf diese Weise den finanziellen Staatsbedarf aufzubringen.

**Unternehmersozialismus** war die Idee, durch Zusammenschluß der großen Industrien und Landwirtschaftsverbände eine Selbstverwaltung und Selbstregierung der besitzenden und erwerbenden Schichten herbeizuführen und so die gegenseitige Konkurrenz aufzuheben.

**Arbeitersozialismus** war die Idee, durch Verbände der höheren und niederen Arbeitskräfte und der Konsumenten die Unternehmerherrschaft abzulösen und in eine Selbstverwaltung der arbeitenden Masse hinüberzuführen und so den Unternehmergewinn den Arbeitern zukommen zu lassen.

Jede dieser drei Formen hat ihre Fortschritte gemacht, aber keine ist für sich allein zur maßgebenden Grundform des Zeitalters geworden. Alles füllte sich mit Organisationsbestrebungen, ohne daß eine letzte Generalidee dieser Entwicklung emportauchte. Man konnte nur soviel sagen, daß ein voller Sieg des einen oder anderen Normaltypes ausgeschlossen schien. Inzwischen aber meldeten sich **Zwischenformen**, bei denen zwei oder alle drei Grundideen kombiniert auftraten: gemischte Betriebe, Gemeinde-Aktiengesellschaften, Staats-Syndikate, Tarifvertrags-Unternehmungen, öffentliche Betriebe mit Privatbeteiligung und Beamtencharakter der Angestellten. Das alles erschien dem Unbeteiligten als sehr verwickelt und schwer verständlich, wurde aber für die in den Dingen drin Stehenden bald durchaus handlich und gangbar. Fast alle großen Stadtverwaltungen haben gemischte Betriebe eingerichtet: Gas- und Elektrizitätswerke, Straßenbahnen, Schlachthöfe, Beamtenwohnungsgesellschaften, bei denen der Kommunalsozialismus als Experimentator der künftigen Betriebsweise auftrat. Die bekannteste Erscheinung auf diesem Gebiet ist aber das **Kalimonopol** mit Reichsschutz, Reichszwang und Arbeitersicherung. Ob seine Bestimmungen im einzelnen richtig getroffen sind, ist sehr umstritten, aber der konstruktive Gedanke selbst ist als neue Grundform schon bald erkannt worden. Als das Petroleummonopol auf der Tagesordnung stand, kehrte man zu ähnlichen Gedankengängen zurück. Der Staat ist dabei nicht einfach monopolistischer Unternehmer, aber er ist maßgebend beteiligt und regelt seinen Anteil und gleichzeitig die Tarifbedingungen der Angestellten und Arbeiter. Diese Art der Einrichtung hat den Wert einer neuen volkswirtschaftlich-technischen Erfindung, die etwa der Erfindung des Luftschiffes zu vergleichen ist. Auch das Luftfahrzeug entstand aus Kombination verschiedener vorhandener Formen und technischen Mittel. Man wird nicht sagen, daß mit der gemischten Betriebsform der staatlichen Aktiengesellschaft oder des Staatssyndikates die soziale Frage „gelöst" sei, aber man wird zugestehen, daß hier aus Jahrzehnten heraus etwas lange Gesuchtes sich ankündigte. Das etwa war der Zustand vor dem Krieg. Der aber brachte die Anfänge zum Reifen.

Da uns nun der Krieg einmal zeitweilig von aller theoretischen Prinzipienreiterei freimachte und uns zwang, nur praktisch zu organisieren, stellte sich sofort heraus, daß Staatsverwaltung, Unternehmersyndikate und Arbeitergewerkschaften nur Organe eines gemeinsamen Lebewesens sind, des Wirtschaftsvolkes. Um die gewaltigen Aufgaben der Kriegswirtschaft zu erledigen, mußte man alle herkömmlichen Rechthabereien beiseite werfen und sehen, wie unter Zufriedenstellung und aktiver Beteiligung aller notwendigen Kräfte die wirksamste Wirtschaftsform hergestellt werden konnte. Dabei ist vieles noch unformuliert geblieben, besonders die Sicherung der Arbeiter und Angestellten innerhalb des gemischten volkswirtschaftlichen Betriebes, aber die verschiedenen Staatsaktiengesellschaften des Kriegseinkaufes, der Militärlieferungen, der Ernährungsverwaltung tragen sichtbare Zukunftszüge. Sie sind denen gegenwärtig, die nun an die neuen Finanzaufgaben herangehen sollen.

* * *

Um es kurz und allgemeinverständlich auszudrücken, so wird die Finanzpolitik hinter dem Kriege in der Hauptsache auf Staatssyndikaten mit Arbeitersicherung beruhen müssen. Das letztere ist ein notwendiger Bestandteil, ohne den die Staatssyndikate zu Organen des Klassenstaates werden würden und ohne den man für sie keine parlamentarischen Mehrheiten gewinnen und erhalten könnte. Ein Monopol ohne geregelte Einschränkung einer absoluten Herrschaft über das Arbeitsvolk ist eine für die gegenwärtige Bevölkerung unerträgliche Bedrohung der persönlichen Freiheit und ihrer, bei allen nach dem Kriege wahrscheinlich bleibenden Preissteigerungen, schwer aufrechtzuerhaltenden Lebenshöhe.

Finanziell bedeutet das Staatssyndikat die Auflegung eines gewissen Steuersolls auf einen Erwerbsverband, der dafür als

Gegenleistung das Recht erhält, der einzige seiner Art zu sein. Um es am Spiritussyndikat zu verdeutlichen, so erfindet der Staat von sich aus keine neue Produktions- oder Fabrikationssteuer, sondern verlangt von der Syndikatsleitung, daß sie die erforderlichen Millionen aufbringt, wie sie es geschäftlich für richtig hält. Diesen Syndikatsumlagen haben sich auch die Produzenten oder Verarbeiter anzufügen, die bisher nicht zum Syndikat gehören, was ein sehr starker Antrieb zum Anschluß ist. Bricht nun dieses auf staatlich bevorzugter Freiwilligkeit aufgebaute Syndikat aus irgendeinem Grunde zusammen oder wird nicht wieder erneuert, so tritt Staatsauflage für verkaufte oder verarbeitete Quantitäten ein, was sehr zur Erhaltung des Syndikates beiträgt. Die Preisbildung und die Vertriebsmethode ist Syndikatsangelegenheit, aber der Staat hat ein sehr einfaches Mittel gegen Überschreitungen oder Nichtinnehaltung der Arbeitersicherungen: er kann die Auflage ändern, wenn es als Erziehungsdruck nötig ist. Das ist die für den Staat leichteste Art, Geld aufzubringen und gleichzeitig die geschäftlich biegsamste. D a s  S t a a t s g e l d  w i r d  a u s  d e m  P r o d u k t i o n s p r o z e ß  h e r a u s g e n o m m e n,  e h e  e s  P r i v a t g e l d  g e w o r d e n  i s t. Da die Milliarden irgendwie herbeigeschafft werden müssen, so muß die Volkswirtschaft irgendwie und an irgend einer Stelle belastet werden. Es fragt sich nicht, ob man ihr Mittel entziehen will, sondern nur, nach welcher Methode es geschehen soll. Unter allen denkbaren Methoden hat aber die hier angedeutete den ungeheuren Vorzug, daß sie geradezu zur geschäftlichen und technischen Konzentration und Verbesserung drängt. Das Selbstinteresse der Unternehmervereinigungen wird dem Staatsinteresse dienstbar gemacht.

Die Form für diese Art der Aufbringung des mächtig sich steigernden Staatsbedarfes wird erst in der Praxis ganz ausreifen und wird bei verschiedenen Gewerben verschieden gestaltet sein. Spiritus lebt unter anderen Bedingungen als Zucker, Zucker unter anderen als Eisen und Stahl, Stahl wieder unter anderen als Kohle oder Garn oder Zement. Welche Erwerbszweige in Frage kommen, wird sich erst Schritt für Schritt feststellen lassen. Der allgemeine Grundsatz heißt: je syndizierbarer ein Gewerbe ist, desto geeigneter ist es für Staatsbeteiligung.

Dieser Gedankengang wird natürlich zunächst vielfachen Widersprüchen und Bedenken begegnen, aber er wird voraussichtlich aus der Mitte der bestehenden Syndikatsleitungen heraus keine unerbittliche Gegnerschaft finden, da gerade diese Leitungen durch ihn erst fest gegründet werden. Schon heute sind sie nicht nur Beauftragte ihrer Aktionäre, sondern gleichzeitig volkswirtschaftliche Verwaltungen und Regierungen ihres Gebietes. Das wird nach unserem Gedankengang staatlich anerkannt, so wie andererseits anerkannt wird, daß die Arbeiter durch ihre Gewerkschaften im Betriebs- und Finanzkörper vertreten werden. Die Entwicklung geht von selbst in der bezeichneten Richtung, nur würde alles sehr viel länger dauern, wenn nicht die Finanznot des Staates eine Beschleunigung herbeiführte. Der Krieg hat alle Kreise des Volkes viel williger gemacht für starke Umgestaltungen und staatliche Notwendigkeiten. Jetzt läßt sich ein großer Schritt tun und — wie sollte man es anders machen? Wir fragen jeden, der dieser Art von Plänen aus an sich berechtigten Gründen und Bedenken widerstrebt, wie er sich die Aufbringung der Milliarden denkt. Mit bloßer Kritik ist gar nichts geleistet.

* * *

Zu den finanziellen Motiven tritt aber nun als zweite große Triebkraft in der gleichen Richtung die Notwendigkeit der staatlichen Vorratswirtschaft auf den Plan.

Wir haben bisher glücklicherweise den englischen Abschließungsplan durch vorhandene private Vorratswirtschaft überwunden, aber dieser Untergrund ist für künftige Kriegssorgen viel zu unsicher. Wenn der Krieg zu Ende ist, so wollen wir staatliche oder vom Staat kontrollierte Lager der allernotwendigsten Stoffe anlegen. Das kann schon heute als Volksforderung ohne Unterschied der Parteien bezeichnet werden. Diese Vorratspolitik ist aber ihrer Natur nach ein Eingriff in die Privatwirtschaft, denn sie bedeutet, daß künftig die Preise sich nicht einfach nach Angebot und Nachfrage im alten Sinn regulieren, sondern von den Staatslagern nach oben oder unten beeinflußt werden können. Das trifft auf allen Gebieten zu. Hat der Staat eine bewegliche Reserve von Kupfer, Kautschuk oder Salpeter oder Wolle, so ist er gleichzeitig ein Faktor des Marktes, ein Teil der Börse. Die Vorbereitung für den Wirtschaftskrieg führt also auch hier zu einer Art von Staatssozialismus, und zwar zu einer sehr dunklen und unerforschten. Meist wird es sich aus sachlichen Gründen nicht um unberührte Lager von Stoffen drehen können, sondern um größere Handelsbestände, als sie aus rein privatwirtschaftlich-kaufmännischen Gründen nötig sind. Der Versuch, das Petroleummonopol herzustellen, war ein leicht begreifliches Beispiel: entweder der Petroleumhandel vergrößert eine Lagerbestände oder der Staat legt eigene, mit Handelsbefugnissen ausgestattete Lager an. Fast kein Stoff verträgt die Aufstapelung für Jahrzehnte; wer also Lager hat, muß Umsatz haben. Im Worte Vorratspolitik ist darum viel mehr eingeschlossen, als es im ersten Anhören den Anschein hat: Staatshandelspolitik.

Man wird staatlicherseits den Syndikaten außer den vorhin genannten Finanzverpflichtungen auch Lagerpflichten zuschieben müssen, und bei denjenigen Handelsgegenständen, die nicht syndiziert oder leicht syndizierbar sind, wird ein Staatshandelsbetrieb oder ein Staatshandelsmonopol eintreten müssen. Das trifft in erster Linie die Ernährungs- und Futterstoffe. Hier stehen Regierung und Volksvertretung große Entscheidungen bevor.

Die Älteren von uns erinnern sich noch sehr gut der Zeit vor etwa 20 Jahren, als der „Antrag Kanitz" alle landwirtschaftlichen Versammlungen füllte. Es war das der Gedanke des Staatsmonopols für ausländischen Getreidehandel. Damals entsprangen diese Bestrebungen aus dem Wunsche, mit Hilfe der Gesetzgebung den Getreidepreis auf einer gewissen, den Landwirten erwünschten Höhe zu halten. Die für jene Zeit geforderten Preise sind heute längst sehr niedrig geworden. Es wurde aber damals in der Tat mehr um die Preishöhe gestritten als um das Prinzip selbst. Das letztere nämlich läßt sich vom liberalen Standpunkte aus bekämpfen, kaum aber vom sozialistischen. Die Sozialdemokratie jedoch behandelte damals die Angelegenheit fast nur als augenblickliche Preisfrage. So kam es, daß der Antrag Kanitz versank und durch eine große und erfolgreiche agrarische Zollagitation ersetzt wurde. Heute nun wachen alle diese schon halb vergessenen Kämpfe wieder auf, und zwar unter dem Gesichtspunkt der Vorratspolitik. Die alte Debatte wird unter veränderten Verhältnissen mit frischen Kräften aufgenommen werden. Über den Ausgang solscher Verhandlungen etwas weissagen zu wollen, ist ein schwieriges Geschäft. Oft stürzt eine nützliche Vorlage durch Nebenpunkte. Im Grunde aber steht es so: wenn zwischen Agrariern und Sozialdemokraten eine automatische Methode der Preisbestimmung gefunden wird, bleibt uns andern gar nichts anderes übrig, als diese Einrichtung mit herzustellen oder wenigstens das Staatsgetreidehaus nicht hindern zu können. Es ist sachlich eine Kriegsfolge. Solange wir es nicht besitzen, bleiben wir politisch unruhig. Die „Volkswirtschaft" verlangt es als Staatsnotwendigkeit, um künftige Aushungerungskriege unmöglich zu machen. Es ist das vielleicht der größte Eingriff in die Privatwirtschaft, die durch den Krieg herbeigeführt wird, aber auch hier gilt: wie in aller Welt sollten wir es sonst machen, um nicht wieder Aushungerungssorgen zu haben?

* * *

Natürlich ist damit die Fülle der Wirtschaftsprobleme bei Kriegsschluß nur sehr bruchstückweise erörtert. Der Übergang vom Krieg zum Frieden ist ein eigenes Kapitel für sich und dürfte allen Staatsleitungen schon heute viel zu denken geben, obwohl das Denken dabei in Gefahr ist, sich in falsche Sorgen oder Erwartungen festzufahren wie ein Kahn im Schilf. Es wird am besten sein, zuerst zu versuchen, die feststehenden Punkte herauszuschälen.

Der Kriegsschluß bedeutet für unsere Wirtschaft die Erschöpfung und Leerung aller Einfuhr- und Materiallager, dabei gleichzeitig eine unnatürliche Fülle einzelner (wohl nicht sehr vieler) Ausfuhrlager solcher Industrien, die ihre Maschinen und zurückgebliebenen Arbeitskräfte beschäftigen wollten, ohne Anschluß an die Kriegsindustrie finden zu können. Daraus folgt, daß so bald als möglich ein Hochbetrieb im Einfuhrgewerbe besonders zur See bei unzureichend gewordenen Verfrachtungsgelegenheiten einsetzen wird, ein Kampf um den Schiffsraum und die Hafenanlagen, eine spannungsvolle Hochkonjunktur im Verkehrsleben mit übertriebenen Preisen, falls nicht auch auf diesem Gebiet rechtzeitige Regelung eintritt. Das während des Krieges unnatürlich ruhig gewordene Hamburg wird seine Glieder wieder regen, bedarf aber dabei der Vorsicht, wie ein aus dem Lazarett heraustretender Geheilter. Ebenso wird es mit Triest und anderen Häfen sein. Auch bei der Rheinschiffahrt.

Der Kriegsschluß bedeutet weiterhin zunächst eine sofortige Wiederauffüllung der leer gewordenen Militärlager, da ja nach menschlicher Voraussicht der Frieden langsam und nicht ohne erneute Verwicklungsgefahren zur Welt kommen wird. Wie einst beim Wiener Kongreß und wie neuerdings bei der Londoner Konferenz am Ende der Balkankriege, wird der internationale Zustand noch sehr unsicher sein wie auf einer Brandstätte, nachdem das Großfeuer gedämpft ist, der Schutt aber noch glüht. Das heißt: noch weitere Anleihen und weitere Kriegsindustrie und Herstellungsarbeit folgen sofort dem Kriege, ohne daß auf lange Dauer dieser Erneuerungsindustrien gerechnet werden kann.

Beim Kriegsschluß wird das Zurückströmen der Soldaten ins bürgerliche Leben nicht nur Freude, sondern gleichzeitig auch viele Mühen bringen, denn nur ein Teil der Rückkehrenden findet einfach seine alte Stelle wieder. Die Frauen werden vielfach aus inzwischen übernommenen Berufen zurückgedrängt werden, die Kleinbetriebe werden leider zum Teil inzwischen verloren sein, und die Frage der Arbeitslosigkeit kann bei unvorsichtig schneller Auflösung der Kriegsformationen erst nach dem Kriege zur Kalamität werden. Es braucht das nicht so zu sein, aber bei fehlender Fürsorge oder falschen Griffen wird es so sein.

Der Geldmarkt wird von den verschiedensten Anforderungen in geradezu verwirrender Weise hin und her gezogen werden, denn die grandiose Einheitlichkeit der Kriegsanleihewirtschaft wird durchkreuzt durch einen sonst nie gesehenen privaten Kreditbedarf, für den zunächst der Untergrund fehlt, da alle Spargelder in die Kriegs- und Gemeindeanleihen hineingezogen wurden. Dazu kommt, daß die Lagerauffüllung, von der wir sprechen, Geld und wohl auch Goldausfuhr nach dem Auslande mit sich bringt, da der Einkauf sehr viel früher und stärker wieder in Fluß kommt als der Verkauf. Wir können ungewohnte Valutaschwankungen erleben, wir aber nicht allein. Der ganze internationale Geldmarkt wird einer sturmbewegten See gleichen, und manches Geschäft, das sich während des Krieges gerade noch hielt, treibt dann als Wrack auf den Fluten.

Es ist nun anzunehmen, daß der Krieg auf allen Gebieten mit gewaltigen Preissteigerungen abschließt, bei denen gesetzliche Höchstpreise wichtiger Versorgungsmittel nur mit Opfern der Staatskasse aufrechterhalten werden können. Alle gewohnte internationale Preisbildung ist in Frage gestellt und muß neu hergestellt werden. Dabei gibt es große Gewinn- und Verlustmöglichkeiten, aber vor allem eine sehr peinvolle Zwischenperiode sozialen Ringens, bis Preise, Löhne, Gehälter wieder ein erträgliches gegenseitiges Verhältnis gefunden haben. Die Aufgaben der Unternehmerverbände und der Arbeitergewerkschaften in dieser Zeit werden riesengroß sein. Auch der Wohnungsmarkt wird mehr Erschütterungen erleben als im Krieg, sobald die Kriegsunterstützungen und die Zuzahlungen der großen Kommunen aufhören.

Das alles machen wir nicht deshalb namhaft, um Furcht und Sorge zu verbreiten, sondern nur um zu zeigen, aus welchen Gründen der von uns dargestellte staatssozialistische Zug der Kriegswirtschaft den Krieg überdauern wird. Ein Volk, das einen so unerhört schweren Krieg in so wunderbarer Weise durchgefochten hat, scheitert nicht an derartigen Wirtschaftsproblemen. Es wird nur rechtzeitig lernen müssen, daß die Kriegsorganisation mit allen oder wenigstens mit vielen ihrer Folgen über die Friedenspräliminarien hinaus fortgesetzt werden muß. Wenn das wirtschaftliche Gefängnis sich öffnet, bedarf der Gefangene einer sorgfältigen Diät, um nicht von der Freiheit stärker erschüttert zu werden als vom Gefangensein.

Mit anderen Worten: der soziale Kampf ums Dasein, der jetzt durch allseitigen Willen und Burgfrieden zurückgedrängt wurde, muß noch etwas länger warten, bis er wieder in alter Ungebundenheit auf die Straße darf. Das ist ungeduldigen Staatsbürgern in allen Lagern und Parteien unangenehm zu hören, denn sie haben sich schon Stoff gesammelt für den Tag, da es wieder in alter Weise gegeneinander losgeht, aber die Vernunft wird auch hier gegenüber der sonst berechtigten Leidenschaft der Einzelinteressen den Sieg behalten. Und darum wird die Zeit nach dem Kriege, zwischen Gefängnis und Freiheit, vor Beginn einer neuen Zukunft, vielleicht von ganz besonderer Fruchtbarkeit sein für wertvolle soziale Verständigungsarbeiten. Dabei denke ich an die schon wiederholt angeregte Frage des öffentlichen, von den Interessenvertretungen beratenen und kontrollierten Arbeitsnachweises, an festere Gestaltung eines geeigneten Schiedsgerichtsverfahrens für Lohnkämpfe, an Organisation der Hausbesitzer und Mieter, an näheren Zusammenschluß bisher konkurrierender Berufsvertretungen. Das alles soll nicht um einer sozialen Theorie willen angefaßt werden, denn für akademische Reformen hat in dieser Lage niemand Zeit und Sinn, sondern es wird voraussichtlich praktisch aus den Friedensschwierigkeiten sich von selber ergeben. Die soziale Kriegsernte wird noch unter halbem Burgfrieden eingebracht, bis dann wieder der politische Himmel irgendwann so heiter wird, daß wir uns ohne Gefahr und Schaden von neuem zanken können, wie es zur Gesundheit von Leib und Seele gehört.

* * *

Wenn wir also nach dem Kriege wieder in die Weltwirtschaft eintreten, so sind wir eben durch den Druck unserer Feinde inzwischen sehr merkwürdig verändert. Aus unserer deutschen, viel gegliederten Wirtschaft ist dann eine viel kompaktere, zusammengeschlossenere Größe geworden. Wir denken dann alle viel staatswirtschaftlicher und kaufen und verkaufen viel mehr im ganzen; denn es versteht sich von selbst, daß Staatssyndikate und Staatsmonopole bei geregelter Arbeitersicherheit anders arbeiten als bloße konkurrierende Privathändler. Natürlich trifft das alles nur für diejenigen Teile der deutschen Wirtschaft zu, die zum Zusammenschluß geeignet sind. Alle Fertigfabrikation ist schon weniger von der Umwandlung berührt, und die bäuerliche Landwirtschaft findet Haus und Hof von Frauen, Alten und Kindern treu erhalten wieder vor. Der Kleinbetrieb, soweit er gesund heimkehrt, bleibt wie er ist, sucht sich selber in gewohnter Weise seinen Markt. Vor allem ändert sich das Gesicht des deutschen Außenhandels, wenn er in vielen Erzeugnissen erster Stufe als Käufer und Verkäufer noch viel geschlossener in der Welt auftritt als vorher. Das Ausland wird dann noch mehr vom deutschen wirtschaftlichen Militarismus sprechen als bisher, aber wir sind überzeugt, daß uns die Zwangsverwandlung der Kriegszeit nicht schlecht bekommt. Der organisierteste Wirtschaftsstaat wird der stärkste sein, sobald die Organisation innerlich lebendig bleiben kann. Das aber ist es eben, was wir auf Grund der Kriegserfahrungen glauben leisten zu können.

Nun ist es natürlich nicht sicher, daß alle diese sehr verzweigten Probleme genau so gelöst werden, wie wir es hier in kurzen Worten ausgeführt haben. Es gibt zahlreiche Nebenwege und Variationen. Aber im Kern ist voraussichtlich unsere Darstellung richtig. Das, was wir schon im vorhergehenden Abschnitt als die deutsche Eigenart beschrieben haben, die tüchtige, lebendige Organisationsfähigkeit, wird durch den Krieg ungeheuer gesteigert. Wir treten als wirtschaftlich noch deutscher geworden auf den Plan. Das tun wir, ob wir allein sind oder mit Österreich-Ungarn zusammen.

Es ist aber Frage und Sorge der Österreicher und Ungarn, ob sie diesen Weg mit uns gehen wollen und können oder nicht. Das ist ihr Problem.

* * *

Was ist es, was Österreich-Ungarn im Kriege auf dem wirtschaftlichen Gebiet durchgemacht hat?

Die erste Antwort lautet: es ist auch hier viel leichter und besser gegangen, als man erwarten konnte. Österreich und Ungarn haben im Kriege ihre sehr großen Nationalitätsschwierigkeiten gehabt, aber was die Wirtschaftlichkeit anlangt, so sind besondere Notstände nur in den vom Krieg unmittelbar berührten Gebieten eingetreten. Das, was wir in den von Russen besetzten Teilen Ostpreußens durchzumachen hatten, hat für Galizien viel länger gedauert und sich auf eine viel größere Landfläche ausgedehnt, und auch in Bosnien und Herzegowina sind die Kriegsstörungen, soweit man erfährt, nicht unbeträchtlich. Das ist alles noch nicht so schlimm wie das, was die Franzosen in den von deutschen Truppen besetzten Gebieten erleben, obwohl selbstverständlich die Deutschen mit der nordfranzösischen Wirtschaft unvergleichlich viel schonsamer verfahren, als die Russen in Galizien es taten, denn in Nordfrankreich handelt es sich um mindestens einen vollen Jahresertrag der Landwirtschaft und um sehr viel beträchtlichere Industrieverluste für die französische Wirtschaft; aber immerhin ist die österreichische Wirtschaftswunde nicht klein, und ihre Erholung ist ein sehr schweres Kriegsproblem. Zu allen Finanzfragen, die sowieso mit dem Kriege verbunden sind, kommt der Aufbau der zerstörten Straßen, Festungsanlagen, Staatsgebäude, Schulen, Kirchen und die notwendige Unterstützung der ländlichen und städtischen Bevölkerung beim Wiederbeginn ihrer geregelten Tätigkeit. Schon sofort hinter den vorrückenden Armeen wandelt die Fürsorge und sucht, wo sie helfen kann, ist aber dabei nicht sicher, wie weit sie gehen kann, weil die Verteilung der Erneuerungslasten nicht von vornherein klar geregelt sein kann. Wer hat zu zahlen? Galizien oder Österreich oder Österreich-Ungarn? Schon an dieser Stelle begegnet uns die Tatsache, die wir als ein Hauptproblem des verbündeten Staatswesens ansehen, das in verschiedensten Wendungen auftaucht: ob wir einen Wirtschaftsstaat vor uns haben oder zwei oder noch mehrere?

Als das Deutsche Reich gegründet wurde, war der Wille, einen Wirtschaftskörper herzustellen, ein Hauptzweck der ganzen weltgeschichtlichen Bewegung. Man braucht nur in der Verfassung des Norddeutschen Bundes und der aus ihr herausgeflossenen Verfassung des Deutschen Reiches die genaue Aufzählung der Gebiete sich anzusehen, die der Reichsgesetzgebung vorbehalten sind, um zu wissen, mit welcher Absichtlichkeit alles Wirtschaftliche, abgesehen von der reinen Agrargesetzgebung, zur Reichsangelegenheit gemacht wurde. Aus dem Zollverein wurde der Wirtschaftsverband geschaffen. Dabei blieb es im Einzelfalle noch immer der Zukunft überlassen, wie weit die Reichsgesetzgebung die Regelung von Handel, Gewerbe, Finanzrecht, Börse, Patentwesen, Sozialpolitik und Qualitätsschutz übernehmen würde, aber das Gesetzgebungsrecht über alle diese Dinge wurde kräftig festgestellt, und wir haben gesehen, wie überaus weitgehend im Laufe von 40 Jahren sich dieses Recht in die Praxis umgesetzt hat. In jedem Zweifelsfall ist das Reich, wenn es will, zuständig, nur die Ausführung und Verwaltung gehört den Bundesstaaten. Eine solche Wirtschaftseinheit ist aber in der Doppelmonarchie Österreich-Ungarn nicht vorhanden, ist gar nicht beabsichtigt, sondern bis jetzt durch das Grundgesetz über den staatsrechtlichen Ausgleich vom 21. Dezember 1867 geradezu ausgeschlossen, ein Tatbestand, der in Österreich und Ungarn hinreichend bekannt ist, der aber für reichsdeutsche Leser hervorgehoben werden muß, weil sie oft geneigt sind, reichsdeutsche Verhältnisse ohne weiteres auf Österreich-Ungarn zu übertragen.

Für den zunächst vorliegenden Fall also bedeutet das, daß nach der staatsrechtlichen Theorie und Rechtslage zwar beide Staaten nach Maßgabe des geltenden Ausgleichs für den gemeinsamen Besitz von Bosnien und Herzegowina aufzukommen haben, aber nicht in gleicher Weise für Galizien. Die Hauptlast von Galizien liegt auf den im Reichsrat vertretenen Königreichen und Ländern. Diese Last aber kann noch verwickeltere Erörterungen herbeiführen, sobald etwa bei Kriegsschluß neue, bisher russisch-polnische Landesteile zum Bestande der Monarchie hinzugefügt werden. Wer ist dann für ihre finanzielle Ausstattung zuständig? Sind es die polnischen Gebiete für sich, können sie es sein? Ist es Österreich? Ist es die Gesamtmonarchie?

* * *

Im Grundgesetz von 1867 ist die Gemeinsamkeit der österreichisch-ungarischen Wirtschaftspolitik ausgesprochen, soweit es sich um handelspolitische Vertretung nach außen handelt, und es ist die Gleichheit der Grundsätze in Aussicht genommen für Zölle, indirekte Abgaben, Münzwesen und Feststellung derjenigen Eisenbahnlinien, die das Interesse beider Reichshälften berühren. Das ist alles! Es gibt keine gemeinsame Wirtschaftsgesetzgebung, kein Amt, das unserem Reichsamt des Innern entspricht. Darum gibt es auch **keine gemeinsame Kriegswirtschaft.**

Am augenfälligsten wurde diese Zweiteilung des Wirtschaftslebens in der Ernährungsfrage. Österreich war ungefähr in der Lage des westlichen Deutschland: es brauchte Getreidezufuhr, Ungarn war und ist glücklicher Besitzer von Getreideüberschuß. Dem naiven Menschenverstande erscheint nun nichts selbstverständlicher, als daß derselbe Ausgleich, der innerhalb des Deutschen Reiches zwischen Überschußkreisen und Bedarfskreisen stattfindet, auch im Gesamtgebiet der kriegführenden Donaumonarchie vorhanden ist, aber die staatsrechtliche Wirklichkeit war anders. Ohne durch Zollgrenzen von Österreich getrennt zu sein, hat und übt Ungarn mitten im Krieg seine eigene Getreidepolitik, eigene Höchstpreise, eigene Eisenbahnpraxis, und zwar fast so, als ob zwei fremde Staaten miteinander verhandeln. Verschärft wird dieser Zustand dadurch, daß auch etwaige rumänische Zufuhren nur über Ungarn nach Wien gelangen können. Österreich wird im gemeinsamen Kriege in fühlbarer Abhängigkeit von Ungarn gehalten. Darüber moralische Reden zu halten, hat gar keinen Zweck; die Ungarn sind formell zweifellos im Recht, sie bestehen auf ihrem Schein. Sie haben immer und in allen Zweifelsfragen den Standpunkt des besonderen ungarischen Wirtschaftsstaates vertreten und setzen im Kriege nur fort, was sonst ihre Ansicht und Gewohnheit ist. Der Wirtschaftsverband im Krieg aber gehört nicht zum Inhalt der Abmachungen von 1867. Man vergießt sein Blut zusammen, setzt aber die Getreidepreise im verkaufenden Budapest absichtlich höher als im kaufenden Wien.

Obwohl nun eine Verständigung natürlich schließlich erreicht wurde, so bleibt doch hier eine sehr schwere Frage für die Zukunft. Da die künftige Kriegsvorbereitung, wie wir schon besprochen haben, auf dem restlosen Zusammenwirken von Kriegswesen und Volkswirtschaft beruht, so werden die Grundvoraussetzungen des Ausgleiches von 1867 nochmals im Lichte der Kriegsbereitschaft nachgeprüft werden müssen. Dabei wird auch die Dreiheit der Heeresorganisation zur Sprache kommen, wovon wir aber hier nicht reden wollen. Der Gedankengang von 1867 ist Heeresgemeinschaft bei Wirtschaftstrennung, ein Gedankengang, der damals sehr erklärlich war, der aber schon in diesem Kriege zu allerlei peinlichen Verwicklungen geführt hat und der beim Eintritt in die vorbereitende künftige Kriegsvorratswirtschaft sich noch mehr als störend erweisen wird.

Soviel darf ja wohl als sicher angenommen werden, daß ein dauerndes Schützengraben- und Verteidigungsbündnis zwischen Deutschland und Österreich-Ungarn nur auf Grund beiderseits durchgeführter Kriegsvorratswirtschaft möglich sein wird. Ich sage nicht: gemeinsamer Kriegsvorratswirtschaft, weil das zwar wünschenswert, aber nicht unbedingt erforderlich ist. Man kann sich sehr wohl den Zustand denken, daß zwei verbündete Staaten ihre Wirtschaften getrennt halten, daß sie aber unter gegenseitigem Kontrollrecht versprechen und besprechen, was und wieviel jeder aufstapeln und bereithalten will. Ohne das letztere dürfen nach den Erfahrungen dieses Krieges gegenseitige Schutzverträge überhaupt nicht mehr geschlossen werden. Es treten sonst im Kriege zu schlimme Möglichkeiten ein.

Nehmen wir also an, daß Österreich und Ungarn zunächst unter sich die Getreidevorratswirtschaft zum Gegenstand erneuter Ausgleichsverhandlungen machen, um dann zusammen sich mit der reichsdeutschen Vorratswirtschaft zu verständigen, so gibt es verschiedene denkbare Wege zur Befriedigung des Bedürfnisses. Der Ausgangspunkt der betreffenden Erörterungen dürfte ein System östereichischer Staatskornhäuser sein, welches die erforderlichen Vorräte sammelt. Es steht staatsrechtlich nichts im Wege, daß Österreich nach Ablauf der gegenwärtigen Handelsvertragsperiode für sich allein zum Staatsgetreideeinkauf übergeht, da ja gerade die Ungarn die wirtschaftliche Selbständigkeit beider Reichshälften stets sehr hervorgehoben haben. Das System österreichischer Staatskornhäuser würde dann mit dem unter sich verbundenen Budapester Getreidehandel wie mit anderen ausländischen Getreidefirmen verkehren, während Ungarn gleichzeitig seine Staatsvorräte für den Kriegsfall sichert, was für Ungarn nicht schwer ist. Dieser Zustand würde die geradlinige Fortsetzung des während des Krieges geübten Verfahrens sein, ist aber zweifellos für die sonstige Gemeinsamkeit beider Teile nicht unbedenklich. Wir sind überzeugt, daß eine andere Lösung des Problems gefunden werden wird, bei dem Ungarn mitten im Getreideversorgungsbetrieb von Mitteleuropa darin steht, so wie es seiner Wirtschaftskraft entspricht, aber es würde vorgreifend erscheinen, wenn wir von Deutschland aus Vorschläge in einer Sache machen wollten, die zunächst eine innere Angelegenheit der Donaumonarchie ist, so sehr wir auch an den Folgen gerade dieser Entscheidung beteiligt sind.

* * *

Auch die übrige Kriegsvorratswirtschaft wird nicht ganz ohne näheres Eingehen auf das österreichisch-ungarische Ausgleichsproblem herzustellen sein. So wie schon bisher aus Gründen der Zollgemeinschaft und der gemeinsamen indirekten Steuern eine ganze Reihe von Wirtschaftsregelungen gemeinsam vorgenommen worden sind, wie z. B. die staatliche Behandlung der Bierbrauereien, Branntweinbrennereien, der Mineralölanlagen, der Zuckerfabriken und der Aktiengesellschaften, so wird nun mit dem neuen Zweck der Kriegsvorratswirtschaft eine Gemeinsamkeit in der Beaufsichtigung und Verwaltung der als nötig erklärten Vorratslager eintreten. Das heißt beispielsweise, daß ein Kupfermonopol oder ein staatlich beeinflußtes Kupfersyndikat unvermeidlich sein wird, ebenso ein Kautschuk- und Gummisyndikat, eine staatliche Regelung der Petroleumvorräte. Bis zu welchen Stoffen sich diese Behandlungsweise erstrecken wird, läßt sich nicht vorher sagen, hier wollen wir auch nicht etwa die Arbeit künftiger Militärwirtschaftskommissionen vorausnehmen, sondern nur aufzeigen, daß und aus welchen Gründen ebenso wie bei uns so auch in Österreich-Ungarn der Krieg als Umwandler der Wirtschaftsweise auftritt. Auch wenn Österreich-Ungarn sich, entgegen unseren Wünschen, nicht mit dem Deutschen Reiche zu dauernder Kriegsbereitschaft vereinigen würde, auch dann und gerade dann müßte die Doppelmonarchie in ihrer gefährdeten geographischen Lage allen Kriegsvorratsplänen die allergrößte Sorgfalt widmen. Wenn aber, wie wir annehmen und wünschen, die beiden mitteleuropäischen Mächte zum dauernden Staatsverband gelangen, dann wird sich eine gemeinsame Regelung der Vorratswirtschaft besonders auch für diejenigen Stoffe sehr empfehlen, die sowieso in einem der beiden Reichsgebiete entweder mehr produziert oder mehr verarbeitet werden, weil in diesem Falle die Gemeinsamkeit größere Übersicht und Sparsamkeit herbeiführt. Wir werden dann eine mitteleuropäische Kriegsversorgungsstelle einrichten müssen, von der aus alle Vorratslager errichtet, gefüllt und den Regierungen und den Parlamenten vorgeschlagen und in ihrem Bestande beaufsichtigt werden. So wächst ein Anfang gemeinsamer Wirtschaft fast von selbst mit Notwendigkeit aus der Verteidigungsgemeinschaft heraus. Die Wirtschaftsgemeinschaft ist in ihren Ausgangspunkten keine Willkürlichkeit, sondern ein geschichtlicher Zwang; sie kommt nicht als theoretisch-akademische Forderung, sondern als Gebot der Praxis, und ihre Hauptvertreter werden die beiderseitigen Kriegsministerien sein müssen.

*  *
*

Von noch größerer Einwirkung auf das zukünftige gemeinsame Verhältnis der beiden im Kriege verbundenen Reiche wird aber voraussichtlich die weitere Entwicklung der Finanzfragen in Österreich-Ungarn sein. Im ganzen ist die Finanzbeschaffung während des Krieges auch in der Donaumonarchie über Erwarten gut gegangen. Was wir vorhin ganz im allgemeinen sagten, daß die österreichisch-ungarische Wirtschaft den Krieg vortrefflich ausgehalten hat, gilt im besonderen auch vom Geldwesen. Die Anleihen sowohl in Österreich wie in Ungarn haben Inland und Ausland in Erstaunen gesetzt und sind in Anbetracht der Lebensbedingungen ebenso ein Wirtschaftssieg gewesen wie im Deutschen Reiche. Die Doppelmonarchie hat Kapital genug und schafft auch während des Krieges genügende Milliarden für öffentliche Zwecke. Ein Unterschied besteht nur darin, daß von vornherein das Golddeckungssystem weniger streng gehandhabt wurde als in Deutschland und daß fast gar kein Gold in den Händen der Bevölkerung vorhanden war, da Österreich-Ungarn schon früher das Gold aus dem Verkehr herausgezogen oder es nicht in ihn hineingegossen hatte. Die Reserve mußte infolgedessen schwächer sein, was sich nun in einem starken Druck auf die Valuta, auf den Auslandswert der Banknoten, äußert. Auch wir haben im Kriege Valutaschwierigkeiten, denn wir brauchen nur nach der Schweiz oder Holland zu fahren, um so fort zu merken, daß ein deutscher Hundertmarkschein nicht mehr dasselbe gilt wie vor dem Kriege. Unsere Banknotenwertsenkung ist aber nach dem Urteil wohl aller Sachverständigen nur eine vorübergehende und kommt daher, daß wir unser Gold zurückhalten, während wir vom Auslande viel mehr kaufen als dorthin verkaufen, so daß sich ein Vorrat schwer verwendbarer deutscher Kassenscheine jenseits der Grenzen sammelt. Mit ihnen wird nach dem Kriege unsere neueinsetzende Ausfuhr und die dann wieder fälligen Zinsen von Auslandswerten bezahlt werden. Die österreichische Wertsenkung ist ihrer Natur nach schwerer, weil sie nicht nur aus dem Grunde einer einseitig verschobenen passiven Handelsbilanz zu erklären ist, sondern mit der Golddeckungsfrage in Zusammenhang steht. Da genaue Angaben über das Quantitätsverhältnis von barer Deckung und Notenausgabe nicht gemacht werden, so bleiben alle diese Dinge vorläufig etwas im unklaren, aber schon die Verschiebungen des Wertverhältnisses zwischen Papiermark und Papierkrone sind Zeugnis dafür, wie von dem Geldhandel die Sachlage aufgefaßt wird. Es besteht zwischen reichsdeutschen und österreichisch-ungarischen Geldwertzeichen kein fester, gleichbleibender Maßstab. Wir werden diesen Punkt ebenfalls bei Erörterung der zukünftigen mitteleuropäischen Handelspolitik zu erwägen haben als eine ernste Erschwerung aller gemeinsamen Wirtschaft, hier sprechen wir zunächst davon als von einem österreichisch-ungarischen Wirtschaftsproblem, das dem dortigen Finanzminister noch viel zu denken geben wird.

Eine gesunkene Valuta bedeutet unter anderem, daß für Schulden an das Ausland mehr bezahlt werden muß als sonst, daß von ausländischen Schuldnern, wenn sie in einheimischem Geld zu zahlen haben, weniger geleistet wird, daß eingeführte Waren neben anderen allgemeinen Ursachen auch noch durch die Valuta teurer werden, daß Anleihen vom Ausland nur mit sehr großen Opfern zu erlangen sind. Das alles macht voraussichtlich den Tag der Wiederherstellung des Weltverkehrs für Österreich-Ungarn zu einem kritischen Tage. Nicht als könnte die Schwäche nicht überwunden werden, aber es wird nicht ohne schnelle und starke Finanzoperationen abgehen. Die Steuerkraft des Doppelreiches muß sofort sehr merkbar in Anspruch genommen werden, wenn eine Zeit der Stockungen überwunden werden soll. Österreich und Ungarn müssen den Mangel an Gold, soweit ein solcher vorhanden ist, durch den augenfälligen Beweis der Zahlungsfähigkeit der auf Steuerleistungen beruhenden Staatskassen ersetzen. Die schwerste Wirtschaftsprobe fängt dann erst an, gerade dann, wenn man der vom Kriege heimkehrenden Bevölkerung eine Zeit gemächlichen Wiedereingewöhnens gönnen möchte.

* * *

Welche Steuerformen in den verschiedenen Finanzkörpern der Doppelmonarchie gewählt werden, wissen wir natürlich bis heute noch weniger als wir es vom Deutschen Reiche sagen können. Nur soviel läßt sich wohl andeuten, daß auch in Österreich und Ungarn neue ertragreiche Staatsbetriebe oder staatlich geregelte Syndikate nicht zu vermeiden sein werden. Es gibt über „Österreichs Finanzen und der Krieg" eine lehrreiche kleine Arbeit von Hofrat Meisel und Professor Spiethoff (bei Duncker und Humblot 1915), in der in hochinteressanter Weise ausgerechnet wird, wieviele Millionen im österreichischen Staatshaushalt gespart werden können, wenn Regierung, Parteien und Nationalitäten sparen wollen. Wir nehmen an, daß in dieser Richtung sehr energische Versuche gemacht werden, trotzdem aber wird bei längerer Kriegsdauer viel neues Steuersoll zu bewältigen sein. Dabei spielen Luxus- und Aufwandsteuern sicherlich eine Rolle, reichen aber nicht. Ob weitere direkte Besteuerungsarten in Frage kommen, können wir nicht entscheiden. Sicherlich aber heißt es auch in Österreich zuletzt: man muß dort schöpfen, wo der Kapitalisierungsprozeß noch unpersönlich ist. Wie aber macht man das, ohne nach Art der österreichisch-ungarischen Aktienbesteuerung die Betriebsentfaltung direkt zu hemmen? Hier beginnen auch für Österreich-Ungarn die Syndikatsfragen dringender zu werden, als sie es bis jetzt aus rein volkswirtschaftlichen Gründen sind: höchste konzentrierte Erwerbssteigerung, um den finanziellen Staatsaufgaben genügen zu können.

Damit sind wir wieder an der Stelle angelangt, an der wir im vorhergehenden Abschnitt schon einmal waren: der Übergang zum reichsdeutschen Arbeitstempo und der reichsdeutschen Arbeitsmethode erscheint als Vorbedingung der Überwindung der finanziellen Kriegslasten. Wir beide müssen nach dem Kriege zunächst eine Zeitlang mit allen Kräften und Mitteln sparen und arbeiten, um über die Kriegsfolgen hinwegzukommen. Je mehr wir das zusammen machen, desto besser wird es gelingen. Wir Reichsdeutsche müssen aus allen schon genugsam angeführten Gründen die denkbar größte Lebensfähigkeit und Wirtschaftlichkeit Österreich-Ungarns wünschen und alles tun, was wir können, um den Bundesgenossen finanziell auf festen Füßen zu sehen. Wenn die Österreicher und Ungarn es wollen, wenn sie es wünschen und verlangen, muß ihnen deutsche Finanz- und Organisationskraft hilfreich zur Seite stehen. Wir sagen: wenn sie es wollen, weil ein Erfolg nur dann denkbar ist. Eine widerwillig und mißmutig angenommene Wirtschaftsbeteiligung hat gar keinen Zweck, schadet nur und entfremdet die Gemüter. Es sollen darum die reichsdeutschen Kräfte sich nicht anbieten. Das würde nur den Verdacht wecken oder vermehren, als ob sie die tote Zeit nach dem Kriege durch österreichisch-ungarische Geschäfte überwinden wollten, bis der Weltverkehr wieder in alter Weise aufnahmefähig wird. Weil dieser mißtrauische Gedanke möglich und auch stellenweise vorhanden ist, darum wiederhole ich, daß gerade wir, die wir eine ehrliche, dauernde Wirtschaftsgemeinschaft Mitteleuropas erstreben, gar keine Freude haben, wenn ungebetene Ratgeber und Spekulanten das Bundesverhältnis etwa als Vorwand selbstsüchtiger Interessen benutzen wollen. Wer hier nicht taktvoll und weitblickend vorgeht, kann Unendliches verderben. Wir haben aber zu den großen reichsdeutschen Banken und Syndikatsleitungen das Zutrauen, daß sie den Ernst der Stunde verstehen und wissen, was auf dem Spiele steht. Kein Drängen, kein Einschleichen, keine unlautere Ausnützung etwa vorhandener Schwäche, aber ein offenes redliches Bereitsein, falls der Ruf ertönt!

Wir haben zusammen im Wirtschaftsgefängnis gesessen, wir zerbrechen zusammen die Ketten, wir gehen Hand in Hand wieder in die freie Luft. Wenn uns dabei noch allerlei Kriegsgebresten ankleben, so hilft einer dem andern, damit wir uns nicht selbst das Große nachträglich trüben. Wir alle werden viel zu tun bekommen, wahrhaftig sehr viel! Tun wir es gemeinsam oder tut es jeder für sich?

# VI. In der Weltwirtschaft.

Auch wenn Deutschland und Österreich-Ungarn sich zu einer Wirtschaftseinheit verschmelzen, sind sie zusammen noch immer kein großes weltwirtschaftliches Gebilde, denn alle unsere Begriffe über groß und klein haben sich durch den Krieg noch mehr verändert, als in den Jahrzehnten vorher. Wir sahen die Riesenstaaten sich erheben, um uns zu zerdrücken. Es ist ihnen nicht gelungen, aber wir werden den Anblick nicht vergessen, wie Rußland sich nach Westen in Bewegung setzte und wie Großbritannien seine Indier und Kanadier rief. Mit solchen Massenerscheinungen wird es die Zukunft noch mehr zu tun haben, denn in aller Welt werden in allen Staatsämtern die Ergebnisse des europäischen Krieges studiert, und alle Regierungen bis nach Ostasien und Argentinien füllen sich mit neuen Quantitätsvorstellungen. Nicht nur Mitteleuropa geht aus dem Kriege mit Rüstungs- und Verteidigungsgedanken heraus, sondern auch alle übrigen Staaten. An dieser beständigen Vorbereitung für kommende Kriege kann auch eine sich verbreiternde Friedensstimmung der Bevölkerungen wenig ändern, da der geschichtliche Zeitpunkt, wo die Menschheit in eine einzige, gewaltige Organisation zusammenfließt, noch lange nicht vorhanden ist. Ehe die Menschheitsorganisation, die „Vereinigten Staaten der Erdkugel", zustande kommen kann, wird es eine voraussichtlich sehr lange Periode geben, in der M e n s c h h e i t s g r u p p e n, die über das nationale Maß hinausgehen, um die Führung der Menschheitsgeschicke und um den Ertrag der Menschheitsarbeit ringen. Als eine solche Gruppe meldet sich Mitteleuropa, und zwar als eine kleine: kräftig aber mager!

Die Souveränität, die früher ein sehr verbreitetes Besitztum irdischer Staatsgebilde war, sammelt sich, je länger desto merkbarer, an ganz wenigen Stellen. Es bleiben nur eine gewisse Anzahl von Mittelpunkten der Menschheit übrig, an denen wirklich regiert wird: London, New York, Moskau (oder Petersburg) stehen fest. Ob ein ostasiatischer Weltmittelpunkt in Japan oder in China sich bilden wird, liegt noch im unklaren. Ob Indien oder Afrika überhaupt jemals Mittelpunkte erster Größe hervorbringen, ist mindestens sehr fraglich. Dasselbe gilt von Südamerika. Während aber die zukünftige Menschheitsbedeutung der etwa erstehenden ostasiatischen und südamerikanischen Zentralen noch nicht auf der Tagesordnung der Weltgeschichte steht, wird eben jetzt mit allen Kräften Europas unter unendlichem Blutvergießen darum gefochten, ob zwischen Rußland und England ein eigenes mitteleuropäisches Zentrum sich halten kann oder nicht. Die Menschheitsgruppe Mitteleuropa spielt um ihre Weltstellung. Verlieren wir den Kampf, so sind wir voraussichtlich auf ewig verurteilt, Trabantenvolk zu werden, siegen wir halb, so müssen wir später noch einmal fechten, siegen wir nachhaltig, so erleichtern wir unsern Kindern und Enkeln die Arbeit, denn dann wird Mitteleuropa ins Grundbuch der kommenden Jahrhunderte eingetragen.

Was heißt in diesem Zusammenhange Trabantenvolk? Man kann auch sagen: Planetenstaat. Diese Staaten haben ihr Leben für sich, ihren eigenen Sommer und Winter, ihre Kultur, ihre Sorgen und ihren Glanz, aber sie folgen in den großen weltgeschichtlichen Linien nicht mehr eigenen Gesetzen, sondern wirken als Verstärkung der führenden Gruppe, zu der sie gehören. So suchen die Vereinigten Staaten von Nordamerika im Laufe der Zeit alle amerikanischen Staatsgebilde in Nord- und Südamerika an sich zu ketten, nicht um sie zu verschlingen, sondern um sie zu führen. Ebenso sammelte in sehr anderer Weise Rußland alle Nationen an seinen Rändern: Finnen, Polen, Kleinrussen, Kaukasusvölker, Armenier, Turkmenen, Tungusen usw. So umgab sich Großbritannien mit Afrikandern, Australiern, Indiern, Ägyptern, Portugiesen und sucht jetzt im Kriege sogar die zwei lateinischen Nationen Frankreich und Italien mit in seine Rotation hineinzubringen, obgleich sie selbst auf Grund vergangener Größe und beachtlicher Leistungen noch gern als eigene Mittelpunkte gelten möchten.

Um die Trabantenstaaten herum lebt aber noch eine gewisse Menge von unorganisiertem Nationalitätenstoff, der den Anschluß entweder bis jetzt nicht wünscht oder ihn aus irgendeinem Grunde noch nicht gefunden hat, Asteroiden oder Kometen, die sich meist Neutrale nennen, weil sie zu keiner Sonne gehören. Sie sind in ihrer Art ein sehr altes politisches Geschlecht, viel älter als die sieghaften übernationalen Syndikatsstaaten, denn sie vertreten den alten kleinen Mittelstand der Staatenfamilie. Aber irgendwann wird jeder von ihnen doch einmal in ein Trabantenverhältnis mit fortgerissen werden, denn es scheint unmöglich, mitten in einer Welt gesammelter Großsouveränitäten mit gewaltigem Volumen eine unverletzte alte Kleinherrschaft durch Jahrhunderte zu tragen.

Alle diese Organisationsbewegungen sind noch sehr im Werden. Fast jeder Anschluß kann noch einmal gelockert oder anders verankert erscheinen. Da nämlich das Zeitalter des Verkehrs, welches die Weltherrschaftsstaaten hervorruft, erst seit höchstens zwei Menschenaltern wirklich vorhanden ist, so können auch seine Wirkungen noch keineswegs fest sein. Die Periode der Menschheitsgruppen ist noch nicht da, aber sie steht vor der Tür. Es verhält sich damit im großen so wie mit den gewerblichen Syndikaten im kleinen: die Anschlüsse wechseln noch beständig, das Prinzip der Angeschlossenheit selbst aber stirbt nicht wieder. Es kommen die Menschheitsgruppen, weil eine so neue Technik wie Dampfkraft und Elektrizität nicht mit Staatengebilden arbeiten kann, die noch unter dem Einfluß früherer, nun vergangener Weltverkehrsformen entstanden sind. Was ist heute ein Gebiet von einer halben Million Quadratkilometern? Es ist eine einzige Tagereise geworden.

* *
*

Ehe wir aber von der Menschheitsgruppe Mitteleuropa reden, wollen wir versuchen, das neue überstaatliche Gebilde an sich noch etwas genauer soziologisch zu begreifen. Wir betrachten also die drei relativ fertigsten Großkörper: Großbritannien, Amerika, Rußland. Jeder dieser Körper ist an Umfang und Masse gewaltiger, als es Mitteleuropa je werden kann. Im besten Falle kann, soweit heute Menschenaugen sehen, Mitteleuropa der vierte Weltstaat werden.

Von den drei ersten, schon aus der vorhergehenden Periode hervorgebrachten Weltstaaten ist der russische am meisten auf Zwang, der amerikanische am meisten auf Freiwilligkeit gegründet; England steht in der Mitte. Darüber, ob Zwangsbildung oder Freiwilligkeitsbildung dauernder und fester ist, läßt sich kein allgemeines Gesetz aufstellen, da beide Prinzipien, sobald sie übertrieben werden, den Staat zersprengen. Jeder übernationale große Staat ist ein Kunstwerk, ein Wagnis, ein täglich sich erneuernder Versuch. Er ist wie eine große Maschinerie, die beständig irgendwo repariert werden muß, damit sie arbeitsfähig bleibt. Und wie jedes Kunstwerk bestimmt wird durch den Künstler und den Stoff, so erwächst der Großstaat aus der führenden Nation und den begleitenden Völkern, aus den Ideen und Sitten der Herrschenden und den Qualitäten der Beherrschten, aus dem Können großer Männer und dem Willen breiter Massen, aus Geschichte, Geographie, Landwirtschaft, Handwerk und Technik.

Dieser *seelische Charakter* des Großstaates darf nie außer acht gelassen werden, wenn man sein Wesen begreifen will. Eine bloß mechanistische Betrachtungsweise nützt gar nichts. Je größer und je gebildeter und anspruchsvoller die zu regierenden Mengen werden, desto mehr Elastizität gehört zu ihrer Leitung, eine Elastizität, die als

Erbweisheit von Geschlecht zu Geschlecht übernommen werden muß. Diese richtige Mischung von Einheitszwang und Freiheitsgewährung wirkt als Anziehungskraft gegenüber den mitfolgenden Teilen. Kein physikalischer oder organischer Vergleich kann aber den staatsbildenden inneren Zustand ganz ausdrücken, den der nachempfinden muß, der über ein neues, erst werdendes Großgebilde schaffend denkt. Es müssen im übernationalen Großstaate gleichzeitig sehr viele Organe angespannt werden, um viele widerstrebende Menschenelemente zusammenzuhalten. Das geschieht nicht nach festen Formeln, und auch die geschriebenen Gesetze und Verfassungen sind nur ein sehr dürftiger und lückenhafter Ausdruck dieses vielfältigen Tuns, bei dem tägliche Fehler durch tägliche Leistungen überboten werden müssen.

Die Russen haben in aller Roheit ihres Wesens einen nicht wegzuleugnenden Zauber, der von ihnen auf halbzivilisierte Völker ausgeht. Wir begegnen dieser für uns schwer verständlichen Anziehungskraft des Russentums an unserer ganzen Ostgrenze, bei allen Zwischenvölkern von Finnland bis zum Balkan, die alle in ihren Gefühlen schwanken, ob ihnen nicht doch der ungeregelte Russe in seiner Naturkraft lieber ist, als der für sie allzu verständige peinliche Deutsche. Die russische Einwirkung nur aus Furcht vor der Knute zu erklären, ist falsch. Auch die Furcht gehört zum Regierungsapparat dieser Menschheitsgruppe, aber sie nicht allein. Der Russe kann auf seine Weise wahrhaftig regieren und hat eine Diplomatie, die auf lange Reihen von Erfolgen zurückblickt. Dabei werden allerdings oft Mittel angewendet, die sehr robuste Gewissen voraussetzen. Er trägt Handschuhe, aber die Handschuhe haben Löcher. Was wir am Russen verachten, ist ein Teil seiner Stärke, so wie andererseits das, was dem Russen an uns widerwärtig ist, einen Teil unserer besten Kraft ausmacht. Das, was wir vorhin Elastizität nannten, ist beim Russen Willkür, ein Beamtendespotismus gemildert durch Bestechlichkeit und Launen, sehr verständlich für Bevölkerungen, die ebenso regieren würden, wenn sie einmal die Führung hätten. Die Hälfte der russischen Korruption, ja das Viertel oder das Zehntel von ihr, würde unseren Staat ruinieren, aber der russische Körper hält viel aus, sehr viel, das zeigt der Krieg. Auch wenn neue revolutionäre Erscheinungen zutage treten, was leicht möglich ist, so hemmen sie zwar im Augenblick die russische Kraft und stören die Regierungsmaschine, aber sie bedeuten nach aller geschichtlichen Erfahrung keineswegs das Ende, denn auch sie gehören zum Charakter.

Wie anders verwaltet der Engländer seine Welt! Er bittet, solange es möglich ist, statt zu befehlen. Sein über alle Erdteile hin verstreutes See- und Kolonialreich ist ganz unschematisch gegliedert, wie es die Geschichte jeder Weltprovinz und der zufällige Vorgang ihrer Erwerbung mit sich brachte. Von monarchischen, aristokratischen und demokratischen Einrichtungen wird dabei je nach Bedarf das verwendet, was gerade brauchbar scheint, so wie man ein Schiff nach Bedarf aus Eisen, Holz, Kupfer und Leinwand zusammensetzt. Darin liegt die englische Elastizität, daß sie das, was wir Prinzipien nennen, als Arbeitsmethoden ansieht, eine instinktive, ruhige Anpassungsfähigkeit, bei unerschütterlicher Selbstsicherheit der Leitenden. Man hat von deutscher Seite oft das Unsystematische des englischen Imperialismus in doktrinärer Kritik als Mangel hervorgehoben und geglaubt, daß der lockere Bau an seiner vielgliedrigen Oberflächlichkeit zerbrechen würde, aber der Krieg hat auch hier gezeigt, daß lockere Fäden, wenn sie richtig angebracht sind, festhalten können. Das geographisch so bunte, an allen Küsten lagernde Imperium ist eine Einheit geblieben. Es können Erschütterungen in Indien oder Ägypten auftauchen, und einige Anzeichen sprechen dafür, daß sie nicht ganz ausbleiben werden, aber selbst den völlig stammesfremden, unterworfenen Massen asiatischer und afrikanischer Länder gegenüber wirkt eine biegsame Verwaltungskunde und schiebt den Zeitpunkt der Gefährdung immer wieder erfolgreich hinaus.

Noch anders arbeitet der große Amerikanerstaat. Er ist der unmilitärischste menschliche Großkörper, der jemals vorhanden war, ein Geschäftsstaat auf Grund einer abgesonderten geographischen Lage und einer volksverständlichen demokratischen Prinzipienlehre. Seine Kraft ist die richtige rationelle Verteilung der Regierungskompetenzen zwischen Gemeinde, Unterstaat, Oberstaat und Staatenverband. Der Mehrheitsgedanke waltet in breiter Selbstverständlichkeit und bewährt sich als Staatsmaschinerie im ganzen trotz aller trüben Nebenerscheinungen, die man bei ihm mit in Kauf nehmen muß. Da nämlich beim absoluten Mehrheitsprinzip die Mehrheitsherstellung ein ertragreiches Gewerbe wird, so tritt das Geschäftliche nach unserem Gefühl viel zu stark ins Politische hinein, macht Parteien zu Erwerbsunternehmungen und materialisiert die schönsten Ideale, aber der Amerikaner kann gerade mit dieser seiner Methode staatlich leben, denn er hat, wie wir schon an anderer Stelle sagten, die Fahrt über den Ozean hinter sich, ist moderner Nützlichkeitsmensch und will vor allem knappe, durchsichtige Formeln. Ihm fehlt grundsätzlich die Staatsmystik. Auch seine Staatsgötter sind überaus menschlich. Er will gar kein geheimnisvolles, moralisches Gesamt-Ich. Seine Moral ist privat, nicht staatlich. Der Staat ist ein Abrechnungshaus für Interessen. Durch Beschränkung des Staatsbegriffes erhält er den Staat. Er wird dabei nicht leicht zu schweren inneren Krisen gelangen, höchstens einmal zu Präsidentenrivalitäten, wie sie in Südamerika noch an der Tagesordnung sind. Das bedeutet dann, daß eine Clique von Erwerbspolitikern mit oder ohne Prinzipienverkündigung von einer anderen beiseite geschoben wird, aber es bedeutet nicht, daß der Staat selbst in Frage gestellt ist, denn wenn er heute zerbräche, so würde er morgen nach genau denselben einfachen Grundsätzen wieder aufgerichtet werden.

So bedeuten die Menschheitsgruppen nicht etwa bloß Verwaltungsbezirke einer nach gleichen Regeln sich entwickelnden gleichartigen Menschengesellschaft, sondern die übernationalen Gebilde tragen etwas in sich, was zwischen Nation und Menschheit steht, eine Wesenhaftigkeit, die von ihnen selbst nicht ohne Gefahr hinweggenommen werden kann, weil gerade sie die Verbindung zwischen den sehr verschiedenen Elementen schafft.

* * *

Jeder der drei alten Großstaaten ist in sich international. In ihnen verwirklicht sich in der Praxis, was im gegenwärtigen Weltalter an der internationalen Idee realisierbar ist.

Die internationale Idee war zuerst religiös, ein Erbstück des im Christentum fortlebenden Römerreiches. Alle christlichen Gedanken, soweit sie nicht sektenhaft verkümmert sind, richten sich auf die Menschheit im ganzen: gehet hin in alle Welt und lehret alle Völker! Die Religionseinheit ist aber nicht zustande gekommen. Das Papsttum sitzt in Rom als unvollendet gebliebener Versuch einer seelischen Zusammenfassung aller Völker auf Erden. Die Christenheit auf Erden ist ein Begriff, eine Weissagung und ein Gebet, aber keine greifbare Wirklichkeit, weil sie das Höchste und Feinste am Menschen organisieren wollte, ehe seine weltlichen Bedürfnisse organisiert werden konnten. Die Ungeschicktheiten der Dogmatik, das Aufstreben der vom Kirchenverbande nicht gesättigten Nationen, die weiten Entfernungen der alten Jahrhunderte, die Menschlichkeiten in der Leitung auch des Übermenschlichen haben die katholische Einheit gebrochen. Die Christenheit ist zu einer Mehrheit von Konfessionen geworden. Ganz leise nur tönt aus allen Konfessionen eine prophetische Erwartung, daß nach Gottes Rat einmal auf anderen Wegen von neuen Kräften in mehr weltlicher Weise das wieder angebahnt werden soll, was der herrlichen Anstrengung so vieler Apostel, Synoden, Konzile und Bischöfe nicht gelang.

Dann aber wurde die internationale Idee ein philosophischer Gedanke. Fast alle großen Philosophen haben etwas Weltbürgerliches, und von ihnen aus füllten sich die Literaturen mit großen und kleinen Zeugnissen der Sehnsucht einer Menschheitsbildung, die am Ziel der Entwicklung über alle historischen Engigkeiten hinausgreift. Aber im Ernstfalle des Völkerkampfes stellten sich dann doch vom Erwachen des Nationalitätsgeistes an zumeist auch die Philosophen und Literaten wieder bei ihrer Nation in Reih und Glied, wie es in vorbildlicher Weise Fichte und Schleiermacher bei uns Deutschen getan haben. Was die Kirche nicht vollenden konnte, brachte auch die kirchenfreie Weisheitspredigt nicht fertig. Sie trägt ebenso wie das Christentum Menschheitswünsche in sich, aber zur Organisation der Menschheit ist der bloße reine Gedanke zu zart und schwach.

Schon gleichzeitig mit der Höhe der philosophischen Menschheitspredigt wurde aber sodann die internationale Idee vom englischen Handel übernommen und in der übrigen Welt verbreitet. Die Freihandelsidee erfaßte die Menschheit realistisch als eine zwar sehr große, aber doch schließlich begrenzte und berechenbare Menge von Arbeitskräften, Käufern und Verkäufern und fand den Menschheitsgedanken im Tauschverkehr. Daß dabei die Engländer sich selbst immer als die Schöpfer und Träger dieser Internationalität ansahen, ist schon erwähnt worden und gehört zur geschichtlichen Charakteristik dieser kommerziellen Art von Weltbürgerlichkeit. Es lag übrigens bei aller Nützlichkeitstheorie sehr viel reiner internationaler Idealismus in dieser Richtung: eine friedliche Entpolitisierung der Nationen, Zurückdrängung der Streitmöglichkeiten, Hebung aller durch alle. Die Folgen dieses Gedankenganges sind auf Grund der ihn weckenden und begleitenden Verkehrstechnik ganz ungeheure geworden. Es gibt heute in der Tat eine wirtschaftlich verbundene Menschheit, die Menschheit der Dampfschiffe, Eisenbahnen, Briefe und Telegramme, eine Menschheit der Nähmaschinen, Getreidesilos, Plantagen und Warenhäuser. Es gibt den Welthandel und die Arbeitsteilung unter den Völkern. Das alles kommt auch nach den Kriegsstörungen wieder, kommt auch für uns wieder, aber nicht in alter Ungebrochenheit und Rückhaltlosigkeit. Der Krieg hat bewiesen, daß der Austausch allein noch nicht der Friede ist, denn er allein ist keine verwaltende und regierende, keine den Frieden erzwingende Kraft. Im Austauschsystem leben die alten wohlbefestigten Militär- und Verwaltungsstaaten weiter und streiten innerhalb des Austauschsystems mit ihren Mitteln um den Ertrag und um die Oberleitung des Weltapparates.

Vom bürgerlichen Handelsliberalismus übernahm die Sozialdemokratie den Gedanken der Internationalität und vertiefte ihn wesentlich, indem sie aus einer bloßen Austauschgesellschaft eine Arbeitsgemeinschaft der Menschheit machen wollte. Die Sozialdemokratie hat, da sie zuerst und ursprünglich proletarische Organisation ist, einen sehr entwickelten Organisationssinn überhaupt und hat darum den Organisationscharakter der jetzt anbrechenden Weltperiode zuerst wirklich begriffen. Sie vergrößerte mit kühner dialektischer Phantasie ihre sozialistischen Organisationserfahrungen bis ins Menschheitliche und dachte sich als Endziel einen Verwaltungsstaat, der alle Völker umfassen sollte. Das hat etwas Traumhaftes, aber doch nicht in anderer Weise als ein Jahrhundert früher die Freihandelsidee auch phantastisch war. Wenn alle Völker miteinander handeln sollen, dann müssen auch die Lebensbedingungen der Arbeitenden aller Zonen immer ähnlicher werden, die Methoden der Arbeit sich annähern, die Waren klassifiziert und die Geldwerte vertauschbar sein, dann müssen Normalbedürfnisse entstehen, und ein Haushaltsplan der ganzen Menschheit gehört für den, der in Jahrhunderten denkt, nicht zu den Unglaublichkeiten. Schon heute gibt es eine Weltgetreideernte und eine Weltbaumwollproduktion, eine Weltkaffeebörse, eine Menschheitseisenerzeugung, einen Menschheitssalpeterbedarf und vieles Ähnliche. Die meist örtlich oder staatlich entstandenen Syndikate verbünden sich über die Landesgrenzen hinaus und haben das Bestreben, die Kontrolle ihres ganzen Erzeugungsgebietes in allen Erdteilen in die Hand zu bekommen. Die großen Wirtschaftsdirektoren denken schon längst nicht mehr einzelstaatlich. Der Kapitalismus wird aus eigenem Wachstumstrieb international, und der Sozialismus folgt ihm nach, da er in ihm enthalten ist. Das alles ist schon beginnende Tatsache und bleibt. Aber auch diesem sozial vertieften Gedanken der Internationalität gegenüber wirkte der Krieg als Durchbrechung: der Organisationsgedanke ist eben nicht nur ökonomisch, wird nicht nur von Syndikaten, Börsen und Gewerkschaften gemacht, sondern der Untergrund aller menschlichen Ordnung und Organisation, alles Rechtes und alles Zwanges ist der Staat, und der Staat springt nicht vom Nationalstaat und Territorialstaat zur Menschheit hinüber, denn er ist kein Gedankending, sondern eine organische Wirklichkeit, die nach ihrer Art wächst, die ihre Grenzen erweitert und die nichts

Erworbenes und Aufgerichtetes aufgibt, solange sie nicht besiegt ist. Eine Menschheitsorganisation ohne staatlichen Charakter kann es immer nur auf kommerziellen oder finanziellen Teilgebieten geben, die Staaten aber sind zäh und kämpfen um ihr Leben, das heißt um Wahrung ihrer Grenzhoheit, ihrer Produktionspolizei, ihrer Finanzkraft und nun auch ihrer Vorratswirtschaft.

* * *

Indem aber die Staaten so kämpfen, entstehen eben jene sich vergrößernden Mittelpunkte, von denen wir reden, denn der militärische Kampf der Staaten ist kein Spiel, das immer von neuem auf demselben Schachbrett mit denselben Figuren aufgestellt wird. Es wächst durch Militärtechnik, Massenhaftigkeit der Heere und Höhe der Kriegskosten die Anforderung an jeden kämpfenden Staat, und welcher Staat im Wettlauf nicht mitkommen kann, wird in die zweite oder dritte Reihe der Souveränität versetzt. Es waltet da ein strenges, unerbittliches Gesetz der Auslese. Wie viele Staaten sind schon untergegangen! Wie viele sind in Bundesstaaten oder Staatenverbände eingegliedert! Die Gründung des Deutschen Reiches ist ein klassisches Beispiel für den staatlich-wirtschaftlichen Vergrößerungsvorgang. Diese Entwicklung ist unabhängig von allem unserem Einzelwillen. Auch wer sie im Sinn der persönlichen und nationalen Kulturen für greulich hält, wird ihre Tatsächlichkeit anerkennen müssen. Es gibt wachsende Staaten, die von ihrer eigenen Größe immer weiter vorwärts getrieben werden. In ihnen verwirklicht sich der Teil von Internationalität, der nicht einfacher Austausch des Handels ist, und auch der Warenaustausch beugt sich an den Grenzen den Geboten und Rechten solcher Staaten, so daß es innerhalb der Austauschmenschheit großstaatlich oder überstaatliche W i r t s c h a f t s p r o v i n z e n gibt, die zunächst einmal ihr Wirtschaftsrecht gestalten und ihren Bedarf und Haushaltsplan aufstellen. Vor der Weltwirtschaft lagern so die Wirtschaftsstaaten. Sie schaffen zunächst für ihr Gebiet die Arbeitsregelung und verkehren im Weltaustausch als große Gesamtgeschäfte miteinander. So sind sie zwar nicht das, was Religion, Philosophie, Freihandel und Sozialismus erträumt haben, aber sie sind die in der Gegenwart erreichbar größte Gestalt der Menschheitlichkeit. Wer auf sehr lange Zeiten hoffend vorausblicken will, kann sie als Vorstufen der endgültigen Menschheitsorganisation betrachten, aber das ist seine Privatsache, denn zunächst wollen sie als selbständige Existenzen leben und sich ihr Recht und ihren Kampf erst konstruieren. Ob Mitteleuropa aber die Kraft in sich hat, ein solcher Weltwirtschaftskörper auf staatlicher Grundlage zu werden, das ist unsere Frage, das ist die internationale Frage für uns.

* * *

Es ist keineswegs unpatriotisch, die Frage, ob Mitteleuropa geeignet ist, ein eigener Weltwirtschaftskörper zu werden, zu verneinen, denn wenn es sich später herausstellen sollte, daß uns die materiellen Vorbedingungen oder die seelischen Kräfte dazu trotz allen guten Willens fehlen, so bedeutet unter Umständen der vergebliche Versuch eine Erschwerung unserer späteren Lage. Heute existiert auch nach diesem Krieg oder vielleicht gerade durch ihn noch die Möglichkeit, sich entweder dem englischen oder dem russischen Wirtschafts- und Souveränitätssystem einzugliedern. Das mag schwer glaublich erscheinen, während im Osten und Westen die Kanonen dröhnen, aber alles öffentliche und heimliche Reden über einen Sonderfrieden entweder mit Rußland oder mit England hat, wenn man sich die Sache durchdenkt, doch im Grunde nur den Sinn eines künftigen wirtschaftlichen oder politischen Bündnisses nach der einen oder der andern Seite, denn bloß um zeitweilig die Waffen reparieren zu können, wird nach solchem opfervollen Kriege nicht leicht Frieden geschlossen. Hinter diesem Kriege will jedes Volk als Ertrag seiner riesenhaften Opfer einen Dauerzustand gewinnen. Es ist möglich, daß uns die Verhältnisse zwingen, uns einseitig anzuschließen, es ist möglich, daß der eine oder andere unserer Gegner um seiner Lebenserhaltung willen eine Pause sucht und daß wir um unserer Kräftesammlung willen ihm günstige Bedingungen zugestehen, dann aber ist die Idee Mitteleuropa je nach Lage der Sache schon halb vertagt oder ganz erledigt. Blicken wir also den Dingen offen ins Gesicht und sagen uns und anderen, was geschehen kann, wenn wir uns freiwillig oder gezwungen für unfähig erklären, Mitteleuropa zu schaffen.

Als ersten Fall nehmen wir den dauernden Vertrag mit Rußland. Er ist wirtschaftlich voll glänzender Aussichten, denn er eröffnet unserer Industrie einen Absatzmarkt allerersten Ranges, nachdem in den vergangenen zwei Jahrzehnten die dann verlorenen französischen Milliarden die erste Überwindung der russischen Wirtschaftsbarbarei besorgt haben. So wie die Dinge heute liegen, ergänzen sich die russische und deutsche Wirtschaft fabelhaft gut. Wir können durch Getreidevorratswirtschaft unsere Landwirtschaft vor Überflutung schützen und im übrigen Rußland zur Hauptquelle unserer Futter- und Rohstoffe machen, soweit es der dortige Landescharakter und Entwicklungszustand zuläßt. Unsere Kapitalien beleben dann den weiteren Aufstieg der russischen Agrarwirtschaft und die sehr aussichtsreiche Steigerung von Bergbau, Verkehr und Gewerbe. Rein wirtschaftlich betrachtet, ist dieses System für uns das ertragreichste von allen, wenn es Dauercharakter trägt, — nur dann! Dieses aber ist nicht möglich, solange wir Rußlands Gegner in der Türkei, am Balkan und im slawischen Österreich-Ungarn sind! Hier liegt das absolute geschichtliche Hindernis. Wir verkaufen dann unsere selbständige politische Zukunft für einen zeitweiligen großen Wirtschaftsvorteil, denn bei diesem Bündnis wächst zwar unser Reichtum, aber Rußlands Kraft, bis schließlich einmal Rußland uns abschüttelt, weil es uns nicht mehr braucht. Wir werden westliches Anhangsvolk der östlichen Macht, sicher kein unbeachtliches, aber auch kein führendes. Wir decken mit unserem guten Namen die russische üble Wirtschaft und heben und bessern mit unserer Technik und unserem Kapital den Boden, auf dem Millionen von russischen und halbrussischen Menschen geboren werden, die nie uns gleich und nie uns vertraut sein werden. Für den russischen Weltmachtverband werden wir dann die Ingenieure des militärischen und wirtschaftlichen Sieges sein. So etwas tut ein großes Volk nicht, das einen Aufstieg hinter sich hat wie das Deutsche Reich im letzten Jahrhundert. Unsere Kulturgefühle sträuben sich dagegen und unsere Herzen werden nie ganz bei der Sache sein. Nie! Lieber klein und allein als russisch!

Gefühlsmäßig ist es für uns trotz aller Haßgesänge des Krieges leichter, sich den **Dauerverband mit der englischen Weltmacht** zu denken. Wir werden dann, wie es einer meiner Freunde ausdrückt, junior partner des englischen Welthauses, liefern ihm Prokuristen und Clerks, bauen Schiffe und schicken Lehrer in die Kolonien, versorgen englisch-internationale Stapelplätze mit fleißig gearbeiteten und wohlbezahlten deutschen Waren, sprechen außerhalb unserer vier Pfähle Englisch, freuen uns des englischen Internationalismus und schlagen künftige englische Schlachten gegen Rußland. Unsere Kriegsflotte und Unterseeboote haben dann keinen eigenen deutschen Zweck mehr, denn wer sollte die englische Seemacht noch angreifen wollen, wenn wir uns vor ihr gebeugt haben? Es würde das alles nach englischer Art in durchaus anständigen und angenehmen Formen geregelt werden, aber unsere reichsdeutsche Geschichte ist dann zur Territorialgeschichte geworden, wie heute die Geschichte von Sachsen oder Württemberg. Auch so etwas tut ein großes Volk nur, wenn ihm nichts anderes übrig bleibt. Wir wissen, daß die allermeisten Nationen der Erdkugel gar nichts anderes tun können, als einen solchen Anschluß nach der einen oder anderen Seite zu suchen, aber uns lockt auf Grund unserer Kraft und Erlebnisse ein größeres Ziel: selber Mittelpunkt zu werden!

Dieses Entweder-Oder nun erscheint heute vielen Deutschen als noch nicht vorhanden. Sie wollen weder russisch noch englisch werden, noch auch verantwortlich für einen neuen weltwirtschaftlichen Zwischenkörper. Sie nennen es: nationale Selbständigkeit und Selbstgenügsamkeit! Dabei aber verkennen sie, daß unser eigener Lebensspielraum dazu zu klein ist. Das „klein und allein", das wir vorhin gegenüber der russischen Anschlußmöglichkeit selber ausgerufen haben, ist nämlich, wie nun ausgesprochen werden muß, keineswegs etwa dasselbe, wie wenn der Staat Friedrichs des Großen nach dem Siebenjährigen Kriege sich seiner Einzigartigkeit freute, weil inzwischen die Weltwirtschaft um so vieles enger wurde und überall das Syndikats- und Abschließungsprinzip die Verhältnisse viel anders gestaltet, als es in der privatwirtschaftlichen Luft des erst beginnenden Kapitalismus der Fall war. Wer heute allein ist, der ist morgen draußen. Wir stellen uns dann in die Lage von gewerblichen Unternehmungen, die gegenüber den um sie herum entstehenden Verbänden isoliert bleiben wollen, um frei zu sein, deren Freiheit aber von da an nur in beständiger Abwehr des Boykottes und der vereinigten Konkurrenz besteht. Überall begegnet uns dann der Abschließungstrieb der verbündeten wachsenden Großkörper. Je geregelter die Weltwirtschaft wird, desto weniger kann ein Volk von nur 70 Millionen Menschen seinen eigenen wirtschaftlichen Gang allein gehen, denn es wird in seiner Isoliertheit umtost von den Rufen: England den Engländern, Amerika den Amerikanern, Rußland den Russen! Alle Großkörper bemühen sich, innerhalb der Weltwirtschaft für sich zu sorgen. Auch Großengland wird, wenn wir isoliert bleiben, sich mit Zöllen umgeben und uns die Mitbenutzung seiner Handels- und Kohlenstationen methodisch erschweren. Es denkt den Einkreisungs- und Aushungerungsgedanken weiter und rechnet, wie es ein nächstes Mal uns schärfer treffen kann. Sicherlich werden wir auf dem englisch-russisch-amerikanischen Weltmarkte unsere Arbeit in Friedenszeiten immer verkaufen können und werden unsere militärische Kraft nach Art der Neutralen zwischen den Großkämpfern vorteilhaft zu verwerten in der Lage sein, aber wir können nichts tun gegen die weitere Abrundung der mächtigeren Körper, gegen ihre Zollpolitik, Handelsschikanen, Einfuhrbeschränkungen, Metallmonopole, Baumwolltrusts, gegen ihre Kolonialherrschaften und Erdumspannung. Weil wir zwar dann von den Kleinvölkern das stärkste sind, wird unsere Lage noch immer besser sein, als die von schwächeren Mitbewerbern, aber ein frohes Programm für Kind und Kindeskind ist in unserer Wirtschaftszeit die reine nationale Selbständigkeitsidee nicht. Wer nicht wächst, der verliert. Wie Preußen einst den Zollverein schaffen mußte, um nicht klein und allein zu bleiben, so müssen wir das mitteleuropäische Weltwirtschaftsvolk ins Auge fassen. Das ist der Sinn unserer Geschichte, mag es uns passen oder nicht.

* * *

Solange uns also die Sonne noch leuchtet, müssen wir den Gedanken haben, in die Reihe der Weltwirtschaftsmächte erster Klasse einzutreten. Dazu gehört die Angliederung der anderen mitteleuropäischen Staaten und Nationen. Diese nun haben, abgesehen von den deutschen Stammesgenossen, die in Österreich und Ungarn leben, kein eigenes direktes Interesse daran, daß gerade wir Deutschen im oberen Rate der Weltgeschichte sitzen. Es ist von ihnen nicht zu verlangen, daß sie unsere Geschichtsgefühle teilen, denn in ihnen pulsiert ein Herz aus anderem Geschlecht und Stoff. Sie legen sich von ihrem Standpunkt aus die Frage vor, ob sie in der Wahl zwischen deutscher oder russischer oder englischer Führung zum deutschen Weltverbande gehören wollen oder nicht. Ihre Situation ist ähnlich derjenigen, die wir eben beschrieben haben, als wir davon sprachen, wie es uns sein würde, wenn wir in den russischen oder englischen Verband eintreten sollten, nur mit dem Unterschied, daß die kleineren Völker gar nicht die Möglichkeit haben, sich selbst als weltwirtschaftliche Gruppenführer vorzustellen. Sie haben in der Tat nur die Wahl zwischen Isoliertheit oder Anschluß, und da ihnen die Isoliertheit schon in einem Menschenalter aus den angeführten Gründen kaum mehr ertragbar sein wird, so müssen sie früher oder später sich irgendwie entschließen, mit welchem Verbande sie nach Geographie, Produktion und Geistesrichtung gehen wollen oder können. Das ist ein harter Zwang, ein schweres Schicksal, aber es ist der übermächtige Zug der Zeit, der kategorische Imperativ der Menschheitsentwicklung. Nachdem einmal zwischen Territorial- und Nationalstaaten einerseits und Menschheit andererseits sich die mächtigen Zwischenformen einschieben, hilft kein

Sträuben und Klagen. Man kann das Notwendige früher oder später tun, freier oder gezwungener, aber die Weltparole ist ausgegeben und muß befolgt werden, und wer ihr zeitiger folgt, wird im allgemeinen bessere Zukunftsbedingungen erlangen, als wer sich über die geschichtliche Zeit hinausdrängen und schieben läßt. Wir brauchen das den Widerstrebenden gar nicht mit vielen Worten zu verkündigen, denn Worte sind in dieser Sache schwach, aber Wirtschaftserfahrungen reden. Kleinstaaten, die keinen Zollkrieg durchführen können, die aber täglich Einfuhr und Ausfuhr brauchen, müssen in Zukunft bei einer der großen Weltfirmen eingeschrieben sein, sobald die Oberfirmen selbst sich gegenseitig noch viel mehr als vor dem Kriege voneinander abschließen.

* * *

Wenn aber nun inmitten dieser Menschheitsentwicklung die Herstellung des Verbandes Mitteleuropa versucht wird, so muß von vornherein zugegeben werden, daß Mitteleuropa kein ebenso natürlich gewachsener, schon bestehender Organismus ist wie die drei schon vorhandenen großen Verbände. Der Bau Mitteleuropa muß mit Verstand und Überlegung aus herumliegenden, bereits geformtem, wiederholt schon im Bau verbrauchtem Gestein aufgerichtet werden, er wuchs leider nicht aus altem Machtinstinkt vor der Zeit der Menschheitshaushaltspläne. Das ist eine Schwäche und eine sehr bedeutende praktische und staatstechnische Schwierigkeit. Noch mehr als die Gründung des Deutschen Reiches ist dieser mitteleuropäische Bau eine Gedankenarbeit, aber allerdings eine Gedankenarbeit desjenigen Volkes, das ohne Überhebung von sich sagen kann, daß es für derartige weltwirtschaftliche Organisationsaufgaben wie kein zweites begabt und erzogen ist. Wir beziehen uns dabei auf die Darlegungen, die wir früher gegeben haben. Niemand von uns und auch von unseren Nachbarn zweifelt, daß die wirtschaftsorganisatorische Seite der Sache von den Deutschen geleistet werden kann, wenn sie überhaupt menschenmöglich ist. Etwas anderes aber ist es, ob wir außer der Organisation und Technik jene für den Weltverband unentbehrliche Eigenschaft haben und üben werden, die wir vorhin als Elastizität bezeichneten, das biegsame Geschick, das wir in dreifach verschiedener Weise beim Russen, Engländer und Amerikaner finden. Wir sind etwas spröde, herrisch, verschlossen, haben für langsamere Mitmenschen nur geringe Geduld und verlangen pedantisch, daß die Dinge so gemacht werden, wie wir es wollen. Das hat alles sein Gutes, aber um ein erstes, führendes Wirtschaftsvolk zu sein, braucht man etwas internationales Öl, die Kunst, die große Kunst der Menschenbehandlung, das Mitdenken mit den anderen, das Hineinversetzen in ihre Art und Absicht. Wissenschaftlich bringen wir das tadellos fertig. Da sind wir die ersten Nachempfinder aller Nationen, aber praktisch waren wir nicht selten kleine Schulmeister alten Stiles oder Unteroffiziere mit Bleistift und Schnurrbart. Es trifft das wohl am wenigsten unsere führenden Kaufleute, aber oft schon unsere Wirtschaftssekretäre, Direktoren, Beamten. Das deutsche Volk als Ganzes muß erst in seine neue Aufgabe hineinwachsen. Auch das aber wird es können, wenn es nötig ist. Es muß uns nur erst richtig gesagt werden. Wir sind noch etwas zu jung als Weltvolk, zu nahe an der Enge der alten Kleinstädterei und Kleinstaaterei, noch nicht frei genug vom Unterwürfigkeitszustand der vormärzlichen Zeit, nicht sicher genug im Verkehr und darum oft aus Unsicherheit grob und patzig. Die Achtung vor denen, mit denen wir auf Gedeih und Verderb arbeiten wollen, ist noch nicht selbstverständlich. Das alles sage ich absichtlich laut und wiederholt, weil hier viel größere Hemmnisse liegen, als in den Paragraphen und Statuten. Doch schon das Geschlecht von Männern, die jetzt aus dem Kriege heimkehren, und das Geschlecht von Frauen, die inzwischen Arbeit getan haben wie Männer, sind biegsamer und für große Dinge williger. Wir alle wollen neu anfangen, und so, nur so, nicht mit alter Rechthaberei treten wir vor unsere Nachbarn und fragen sie, ob sie in unsern Verband eintreten wollen.

* * *

Wen sollen und können wir einladen?

Hier beginnt ein Abschnitt unserer Arbeit, über den mehr noch als über andere das Wort „Vorsicht" geschrieben werden muß, denn wir leben noch mitten im Kriege, sollen über „Kriegsziele" im engeren Sinne des Wortes aus sehr berechtigten Gründen nichts veröffentlichen und dürfen in diesem leidenschaftlich erregten Kriegszustand im benachbarten Auslande nicht überall auf wohlwollende Auslegung unserer Darlegungen rechnen. Also lieber ein Wort zu wenig, als zu viel!

Es gibt zwar auch in Deutschland wie sonst in Europa gerade jetzt eine Menge Leute, die ihrer willkürlichen Phantasie gar keine Zügel anlegen und so reden, als wären sie im Nebenamt mit der

Verwaltung von Holland, Skandinavien, Rumänien, Bulgarien, Griechenland und des türkischen Reiches betraut und brauchten nur die Namen dieser Länder auf das Papier zu schreiben, um sie in den Weltwirtschaftsverband Mitteleuropa aufzunehmen. Ja, es finden sich kühne Denker, die gleich auch noch die Schweiz, Frankreich, Spanien und nach einer gewissen Säuberungsfrist selbst Italien hinzuziehen wollen und dann mit oder ohne Belgien die Vereinigten Staaten von Europa gründen. Das alles hat nur den Wert eines Spieles mit Möglichkeiten, schadet aber, wenn es in den betreffenden Staaten gelesen wird, weil es fast immer einseitig deutsch gedacht ist und nicht berücksichtigt wird, daß zum Vertragschließen mindestens zwei gehören, von denen jeder seine eigenen Interessen und Sorgen hat. Wer auf diesem Gebiete zu viel will, der will im Grunde gar nichts, als eben nur sich selbst äußern. Wir rücken in aller Klarheit von dieser leichten und virtuosen Behandlung des Problems ab und haben eben darum im ganzen bisherigen Verlauf unserer Arbeit immer nur vom Zusammenschlusse zwischen Deutschland und Österreich-Ungarn gesprochen, weil es unsere Überzeugung ist, daß erst die zwei Zentralmächte verbunden sein müssen, ehe irgendeine Anfrage an einen weiteren Staat auch nur die geringste Aussicht auf Erfolg haben kann. Zwischen dem Deutschen Reiche und Österreich und Ungarn müssen die Grundformen der ueuen Verträge und Einrichtungen entstehen. Mißlingt hier der Versuch, dann braucht man andere Staaten gar nicht erst zu belästigen. Gelingt er, so weiß man, was man den übrigen Beteiligten bieten kann, und redet zu ihnen mit benannten Ziffern und in berechenbaren Werten. Es ist darum auch falsch, von einer deutsch-österreichisch-ungarischen Gemeinschaft nur so im Vorübergehen als einem Hilfsmittel für deutsch-türkische Ziele zu reden, als sei das letztere die Hauptsache und jenes nur eine irgendwie zu erledigende Nebenarbeit. Alles das wird in Österreich und Ungarn sehr genau gemerkt und erhöht dort keineswegs die Lust zum Eintreten in ernste, schwere Verhandlungen. Der Österreicher und Ungar denkt dabei an seine eigenen balkanischen und türkischen Interessen, die ihm näher liegen, als ihm die unsrigen liegen können, und ist erstaunt, daß wir Deutsche Türkenpolitik sozusagen über seinen Kopf weg machen wollen. Und dabei hat er recht! Er weiß, daß alle deutschen Türkenpläne ohne Triest und Fiume nur Wasser sind.

* * *

Das deutsch-österreichisch-ungarische Wirtschaftsgebiet, so wie es jetzt durch den Krieg abgeschlossen liegt, ist selbstverständlich als Weltwirtschaftsprovinz nicht ausreichend, denn es ist in viel zu hohem Grade ein Einfuhrgebiet von Nahrungsmitteln und Rohstoffen und bereits in der Gegenwart viel zu einseitig auf industriellen Export angewiesen, um sich ohne weitere Zufügungen auch nur in den Hauptartikeln aus eigenen Kräften halten zu können. Wir verweisen dabei, wie auch sonst, auf den statistischen Teil unseres Buches. Ein lebensfähiges Mitteleuropa braucht angrenzende Agrargebiete und muß ihnen den Zutritt möglich und erwünscht machen, es braucht, wenn möglich, Erweiterung seiner nördlichen und südlichen Seeküste, es braucht seinen Anteil am überseeischen Kolonialbesitz. Aber wie kann man jetzt von dem allen sprechen, ohne in schwebende Neutralitätserörterungen oder kommende Verhandlungen des Friedenskongresses hineinzureden?

Was die deutschen Kolonien anbetrifft, so haben sie sich im Kriege sehr gut und tapfer gehalten und haben der deutschen Kolonialregierung durch die Tat einen überaus wertvollen Beweis dafür erbracht, daß wir nicht so gar unfähig zum Kolonisieren sind, wie es in Ausland und Inland teilweise geglaubt wurde. Sowohl Weiße wie auch Farbige haben ihre Pflicht, so viel wir wissen, in überraschend glänzender Weise getan. Die Weißen haben bis zum letzten Mann und bis zur letztmöglichen Stunde das Gewehr in der Hand gehabt, und die Eingeborenen haben ihnen mit geringen Ausnahmen treu zur Seite gestanden. Jetzt jedoch sind wir von den Kolonien abgeschnitten. Ob und in welchem Umfange und in welchem Zustande wir sie im Tauschverfahren des Friedens wieder erhalten, weiß noch kein Mensch. Nach unserer Ansicht dürfen wir uns um keinen Preis der kolonialen Tätigkeit berauben lassen und müssen, wenn es unvermeidlich ist, in Europa Konzessionen an okkupiertem Lande machen, um nicht aufzuhören, ein Kolonialvolk zu sein. Aber schon diese allgemeinen Sätze zeigen, wie unbestimmbar für uns zurzeit die weltwirtschaftliche Zukunftslage ist.

Und wer will sagen, wo in Europa die zukünftigen mitteleuropäischen Schützengrabengrenzen laufen werden? Ob sie an der Innenseite oder Außenseite Rumäniens, ob sie diesseits oder jenseits Beßarabiens verlaufen? Ob sie der Weichsel folgen oder nicht? Ob Bulgarien zur mitteleuropäischen Interessensphäre zu rechnen ist oder nicht? Ob wir eine Eisenbahnlinie bis Konstantinopel in sicheren und verbündeten Händen erlangen? Welche Mittelmeerhäfen als Ausgangspunkte mitteleuropäischer Eisenbahnlinien in Betracht kommen? Was aus Antwerpen wird? Wie die Ostsee nach dem Kriege aussieht? So gibt es hundert Fragen, die erst noch beantwortet werden sollen. Soviel ist nur klar, daß ihre Beantwortung wesentlich davon mitbestimmt wird, ob der deutsch-österreichisch-ungarische Verband im Grunde eine gewollte und beschlossene Sache ist oder nicht. Hier und nur hier ist die Geburtsstätte Mitteleuropas.

* * *

Nehmen wir aber einmal an, daß der deutsch-österreichisch-ungarische Verband seinen Anfang gemacht hat und gesund durch den Friedenskongreß hindurchgesteuert worden ist, daß ihm genügende Nordsee- und Mittelmeerhäfen zur Verfügung stehen und daß nördliche und südliche Anschlüsse in Vorbereitung sind. Nehmen wir ferner an, daß die Türkei ohne Bruch und also mit Zukunftsglauben aus dem Kriege heraustritt und daß uns ein nicht allzu geringes tropisches oder subtropisches Kolonialgebiet zufällt. Bei dieser günstigen Annahme, die nichts Überspanntes an sich trägt, entsteht ein Wirtschaftsstaat, den sich jeder an der Hand der statistischen Angaben in seinen Größenverhältnissen ausrechnen mag, den wir aber aus vorhin berührten Gründen nicht in Ziffern ausdrücken. Wie wird sich dieser Wirtschaftsstaat inmitten der Weltwirtschaft halten können?

Ohne Zweifel ist er viel stärker als Deutschland allein oder Österreich-Ungarn allein, denn er ist ein mächtiger Käufer und Verkäufer und kann anders mit den fremden Zoll- und Wirtschaftskörpern verhandeln als es getrennten und isolierten Einzelstaaten möglich ist. Dieser Vorteil ist unter allen Umständen vorhanden, selbst wenn wir im nachfolgenden feststellen müssen, daß die Lebens- und Wirtschaftsquantität Mitteleuropas auch bei günstigem Verlauf eine begrenzte bleibt.

Allerdings gibt es kein einfaches Mittel, um die Kraft eines solchen Verbandes abzuschätzen, denn staatliche und wirtschaftliche Kräfte lassen sich überhaupt nicht auf einen Generalnenner bringen. Wäre die Abschätzung auch nur annäherungsweise durchführbar, so würden wir in der Weltgeschichte den Krieg nicht brauchen. Der ist nur darum unvermeidlich, weil es kein anerkanntes Maß der Berechnung der geltend gemachten Ansprüche gibt. Wenn beispielsweise Japan, Rußland, England, Amerika und andere Staaten sich um das Maß ihres Einflusses in China streiten, so gibt es kein anerkanntes Kontingentierungsverfahren, nach welchem ihnen

Hypotheken auf China zugemessen werden können. Die tatsächliche Erfindung eines solchen Verfahrens würde der Pazifismus sein. Das Schiedsgericht für sich allein ist nur der Vorschlag eines Gerichtsapparates, noch nicht aber die Aufzeichnung eines Grundgesetzes für seine Entscheidungen. Was bleibt bei dieser Sachlage übrig, als die blutige Probe zu machen, wie hoch jeder, der Ansprüche anmeldet, diese zu bewerten in der Lage ist? So würde auch Mitteleuropa in allen künftigen Welthändeln letztlich auf seine Militärkraft angewiesen sein. Daß diese sehr gut ist, das ist das für uns erfreuliche Ergebnis des Krieges. Immerhin aber ist auch der Krieg nur eine Entscheidung darüber, daß Mitteleuropa unter jetzigen Lebens- und Wirtschaftsverhältnissen bei Anspannung aller Kräfte hat standhalten können, aber keine Garantie dafür, daß bei Weiterentwicklung der Menschheit genau dieselbe Probe noch einmal gemacht werden kann. Hinter dem Krieg wird von neuem gebaut, gepflanzt, geerntet, gegraben, geschmiedet, gewebt, gegossen, gerechnet und gespart, bis man wieder einmal die Probe machen muß, ob diese Wirtschaft im ganzen eine Stärkung und ein Aufstieg war.

Wir fragen also, ob nach menschlicher Voraussicht, soweit wir es beurteilen können, der neue Weltwirtschaftskörper Mitteleuropa wachsende Aussichten bietet. Bei dieser Fragestellung ist leicht der Wunsch der Vater des Gedankens, aber eben weil es leicht und angenehm ist, schöne Zukunftsbilder zu malen, halten wir es für unsere Pflicht, die Schwierigkeiten und Dunkelheiten der Sache zunächst hervorzuheben.

* *
*

Dabei beginnen wir mit den geographischen Größenverhältnissen. Was ist Mitteleuropa an Fläche?

Dem, der mit dem Stab in der Hand von der Ostsee nach dem Adriatischen Meere wandert, erscheint natürlich die dazwischen liegende Fläche weit, bunt, breit und groß, wer sie aber mit der verfügbaren Fläche der bewohnten Erde vergleicht, muß sie notgedrungen sehr klein nennen. Wenn man nämlich anfängt, in Millionen Quadratkilometern zu rechnen, dann schwinden unsere beiderseitigen Heimatstaaten zu ganz kleinen Bruchteilen der verfügbaren Fläche zusammen. Die bewohnte Erdoberfläche, eingerechnet die Wüsten, aber ohne Polarländer, beträgt etwa 132 Millionen Quadratkilometer. In dieser Menge ist viel minderwertiger Boden enthalten, aus dem auch in Jahrhunderten keine Wiesen und Plantagen zu machen sind, aber immerhin: die Welthaushaltsfläche mit ihrem Hinterland und Ödland ist so groß, und niemand weiß, welche Metalle, Salze, Kohlen, Kraftquellen auch in jetzt unbenutzbaren Gebieten sich öffnen. Von diesen 132 Millionen Quadratkilometer machen die Heimatländer Deutschland-Österreich-Ungarn nur 1,2 Millionen aus, also noch nicht 1 %! Rechnet man eine Anzahl europäischer Nachbarstaaten hinzu, so kann man wohl auf etwa 2,5 Millionen kommen. Nimmt man dann weiter die europäische und asiatische Türkei restlos in Anspruch, so wächst das Quantum durch Übernahme von ziemlich viel Arabien auf etwa 6,7 Millionen. Addiert man dazu die bisherigen reichsdeutschen Kolonien, so darf man etwa 9,3 Millionen buchen. Wagt man es, überseeische Besitzungen noch nicht angeschlossener Nachbarstaaten in einem allerdings etwas willkürlichen Umfange hinzuzählen, so ist es möglich, auf etwa 13 Millionen zu gelangen. Das aber heißt, daß der mitteleuropäische Wirtschaftskörper bei sehr günstiger Rechnung in irgendeiner ferneren Zukunft 1/10 der verfügbaren Landmenge zu kontrollieren in der Lage ist. Dabei ist dann dieses 1/10 kaum noch überdurchschnittlich in seiner Ertragsfähigkeit. Dem gegenüber hat heute Großbritannien für sich allein mit Ägypten, aber ohne Trabantenstaaten 32,4 Millionen, Rußland 23,7 Millionen, Frankreich allein 11,4, China 11,1, Vereinigte Staaten allein ohne andere Amerikastaaten 9,4, Brasilien 9 Millionen Quadratkilometer!

Ob wir auf unserem Zehntel, um bei dieser Annahme zu bleiben, auch mit Einsetzung aller Kraft und Technik unseren Hauptbedarf selbst decken, unsere Vorratswirtschaft selbst sättigen und unsere Eigenwirtschaft in Gang halten können, ist mindestens nicht bei aller sonst erwünschten Volksvermehrung sicher. Natürlich müssen wir unsere Landwirtschaftsproduktion besonders in Ungarn und etwa sich anschließenden Nachbarländern sehr steigern und werden es tun, werden auch den Türken helfen, Mesopotamien zu Bewässerung und froher Fruchtbarkeit zu bringen, aber der in die Ehe mitgebrachte Acker ist zunächst für Deutschland und Österreich-Ungarn beiderseits etwas knapp.

* * *

Wie steht es mit der Menge der Menschen? Auch auf diese Frage kann nur schematisch geantwortet werden, da zwischen Mensch und Mensch ein sehr großer Unterschied ist und man nicht eine Million Mitteleuropäer gegen eine Million Indier oder Tataren einsetzen kann. Immerhin aber sind die Kopfziffern ein gewisser Anhalt.

Die reichsdeutsche und österreichisch-ungarische Bevölkerung beträgt zusammen nach der letzten, allerdings bereits überschrittenen Zählung etwa 116 Millionen. Dazu kommen reichsdeutsche Kolonialbevölkerungen von vielleicht 14 Millionen (Angaben verschieden). Rechnet man dazu 25 Millionen europäische und asiatische Türken und etwa 20 Millionen weitere Europäer mit vielleicht 25 Millionen weiteren Außereuropäern, was eine immerhin schon günstige Annahme ist, die wir zunächst nicht höher ansetzen möchten, so würde der Menschenbestand des Weltwirtschaftskörpers Mitteleuropa rund und unverbindlich auf etwa 200 Millionen zu bewerten sein, das heißt etwa $^1/_8$ der als vorhanden angenommenen menschlichen Masse. Wie unsicher im heutigen Zeitpunkt alle derartigen Schätzungen sind, braucht nicht nochmals gesagt zu werden. Der Zweck dieser Ziffern ist nur, eine ganz allgemeine Anschauung zu vermitteln. Als Vergleich diene dabei, daß Großbritannien schon seit Jahren mit etwa 425 Millionen zu Buche steht, China mit 330 Millionen, Rußland mit 170 Millionen, Vereinigte Staaten 107, Frankreich mit Kolonien 95 Millionen.

Unsere mitteleuropäische Heimatbevölkerung würde der Kern des Lebens unseres in andere Erdteile übergreifenden Wirtschaftskörpers sein. Sie ist ein ungeheures Kapital an Kraft, wenn sie nicht aufhört, sich zu mehren. Die vor dem Kriege begonnene Geburtenminderung muß überwunden werden! Ob das gelingt, darüber entscheiden voraussichtlich die ersten Jahre nach dem Kriege. Mehr noch als auf jedem anderen Gebiete muß hier nach dem Kriege überall neu angefangen werden, Mitteleuropa braucht Kinder, Kinder, Kinder! Das ist militärisch wie wirtschaftlich die Voraussetzung alles Gedeihens. Nachdem uns der Krieg handgreiflich an Frankreich gezeigt hat, wie hilflos und unterstützungsbedürftig eine Nation wird, die vor lauter Kultur und Sittenlosigkeit keinen Wachstumssinn mehr hat, und an Rußland gezeigt hat, was die Massen selbst bei nur russischer Ausbildung bedeuten, nachdem wir im Kriege Hunderttausende von Männern verloren haben, muß mit dem Klange der Friedensglocken an Mann und Frau in Stadt und Land der dringende, herzliche, bittende Ruf erschallen: schafft Kinder! Alle Gehaltszahlungen der öffentlichen und privaten Beamten müssen den Familienvater anders einschätzen als den bloßen Privatverzehrer. Der Vorratswirtschaft entspricht dann die Menschenvermehrungspolitik, eine hohe heilige vaterländische Aufgabe. Das ist keine Parteifrage, keine Streitfrage, das ist eine Pflicht, ein Lebensgebot.

* * *

Während wir bisher sonst grundsätzlich das Ziffernmaterial in den statistischen Teil unserer Arbeit verwiesen haben, ist bei Besprechung von Fläche und Bevölkerung eine Ausnahme gemacht worden, weil hier eine Vorstellung ohne Zahlen überhaupt nicht gegeben werden kann. Von nun an aber werden wir wieder zur früheren Praxis übergehen, da sonst unsere weiteren Ausführungen allzu schwer lesbar sein würden, und da alle statistischen Vergleiche über Wirtschaftsleistungen der Weltwirtschaftsstaaten nur mit sehr vielen Vorbehaltungen angestellt werden können. Wenn wir beispielsweise feststellen, wieviel Weizen England mit Schottland und Irland produziert, so ist das für künftige Unterseebootkriege von gewisser Bedeutung, hat aber weltwirtschaftlich nur einen geringen Wert. Fügen wir hinzu, was Kanada, Indien, Südafrika und Australien leisten, so verändert sich das Bild ungeheuer. Vergleichbar aber sind auch diese viel größeren Ziffern nicht, da in den großbritannischen Kolonialgebieten, besonders in Indien, vielfach Reis an Stelle von Weizen tritt. Man müßte schon, um auch nur ein Urteil über die Ernährungskraft eines Weltwirtschaftsreiches zu gewinnen, alle von ihm produzierten Ernährungsstoffe in Ziffern ausdrücken, zusammenzählen und auf den Kopf der Bevölkerung repartieren können. Wie aber soll man das machen, da hierbei sowohl genügende statistische Angaben wie Umrechnungsmethode fehlen? Der Umrechnungsversuch, den die deutschen Ernährungsprofessoren unter Führung von Professor Eltzbacher für Deutschland in der Schrift: „Die deutsche Volksernährung im Krieg" angestellt haben, ist sehr interessant und wird sicher zu weiteren verwandten Arbeiten Veranlassung geben, aber als direkt verwertbar für volkswirtschaftliche Haushaltspläne hat er sich auch bei uns im Kriege nicht erwiesen, und kein einzelner kann ihn ohne weiteres auf die anderen Wirtschaftsstaaten übertragen. Ich habe an der Hand der internationalen Übersichten und der deutschen und österreichisch-ungarischen statistischen Jahrbücher redlich versucht, zu einer vergleichenden Charakteristik des mitteleuropäischen Wirtschaftsgebietes gegenüber den russischen, englischen und nordamerikanischen Gebieten zu gelangen, bin aber doch nicht weiter gelangt, als einzelne erreichbare Ziffernreihen der statistischen Jahrbücher nebeneinanderzustellen, damit von ihnen aus die Phantasie der Leser weiterschaffen könne. Auch sind beim Plane unserer mitteleuropäischen Wirtschaft die weiteren Entwicklungsmöglichkeiten mindestens so in Ansatz zu bringen wie die gegenwärtigen Erträge. Diese aber kann man gleich gar nicht ziffernmäßig erfassen. Dazu kommt noch bei jedem Einzelpunkt die schon genügend besprochene Schwierigkeit, daß nicht im voraus angegeben werden kann, welche europäischen Mittel- und Kleinstaaten sich früher oder später dem mitteleuropäischen Verbande anschließen werden. Man muß sich also leider damit begnügen, erkennbare Richtungen und Aufgaben kurz anzudeuten.

* * *

Die erste, älteste und gewaltigste Wirtschaftsmacht ist das englische Weltwirtschaftsreich. Vorhin sprachen wir über die Methode seiner Verwaltung, jetzt aber sollen wir uns die Fülle seiner Bodenschätze, Güter, Kräfte, Produktionen, Plantagen, Fabriken, Eisenbahnen und Schiffe vergegenwärtigen, die Materie der Wirtschaft. Dabei muß der mitteleuropäische Leser von vornherein einen bei uns landläufigen Irrtum abstreifen, nämlich die Unterschätzung der englischen Kolonialgebiete. Diese nämlich sind vielfach heute schon gar nicht mehr Kolonien, sondern Reichsprovinzen und werden nach dem Kriege noch viel mehr mitregieren als bisher. Unter den Ergebnissen des Krieges ist nämlich eines der wichtigsten, daß Australien, Südafrika und Kanada mit Willen und Bewußtsein englisch sind. Sie haben ihren provinzialen Stolz und ihre unveräußerliche Selbstverwaltung, aber als selbständige Teile wollen sie großenglisch sein. Sie werden nach dem Kriege nicht die Abtrennung von Großbritannien fordern, sondern die steigende Mitwirkung an der Leitung von Großengland. Das alte Mutterland sinkt in den Gesamtkörper hinein und wird in ihm zur Marktprovinz, zum Hauptplatz für Finanzen und Industrien, bleibt aber nicht die Stelle aller Macht. Wirtschaftlich ausgesprochen bedeutet das eine Abschwächung des industriellen Charakters zugunsten der gewaltigsten Rohstoffgemeinschaft der Erde. London bekommt für Großengland etwa den Wert, den unter anderen Verhältnissen Petersburg in Rußland hat, — es kann eines Tages zeitweilig abgeschnitten werden, ohne daß damit das englische Reich im ganzen tödlich getroffen ist. Je mehr nun die nächste Zukunft unter Unterseebootgedanken stehen wird, desto mehr wird dieser

Vorgang sich beschleunigen. Das aber bedeutet, daß der industrielle Wetteifer zwischen Mitteleuropa und Großbritannien für den Wirtschaftscharakter von Großengland zwar eine sehr wichtige, aber nicht die erste Lebensfrage ist. Dieser Krieg ist noch als großbritannischer Industriekrieg geführt worden, aber in ihm zeigte es sich, daß die Frage, ob Großbritannien oder Deutschland die europäische Führung in Eisenproduktion hat, gar nicht die Lebensfrage von Großengland ist. Es wird seine Fabrikationen, soweit es die geographischen Verhältnisse zulassen, viel mehr in überseeische Gebiete verlegen und dort Kanonen gießen und Maschinen bauen. Aus einem Kolonisationsland wird ein unvergleichlicher selbstgenügender Agrar- und Rohstoffstaat mit nachwachsenden eigenen Industrien. Dieser wird, so glauben wir, die altenglische Händlerpolitik langsam beiseite schieben, dem Londoner Parlament mehr nur die innere Verwaltung Großbritanniens überlassen und eine Oberregierung mit Wirtschaftsgrenzen schaffen, wie sie vor reichlich einem Jahrzehnt Joë Chamberlain schon einzuführen versuchte. Die Losung des Weltreiches wird die wirtschaftliche Unabhängigkeit sein, gleichzeitig aber wird die Deckung der Kriegsschulden eine starke Triebkraft zur Herstellung einer Reichskriegskasse mit Zolleinnahmen werden. Da der Internationalismus des Freihandels gebrochen ist, wird das Engländertum sich mit Entschlossenheit auf einen großenglischen Protektionismus verlegen, für den wirtschaftlich alles vorbereitet ist, nur nicht die Grenze, denn dieses an allen Meeren liegende zerstreute Reich ist angreifbar an allen Ecken. Seine Schützengräben liegen im Wasser. Seemilitarismus!

* * *

Großengland hat einen fast unerschöpflichen Untergrund von Acker und Viehweide, wohl mehr noch als die Vereinigten Staaten von Nordamerika. Ihm gehören Holzgebiete in Kanada und Mittelafrika, Weidegebiete in Australien und Südafrika, Rinderherden in Kanada und Indien, Baumwollpflanzungen in Indien und Ägypten, Zuckerpflanzungen in Indien, Kohlen in Großbritannien und teilweise auch in Indien, Südafrika und Australien. Es fehlt an Kaffee, Kakao, Eisenerzen, dafür aber liegt Gold in Menge in Afrika, Australien und auch in Indien, Silber in Australien, Kautschuk in Afrika. Noch fehlt uns eine volkswirtschaftliche Arbeit, die dieses Gesamtgebiet als Ganzes erfaßt, so daß man Inventur und Bilanz aufstellen kann. Meist sehen wir nur den Bedarf der

Heimatprovinz Großbritannien und sehen nicht gleichzeitig, wie sehr er von den anderen Provinzen gedeckt werden kann. Wir sehen den Baumwollbedarf des europäischen Mutterlandes, ohne mit demselben Blick die Baumwollhäfen von Indien und Ägypten mit zu überblicken. Dasselbe gilt von Weizen und anderen Stoffen.

Aller Austausch innerhalb Großenglands vollzieht sich naturgemäß auf dem Wasserwege und hat darin, wie schon gesagt, eine nie ganz zu beseitigende Unsicherheit. Was aber Menschen tun konnten, um ein genügendes Transportsystem herzustellen, hat England getan. Seine Handelsflotte verhält sich zu den Handelsflotten von Deutschland und Österreich-Ungarn zusammen wie 138 zu 36. Die Seeherrschaft ist nicht nur ein Anspruch, sondern eine Tatsache. Hoch über den Verkehrsmittel aller andern seefahrenden Mächte steht die schwimmende Menge der englischen Lastträger. Man kann sie im Kriege stören, aber nicht ersetzen, nicht beiseite schieben.

Einen Eindruck von diesen Größenverhältnissen zu geben, ist nötig, weil es allzuviele brave Mitteleuropäer gibt, die es für ein Kleines halten, den großenglischen Aufbau ins Wanken zu bringen. Sicher leidet Großengland unter dem Kriege, es zittert und ändert sich, es verschiebt seine innere Konstruktion, aber — auch nach dem Kriege wird es da sein.

* * *

Selbst wenn man die Vereinigten Staaten von Nordamerika ohne Mexiko und ohne Südamerika sich vor Augen stellt, hat man eine Wirtschaftsmacht vor sich, die zwar an Volksmenge weit hinter Großengland (mit Indien) steht, die aber voll ist von unbegrenzten Landschätzen und Möglichkeiten. Das Entscheidende ist hier die Art der Bevölkerung: es sind fast 88% Europäer oder Abkömmlinge von ihnen, so daß der Durchschnittscharakter der menschlichen Masse in wirtschaftlicher Leistung von Haus aus über dem großenglischen Durchschnitte steht (immer Indien einbegriffen), dabei aber ist die altenglische Führung weit schwächer als in Großengland, viel gemischter mit andersartigem Zustrom. Die innere Verschiebung der Oberschicht ist sogar eines der allerschwersten Probleme, etwa für die Vereinigten Staaten von Amerika so schwer wie der Seezusammenhang für Großengland. Aus einer Übersicht über die Einwanderungen seit 1821 ergibt sich, daß aus Deutschland und Österreich-Ungarn mehr Zuwachs kam als aus Großbritannien mit

Irland, noch aber wurde dieser Zuwachs in die alte englische Urgemeinde hineingearbeitet. Doch steigern sich die Schwierigkeiten, seit Russen, österreichische und ungarische Slawen und Rumänen, Italiener und auch Ostasiaten weit mehr nachdrängen als Engländer, Deutsche, Iren und Skandinavier. Das mag staatspolitisch nicht sehr gefährlich sein, weil alle diese Elemente sich sofort auf den Boden des schon kurz beschriebenen demokratischen Systems stellen und große Landesverteidigungsaufgaben nicht vorliegen, aber wirtschaftlich bedeutet es eine gewisse durchschnittliche Proletarisierung, die den fabelhaften Aufschwung des vergangenen Jahrhunderts vielleicht etwas lähmt. Immerhin ist der Untergrund an Materie, Erfolg und Willen so stark, daß wir noch auf neue Offenbarungen amerikanischer Leistung gefaßt sein müssen.

Während nun aber Großengland in der Umschiebung vom Industrieland zur ersten Rohstoffmacht der Erde begriffen ist, geht offenbar Nordamerika den umgekehrten Weg. Es setzt zu seinen mächtigen Rohproduktionen einen täglich wachsenden Industrialismus hinzu und hat auf diese Weise alle Voraussetzungen zu einem reichen, steigenden, herrschenden Weltwirtschaftsgebiet. Was für Großengland die Dampfschiffe sind, sind hier die Eisenbahnen. Der Nordamerikaner ist der Eisenbahnmensch an sich. Seine landwirtschaftlich benutzte Fläche reicht nahe an die Landwirtschaftsfläche des europäischen Rußland heran, seine Waldfläche ist größer als die russische, sein unbenutztes Land ist immer noch weit. Die nordamerikanische Weizenfläche verhält sich zur deutsch-österreichisch-ungarischen wie 203 zu 68. Noch steht der Hektarertrag nicht auf unserem Durchschnitt, aber er steigt. Die Rinderherde der Vereinigten Staaten wird nur von der Indiens übertroffen. Die Zahl der Schweine ist fast doppelt so groß als in den mitteleuropäischen Zentralstaaten. Vor allem aber sind die Vereinigten Staaten das allererste Baumwolland der Welt, hoch über Großengland, mehr hervorbringend als die Hälfte der Welternte im ganzen. In Steinkohlen erreichen die Vereinigten Staaten Deutschland und Großbritannien zusammen. In Eisenerzen haben sie fast doppelt soviel wie Deutschland. Die Eisengewinnung übertrifft die Summe von Großbritannien, Deutschland und Österreich-Ungarn. An Gold werden die Vereinigten Staaten nur von Südafrika übertroffen, in Silber stehen sie an erster Stelle. Auf solcher Grundlage schaffen sie mit der kecken Klugheit einer geschäftlich unermüdlichen Nation und verstehen die Betriebs- und Syndikatsorganisation wohl ebensogut wie wir. Da sie nun außerdem vom Kriege nicht eigentlich leiden, aber in ihm viel Geld gewinnen, so werden sie mit unheimlicher Gesundheit in die nächste weltwirtschaftliche Periode hineingehen als unsere gewaltigsten Konkurrenten.

* * *

Und wie steht es mit Rußland? Es wird jetzt im Kriege soviel über Rußland klug geredet, daß man stille wird. Auch die, denen das Land nicht unbekannt ist, sind meist verschiedener Meinung. Welche Westgrenzen Rußland nach dem Kriege haben wird, weiß keine Seele. Aber soviel ist sicher, daß Rußland mehr an militärischer, organisatorischer Kraft gezeigt hat, als viele Kenner voraussetzten. Sie redeten uns von der russischen Korruption, als wäre sie ein absolutes Hindernis der Massenwirkung. Das ist aber nicht der Fall; ein großer Elefant verträgt viele Insekten. Was wir nicht beurteilen können, ist die Wirkung des Krieges auf das russische Volk. Vielleicht bedeutet Krieg und Niederlage einen Anfang weitreichender Reformen, die etwa die Wirkung haben wie die Stein-Hardenbergischen Reformen in Preußen. Vielleicht! Auf jeden Fall aber bleiben mächtige Quantitäten an Volk und Materie. Rußland hat die beste Bevölkerungsvermehrung der Welt. Mag es verschwenderisch mit den Menschen umgehen, so wachsen sie wieder. Dabei hat es Wald und Ackerboden in Menge. Sein europäischer Wald verhält sich zum Walde von Deutschland-Österreich-Ungarn wie 168 : 33. Dazu kommt der kaukasische und sibirische Wald. Und gerade Wald steigt, wie schon gesagt, in der Weltwirtschaft. Rußlands europäische Landwirtschaftsfläche verhält sich zu der der beiden mitteleuropäischen Mächte wie 210 : 68. Der Weizenertrag Rußlands verhält sich zum mitteleuropäischen wie 228 : 112, aber der Hektarertrag der russischen Erde kann noch ungeheuer steigen. Die Zahl der Rinder und Schafe ist groß und vor allem vermehrungsfähig. In Rübenzucker kommt Rußland nach Deutschland und Österreich-Ungarn. Die Zahl seiner Baumwollspindeln ist kleiner als die deutsche, aber größer als die österreichisch-ungarische. In Kohle steht es relativ niedrig, dafür aber in Erdöl höher als alle Staaten, außer den Vereinigten Staaten, zusammen. In Eisenerzen übertrifft es Österreich-Ungarn. In Roheisen steht es nur um weniges geringer als Frankreich, die fünfte Eisenmacht der Menschheit. Sein Gold ist nicht mit den großenglischen und nordamerikanischen Lagern zu vergleichen, steht aber in Europa weit am höchsten. Alle diese Stoffe warten auf Kapital und Arbeit. Wie es nach dem Kriege mit dem russischen

Kapital aussehen wird, ist recht zweifelhaft, aber irgendwoher kommt Kapital, sobald Materie, Bedarf und Arbeitskräfte vorhanden sind. Dieses reiche Rußland wirtschaftlich zu wecken, ist eine der größten Aufgaben der Weltwirtschaft, viel lockender, als selbst die Einführung Chinas in das kapitalistische Wesen. Trotz aller noch zu erwartenden Krisen und Schwankungen wird diese Weckung einmal erfolgen, und dann bekommt die Masse der russischen Menschen Form und Inhalt. Wenn das kommt, dann müssen wir schon recht weit sein in Mitteleuropa, um nicht überwältigt zu werden.

* * *

Diese drei knappen Überblicke haben nur den Zweck, uns das rechte Augenmaß für Mitteleuropa zu geben. Viele von uns stecken noch gar zu sehr in kleinen Vorstellungen und verkennen die Größe der älteren Weltwirtschaftsgebiete.

An die Quantitäten dieser drei Reiche können wir uns nicht mehr heranarbeiten, wenigstens nicht in der für uns sichtbaren Weltzeit. Das ist kein Gegengrund gegen die Gründung Mitteleuropas, aber ein starker Grund, diese schnell und gründlich zu vollziehen. Wenn wir noch ein Menschenalter warten, so werden die für uns etwa jetzt noch erreichbaren Nachbarvölker und Kolonien verloren sein, denn die Großmächte arbeiten weiter und folgen dem Gesetz ihrer Schwere.

Der einzelne Unternehmer, Großgrundbesitzer, Bauer, Waldbesitzer, Fabrikant oder Bergwerksbesitzer fragt, was es ihm ausmacht, ob er seinen Vorteil in einem Kleinstaat oder in einer Weltwirtschaftsmacht zu gewinnen sucht, und gibt sich oft die Antwort, daß er lieber ein bedeutender Mann in kleinen Verhältnissen sein will, als ein Glied eines fast unübersehbaren Wirtschaftsverbandes. Auch zeigt er mit Fingern auf russische Unternehmer, die trotz Weite ihres Marktes unter schweren Bedrängnissen zu leiden haben. Das letztere kann man ruhig zugeben und anerkennen, daß ein kleinerer, besser geleiteter Staat Vorzüge hat vor einem größeren, schlecht geleiteten, man kann auch zugeben, daß die Staatsfürsorge der Kleinstaaten oft wirksamer sein kann als die der Großmächte, da alle Großmächte um ihrer Größe willen etwas Freihändlerisches haben, aber die Haupttatsache bleibt doch stehen, daß Weite des Marktes die erste Vorbedingung wirtschaftlicher Ausdehnung und Kraft ist. Solange die Landwirtschaften und Industrien von wirtschaftlichen Kleinstaaten wie Belgien und Dänemark ohne weiteres am englischen Welthandelsgebiet teilnehmen konnten, ohne gleichzeitig sich politisch und wirtschaftlich binden zu müssen, fanden die Unternehmer dieser Staaten keine Veranlassung, anders als kleinstaatlich zu denken. Sobald aber die Tore von Großengland geschlossen sein werden, werden sie sich sehr bald und sehr genau fragen, wo sie ein weltwirtschaftliches Unterkommen finden wollen und können. Der Einzelunternehmer vermag auch oft gar nicht vorauszusehen, wie die weltwirtschaftlichen Verschiebungen wirken. Ich erinnere mich aus meiner Kindheit noch gut, welche Sorge die sächsischen Weber hatten, als das elsässische Mülhausen in unseren Wirtschaftsverband hereingenommen wurde. Sie wollten lieber allein bleiben! Und wo sind heute alle diese Sorgen hingekommen? Man weiß nichts mehr von ihnen. So wird es sein, wenn Mitteleuropa ein Menschenalter bestanden hat.

Heute müssen wir über allerlei sehr begreifliche Sorgen hinwegschreiten, wir müssen es, wenn wir nicht für alle Zukunft in wirtschaftlicher Kleinheit und Abhängigkeit befangen sein wollen. Kein Landwirt oder Gewerbetreibender eines Großreiches will wieder aus seinem weiter gewordenen Gebiete heraus und in die alte Enge zurück. Hat man je gehört, daß ein Hannoveraner, mag er politisch ein Welfe sein vom Fuße bis zum Scheitel, hat man je gehört, daß er wieder aus dem preußisch-deutschen Zoll- und Wirtschaftsverband heraus will? Das gibt es nicht! So wird auch später kein Ungar und kein Österreicher wieder rückwärts begehren, wenn nur der Anschluß so vollkommen gemacht wird, daß wirklich ein Weltwirtschaftsgebiet entsteht.

* * *

Und wenn wir es also wagen wollen, Mitteleuropa zu gründen, so prüfen wir unsere Bestände. Was haben wir? In den bisherigen Ausführungen ist davon schon immer mit die Rede gewesen. Wir haben ein Land, das klein ist gegenüber dem Lande der älteren Weltwirtschaftsmächte und auch klein bleibt, wenn es sich durch Anschlüsse und Kolonialerwerbungen vermehrt, aber wir nutzen unser Land aus bis in die letzte Ecke und werden auch noch den heute nur halbverwendeten Boden in volle rationelle Ausnutzung hereinziehen. Unser Wald ist unter unserer Pflege noch etwas anderes als ein russischer Wald, unsere Äcker sind bei fleißiger Landwirtschaft dankbar und treu, unsere Viehherden sind ein Stolz der Menschheit und werden hinter dem Krieg ihre alte Fülle reichlich wiedergewinnen. Unser mitteleuropäisches Volk weiß mit der Natur umzugehen und kennt den Wuchs von Pflanzen und Vieh wie kaum ein anderes, denn es achtet das natürliche Werden und liebt das einzelne Stück. Laßt uns zusammenzählen, was wir an Rindern und Schweinen besitzen von der Nordsee bis an den Balkan! Seht unseren Weizen! Seht den Hafer! Blickt auf unsere Kartoffelfelder, auf unsere Zuckerrüben! Das ist, wie wir gerade im Krieg erfahren haben, eine Lebensgrundlage, die bei verständiger Vorratswirtschaft unser gemeinsames Gebiet vor fremder Abhängigkeit bewahrt! Und dann geht in unsere Bergwerksgebiete, hört dort das tägliche Rauschen und Ächzen der Arbeit; seht die Eisenwerke und Häfen! Seht die Fabriken! Merkt auch auf den Fleiß der Handwerker, auf die Gewandtheit der Kaufleute, auf die Tüchtigkeit der Legionen von Arbeitern! Wir wollen uns und unser Können nicht überschätzen und wollen unseren Kindern noch Besseres lehren lassen, als wir selbst es gelernt haben, aber unser gemeinsames Volk ist ein herrliches kostbares Kapital. Auch auf begrenztem Boden sind 120 oder 150 Millionen solcher Menschen eine Kraft, wenn ein Rhythmus durch sie hindurchgeht und eine Organisation sie hält, trägt und anspornt.

Es ist wahr, daß uns wesentliche Stoffe fehlen, solange wir keine unerwartet große koloniale Ergänzung finden. Uns fehlt zuerst die Baumwolle, dann Schafwolle, dann etwas Getreidenahrung und vieles Viehfuter, uns fehlt Kupfer, Eisenerze, Leder, Kaffee, Reis, Tabak, auch noch Holz, Mais, Jutefaserstoffe, Erdöl, chemische Stoffe und mancherlei anderes. Uns fehlt mehr als Großengland und Nordamerika, wir haben weniger Quantitätsmöglichkeiten als Rußland, aber ganz ohne Ergänzungsbedürfnis lebt kein Weltwirtschaftsgebiet, und soviel, daß wir im Ernstfalle nicht zu sorgen haben, schaffen wir und legen wir in unsere Lagerhäuser. Eine Bevölkerung, die solche Kohlenlager, solche Maschinen hat und so arbeiten kann, wie die unserige, die kann auch kaufen, sparen und haushalten.

Sobald wir nur erst zusammengeschlossen sind, dann machen wir den gemeinsamen Wirtschaftsplan als einen Teil des entstehenden Weltwirtschaftsplanes. Wir überlegen, was wir haben, was wir selber herstellen, was wir kaufen müssen und was wir verkaufen können, dadurch bekommt alle unsere Arbeit noch viel mehr Klarheit und Übersichtlichkeit. Wir rechnen für uns alle zusammen. Dabei helfen alle Wirtschaftsverbände der Unternehmer, Angestellten und Arbeiter. Das wird unser praktischer weltwirtschaftlicher Sozialismus.

* * *

Und wie geht es dabei in unseren mitteleuropäischen Nationen den kleinen Leuten? Daß die Großen und Starken gewinnen, wenn das Feld sich vergrößert, liegt auf der Hand. Wie aber stehen sich dabei die mittleren Betriebe, die abhängigen Kräfte? Schon einmal haben wir diese Frage gestreift, da sie uns immer begleitet, denn Volkszukunft ist nicht nur Direktorialzukunft, hier aber soll nochmals auf zwei grundlegende Erfahrungen hingewiesen werden, die wir im Deutschen Reiche schon gemacht haben und die wir darum auf Grund eigenen nationalen Erlebnisses auch den Österreichern und Ungarn vorzuhalten in der Lage sind.

Wir haben erlebt, daß mit dem Aufsteigen des Kapitalismus die kleinen Selbständigkeiten zwar eine schwere Krisis durchgemacht haben, aber bei weitem nicht in dem Maße untergegangen sind, wie es ihnen oft vorher verkündigt wurde. Es gibt steigende, sinkende und gleichbleibende Handwerke. Als Beispiel des ersten gelte der Metzger und der Bäcker, als Beispiel des zweiten der Leinweber und Gerber, als Beispiel des dritten der Maurer, Schuhmacher und wohl auch der Schneider. Immer hebt sich in den gefährdeten Kleinberufen ein Teil nach oben und sinkt ein größerer Teil nach unten, aber er sinkt meist so, daß die Alten, oft freilich recht schmerzlich, absterben, daß aber ihre Kinder von vornherein als Lohnarbeiter anfangen. Im ganzen aber bleibt der Gesamtbestand der Kleinbetriebe etwa gleich, wächst nicht, aber erhält sich, denn überall, wo landwirtschaftlicher oder industrieller Verdienst ist, wächst neben den Hauptständen ein kleiner Mittelstand von Hilfsgewerben, Kleinverkäufern, Gastwirten, Monteuren, Agenten. Dazu kommt dann der neue Mittelstand der Staats-, Kommunal-, Bank-, Handels- und Industriebeamten. Diese alle leben vom weltwirtschaftlichen Geschäftsgang im ganzen. Wenn viel Arbeit und Umsatz ist, so leben sie weit. Für sie sind je nach ihrer örtlichen Lage der Holzpreis, Getreidepreis, Viehpreis, die Bankbilanz, der Geschäftsabschluß, die Gehälter und vor allem die Löhne der indirekte Existenzgrund ihres Daseins. Man kann ihnen fast gar nicht gesetzgeberisch helfen, auch wenn man es noch so sehr will, mehr schon können sie sich untereinander durch Genossenschaftlichkeit helfen, aber das wirklich Große für sie ist nichts, gar nichts anderes, als die Stärke des volkswirtschaftlichen Umsatzes überhaupt. Da nun dieser Umsatz aber von der weltwirtschaftlichen Aktivität abhängt, so sind auch diese Kleineren und Schwächeren mit den größten Wirtschaftsfragen verbunden. Ein Wiener Abgeordneter sagte: „Wenn nur unsere Handwerker so bezahlt würden, wie die im Deutschen Reiche; das ist alles, was sie wollen!" Das aber und noch mehr erreichen sie nie, wenn Österreich und Ungarn allein bleiben.

Und wir haben ferner erlebt, daß mit der aufsteigenden Wirtschaft überhaupt die Arbeiterklasse nicht nur sehr viel zahlreicher, sondern vor allem auch besser ernährt, versorgt und bezahlt worden ist. Natürlich sind noch sehr große berechtigte Wünsche übrig und werden von den Gewerkschaften bei allen Gelegenheiten hervorgehoben, aber die Tatsache selbst, daß im steigenden Wirtschaftsstaat die Arbeiter sich heben, wird von niemand bestritten. Unser ganzes modernes Arbeitssystem würde wertlos sein, wenn es anders wäre. Ich habe von österreichischen Sozialdemokraten ergreifende Darstellungen der Schwierigkeiten und Nöte gehört, unter denen sie arbeiten. Auch bei ihnen kehrt das Wort wieder: „Wenn wir nur erst einmal so weit wären, wie bei euch in Deutschland!" Diese Männer müssen in Verfolgung ihrer eigensten Interessen die allerwärmsten Vertreter von Mitteleuropa werden. In kleinen Verhältnissen bleibt jede Arbeiterbewegung schwach; sie kann viel protestieren, aber wenig erreichen. Sobald aber der Horizont sich weitet, die Heizflächen sich vergrößern, die Räder tausendfach rollen, dann kann auch der Proletarier seinen gebührenden Lohn für seine weltwirtschaftlich notwendige Arbeit verlangen.

Es ist der Gedanke an das Weltwirtschaftsgebiet Mitteleuropa keineswegs nur oder etwa in erster Linie eine Unternehmerangelegenheit. Es kann sogar sein, daß es einigen Unternehmern zu allerletzt aufgeht, was dabei zu gewinnen ist; nein, Volkssache ist es, Massenfrage: wie werdet ihr aufsteigen, wenn ihr bleiben wollt, wie ihr seid?

---

## VII. Zollfragen.

Von keinem Teile der mitteleuropäischen Wirtschaft ist bisher schon soviel geredet und geschrieben worden, wie von der Zollgemeinschaft: ihrer Möglichkeit, ihren Folgen, aber auch von ihren Einschränkungen und Bedenklichkeiten. Während über Militärgemeinschaft, Finanzgemeinschaft, Verkehrs-, Rechts- und Verwaltungsannäherung, über Syndikats- und Gewerkschaftsvereinigung nur halblaut und unklar gesprochen wird, ist die Zoll- oder Handelsgemeinschaft Gegenstand von Vereinen, Programmen und Kongressen schon vor dem Krieg gewesen und im Krieg geblieben.

Das ist sehr begreiflich, aus verschiedenen nachher noch zu besprechenden Ursachen, nur soll man sich dabei von vornherein nicht darüber täuschen, daß eine bloße Zoll- und Handelsgemeinschaft für sich allein weder vom österreichischen, noch vom ungarischen, noch vom reichsdeutschen Standpunkt aus durchführbar ist, und zwar aus einigermaßen verschiedenen Gründen, die wir zur Einführung in die Sachlage an die Spitze dieses Abschnittes unserer Arbeit stellen. Wir reden dabei von Zollgemeinschaft zunächst ganz allgemein als Beseitigung von Grenzzöllen und verschieben es auf später, den möglichen Umfang dieser Beseitigung näher zu bezeichnen.

Wenn also zwischen Deutschland und Österreich an der Tiroler Grenze, im Bayrischen Walde, auf dem Kamm des Böhmerwaldes, auf dem Erzgebirge und Riesengebirge die Zollwächter weggenommen werden oder ihnen nur einige wenige Waren zur Kontrolle und Gelderhebung überlassen würden, was könnte das für die österreichische Wirtschaft für Folgen haben? Es würde der österreichischen Landwirtschaft in keiner Weise schaden, auch den ganz großen Industrien, die jetzt schon Weltmarktindustrien sind, nur in etwas den Heimatmarkt stören, aber alle diejenigen Gewerbe, die nur gerade davon leben, daß ihre nähere Umgebung aus örtlichen oder nationalen Gründen bei ihnen bestellt und kauft, würden einen Stoß bekommen, eine neue, ungewohnte Konkurrenz, die zwar größere Transport- und Entfernungskosten zu tragen hat, die aber sonst unter günstigeren Bedingungen arbeitet. Das letztere ist hier die Hauptsache: man kann die Grenzwächter nur wegnehmen, wenn man vorher oder gleichzeitig, oder wenigstens bald nachher auch die übrigen Produktionsverhältnisse nach Möglichkeit ausgleicht. Ganz gleich können sie nie gemacht werden und sind auch, wie schon erwähnt, innerhalb des Deutschen Reiches und innerhalb jeden Weltwirtschaftsgebietes sehr unter sich verschieden, aber ein gewisses Maß von Ebenmäßigkeit ist unter allen Umständen die Voraussetzung der Aufhebung der Grenzsperre. Wenn beispielsweise die Herbeischaffung von Baumwolle für einen nordböhmischen Industriellen teurer ist als für einen sächsischen Unternehmer gleicher Art, so gewinnt bei aufgehobenem Zoll letzterer ohne weiteres einen Vorzug. Es muß also die Fracht- und Eisenbahntarifpolitik mit der Zollgemeinschaft Hand in Hand gehen. Oder wenn eine Aktiengesellschaft in Österreich sehr viel mehr Steuern zahlen muß als in Preußen, so verlegen sich bei aufgehobener Grenze die österreichischen Gesellschaften, wenn es geht, nach Schlesien. Oder wenn ein österreichischer Fabrikant bei gesunkenem österreichischen Geldwert mehr in Kronen für seine von Deutschland bezogenen Halbfabrikate zahlen muß, als der reichsdeutsche Konkurrent in Mark, so wird es ihm schwer sein, mit ihm zum gleichen Preise zu verkaufen. Wenn der Österreicher wegen einer gewissen Umständlichkeit seiner Verwaltung erst zwei Jahre später als der Reichsdeutsche ein neues Maschinenhaus bauen darf, so genügt diese Zeit, um den anderen in Vorteil zu bringen. Auf diese Weise kann noch eine ganze Weile weiter geredet werden, und das Ergebnis ist: für die Österreicher paßt die Zollgemeinschaft nur, wenn sie zugleich weit mehr ist als Zollgemeinschaft!

* * *

Dasselbe gilt irgendwieweit auch für die Ungarn, aber doch liegen die ungarischen Dinge noch viel verwickelter und bedürfen besonderer Besprechung. Den staatsrechtlichen Teil der Sache werden wir erst im nächsten Hauptabschnitt zu berühren haben, hier muß allein vom Zusammenhang der Wirtschaftsfragen untereinander gesprochen werden. Dabei erinnern wir uns der Ausführungen über die zwei in der Doppelmonarchie verbundenen Wirtschaftsstaaten im vorigen Abschnitt und an die dazu gehörige Partie im statistischen Teile unseres Buches. Also die Frage ist: wie wirkt es auf Ungarn, wenn auf den Gebirgskämmen nach Deutschland hin keine Zollwächter mehr stehen? Es würde nicht anders als auf Österreich wirken, wenn an einer oder an zwei wichtigen Verkehrsstraßen Ungarn und Deutschland direkt aneinander grenzen würden, aber da das nicht der Fall ist, so genießen die Ungarn dann die Zollgemeinschaft sozusagen aus zweiter Hand. Das könnte später in etwas ausgeglichen werden, wenn der Anschluß wichtiger Balkanländer mit ungarischer Grenze in Frage käme, aber vorläufig, solange nur das deutsch-österreichisch-ungarische Zollverhältnis auf der Tagesordnung steht, ist tatsächlich Ungarn vom guten Willen der österreichischen Verkehrsverwaltungen abhängig. Es öffnet sich ihm für seine zahlreichen Naturerzeugnisse ein sehr großer, zahlungskräftiger Markt, aber dazwischen liegt ein anderes Wirtschaftsgebiet, das auch und zwar für sich kaufen und verkaufen will. Mit der bloßen Handelsgemeinschaft ohne weitere Zusatzparagraphen ist demnach dem Ungarn nicht gedient. Er wird ebenso wie der Österreicher die Annäherung in Recht und Verwaltung verlangen müssen, aber außerdem eine Garantie dafür, daß nicht Rohstoffe, Halbfabrikate oder Waren, die er aus Deutschland bezieht, unterwegs aufgehalten oder über das Notwendige hinaus verteuert werden, und ebenso dafür, daß seine Viehsendungen, Obstwagen, Trauben, Gemüsepakete, Butterfässer so schnell als möglich in Berlin sind.

Da die Ungarn auf diesem Gebiete mißtrauisch sind, so gehen sie gern einen Schritt weiter und fordern im Anschluß an frühere Zustände eigene Zwischenzollgrenzen zwischen sich und den Österreichern. Auch hiervon reden wir an dieser Stelle nicht staatsrechtlich, sondern wirtschaftlich. Schon bei Besprechung der Kriegswirtschaftsprobleme mußten wir ja ähnliche Dinge berühren. Die Idee eines eigenen ungarischen Wirtschaftsstaates ist vorhanden, und es ist möglich, daß sie gerade durch die notwendige und unvermeidliche Erörterung der mitteleuropäischen Handelsgemeinschaft neu geweckt wird. Das darf uns nicht überraschen, denn die Ungarn sind, wie man wohl sagen darf, im allgemeinen viel stärkere Staatspolitiker als Wirtschaftspolitiker. Ihre politische und nationale Energie ist sehr groß und erzwingt sich Bewunderung, selbst wo sie uns anderen im Einzelfalle recht unbequem werden kann, aber der Wirtschaftsgedanke ist nicht ebenso durchgearbeitet, denn sonst würde der Wirtschaftspartikularismus bereits mehr zurückgetreten sein. Wenn nämlich irgendein Teil Mitteleuropas durch Zusammenschluß sicher viel gewinnt, so ist es Ungarn. Wir haben schon gesagt, in welche Verlegenheiten es kommen müßte, wenn es außerhalb der deutsch-österreichischen Getreidewirtschaft gestellt wäre. Dann würde es in der Lage Rumäniens sein und zu rumänischen Preisen Getreide verkaufen müssen. Die Differenz der Preise zwischen Bukarest und Budapest würde fast ganz zuungunsten der Ungarn in Wegfall kommen. Anders ausgesprochen: die Wirtschaftsgrenze des Getreidemarktes zwischen Wien und Odessa würde an der Leitha liegen. Dasselbe gilt einigermaßen auch vom Vieh und von anderen Wald- und Ackerprodukten. Demgegenüber tritt naturgemäß das Schutzzollinteresse gewisser ungarischer Textil- und Eisenfabriken und ähnlicher Werke vom ungarischen Standpunkt aus in den Hintergrund. Ein so starkes Rohstoffausfuhrland wie Ungarn kann gar nicht im Ernst an eine isolierte Wirtschaft denken, wenn ihm die Möglichkeit der Einbeziehung in ein Getreidezolland zur Verfügung steht. Voraussetzung aber ist: Verkehrsgemeinschaft, Tarifgemeinschaft ungehindertes Wirtschaftsbürgerrecht im großen Gesamtverbande.

* * *

Auch das Deutsche Reich aber kann sich von seinem Standpunkte aus nicht auf eine bloße Zollerleichterung ohne sonstige weitere

Wirtschaftsgemeinschaft einlassen, und zwar aus folgenden Erwägungen heraus. Bisher hatten wir mit Österreich-Ungarn einen Handelsvertrag wie mit Rußland und anderen Zollstaaten auch. Das kann natürlich nach dem Krieg fortgesetzt, erneuert und im einzelnen nach beiderseitigem Wunsch abgeändert werden. Sobald wir aber dann über diese Grenze der Abmachungen hinausgehen und den Österreichern und Ungarn eine besondere Grenzerleichterung gewähren sollen, tritt für uns die Frage ein, daß wir die Vorteile, die wir der Donaumonarchie gewähren, nicht gleichzeitig an andere Mächte vergeben können. Wir erschweren uns alle unsere übrigen Handelsverträge, ohne doch dabei für unsere wirtschaftliche Zukunft etwas Wesentliches zu gewinnen. Dasselbe gilt übrigens in abgeschwächtem Maße auch schon für Österreich-Ungarn. Wir gewinnen dann die Vorteile der freien Marktvergrößerung beiderseits nicht und binden uns in allen unseren Meistbegünstigungsverhältnissen gegenüber den übrigen Weltwirtschaftsgebieten.

Dabei müssen wir uns gegenwärtig halten, daß zwar für Österreich-Ungarn der Handel mit dem Deutschen Reiche allen übrigen Außenhandel weit übertrifft (Einfuhr im Spezialhandel 39,5 %, Ausfuhr 40,8 %), daß aber derselbe Handel für den reichsdeutschen Auslandsverkehr viel weniger bedeutet (Einfuhr 7,7 % und Ausfuhr 10,9 %). Wenn wir also unsern Austausch mit Österreich-Ungarn steigern dafür aber eben dadurch unsern Austausch mit andern Gebieten erschweren, so ist das für uns ganz etwas anderes als für Österreich-Ungarn. Während der deutsche Handel für Österreich-Ungarn absolut der erste handelspolitische Faktor ist, eine unbedingte Lebensnotwendigkeit, so steht für uns der Handel mit Österreich-Ungarn zwar in der Ausfuhr an zweiter Stelle, aber in der Einfuhr an vierter, ist wichtig genug, aber nicht entscheidend für unsere weitere Entwicklung. Dabei muß billig zugegeben werden, daß direkt hinter dem Krieg beiderseits die gegenseitige Zusammengehörigkeit stärker in die Erscheinung treten wird als bisher, aber trotzdem: aus rein wirtschaftlichen Gründen wird Deutschland keinen einseitigen Vorzugszustand mit Österreich-Ungarn auf Kosten anderer Weltwirtschaftsbeziehungen eintreten lassen können. Für uns steht es so: entweder ist Österreich-Ungarn ein fremder Wirtschaftsstaat wie andere Staaten auch, dann wird es bei allem möglichen Entgegenkommen doch im Grunde ihnen gleich behandelt; oder es ist und bleibt unser Bundes- und Lebensgenosse im engen und strengen Sinne des Wortes, dann schwindet alle Fremdheit und wir übernehmen seine Interessen, wie es die unsrigen übernimmt; wir haben dann nicht einen Vertrag wie mit Rußland, Frankreich oder den Vereinigten Staaten, sondern wir sind oder werden eine Einheit, die aller Welt gegenüber in Kauf und Verkauf und in allen Verträgen gemeinsam auftritt. Daß dieses nicht auf einmal erreicht werden kann, ist klar, aber schon unsere ersten Schritte werden davon abhängig sein müssen, ob das Ganze gewollt wird oder nicht.

* * *

Wenn trotzdem bis jetzt unter Umgehung der sonstigen allgemeinen mitteleuropäischen Wirtschaftsfragen sehr viel und sachkundig gerade über die besonderen Handelsvertragsangelegenheiten gesprochen und geschrieben wird, so schadet das sicherlich nichts, denn die innere Logik der Dinge führt von diesem Ausgangspunkte schon von selbst zu weiteren Folgerungen. Daß aber eben dieser Ausgangspunkt der Erörterungen gewählt wurde, hat eine besondere sachliche und eine besondere historische Ursache. Sachlich liegt es so, daß die militärischen, finanztechnischen, verkehrstechnischen und syndikatlichen Vereinheitlichungen so sehr fachtechnischer Natur sind, daß jede einzelne von ihnen nur von einer gewissen Anzahl von Menschen wirklich überschaut und vorbereitet werden kann, während Zollverhandlungen immer ein Gegenstand öffentlicher Debatten gewesen sind und stets lebhaftes parlamentarisches und literarisches Interesse erregt haben. Auch hier ist zwar die Zahl der Leute, die wirklich Einsicht und Überblick besitzen können, nicht groß, aber die allgemeinen Grundgedanken sind leicht zugänglich und das statistische Material liegt auf der Hand. Hier ist jede Ziffer vorhanden, während in den Geld- und Syndikatsfragen oft gerade die allerwichtigsten Dinge Geschäftsgeheimnis bleiben. Es ist also nicht eine rein sachliche Bewertung, die diesen Punkt über alle andern Beratungsgegenstände emporhebt. Und dazu kommt nun noch der historische Grund, daß die übrigen Vereinigungspläne neue, erst jetzt entstandene Gedanken sind, während der deutsch-östereichisch-ungarische Zollverband ein sehr altes, viel schon umstrittenes Problem ist, ein Erbe des vorigen Jahrhunderts.

Professor v. Philippovich, der hervorragendste Vertreter der wissenschaftlichen Volkswirtschaftslehre in Österreich, hat in seiner Schrift „Ein Wirtschafts- und Zollverband zwischen Deutschland und Österreich-Ungarn" (Verlag Hirzel, 1915) eine vortreffliche geschichtliche Darstellung der früheren handelspolitischen Ideen und Pläne gegeben. Dabei treten als Ideenschaffer auf deutscher Seite Friedrich List, der Prophet unserer Eisenbahnen, Handelskammern und östlichen Kolonisation, auf österreichischer Seite der Handelsminister Bruck hervor. Während List besonders durch den Herausgeber seiner demnächst erscheinenden Werke, Geh. Finanzrat Losch in Stuttgart, dem Verständnis der Gegenwart nahegebracht wird, gibt uns Philippovich eine schöne Zeichnung des Weitblickes jenes österreichischen Ministers, unter dessen Handelsministerium 1850 die Zollgrenze zwischen Österreich und Ungarn gefallen ist. Aus Süddeutschland und Wien erklang damals fast gleichzeitig der großdeutsche Ruf nach Wirtschaftsgemeinschaft von der Adria bis zur Nord- und Ostsee, aber Preußen lehnte alle diese Gedanken ab, denn es wollte seinen Zollverein aus kleindeutscher Politik unter allen Umständen von österreichischer Mitregierung freihalten. Die Wirtschaftsbewegungen der Zeit vor 1866 lassen sich gar nicht ohne die damalige Politik verstehen, denn sie sind ein Teil von ihr. Wir haben in einem früheren Abschnitt ausgeführt, wie notwendig für ganz Mitteleuropa die Bismarckische Reichsgründung war, daß sie aber nicht die letzte Erledigung der mitteleuropäischen Fragen ist. In demselben Sinn sagt Philippovich über Brucks Pläne: „Die Geschichte hat anders entschieden, aber die Ideen Brucks nicht begraben." Aus jener Periode zwischen 1852 und 1866 stammen auch die verschiedenen Bismarkischen Äußerungen über die Unausführbarkeit einer Zollunion und sind, wie es bei Bismarckworten fast immer der Fall ist, in ihrer abweisenden Schärfe aus zeitgeschichtlichen politischen Umständen zu erklären. Anders beurteilte die Sache der Volkswirtschaftler und spätere österreichische Minister Schäffle: „Ich lebe mehr denn je der Hoffnung, daß diese Ansicht, wenn auch sehr langsam, zur vollen Anerkennung gelangen wird."

* * *

Während man nun in Österreich auf diese damals vergeblichen altösterreichischen Pläne zurückgreift, wird im Deutschen Reiche der einstige *preußisch-deutsche* Zollverein jetzt wieder mehr in Erinnerung gebracht, weil er den Weg zur mitteleuropäischen Einheit zeige. Wie einstmals aus dem Zollverein das Deutsche Reich erwachsen sei, so könne aus einer jetzigen Zollgemeinschaft mit Österreich-Ungarn ein neuer größerer Staatsverband sich bilden. In dieser Betrachtungsweise mischt sich Richtiges mit Unrichtigem, und zwar liegt das Unrichtige in einer Überschätzung der politischen Wirkungen von bloßen Zollverbänden überhaupt. Man soll doch nicht vergessen, daß der Zollverband Preußens mit Hannover, Bayern und Württemberg diese Staaten nicht gehindert hat, sich im Jahre 1866 militärisch gegenüberzustehen. Der Zollverband ging zwar weiter und überdauerte den Krieg, aber er war für sich allein nicht stark genug, ihn unmöglich zu machen. Dasselbe zeigte sich ja dann 1870 auch mit Frankreich, das mit Preußen einen guten Zollvertrag hatte. Auch die von Bismarck in den deutsch-französischen Frieden eingesetzte handelspolitische Meistbegünstigungsklausel zeitigte keine politische Annäherung. So stark waren Zollfragen schon damals nicht und sind es heute wohl noch weniger. Der deutsche Reichsverband wurde erst dadurch ein geschlossenes politisches Ganze, daß die Einheit weit, sehr weit über die Zoll- und Handelsfragen hinausgriff und gleichzeitig militärpolitisch, rechtlich, finanzpolitisch und gewerbepolitisch wurde. Das erst machte aus Staatsbestandteilen einen Wirtschaftskörper. Will man darum heute eine künftige politische Einheit von Mitteleuropa herstellen, so beweist gerade die Geschichte des alten preußisch-deutschen Zollvereins, daß eine Meistbegünstigungsabmachung für sich allein nicht ausreicht. Sie erscheint als bequemster Schritt zum großen Ziele, wird auch wegen ihrer relativen Leichtigkeit von den in Frage kommenden Regierungsstellen zeitweilig als bestes Mittel der Annäherung angesehen, aber es besteht die Gefahr, daß wir dann glauben, es sei etwas Handgreifliches erreicht und ist doch nicht. Erreicht wird auf diese Weise eine größere gegenseitige Anpassung in Einfuhr und Ausfuhr, gleichzeitig aber auch eine dauernde Atmosphäre von weiter bleibenden Tarifrivalitäten und gegenseitigen Agitationen. Solange der alte Zollverein lebte, war er zwar sicher ein Hilfsmittel des Ausgleiches, aber das Gefühl, daß man sich gegenseitig ganz gehöre, blieb aus. Auch das Zollparlament von 1867 bis 1870 hat nur eine Nebenrolle gespielt. Und dabei war damals die allgemeine Temperatur viel mehr auf Handelspolitik gestimmt als heute, denn es war die Zeit des erstarkenden freihändlerischen Glaubens. Indem man Zölle beseitigte, diente man ganz allgemein dem Fortschritt. So einfach aber liegen für unsere gegenwärtige Denkweise diese Dinge nicht.

* *
*

Es sei mir gestattet, an dieser Stelle ein persönliches Bekenntnis zur Zollfrage im ganzen einzuschalten, weil ich die

Mitarbeit am mitteleuropäischen Zollverband vor mir selbst und vor meiner eigenen handelspolitischen Vergangenheit zu vertreten habe. Ich habe in den Jahren 1901 bis 1903 unter Führung meines unvergeßlichen verstorbenen Freundes Theodor Barth und unter Anleitung meines verehrten Freundes Professor Brentano mit Einsetzung aller Kraft an der Agitation gegen den erhöhten deutschen Zolltarif und insbesondere am Widerspruch gegen die Erhöhung der Brotpreise teilgenommen und habe die dazu gehörenden Grundsätze auch nachher noch in meiner 1905 entstandenen „Neudeutschen Wirtschaftspolitik" ausgesprochen. Dieser meiner damaligen Haltung schäme ich mich nicht im geringsten, weil sie ganz meiner Auffassung entsprach, und freue mich noch nachträglich des kräftigen Kampfes. Rein theoretisch habe ich auch heute von den damals vertretenen Ansichten nichts zurückzunehmen, denn ich bin auch jetzt noch der Meinung, daß unsere reichsdeutsche Wirtschaft und materielle Kriegsbereitschaft bei Fortsetzung des älteren Systems zwar etwas anders aber nicht schwächer dastehen würde, aber die Welt ist inzwischen weiter gegangen und durch den entscheidenden wirtschaftspolitischen Sieg der reichsdeutschen Zollparteien im Dezember 1902 sind in der reichsdeutschen Wirtschaft Verhältnisse geschaffen worden, die auch derjenige nicht ingnorieren kann, der vorher die neue Bewegung bekämpft hat. Es steht damit ähnlich wie mit jeder anderen großen Staatseinrichtung. Es haben seinerzeit, um dieses Beispiel anzuführen, aus verschiedenen Gründen Liberale und Sozialdemokraten gegen die Alters- und Invalidenversicherung gestimmt, teils aus Prinzip und teils der Einzelausführung, nachdem sie aber einmal da war, wurde sie ein Bestandteil unseres Daseins und konnte zwar reformiert und verbessert, aber nicht wieder ausgeschaltet werden. Natürlich ist es nun nachträglich für die damalige Opposition schwer möglich zu sagen, wie die Dinge weiter gegangen wären, wenn man ihre Vorschläge befolgt hätte. Der Unterliegende hat keine Tatsachen, auch wenn vieles dafür spricht, daß er mindestens so klug und wohlgesinnt war wie der Siegende. Kurz also, ich behaupte, daß die Steigerung der deutschen agrarischen Produktion von dem neuen Zoll, der am 1. April 1906 in Kraft trat, nicht wesentlich berührt worden ist, sondern im großen und ganzen ihren eigenen Gang auch bei Beibehaltung der alten Caprivischen Zölle weiter aufwärts gegangen wäre. Die Preissteigerung war privatwirtschaftlich für die Beteiligten sehr erwünscht, aber volkswirtschaftlich hat sie keine neue Epoche eingeleitet. Eine gewisse relativ kleine Vergrößerung der Ernteflächen ist eingetreten, aber der Hektarertrag hat seine schon vorher aufsteigende Linie (mit Wechsel der Erntejahre) innegehalten. Dasselbe gilt von der Viehwirtschaft, nur ist bei ihr die Meinung erlaubt, daß bei billigerer Futtereinfuhr unsere verfügbaren Fleischbestände bei Kriegsanfang noch größer gewesen wären, ohne daß dadurch die eigene Futterproduktion geringer geworden wäre, als sie gegenwärtig ist. Der Vergleich mit den zollfreien Landwirtschaften in der Schweiz, Belgien, Holland und Dänemark beweist, daß der Steigerungsvorgang auf zollfreiem Boden mindestens so gut ist als auf zollgeschütztem. Wenn darum jetzt agrarische Stimmen laut werden, als sei durch den Zolltarif von 1902/03 und durch die am 1. April 1906 in Kraft getretenen Vertragszölle der Wirtschaftskrieg gewonnen worden, so halte ich meinesteils das für üble Agitation und widerspreche im Interesse der Sachlichkeit und Wahrheit. Unser Gedankengang von 1902 war ebenso gut wie der unserer Gegner, da aber nun diese wirtschaftspolitischen Gegner damals den Sieg errungen haben, so fragt es sich für uns, ob wir wieder an den alten Ausgangspunkt von 1902 oder wohl auch von 1881 zurückkehren können. Das ist es, was ich verneine, wenigstens für die Periode, die wir zu übersehen einigermaßen in der Lage sind. Es ist nämlich auf Grund allgemeiner weltwirtschaftlicher Aufwärtsbewegung die Zoll- und Preiserhöhung für Lebensmittel in viel höherem Grade durch steigende Löhne, Gehälter und Preise aller Waren ausgeglichen worden, als wir und unsere Gegner vorher annehmen konnten. Es trat weder ganz das ein, was sie hofften, noch das, was wir fürchteten. Sie mußten erleben, daß ihr finanzieller Vorteil in Erhöhungen ihrer privaten und öffentlichen Ausgaben überging, während wir erleben mußten oder konnten, daß die vorausgesagte Herabdrückung des Lebensbestandes der arbeitenden Masse nicht zur Erscheinung kam, weil unter Mitwirkung gewerkschaftlicher Organisiertheit die Löhne sich den veränderten Preisverhältnissen über Erwarten schnell anpaßten. Es stiegen alle Preise: Grundstücke, Waren, Arbeitskraft. Das bedeutet eine Erschwerung unseres Auslandshandels, aber keine merkbare innere Verschiebung. Der Auslandshandel aber konnte die Erschwerung tragen, weil die Bedarfsquantitäten des Weltmarktes außerordentlich stiegen und weil auch anderswo gleichzeitig Geldentwertungen eintraten. Der ganze Vorgang war durch Verkettung von Umständen und rasche Anpassung von viel geringerem Gewicht, als er nach den beiderseitigen Voraussagen sein sollte. Das erklärt mein oben ausgesprochenes Wort, daß Zollfragen vor 50 Jahren mehr bedeuteten als gegenwärtig. Zugleich aber erklärt es meine

Aussage, daß wir nicht einfach auf den früheren Zustand zurückkehren können, weil es sich längst nicht mehr um bloße Zurückschraubung einiger Tarifpositionen handelt, sondern um Rückwärtsbiegung aller Preise und damit des innerdeutschen Geldwertes. Wenn man Beamte und Arbeiter fragt, ob sie bei Wiederherstellung der Getreidepreise von 1902 auch wieder auf die Gehälter und Löhne von damals zurückkehren wollen, nachdem der Hauptgrund der Lohnsteigerung ausgeschaltet sei, so ist ihnen das mindestens nicht unbedenklich. Sicher aber ist, daß wir gerade jetzt bei der Unsicherheit aller Wirtschaft nach dem Krieg ein solches Experiment nicht machen können, da sowieso weitere Geldentwertung in Aussicht steht. Jetzt muß auf der gegen unseren Willen geschaffenen Grundlage weiter gearbeitet werden. Dazu kommt, daß parlamentarisch eine feste Mehrheit für das gegenwärtige Zollsystem vorhanden ist und daß wir in den nächsten Jahren in der deutschen Politik zu viel anderes zu tun haben, um bei aussichtslosen Mehrheitsverhältnissen einen theoretischen Zollkampf zwischen jetzt und der neuen Handelsregelung nach dem Kriege von neuem zu beginnen.

* * *

Doch nun zur Sache selbst! Was kommt von Österreich-Ungarn zu uns und umgekehrt? Wir nennen natürlich nur die großen Posten und verweisen auf den statistischen Teil unseres Buches.

Noch immer besteht vielfach die Vorstellung, daß das „Agrarland" Österreich-Ungarn viel Getreide und sonstige Ackerfrüchte an das Deutsche Reich liefert. Wer unseren bisherigen Ausführungen gefolgt ist, weiß schon, daß die Sache besonders seit den letzten Jahren nicht so liegt. Es geht, je nach den Erntejahren, Roggen von uns zu ihnen und etwas mehr im Werte Weizenmehl von ihnen zu uns, aber das ist bei heutiger Lage des ungarischen Hektarertrages keine große Angelegenheit. Viel wichtiger sind Malzgerste, Malz und Hopfen für unsere Bierbrauereien. Kartoffeln werden nur in gewissem Umfange getauscht. Obst von allerlei Art kommt nicht unbeträchtlich von drüben zu uns. Sehr viel wichtiger ist die Holzeinfuhr aus Österreich-Ungarn, wie denn überhaupt das Holz ein Lebenselement der Donaumonarchie ist: rohes Holz, Bretter, Holzmasse, Grubenholz, Holzgeist. Überaus vielfältig ist die Einfuhr von Vieh und Viehprodukten: Eier, Ochsen, Pferde, Kühe, Gänse, Hühner, Ziegen, Milch, Butter, Bettfedern, Kalbfelle, Schaffelle. Andere

Häute, Felle, Pelzwerk gehen in Tausch, so daß gewisse Qualitäten in der einen Richtung und andere in der anderen sich bewegen. Ziemlich verwickelt sind die gegenseitigen Beziehungen in Wolle, da überseeische Wolle teilweise durch deutsche Hände nach Österreich-Ungarn gelangt. Wollverarbeitungen gehen als Halbfabrikate mehr von Deutschland nach Österreich-Ungarn als umgekehrt. Leinengarne kommen von Österreich-Ungarn zu uns. Baumwollabfälle werden getauscht, Baumwollgarne neuerdings stärker nach Deutschland eingeführt (vielleicht vorübergehend). In Steinkohlen und Steinkohlenprodukten ist die deutsche Einfuhr nach Österreich-Ungarn sehr mächtig, während in Braunkohle Österreich überwiegt. Bücher gehen mehr von Deutschland aus als umgekehrt. Ganz überwiegend strömen reine Industriewaren von Deutschland nach Österreich-Ungarn: Röhren, Öfen, Maschinen aller Art, Motore, Fahrzeuge, elektrische Vorrichtungen, Chemikalien, Lederwaren, Kleiderstoffe usw. Es quillt von beiden Seiten, es rinnt herüber und hinüber und tausendfach wird gegeneinander und füreinander gearbeitet. Das alles ist täglich sich verschiebendes, rollendes Leben und läßt sich gar nicht in einigen allgemeinen Formeln ausdrücken. Es muß an der Hand der Tabellen Stück für Stück nacherlebt werden. Dabei aber findet man, daß für unser beiderseitiges Wirtschaftsverhältnis alle nur möglichen Verhältnisse tatsächlich irgendwie anzutreffen sind. Österreich-Ungarn ist uns ein Rohstoffland, aber doch nicht so weit, daß es für uns Rohstoffland an sich sein könnte. Es ist Austauschland von Besonderheiten, die entweder hier oder dort in Menge und Güte vorhanden sind. Es ist Aufnahmeland für unsere Industrien, aber doch keineswegs so, daß es nicht selber die ähnlichen Industrien hätte oder hervorzubringen suchte. Im ganzen gleicht der Zustand mehr dem Verhältnis zweier Brüder, als dem von Mann und Weib; Konkurrenz unter Brüdern, die am besten dadurch ausgeglichen wird, daß man sich gegenseitig am Geschäft beteiligt.

* * *

In der Schrift von Geh. Finanzrat Losch in Stuttgart „Der mitteleuropäische Wirtschaftsblock" wird der Versuch gemacht, drei Hauptgruppen aus der Menge der Erscheinungen herauszuschälen: die Bedarfsgemeinschaft, die Ergänzungsgemeinschaft und die einfache Konkurrenz. Wir wollen dieser Gruppierung nachgehen, nicht als ob sie alles erfaßte, aber weil sie die Einsicht in die zu bewältigende

Wirklichkeit vermehrt, und wirkliche Anschauung hier wichtiger ist als ein formalistisches Reden über Zollkategorien.

In die Gruppe der Bedarfsgemeinschaft gehören alle jene Stoffe, die in beiden Großstaaten entweder überhaupt nicht oder nur in zu geringer Menge (wie etwa Tabak) hergestellt werden. Das sind in erster Linie die Erzeugnisse subtropischen und tropischen Klimas. Baumwolle wird von beiden Teilen in starken Mengen eingeführt. Hier liegt überhaupt kein Schutzzollbedürfnis vor, aber eine Handelsgemeinschaft kann, wie schon früher gesagt wurde, den gemeinsamen Jahreseinkauf von fast 900 Millionen Mark als Mittel zur Erzielung besserer Auslandsbedingungen verwenden. Ähnlich liegt es mit Kaffee, bei dem der Gesichtspunkt der Genußmittelbesteuerung hinzutritt. Der gemeinsame Einkauf ist nahe an 350 Millionen Mark. Dasselbe gilt mit allerlei Unterschieden von Wolle, Kupfer, Seide, Tabak, Reis und vielen Südfrüchten, Futterstoffen, anderen Metallen, Kautschuk, Überseehölzern, Petroleum (außer der galizischen Produktion), Tee, Pelzwaren usw. Wenn das neue gemeinsame Schema zurechtgemacht wird, so wird sich empfehlen, die Bedarfsgruppen für sich zu stellen, weil sie von vornherein ein Gemeinsamkeitsobjekt sind.

In der Gruppe der Ergänzungsgemeinschaft liegen die Dinge nicht ganz so klar, weil in ihr meist beide Zollgebiete selbst ein beträchtliches Quantum für den eigenen Gebrauch erzeugen und sich nur mit ihren Überschüssen aushelfen, wobei meist auch noch andere Lieferanten in Betracht kommen. Das deutlichste Beispiel ist Holz. Hier hat Deutschland einen Bedarf von 350 Millionen Mark, Österreich-Ungarn einen Überschuß von über 200 Millionen, der noch gesteigert werden kann. Je mehr nun die Einfuhr von Holz nach Deutschland für Österreich-Ungarn erleichtert wird, desto mehr wird das österreichische Holz auf dem deutschen Markte alle anderen Hölzer zurückdrängen können, was ein Nutzen für Österreich-Ungarn ist und kein unmittelbarer Schaden für Deutschland, denn die Umschiebung geschieht hauptsächlich zuungunsten der Russen. Die Frage ist nur, wie diese Bevorzugung Österreichs auf den russisch-deutschen Handelsvertrag wirkt. Hier muß ein Vorteil gegen den anderen abgewogen werden. Ähnlich liegt es beim großen deutschen Eierbedarf. Er wird mit wechselnden Jahreserträgnissen fast ganz von Österreich und Rußland gedeckt, und die Handelspolitik hat es in der Hand, den österreichischen Anteil zuungunsten des russischen sehr zu vermehren. Im Jahre 1913 lieferte Rußland an uns für 80 Millionen Mark Eier und Österreich für 76 Millionen. Diese Ziffern sind verschiebbar, sobald Galizien wieder in Ordnung ist und die dortigen Hühner sich vom Russeneinfall erholt haben. Umgekehrt liegt es bei Kohle, einem Artikel, der bisher vom Zollsystem nicht erfaßt ist, der aber durch gemeinsame Syndikate mit Zollgrenze unter Staatskontrolle bis zur Gemeinsamkeit gefördert werden kann. Deutschland hat eine Ausfuhr an Steinkohlen von gegen 450 Millionen Mark (bei einer meist englischen Einfuhr von 200 Millionen), Österreich-Ungarn aber hat einen Zusatzbedarf zu seinen eigenen Kohlen von über 150 Millionen. Natürlich müssen die Qualitätsunterschiede beachtet werden, aber daß ein noch größerer Ausgleich möglich ist, ist ohne Frage. Bei Braunkohle ist Österreich schon heute im Besitz des erreichbaren deutschen Marktes. Ebenso steht es vielfach bei Mais, Gerste, Malz, Obst, kurz bei allen einheimischen Produkten unserer Zone, die an der einen oder anderen Stelle Mitteleuropas in Überschuß erzeugt werden. Auch diese Gruppe muß im Schema für sich geführt werden, damit sie in ihrer Eigenart hervortritt.

In der dritten Gruppe, die wir als Gruppe der einfachen Konkurrenz bezeichneten, stehen alle diejenigen Erzeugnisse und Verarbeitungen, die in beiden Zollgebieten von vornherein mit der Absicht des Außenhandels hergestellt werden und bei denen der Deutsche, Österreicher und auch Ungar an den Ausländer als Verkäufer herantritt, bei denen aber auch nach dem Maß seiner Kräfte der Deutsche in Österreich-Ungarn Markt gewinnen will und umgekehrt. Dabei gehört vielfach der dazu erforderliche Rohstoff, bisweilen auch das Halbfabrikat, zur vorhin angeführten ersten Gruppe. Ein Beispiel ist die gegenseitige Konkurrenz der Baumwollspinnereien oder des Maschinenbaues. Die deutschen Fabriken liefern Fahrräder nach Österreich, aber es ist mit demselben Rechte für die österreichische Fahrradfabrik erwünscht, nach Deutschland liefern zu können. Beide zusammen aber streiten sich um den Absatz von Fahrrädern nach den Balkanstaaten. Dasselbe gilt von den Waffen, Lokomotiven, landwirtschaftlichen Maschinen, Öfen, Kochgeschirren, Kleiderstoffen, fertiger Wäsche und hundert anderen Dingen. Dabei ist zu berücksichtigen, daß eine Industrie, die im Ausland Markt erst gewinnen will, als Sicherung ihrer Existenz den Heimatmarkt fest in der Hand behalten möchte, daß also beispielsweise eine böhmische Textilfabrik nicht in Rumänien Erfolge haben kann, wenn ihr inzwischen der Wiener Absatz von der reichsdeutschen Konkurrenz weggenommen wird. An dieser Stelle liegen die allereigentlichsten Schwierigkeiten der Zollgemeinschaft. Je mehr Österreich-Ungarn zum Industriestaat wird, desto sorgenvoller sehen seine Exportindustrien auf einen Vorgang, dessen Folgen vorher nicht abzuschätzen sind. Es kann sein, daß alles viel leichter geht, als man es sich vorher denkt, aber eine Garantie kann niemand geben. Deshalb ist sowohl bei Zollunion wie bei Vorzugsbehandlung auf diese Gruppe die größte Aufmerksamkeit zu richten. Einfacher liegen die Dinge bereits jetzt bei der starken beiderseitigen Zuckerausfuhr, für die schon Vereinbarungen getroffen sind.

* * *

Eine besondere Gruppe bildet der Veredelungsverkehr. Freilich ist es nicht leicht, dieses bunte Kapitel richtig zu erfassen. Einige Beispiele sollen die Sache zu beleuchten versuchen: Die österreichischen Schokoladenfabriken beziehen ihren Kakao vom Auslande, verarbeiten ihn aber mit inländischem Zucker und anderen Zutaten und verkaufen die Verarbeitungen ins Ausland, natürlich meist an andere Stellen, als an die Ursprungsorte des Rohstoffes. Dabei ist aber der ursprüngliche Rohstoff sozusagen nur auf Besuch in Österreich und wird von der Zollverwaltung nur als vorübergehend anwesend behandelt, indem Abgaben zurückerstattet oder wenn sie nur gebucht sind, gestrichen werden. Da nun mit dem Ursprungsprodukt Kakao auch Zucker mit ausgeführt wird, so entsteht dem Zollauslande gegenüber eine neue zollpflichtige Ware. Oder es werden halbgearbeitete, rohe Möbel nach Österreich eingeführt, dort poliert, fourniert, tapeziert und dann wieder nach dem Auslande verkauft. Hier kommt es vor, daß fast gar keine neuen Stoffe hinzugefügt sind, sondern nur Arbeitswerte. Dieser Vorgang kann nun so erfolgen, daß beim Überschreiten der Zollgrenzen ein Verkauf stattfindet, aber sehr oft bleibt der Gegenstand während seines österreichischen Aufenthaltes im Besitz etwa eines Reichsdeutschen, der die betreffende Arbeit in Österreich machen läßt, weil sie dort besonders gut oder billig gemacht wird. In der Textilbranche kommt es vielfach vor, daß Appretur oder Färben im Zollauslande vollzogen wird, da ja die Landesgrenzen oft sehr zufällig durch Gewerbeprovinzen hindurchgehen. Am umfangreichsten ist in Deutschland ein derartiges Geschäftsverfahren beim Polieren des Reises: für 85 Millionen Mark Wert. Dann kommt die Benzinraffinerie, Holz- und Eisenzurichtungen, Maschinenmontage usw. Hier sollte man bei der Annäherung beider Zollgebiete von vornherein so viel Entgegenkommen walten lassen, als irgend möglich, denn nichts fördert die gemeinsame Wirtschaft so sehr als diese Art von Arbeitsgemeinschaft. Dem Auslande gegenüber bleibt die Zoll- und Finanzgrenze bestehen, aber im gemeinsamen Inlande soll sie für alle Verarbeitungsprozesse grundsätzlich fallen.

* * *

Alle Zölle haben ihrer Natur nach etwas Willkürliches, denn sie sind ein absichtlicher Zusatz zur Preisbildung. Man hat zwar gerade bei den allerwichtigsten Zöllen, den Getreidegrenzabgaben, versucht, eine Art Theorie der Zollhöhe aus dem Unterschiede einheimischer und ausländischer Produktionskosten herzustellen und etwa zu sagen: da der Argentinier die Tonne Weizen um so viele Mark billiger liefern kann als der deutsche Landwirt, so muß der Unterschied der Produktionskosten in Zoll ausgedrückt werden. Wir wollen nun nicht leugnen, daß sachlich an dieser Auffassung etwas Richtiges ist, aber sie hat doch ihre sehr großen Lücken, denn schon das, was als einheimische Produktionskosten angenommen wird, steht unter dem Einfluß vergangener und zu erwartender Zollverteuerungen und ist darum nichts rein Natürliches, und vor allem sind die Produktionskosten auch im Inlande unter sich höchst verschieden und von vorhandenen oder erstrebten Bodenpreisen abhängig. Kein Zoll ist an sich auf rechnungsmäßiger Grundlage zu gestalten, sondern er ist seinem Wesen nach ein Willensakt. Das schließt nicht aus, daß die Zölle unter sich so zusammenhängen, daß, wenn man A gesagt hat, man auch B sagen muß. Solange es Futtermittelzölle gibt, muß es auch Viehzölle geben, weil ja sonst geradezu die Vieheinfuhr vom Auslande künstlich zum Schaden der inländischen Viehzüchter herbeigezwungen wird. Solange es Getreidezölle gibt, müssen entsprechende Mehlzölle bestehen. Auf jedem Zoll für einen Grundstoff baut sich ein Oberbau von Zöllen für Verarbeitungen auf. In diesem Sinne gibt es Zölle ersten Grades und Zölle weiterer Stufen. Will man also eine Zollvereinigung herstellen, so muß man hinabsteigen bis zu den Urzöllen und von dort aus die Gleichheit nach oben hin hinaufarbeiten. Das ist nun, wie die Dinge liegen, für die Getreidezölle nicht schwer, da die Vertragszölle seit 1906 fast gleich sind, nämlich für Roggen in Deutschland 5,00 M., in Österreich-Ungarn 6,00 Kr., für Weizen 5,50 M. und 6,50 Kr. für den Doppelzentner. Das läßt sich (bei einheitlicher Valuta) leicht auf einen Generalnenner bringen, so daß von dieser Stelle aus das ganze Getreide-, Mehl-, Brot- und Futtergebiet seine Einheitlichkeit bekommt. Etwas schwerer schon geht es bei Eisen, denn Roheisen hat in Deutschland

1 M., in Österreich-Ungarn 1,5 Kr. = 1,27 M. Viel verschiedener jedoch als diese Grundziffer ist der auf ihr errichtete Oberbau. Stabeisen zahlt in Mark ausgedrückt in Deutschland 2,5 M., in Österreich-Ungarn 5,20 M. Blech in Deutschland verschieden von 3,00 M. bis 4,50 M., in Österreich-Ungarn aber 7,65 M! Ganz ungeheuerlich werden die Unterschiede bei Werkzeugen, Schrauben, Messerschmiedewaren, wo unter Umständen der österreichische Zoll bis zum Fünffachen des reichsdeutschen steigt. Diese Eisenverarbeitungszölle sind direkt gegen die deutsche Einfuhr gemacht. Hier genügt also nicht, die Urziffer gleich zu machen, sondern es muß das gesamte Aufbausystem vereinbart werden. Nicht ganz so weitgehende Differenzen, aber doch immerhin sehr merkbare Unterschiede weist das Textilgebiet auf, nur läßt sich hier der bestehende Zustand bei der Menge der Positionen kaum in wenigen Ziffern erkennbar ausdrücken. Kammgarn beginnt in Deutschland bei 8 M. und steigt mit den Qualitäten bis 24 M., in Österreich-Ungarn beginnt es bei 10,20 M. und steigt bis 40,80 M.! Wer die Zolltarife nicht selbst zur Hand hat, findet weitere derartige Angaben in der schon erwähnten Schrift von Prof. v. Philippovich: „Ein Wirtschafts- und Zollverband zwischen Deutschland und Österreich-Ungarn." Es gibt auch Waren, die in Deutschland zollfrei sind, weil wir in ihnen keine Konkurrenz zu fürchten haben, die aber in Österreich-Ungarn zollgeschützt sind, wie beispielsweise viele Chemikalien. Diese Verschiedenheiten sind meist das Ergebnis heftigen Drängens der betreffenden Interessenten und werden von ihnen um so mehr hochgehalten, als sie mit Not und Zureden erst mühsam erreicht worden sind. Wer also hier ändern will, der hat es an allen Ecken mit Widerständen von Nächstbeteiligten zu tun, und da die Interessenten in solchen Fragen, wo es sich um Geldziffern handelt, hartnäckig zu sein pflegen und oft wirklich um die Rentabilität ihrer Anlagen und Maschinen kämpfen, so darf niemand glauben, daß die Zolleinheit sozusagen mit einem Federstrich von oben her gemacht werden kann. Vor allem aber ergibt sich daraus, daß man die Interessenten allein nicht zu Richtern in eigener Sache machen darf, weil dann das große volkswirtschaftliche Ziel kaum erreicht wird.

* * *

Nehmen wir einmal den Fall, daß der Krieg jetzt nicht gekommen wäre, so würden wir vor der Frage der Erneuerung des bisherigen Handelsvertragssystems stehen. Dabei würden von beiden Seiten

Änderungswünsche vorgetragen werden, aber besonders würde Österreich-Ungarn versuchen, seine zollpolitische Lage gegenüber Deutschland zu verbessern, denn in Österreich-Ungarn besteht die weitverbreitete Überzeugung, daß in dem Jahre 1903 die eigenen Interessen auf eine falsche Weise vertreten worden sind. Damals gingen die österreichisch-ungarischen Unterhändler noch von der Meinung aus, daß für sie die Herabsetzung der deutschen Getreidezölle eine Lebensnotwendigkeit sei. Das war aber falsch, denn der Zeitpunkt, an dem Österreich-Ungarn selber einen Auslandsbedarf an Getreide hatte, stand vor der Tür. Österreich-Ungarn wuchs in Bevölkerungsziffer und Konsumkraft, aber nicht in demselben Maße an landwirtschaftlicher Produktion. Die österreichischen Getreidezölle haben auch in letzterer Richtung nicht merkbar gewirkt. Die Folge war, daß ein Teil der österreichisch-ungarischen Kraft an einer falschen Stelle eingesetzt wurde. Und die Folge davon war, daß für die wichtigeren Ausfuhrgebiete, nämlich Vieh, Viehprodukte, Holz und auch Obst nach österreichischer Auffassung nicht die Erleichterungen erlangt wurden, die bei anderem Verfahren zu haben gewesen wären. Mag das letztere nun richtig sein oder nicht (was sich nachträglich schwer sagen läßt), so ist doch anzunehmen, daß ohne den Krieg von Österreich-Ungarn aus ein ernstlicher Versuch gemacht worden wäre, durch weitere Hinaufschraubung von Industriezöllen weitere Nachgiebigkeiten auf den genannten Ausfuhrgebieten zu erlangen. Man würde es sicherlich nicht bis zu einem Zollkrieg getrieben haben, aber die Verhandlungen würden keinen ganz glatten Verlauf genommen haben. Die zollpolitische Stimmung war nicht ganz harmonisch, da der Rückgang der Ausfuhr nach Deutschland in verschiedenen Richtungen handgreiflich war. Diese Stimmung wird ja nun durch die überwältigend große Kriegsgemeinschaft zurückgedrängt, aber in den Verhandlungen wird sie doch nicht ganz unter der Oberfläche bleiben. Man muß mit ihr rechnen und kann sich darauf gefaßt machen, daß in den Zollstuben eine wahrer Schützengrabenkrieg um jede einzelne Position anheben wird. Wenn also die Wirtschaftseinheit gewonnen werden soll, so muß Österreich-Ungarn dabei die Sicherheit erhalten, daß es nicht in die Ecke gedrückt werden soll. Das aber bedeutet, daß man Zwischenzölle oder etwas Ähnliches als Schutzmaßregel einsetzen muß.

* * *

Wir haben schon beiläufig erwähnt, daß deutsche und österreichische Textilfirmen sich auf dem rumänischen Markte treffen könnten.

Das war kein zufällig gewähltes Beispiel, denn zu den Schwierigkeiten der Handelspolitik der zwei Großmächte gehört besonders auch die Rivalität auf dem balkanischen Absatzgebiet. Nicht was von dort eingekauft wird, macht die Sache schwer, sondern was nach dorthin verkauft werden will. Die österreichischen Fabrikanten können es den reichsdeutschen in fernen und überseeischen Ländern nicht gleichtun und gehen dorthin ganz gern unter dem Schutze deutscher Exportfirmen und Konsulate, aber in den Balkanstaaten glauben sie eine Art von ungeschriebenem Vorrecht zu besitzen und nehmen es den Reichsdeutschen übel, daß sie mit sichtbarem steigenden Erfolge in den letzten Jahren vor dem Krieg ihre Waren in Rumänien, Bulgarien und auch in Serbien angeboten haben. Wie das mit der österreichisch-ungarischen Balkanpolitik zusammenhängt, sei hier unerörtert; Tatsache ist, daß die reichsdeutsche Ausfuhr nach Rumänien in drei Jahren (1910—1913) von 66 auf 140 Millionen M. Wert und nach Bulgarien von 19 auf 30 Millionen M. Wert gestiegen ist, zwar meist nicht unmittelbar auf österreichische Kosten, aber doch so, daß Deutschland 140, Österreich-Ungarn aber nur 114 als Verkäufer in Rumänien bedeutet. Die entsprechenden Ziffern für Bulgarien sind umgekehrt 30 : 40; in Serbien 19 : 37. Ähnliche Gefühle und Erfahrungen begleiten auch die österreichisch-ungarische Ausfuhr nach der Türkei. Versucht man sich dabei aus den Zollverzeichnissen ein genaues Bild zu machen, so geht der deutsche Vormarsch nicht auf allen Industriegebieten mit gleicher Wucht vor sich. Er ist in Eisen stärker als in Wollwaren, aber allerdings: Österreich-Ungarn hat außer Bulgarien und Serbien kein Land, wo es industriell mehr bedeutet als Deutschland. Ohne Kolonien und fast ohne eigene wirtschaftliche Interessensphären ist es doch gezwungen, Waren zu exportieren, um seine Bevölkerung nicht zur noch größeren Abwanderung zu drängen. Diese eingeschlossene, abgeschlossene Lage müssen wir Reichsdeutschen erst einmal wirklich begriffen haben, ehe wir uns über das Mißtrauen aufhalten, mit dem vielfach der Österreicher und Ungar unsere erfolgreiche Wirtschaftspolitik begleitet. Um es offen zu sagen: der Österreicher hat uns gegenüber in manchen Augenblicken dieselben Gefühle, die wir der englischen Weltwirtschaft gegenüber haben, eine Mischung von Hochachtung, Neid und Trotz. Von solchen Imponderabilien zu reden, ist ungewöhnlich; die Zollgemeinschaftsliteratur umgeht diese mehr unfaßbaren Dinge, aber ich bin fest überzeugt, daß ohne ganz freies Aufdecken aller Tiefen der mitteleuropäische Lebensbund nicht zustande kommt. Wir brauchen dabei nicht nur einen Händlergeist, sondern eine mitfühlende schöpferische Gesinnung. Das aber heißt ins Praktische übersetzt: der Zoll- und Handelsvertrag zwischen Deutschland und Östereich-Ungarn hat nur einen aufbauenden Sinn wenn er sich über das beiderseitige Austauschen von Nachteilen und Vorteilen hinaus erstreckt zur gemeinsamen Regulierung der zu erhaltenden oder zu gewinnenden Außenmärkte. Tritt das nicht hinzu, so wird der Vertrag voraussichtlich ein Entfremdungsvertrag.

* * *

Damit ist nach unserer Meinung das mitteleuropäische Zoll- und Handelsproblem im allgemeinen umschrieben, noch aber sind wir auf die Kernfrage der gegenwärtigen Debatten nicht eingegangen, welcher Art der neue Vertrag zu sein hat. Wir haben bisher die Einheitlichkeit der Warenklassifikation gefordert und von der Notwendigkeit schonender Übergangseinrichtungen gesprochen, zwei Forderungen, die bei jeder Lösungsart erhoben werden müssen. Die technische Kernfrage aber ist, ob die zwei oder drei Handelsstaaten eine gemeinsame Handelspolitik mit Zwischengrenze oder zwei Handelspolitiken mit Gemeinsamkeitseinrichtungen haben wollen und können. Es ist die alte Frage vom Bundesstaat oder Staatenbund aufs Handelspolitische übertragen. Wer nun aber gerade diese alte politische Streitfrage im Gedächtnis behält, der weiß, wie unklar und fließend hier alle Begriffe sind, weil in der Praxis der Bundesstaat durch viele Ausnahmen so gelockert sein kann, daß er weniger bedeutet, als ein Staatenbund mit wachsenden gemeinsamen Organen. Es nützt also nichts, von vornherein doktrinär auf eine dieser Formeln zu schwören, sondern der Wille muß hergestellt werden, der aus richtig bedachten Anfängen weitere Entwickelungen aus sich heraussetzt. Die dabei vorhandenen technischen Möglichkeiten sind gut auseinandergesetzt in einer Broschüre von Professor Julius Wolf: „Ein deutsch-österreichisch-ungarischer Zollverband" (Leipzig bei Deichert). Dort lautet die Frage: Zollunion oder Vorzugsbehandlung?

Zollunion ist der Gedanke, daß um die Grenze des gemeinsamen Gebietes (also um die Schützengrabengrenze Mitteleuropas herum) eine von einer mitteleuropäischen Zentralstelle aus verwaltete Bundeszollverwaltung mit Grenzstationen und Beamten aufgestellt wird, die nach gleichen Grundsätzen in einheitlich gemachter Währung dieselben Zölle und Abgaben erhebt, und zwar so streng, daß es ganz gleich ist, ob das Weizenschiff oder der Gerstendampfer in Hamburg, Bremen, Mannheim, Triest anlegt, daß es gleich ist, ob der Holztransport und der Petroleumwagen von Rußland über Galizien fährt oder über Thorn, daß es gleich ist, ob der Kaffee oder Kautschuk Antwerpen oder Fiume oder Cattaro benutzt. Ein Stück Vieh wird, solange mit diesen Ländern keine weiteren Abmachungen getroffen sind, in Flensburg nicht anders behandelt als in Semlin. Dieser Gedanke setzt einen gemeinsamen Apparat voraus, in dem die ausführenden Personen auf der ganzen Linie vertauschbar sind, weil nur so die Gleichheit der Durchführung gewährleistet werden kann.

Vorzugsbehandlung aber ist der Gedanke, daß nach wie vor zwei (oder drei?) Handelsstaaten bestehen bleiben, die ihre eigenen getrennten Zollerhebungsapparate haben, wie jetzt noch Österreich und Ungarn, untereinander aber vereinbaren, daß sie an den fremdländischen Außengrenzen ein gemeinsames Warenschema mit möglichst gleichen Zollsätzen verwenden und an der beiderseitigen gemeinsamen Grenze sich noch besondere Erleichterungen oder Zollabzüge gewähren wollen, etwa so, daß man vom Freund 20 % weniger Zoll erhebt als vom Fremden. Natürlich können die Prozentsätze der Abzüge mannigfach gegliedert sein.

Zwischen diesen zwei Grundformen lassen sich nun verschiedene Zwischenformen denken, und auf diese Zwischenformen wird sich voraussichtlich die weitere Erörterung hinlenken. Ehe man aber darüber redet, ist es nützlich, die Grundformen selbst zu erwägen.

* * *

Die Vorzugsbehandlung bietet den sehr einleuchtenden Vorteil, daß bei ihr staatsrechtlich alles beim alten bleibt und daß jeder Teil weiterhin innerhalb des Vertragszustandes machen kann, was er will. Er ist darum im gegenwärtigen Zeitpunkt besonders bei den Österreichern und Ungarn beliebt und erscheint als die leichtere Lösung. Das aber dürfte sich bei weiterem Eingehen auf die Materie doch noch etwas verschieben, denn gerade in der Vorzugsbehandlung liegen für Österreich-Ungarn recht schwere Bedenken, die man auf Grund unserer bisherigen Ausführungen verstehen wird. Zunächst ist zu beachten, daß die Ausfuhr von Österreich-Ungarn nach Deutschland (nach deutscher Statistik 827 Millionen Mark Wert) wesentlich kleiner ist, als die Ausfuhr von Deutschland nach Österreich-Ungarn (1105 Millionen Wert). Wenn also eine gleiche Vorzugsquote gewählt wird, wirkt diese zweifellos zugunsten Deutschlands mehr als zugunsten Österreich-Ungarns. Dazu aber kommt, daß die deutsche Ausfuhr weit mehr in das Gebiet gehört, was als Konkurrenz zu bezeichnen ist, als die österreichisch-ungarische. Alle Artikel der Gruppe, die wir oben Ergänzungsgemeinschaft genannt haben, stören unsere eigene Produktion nicht oder nur wenig. Wenn beispielsweise Grubenholz aus Österreich zu uns kommt und nicht aus Rußland, so ist das für Österreich angenehm, ohne unsere Holzproduktion zu gefährden. Wenn aber deutsches Kleineisen billiger nach Österreich gebracht wird, so merkt man es in der dortigen Eisenproduktion unmittelbar als Druck auf den Inlandsmarkt. Das ist gerade der Fall, den Österreich-Ungarn vermeiden will, nämlich die Erdrückung seines erst im Aufstieg befindlichen Industrialismus. Um diese Folgen nicht eintreten zu lassen, würde man wohl versuchen, zwar den Österreichern und Ungarn ihre Ergänzungseinfuhr nach Deutschland zu erleichtern, aber die deutsche Konkurrenzeinfuhr möglichst wenig zu ermuntern. Das aber ergibt einen Vertrag, der sich nicht wesentlich vom bisherigen Zustand unterscheidet, und für den das reichsdeutsche Interesse nur gering sein kann, da er politisch keinen engeren Zusammenschluß bietet, die Verträge mit Rußland und anderen Staaten empfindlich stört und das Weltwirtschaftsgebiet Mitteleuropa nicht schafft. Je exakter der Vorzugsgedanke durchgedacht wird, desto gefährlicher ist er für Österreich-Ungarn, besonders auch darum, weil er keinerlei Sicherung des österreichischen Außenhandels nach den Balkanstaaten oder anderen Fremdländern in sich schließt. Wenn Österreich-Ungarn als Ganzes noch der Agrarstaat alter Art wäre, dann hätte die Vorzugsbehandlung für beide Teile einen guten Sinn, da aber dieser Zustand vorübergegangen ist, und da die Doppelmonarchie uns in den wichtigsten Ernährungsstoffen wenig mehr zu bieten hat, muß jede Abmachung, die einfach auf Gabe und Gegengabe beruht, Österreichs Lage noch etwas weiter einengen. Es gewinnt bei diesem Verfahren zu wenig am deutschen Markt, nichts am fremden Markt und muß seine Heimatproduktion gefährden. Vom reinen deutschen Erwerbsstandpunkt aus hätte ich nicht nötig, diese Sätze so absichtlich deutlich auszusprechen, da ich aber der Meinung bin, daß die mitteleuropäische Denkweise sich von Anfang an darin zeigen muß, daß das Interesse des Bundesgenossen dem eigenen gleich geachtet werden muß, so halte ich es für Pflicht, meine Erkenntnis der Sachlage nach Möglichkeit klar zum Verständnis zu bringen.

* * *

Die Zollgemeinschaft bringt, wie schon hervorgehoben, viel größere Einführungsschwierigkeiten und staatsrechtliche Aufgaben mit sich, aber sie allein ermöglicht eine reichsdeutsche Fürsorge auch für die österreichisch-ungarische Wirtschaftszukunft. Darin liegt für die Österreicher ein gewisses, nicht klein zu achtendes Opfer an wirtschaftlicher Selbständigkeit und staatsrechtlicher Ungebundenheit, aber erstens ist die Bindung beiderseitig, zweitens ist der österreichisch-ungarische Wirtschaftsvorteil groß und drittens ist bei Weiterbestehen der österreichisch-ungarischen Doppelmonarchie dieser Vorgang geschichtlich notwendig, da ein weltwirtschaftlich isoliertes Österreich-Ungarn nicht die finanziellen Kräfte entwickeln kann, um mit der Last der Kriegsschulden sich in den eigenen Industrialismus hinüberzuheben. Gestehen wir, daß Österreich-Ungarn erst noch einmal alle anderen Möglichkeiten durchprüfen muß, ehe es den unwiderruflichen Schritt zur Zollgemeinschaft tut. Unwiderruflich ist er auch dann, wenn im Gemeinschaftsvertrag Kündigung vorgesehen ist, wofür ich meinesteils bin, weil die Kündigungsmöglichkeit ein gewisses Sicherheitsventil gegen Mißstimmungen ist und eine Handhabe zu nötigen Änderungen bietet. Es wird aber das Zusammenwachsen schon in einer Wirtschaftsperiode so übermächtig sein, daß von absoluter Trennung dann nicht wieder im Ernste geredet werden kann, solange die beiderseitigen Wirtschaftskräfte bei gemeinsamem Aufstieg prozentual etwa den gegenwärtigen entsprechen. Sobald Österreich-Ungarn nach Durchprüfung aller anderen Möglichkeiten sich von der Notwendigkeit der zukünftigen Wirtschaftsgemeinschaft überzeugt hat, wird es auf dieser Grundlage mit ganz anderen Forderungen an Deutschland herantreten können als bei dem bloßen Vorzugsvertrag, denn von da an steht nicht nur Wirtschaftsvorteil gegen Wirtschaftsvorteil, sondern beide Teile sind zur Aufrichtung eines Weltwirtschaftsgebietes vereint, bei dem um der gemeinsamen Größe willen keine Kraft in irgendeinem Teile des Gesamtgebietes verloren gehen darf. Sobald diese Grundlage gelegt ist, hat Österreich-Ungarn nicht nur das Recht, sondern die heilige Pflicht, unsere Zustimmung und Mitwirkung zu allen Maßnahmen zu verlangen, die den Übergang schonend und die weitere Auswirkung aller österreichisch-ungarischen Entwicklungsmöglichkeiten leicht machen können. Dabei wird ganz von selbst aus der Zollgemeinschaft mehr als eine Zollgemeinschaft, denn sobald sich beide Teile über den Einheitswillen verständigt haben, sind sie technisch nicht nur auf das Mittel der Zollverträge angewiesen, sondern können einen Teil der gemeinsamen Wirtschaftsfragen mit anderen und besseren Methoden, wie Staatsvorratswirtschaft und Syndikatsverband, lösen.

* * *

Schon an verschiedenen Stellen unserer Arbeit haben wir auf die Wirkungen hingewiesen, die die Erfahrungen der Kriegswirtschaft auch nach dem Kriege weiterhin ausüben werden. Es kommen besonders die Vorratswirtschaft in Ernährungs- und gefährdeten Rohstoffen und die Syndikatsregelung zu Steuerzwecken in Betracht. Nimmt man an, daß beides in einer gewissen Gemeinsamkeit vorgenommen wird, so zerlegt sich das, was bisher als ein Handelsvertrag erschien, in drei unter sich zusammenhängende Gruppen: Vorratsverträge, Syndikatsverträge und Handelsvertrag im engeren Sinne des Wortes. Diese Seite der Sache ist von den bisherigen Bearbeitern viel zu wenig berücksichtigt worden.

Der Mittelpunkt der Vorratsverträge sind die Staatskornhäuser. Wie weit sie sich auf Futterstoffe ausdehnen müssen, überlassen wir späteren Erwägungen. Hier ist es nötig, die ungarische Landwirtschaft, die im Gesamtgebiet die einzige Überschußwirtschaft ist und noch viel mehr werden kann, von vornherein in eine gesicherte Lage zu bringen. Sie muß bei Einheitswirtschaft den Getreideproduzenten Deutschlands und Österreichs völlig gleichgestellt und von aller fremdländischen Konkurrenz ein für allemal unterschieden werden. Das würde beim bloßen System der Handelsverträge keine absolute Notwendigkeit sein, liegt aber vom ersten Tage an im Prinzip des vollen Zusammenschlusses. Der ungarische Getreideproduzent ist dann für uns dasselbe, was uns die eigenen Großgrundbesitzer und Bauern sind: Grundlage der Ernährungswirtschaft des mitteleuropäischen Verbandes. Es braucht nach früheren Darlegungen nicht weiter ausgeführt zu werden, was das für Ungarn bedeutet.

Der Mittelpunkt der Syndikatsverträge aber wird das mitteleuropäische Eisensyndikat sein, durch welches unter Mitwirkung der beteiligten Staatsregierungen den österreichischen und ungarischen Eisenindustriellen ihre bisher durch Zölle und Staatsprotektion gesicherte Stellung in Form von Rayonierungskartellbestimmungen garantiert wird. Was als Zwischenzoll gedacht ist, wird zur Kartellabgabe und das Kartell im ganzen zahlt an die Staatsverwaltungen, ein Punkt, der später nochmals berührt werden wird. Auf diese Weise läßt sich auch eine gewisse Verteilung des fremden Auslandsmarktes erreichen, nur auf diese Weise. Die große bewährte Organisationskraft der beiderseitigen Syndikate wird in den Dienst des gemeinsamen Wirtschaftsgebietes gestellt. Das ist, wenn es gelingt, für die österreichische und ungarische Eisenindustrie in allen ihren Verzweigungen und Oberbauten viel besser und wirksamer als alle bloße Zollabgrenzung des heimischen Marktes. Ist aber einmal das Vorbild der gemeinsamen Syndizierung auf dem Hauptgebiete des Eisens gefunden, so wird sich dieses Schema mit den notwendigen Abänderungen auf alle syndizierbaren Gewerbe übertragen lassen. Damit vermindert sich der Umkreis der Produktionen, die Zwischenzölle brauchen, mit jeder neuen Syndikatsfusion. Für vereinte Syndikate mit wohlberechneten Kontingenten und mit Abgrenzung heimischer Vorzugsmärkte unter staatlich garantierter Konventionalstrafe ist nichts anderes nötig, als die gemeinsame Zollinie nach außen. Das ist sehr stark syndikalistisch gedacht und mag vielen Gewerbetreibenden zunächst deshalb unerfreulich erscheinen, aber die Tatsache selbst, daß wir auf allen Hauptgebieten der Fabrikation von Halbfabrikaten und Massenartikeln der Syndikatsbildung entgegengehen, ist sowieso schon vorhanden, und es handelt sich nur darum, diesen vorhandenen Zug der Zeit scharf zu erfassen und in den Zusammenhang der mitteleuropäischen Aufgabe zu stellen.

Es ist sehr zu wünschen, daß die Grundlinien der künftigen Vorratswirtschaft und Syndikatsregelung gelegt sind, ehe man an den Aufbau des neuen mitteleuropäischen Zollsystems herangeht. Dieses hat nämlich ein ganz anderes Gesicht, sobald die schwersten Hauptgebiete der Zwischenzollfrage enthoben sind. Die öffentliche Debatte in diese Richtung zu lenken, ist eine wesentliche Absicht unseres Buches.

* * *

Wie steht es aber dann mit den vielgenannten Zwischenzöllen? Sie bleiben notwendig als Ausgleich für alle diejenigen Erzeugungen, die nicht auf andere Weise besser geregelt werden können. Dabei sind folgende Fälle zu unterscheiden:

a) Eins der beiden Wirtschaftsgebiete braucht für gewisse Waren überhaupt keinen Zoll, weil es von sich aus über der Konkurrenz steht, wie z. B. vielfach die deutsche chemische Industrie. In diesem Falle kann das andere Gebiet in der Lage sein, eine kleinere, aber doch nicht wertlose Industrie schützen zu müssen. Hier würde, falls nicht Syndikatsregelung eintreten kann, das zweite Gebiet Zusatzzölle zum gemeinsamen Tarif an seinen Außengrenzen und den Zusatz als Zwischenzoll an der deutsch-österreichischen Grenze zu erheben berechtigt sein müssen.

b) In beiden Gebieten befinden sich dieselben Industrien, die nach dem Auslande zu den gleichen Schutz verlangen, die aber unter sich so verschieden stark sind, daß die eine im inneren Verkehr vor der anderen geschützt werden will, wie z. B. gewisse Teile der deutschen Glasindustrie oder der österreichischen Kleiderkonfektion. Hier muß zugunsten des schwächeren Teiles an der Innengrenze ein Zoll erhoben werden, der geringer ist als der Auslandszoll, aber hoch genug, um der Überwältigung vorzubeugen. Man kann diese Gruppe als industrielle Aufrechterhaltungszölle bezeichnen.

c) In beiden Gebieten finden sich Produktionen, die an sich weltwirtschaftlich schwach sind, aber aus Gründen der Bevölkerungserhaltung nicht untergehen dürfen, wie beispielsweise der Tabakbau in gewissen deutschen Landstrichen oder der Weinbau in weniger guten Gebieten, die Obstzucht bei geringerem Klima. In diesen Fällen muß geprüft werden, ob nicht hier auch durch den Zusammenschluß Gefährdungen entstehen, die durch Bewahrungszölle aufgehalten werden können.

Der Unterschied der zweiten und der dritten Gruppe ist der, daß die industriellen Aufrechterhaltungszölle den Charakter der Zeitweiligkeit an sich tragen können, um entweder als Erziehungszölle zu wirken oder eine Umschaltung der betreffenden Industrien in aller Ruhe zu ermöglichen, während die Bewahrungszölle ihrer Natur nach einen mehr dauernden Charakter haben müssen. Es ergibt sich aus dieser Unterscheidung, daß die Forderung des Abbaues der Zwischenzölle nicht in gleicher Weise bei allen Zwischenzöllen gestellt werden kann, wenigstens nicht für absehbare Zeiten.

Welche und wieviele Zwischenzölle nötig sein werden, kann nur in sehr mühevoller Arbeit beim Durchgehen aller einzelnen Positionen ergründet werden. Hierbei ist die Herstellung des gemeinsamen Schemas erste Vorbedingung. In dieses Schema wird zu nächst dem Auslande gegenüber aus den seitherigen Zöllen ein mögliches Mittelmaß eingetragen und zur Diskussion gestellt. Ob in einzelnen Fällen nicht auch nach außen hin, abgesehen vom Falle unter a), noch Zusatzzölle mit entsprechender Zwischenzollberechnung nötig sind, muß der Versuch der Tarifherstellung ergeben. Überall dort, wo auf den Gemeinschaftstarif Überbauten aufgesetzt werden, treten sie von selber an der Innengrenze als Zwischenzölle auf,

Damit wird noch für sehr lange Zeit ein Zolldienst an der Innengrenze nötig sein, aber das läßt sich kaum ändern und hat auch sein Gutes, denn auf diese Weise läßt sich statistisch die beiderseitige Wirtschaft noch auseinanderhalten, so daß man wissen kann, was durch das neue gemeinsame System auf jeder Seite gewonnen oder verloren wurde. Das ist besonders für den betreffenden schwächeren Teil nötig, damit er sich wehren kann, wenn die Abmachungen nicht die Wirkungen hatten, die sie haben sollten.

* * *

Es ist eine der nötigsten und auch schwierigsten Aufgaben der gemeinsamen Handelspolitik, für die Entwicklung der österreichischen Auslandsausfuhr zu sorgen. Soweit Ungarn in Betracht kommt, liegen die Dinge viel einfacher, da hier die Ausfuhr von Rohstoffen und Holz- und Getreideverarbeitungen auch in Zukunft beherrschend bleiben wird, aber Österreich ist, wie schon wiederholt gesagt, in der Lage, fertige industrielle Verarbeitungen, die ihrer Natur nach im industriereichen Deutschland nicht abgesetzt werden können, irgendwohin über die Grenze zu schieben, wo sie von reichsdeutscher und sonstiger Konkurrenz nicht sofort totgedrückt werden. Wir haben vorhin gesagt, daß bei Nichtzustandekommen der Wirtschaftsgemeinschaft für Deutschland keine Veranlassung und keine Möglichkeit besteht, den Österreichern und (soweit sie es verlangen) den Ungarn den balkanischen Markt oder andere aufnahmefähige Weltmarktgebiete als Sondergebiet zu überlassen. Jetzt müssen wir dieselbe Frage unter der Voraussetzung der Wirtschaftsgemeinschaft nochmals berühren und grundsätzlich aussprechen, daß nach unserer Meinung die österreichisch-ungarische Industrie nicht nur im Innenverkehr Zwischenzölle braucht, sondern auch für gewisse benachbarte Gebiete Vorzugsbedingungen ihrer Ausfuhr. Zolltechnisch ist das gar nicht leicht, denn es muß entweder durch Handelsverträge mit den betreffenden Nachbarstaaten gemacht werden, wobei diese einverstanden sein müssen, oder durch Ausfuhrprämien für nachweislich österreichisch-ungarische Erzeugnisse, die von der gemeinsamen Zollkasse gezahlt werden. Die Handelsministerien und Oberzollverwaltungen werden voraussichtlich nur ungern auf diese Art von Regelung eingehen, aber vorläufig wissen wir nichts Besseres.

Auch bei der wichtigen Arbeit der Verträge mit der Türkei muß vom ersten Tage an darauf gesehen werden, daß Österreich-Ungarn nicht übergangen wird. Fast an keiner Stelle ist praktisch der Unterschied zwischen bloßen Vorzugszöllen im Sinn der Handelsverträge oder voller Wirtschaftsgemeinschaft so groß wie an dieser, aber wir beabsichtigen nicht, über künftige türkische Wirtschaftsprobleme zu schreiben, solange die kämpfenden Truppen in den Schützengräben von Gallipoli liegen.

* * *

Eine Zoll- und Wirtschaftsgemeinschaft, die die Zwischenzölle beseitigt oder herabsetzt, hat selbstverständlich auch finanzielle Folgen für die Staatskassen, da die Zolleinnahmen als ein Teil der Reichs- und Staatseinnahmen angesehen werden. Wir reden dabei zunächst noch nicht von der staatsrechtlichen Seite der Sache, sondern nur von der staatswirtschaftlichen. Auch diese ist so verwickelt, daß sie hier nur in ihren allgemeinsten Grundzügen angedeutet werden kann.

Das Deutsche Reich nimmt aus Zöllen etwa 700 Millionen M. im Jahre ein, wobei von Verwaltungsrückzahlungen nicht geredet werden soll, weil das die Sache noch erschweren würde. Die österreichisch-ungarische gemeinsame Verwaltung nimmt etwa 240 Millionen Kronen ein. Dabei aber fragt es sich, ob das als Einnahme im volkswirtschaftlichen Sinne aufzufassen ist, da jeder Zoll gleichzeitig der Staatskasse Einnahmen bringt und Ausgaben vermehrt. Weil nämlich der Staat selbst der größte Einkäufer ist, weil alle Staatsämter Bauten errichten, Eisen verbrauchen, Leder kaufen, Uniformen bezahlen, Arbeiter beschäftigen und weil vor allem das Heer von Beamten bei jeder Steigerung der Bedarfspreise mit Recht höhere Gehälter verlangt, so ist der gewöhnliche Gang der Dinge, daß jede Erhöhung der Zolleinnahmen gleichzeitig eine Hinaufschraubung der Staatsausgaben im Gefolge hat, so daß mein Freund Gothein wahrscheinlich darin recht hat, daß die Staatskasse selbst noch nie auf die Dauer etwas Wirkliches durch Zölle gewonnen hat. Daraus aber nun zu folgern, daß auch eine Verminderung der Zölle die Staatskasse auf ihrer Ausgabenseite erleichtern wird, ist mindestens unsicher. Noch viel unsicherer ist es aber, vorherzusagen, ob und inwieweit sich die Innenzollverminderungen der mitteleuropäischen Wirtschaftsgemeinschaft als Verkleinerung von Staatsausgaben erweisen werden. Man wird, um nicht Enttäuschungen zu erleben, den ganzen Betrag der Verminderung vom Einnahmesoll absetzen müssen. Wie viel das ist, hängt von Höhe und Ertrag der Zwischenzölle ab. Eine volle Wirtschaftsgemeinschaft ohne alle Zwischenzölle könnte für Deutschland etwa einen Verlust von 60 Millionen Mark im Jahre bedeuten, für Österreich-Ungarn einen solchen von 90 oder 100 Millionen Kronen. Man sieht sofort, daß der Verlust sowohl an sich wie relativ in Österreich-Ungarn größer sein würde, was bei Verteilung gemeinsamer Zolleinnahmen in Betracht zu ziehen wäre. Da aber an zwischenzollfreie ungehinderte Durchfuhr aller Waren niemand jetzt im Ernste denkt, so sind die Summen, die im Staatshaushalt abgeschrieben werden müßten, sehr wesentlich geringer, vielleicht nur ein Drittel der genannten Ziffern. Man muß aber das alles von vornherein vortragen, damit nicht nachher Gegengründe daraus formuliert werden.

Was nun aber die Verteilung der gemeinsamen Zolleinnahmen anlangt, so wird man wahrscheinlich den betreffenden Staatskassen etwa ihren bisherigen Einnahmebetrag garantieren müssen, soweit er bei der veränderten Wirtschaft nach dem Krieg überhaupt in alter Höhe zu erzielen ist, um mit der Neueinrichtung so wenig wie möglich bisherige Verhältnisse zu stören. Was über die garantierte Summe hinauswächst, gehört aber dann gemeinsamen Zwecken. Doch das gehört schon mitten hinein ins folgende Kapitel.

## VIII. Verfassungsfragen.

Wenn wir unseren Blick in eine Zukunft hineinsenden, die wir selber zwar nicht mehr schauen werden, die aber die Gegenwart unserer in diesen Kriegstagen geborenen Enkel oder Enkelinnen sein wird, so erscheint vor unserem geistigen Auge der Oberstaat Mitteleuropa als ein verfassungsmäßiger Körper, dessen Existenz dann in sich selber fest ist und einer besonderen Begründung nicht bedarf, da sie eben da ist. Wer begründet heute noch das Deutsche Reich? Es ist! Ehe aber für Mitteleuropa dieser Zustand der Selbstverständlichkeit herbeikommen wird, muß leider noch unendlich viel staatsrechtlich debattiert und gesprochen werden, so viel, daß ich fast fürchte, die Menschen werden die Lust an der Sache über der Unendlichkeit des formalen Geredes verlieren. Aber was hilft es? Die nächste Generation muß durch dieses staatsrechtliche Gewirr und Gestöhn hindurch! In alten Zeiten verlief so etwas verhältnismäßig schmerzlos, indem, es über den Köpfen der Masse von wenigen fertig gemacht wurde, aber jetzt, im Zeitalter der Demokratie und der Zeitungen, jetzt muß jeder Satz hundertmal umgedreht werden. Das liegt im Charakter und Wesen gerade unserer Zeit und auch im Wesen der mitteleuropäischen Frage, denn Mitteleuropa wird sicherlich kein Fürstengeschenk sein, sondern ein Völkerwille. Die Fürsten werden, wie fast stets, das Notwendige mit mehr oder weniger Freude und innerer Anteilnahme mitmachen, aber sie von sich aus überspringen nicht leicht die mühsam festgesetzten Grenzen monarchischer Körper, wenn nicht von den Völkern aus das Herüber- und Hinüberfließen bereits mächtig zu fluten begonnen hat. Insbesondere aber die vorhandenen Staatsämter sind meist konservativ im Sinne der Erhaltung ihrer bisherigen Daseinsweise und wehren sich teils gegen Erweiterung ihrer Aufgaben, teils gegen den Zwang der Verständigung mit fremden Ämtern, teils gegen die Verschiebung von Kompetenzen und Betriebsgewohnheiten überhaupt. Fast alle großen Dinge in der Welt müssen den nächstbeteiligten Trägern der Geschäfte abgerungen werden, da diese zwar die Sachverständigsten, zugleich aber auch bei jeder Änderung die Nächstbetroffenen sind. Es kann natürlich stets in ihrer Mitte der schöpferische Geist aufsteigen, wie Bismarck im Frankfurter Bundestage sich emporreckte, aber geschichtsnotwendig ist gerade diese Entwicklung nicht. Und je schwerer und unübersehbarer eine Angelegenheit von vornherein erscheint, desto weniger hat ein vielgegliederter arbeitsbelasteter Apparat Neigung, sich mit Vorarbeiten zu beschweren, deren Erfolg in der Ferne liegt und deren Gelingen nicht mit Sicherheit zu übersehen ist. Man kann also gerade das größte Problem der Gegenwart nicht einfach vertrauensvoll den nächstbeteiligten Staatsbeamten allein überlassen. Sie werden natürlich schließlich auch in dieser Sache das letzte Wort sprechen und die Formulierungen vornehmen, aber ehe sie sprechen, muß die Luft schon reichlich voll sein von mitteleuropäischen Gedanken. Der Volkswille wird sich in dieser größten Angelegenheit der Gegenwart weniger darin zu zeigen haben, daß die parlamentarischen Vertreter schließlich den Vereinigungsverträgen ihre Zustimmung geben, als darin, daß vor allen Verträgen und Anträgen die Stimmung der Bevölkerungen das neue Werden verlangt. Es muß von Mitteleuropa geredet werden, vom kommenden, notwendigen, unentbehrlichen Staatsverband und Völkerbund Mitteleuropa. Jeder Zeitungsschreiber bis an die Grenzorte hin soll dabei helfen. Jeder, der des Wortes mächtig ist, soll seinen rednerischen Beitrag liefern. Es ist jetzt dafür Zeit, gerade jetzt vor dem Friedenskongreß und vor den Menschheitsentscheidungen. In Poesie und Prosa steige herauf, komm in die Höhe, Mitteleuropa!

* * *

Die größte Gefahr solcher Gedanken und Versuche ist aber, daß dabei der Widerstand der vorhandenen Mächte, Einrichtungen und Ämter unterschätzt wird. Es ist ja so leicht, eine ideale Konstruktion von Mitteleuropa auf dem Papier zu entwerfen! Man braucht nur einige ganz allgemeine Ideen aus dem Schatze des bisherigen staatsrechtlichen Denkens zu entnehmen und sie auf das zu bearbeitende Gebiet anzuwenden. Dabei wird dann immer vorausgesetzt, daß es über den vorhandenen Regierungen eine unsichtbare diktatorische Macht gäbe, die diesen bindende Vorschriften machen könne. Das aber ist nicht der Fall. Die Ausführung aller unserer Ideen liegt in Wirklichkeit in denselben Händen, die schon jetzt unsere Staaten geleitet haben. Man kann zwar gewisse Personenwechsel dabei einsetzen, aber im Grunde muß das Neue, wie es der alte Liebknecht einmal ausdrückte, immer „das legitime Kind des Gegenwärtigen" sein. Wir sind kein Land Utopia, sondern ein Gebiet längst bestehender, sehr durcheinander gewachsener alter Staatsgebilde. Ob wir Verträge machen oder Einrichtungen schaffen, so müssen sie, um etwas zu gelten, die Unterzeichnung des deutschen Kaisers, des österreichischen Kaisers und des ungarischen Königs tragen und müssen von Bundesrat, Delegationen, Reichsrat und Reichstag beschlossen sein. Im ernsten und schweren Gedenken an alle diese nötigen Faktoren und Mithelfer, von denen keiner fehlen darf, wenn das Werk gelingen soll, gehen wir an die Arbeit heran.

Dabei ist es sehr wichtig, daß der Stoff der Aufgabe nicht vergrößert, sondern nach Möglichkeit vermindert wird, weil man einen überladenen Kahn überhaupt nicht vom Ufer abstoßen kann. Die Ziele müssen groß, die nächsten Anforderungen aber müssen erreichbar sein. Wir dürfen nicht verlangen, daß der Oberstaat Mitteleuropa in kurzer Frist vorhanden sein soll, sondern nur, daß seine Anfänge so richtig begonnen werden, daß die ersten Schritte von selbst dann weiter führen. Auch wird es nötig sein, die ersten Abmachungen nur zwischen Deutschland, Österreich und Ungarn sich auszudenken, denn erst muß der Kern da sein, ehe weitere Kristallisationen erfolgen können. Wer gleich von vielen europäischen Staaten redet, verdirbt den geschäftlichen Gang von vornherein. Also es ist eine gezügelte und geschulte politische Phantasie, die hier am Platze ist, keine allgemeine über Jahrzehnte hinwegspringende kühn waltende Prophetie.

* * *

Die Schaffung von Mitteleuropa ist, staatstechnisch angesehen, die Zentralisation von gewissen staatlichen Tätigkeiten, das heißt die Herstellung von neuen Mittelpunkten für gemeinsames Wirken des erweiterten Gesamtgebietes. Ehe wir aber von solcher Zentralisation sprechen, empfiehlt es sich, dabei zu verweilen, was von der Zentralisation nicht beeinflußt und nicht erreicht werden darf, weil viele Einwendungen gegen das Neue auf allen Seiten aus der Sorge entstehen, daß eine fremde und auswärtige Mitregierung sich über Angelegenheiten erstrecken könnte, die wir wie bisher unter allen Umständen in eigener Hand behalten wollen. Kein Staat, der am neuen Oberstaate sich beteiligt, will dabei seine Staatshoheit, seine eigene schwer erworbene und blutig verteidigte Souveränität opfern. Um bei den Ungarn zu beginnen, ohne die wir Mitteleuropa nicht fertigstellen können, so werden sie die gewaltigen wirtschaftlichen und entwicklungsgeschichtlichen Vorteile des mitteleuropäischen Planes ohne weiteres einsehen, denn sie sind kluge Weltkenner und tüchtige Rechner, aber höher als der Vorteil und die Weltgeschichtsphilosophie steht für sie der Kampf ihrer Väter um die Selbständigkeit eines eigenen ungarischen Staates, und sie würden nichts mitmachen wollen, was einer staatlichen Abdankung auch nur im entferntesten gleichkäme. Auf diesem Punkte sind sie hart, und wir erkennen an, daß sie es sind. Dasselbe gilt aber auch vom österreichischen Herrschaftsbereich. Der österreichische Staat kennt seine Begrenztheit und seine geschichtlichen Abhängigkeiten, er kommt aus der Schule der beständigen Ausgleichsverhandlungen mit Ungarn und der unaufhörlichenKonzessionen an seine einzelnen widerstrebenden Glieder, aber in ihm existiert trotz allem, und zwar tief und stark, ein eigener Lebenswille, der um keinen Preis gekürzt und gekränkt sein will. Dasselbe aber gilt auch vom Deutschen Reiche. Es hat durch Bismarck seine ihm angepaßte Form gefunden und damit eine Periode lang erfolgreich gearbeitet. Soll nun das Deutsche Reich sich von neu hinzutretenden Genossen in seine eigensten Dinge hineinreden lassen? Man ist allseitig bereit, für Mitteleuropa gewisse notwendige Zugeständnisse zu machen, aber die Staatshoheit selbst darf nicht angetastet werden. Das mag dem reinen theoretischen Denker nicht gefallen, aber das ist die tatsächliche Lage: Mitteleuropa ist eben kein Neuland. Es liegt demnach im Interesse aller Beteiligten, daß nicht uferlose Pläne der Verschmelzung aufgestellt werden. Mit anderen Worten: es wird unter der Überschrift Mitteleuropa kein neuer Staat geschaffen, sondern ein Bund existierender Staaten geschlossen. Wenn wir für diesen Bund das Wort „Oberstaat“ gebraucht haben, so heißt das nicht eine Entstaatlichung der Einzelteile; soll, will und darf es nicht heißen. Die Beschließenden, die Verantwortlichen, die Träger der Entwicklung sind und bleiben die vertragschließenden jetzigen souveränen Staaten. Diese machen sich gegenseitige Zugeständnisse, aber sie sind es, die solches tun, und die nicht aufhören, die Subjekte des künftigen gemeinsamen Handelns zu sein. Will man das Neue einen Staatenbund nennen, so wird man seinen Charakter treffen, doch soll er kein Bundesstaat werden. Das zweite würde zwar sachlich viel mehr sein als das erste, aber es würde nicht zustande gebracht werden können.

* * *

Der Staatenbund Mitteleuropa beschließt, wenn er zustande kommt, welche Dinge gemeinsam geregelt und verwaltet werden sollen. Dabei müssen von vornherein alle diejenigen Angelegenheiten ausgeschlossen bleiben, in denen die landschaftlichen und provinziellen Besonderheiten ihr altes heiliges Recht haben. Schon als wir von den Konfessionen und Nationalitäten redeten, haben wir darauf aufmerksam gemacht, daß diese tief verschlungenen Fragen keiner zentralistischen Regelung unterworfen werden dürfen, wenn nicht von vornherein unerträgliche Widersprüche geweckt werden sollen. Man wird hier die richtige Abgrenzung wohl am leichtesten finden, wenn man eine ganz allgemeine Betrachtung über die geschichtlichen Veränderungen im Wesen des Staates anstellt. Der ältere Staat war viel mehr kirchlich-nationaler Gesinnungsstaat und viel weniger Wirtschaftsstaat als der moderne Großstaat. Der ältere Staat hatte die Idee der Glaubenseinheit seiner Untertanen oder Bürger, und dann, als schon die Glaubenseinheit gebrechlich wurde, die Idee der Spracheinheit. Er brauchte wenig Wirtschaftsfragen zu regeln, da die alte Art der Wirtschaft fast ganz naturalwirtschaftlich, örtlich und einfach privatwirtschaftlich war. Für die Ordnung des einstigen Gemeindelandes genügte die Gemeinde, für die Regelung des alten Handwerks genügte meist der Bezirk oder die Stadt. Es gab nur eine sehr dürftige Staatsfürsorge für weitgelagerte Verkehrswege und für überprovinziales Handelsrecht, und meist genügte die Ortspolizei für soziale Aufgaben. Statt dessen aber beschäftigte sich der alte Staat viel eindringlicher damit, ob und wie jeder Untertan Gott verehrte und welche gemeinsamen Kultusformen herrschten. Das entsprach der alten

Zeit, in der der einzelne zwar in altväterlicher Weise für seinen Ackerbau oder Erwerb, nicht aber für seine Seelenbedürfnisse sorgen konnte. Diese alte Aufgabe aber der staatlichen Geistesleitung und Seelsorge ist in dem Maße erledigt, als durch das Staatsreligionssystem hindurch eine gewisse steigende Unabhängigkeit des einzelnen und eine vom Staat freie Selbstverwaltung der kirchlichen Körperschaften entstanden ist. Heute ist der Staat nicht mehr Gesinnungsschöpfer und Glaubensregierer, sondern höchstens Kontrolleur gegenüber Überschreitungen der gegenseitigen Konfessionsgrenze und Wächter gegen kirchliche Eingriffe in das öffentliche Rechts- und Verwaltungssystem an sich. Soweit das noch nötig ist, gehört das ausschließlich den alten staatlichen Gebilden zu und wird auch in diesen soviel als möglich in provinziale und partikulare Verwaltungen zu legen sein. Der weltwirtschaftliche Oberstaat hat mit Landeskirchen, Kirchenrecht, Kultusgesetzgebung und Vertretung beim Heiligen Stuhl nicht das geringste zu tun, selbst wenn man sich Fälle denken kann, in denen das letztere nicht ohne weitgehende politische Wirkungen ist.

Auch mit dem Schulwesen hat der Oberstaat nichts zu tun. Die Schule ist zwar fast überall in Mitteleuropa als Volksschule eine staatliche Gründung und war meist ein Werk aufgeklärter staatlicher Bureaukratie, ehe sie später ein Gegenstand parlamentarischer Fürsorge werden konnte. Die Privat- und Konfessionsschule reichte nicht aus für das Durchschnittsmaß von Bildung, das der beginnende moderne kapitalistische Wirtschaftsstaat brauchte. Aber nachdem das Erfordernis der allgemeinen Volksbildung überall grundsätzlich anerkannt ist, kann dieses Gebiet je länger desto mehr der ausführenden Verwaltung der Ortsgemeinden zugeschoben werden, es sollte viel mehr dezentralisiert und beweglich gemacht sein, als es heute meist ist; es gehört unter die Gesetzgebung, Anregung und Kontrolle des Einzelstaates, ist aber in keiner Weise ein Stoff für überstaatliche oder oberstaatliche Regelung. Auch wenn man zugibt, daß die staatliche Gesinnungspflege in den Schulen auch den weltwirtschaftlichen Oberstaat sehr beeinflußt, so wird man hier doch eine scharfe Grenze der Hoheitsrechte ziehen müssen, um nicht eine Tür für Majorisierungen und Druck auf einem Gebiete zu eröffnen, auf dem die Nächstbeteiligten die Verantwortung tragen müssen. Man kann und wird sicherlich unverbindliche Kongresse über Schulangelegenheiten für ganz Mitteleuropa veranstalten, aber keine Gesetzgebungen dafür einrichten, die über die vorhandenen Landesgrenzen hinausgehen.

Darin ist aber schon zum Teil enthalten, daß die vielumstrittenen Sprachenfragen nicht aus den Entscheidungen der Einzelstaaten herausgenommen werden können. Mögen diese sprachlichen Streite in Schule oder Gericht oder Heer sich äußern und dort nach Bedarf erledigt werden, so sind sie doch grundsätzlich kein mitteleuropäischer Verhandlungsstoff. Das kann zwar deshalb als ein etwas gewagter Satz erscheinen, weil die allgemeinen mitteleuropäischen Verkehrs- und Heereseinrichtungen eine gewisse Spracheinheit unzweifelhaft verlangen, wie es der Krieg in dringendster Weise auf den galizischen Eisenbahnen gezeigt hat, aber man würde es den nichtdeutschen kleinen Nationen geradezu unmöglich machen, sich mit voller innerer Freiheit und Freudigkeit an Mitteleuropa anzuschließen, wenn man sie der Gefahr aussetzen wollte, daß ihre Sprachenfragen, auf die sie so großes Gewicht legen, von einer hoch über ihnen schwebenden, unerreichbaren Zentralstelle aus auch nur stückweise entschieden werden sollten. Hier zeigt es sich, wie wenig rein akademisch der mitteleuropäische Bauplan angelegt werden darf, wenn er gelingen soll. Wir Deutschen können darum auch trotz unserer Sympathie für das Sprachenrecht der Deutschen in Ungarn nicht daran denken wollen, den Ungarn ihre Selbstregierung im magyarischen Sinne irgendwie durch mitteleuropäische Oberbeschlüsse zu kürzen, weil dieses überhaupt schon die Unmöglichkeit von Mitteleuropa wäre. Wir erwarten, daß der Zusammenschluß der mitteleuropäischen Staaten alle Sprachenkämpfe mildert und durch neue gemeinsame Arbeiten, Ziele und Erfolge in den Hintergrund schiebt, wir hoffen, daß kein Pole in Preußen und kein Deutscher im Banat künftig unnötige Sprachschwierigkeiten hat, aber hier an unserer Stelle, wo es sich um staatsrechtliche Klarheit handelt, muß fest ausgesprochen werden, daß diese Materie, so wichtig sie ist, doch nicht mitteleuropäischen Charakters sein darf.

Unberührt vom mitteleuropäischen Staatenverbande bleibt auch ohne weiteres der ganze Umfang der inneren Verwaltung, der Gemeindeverfassung und der Staatsverfassung im engeren Sinne des Wortes. Das letztere bedarf einer gewissen Ausführung, denn es ist naheliegend, daß die demokratischen Richtungen in allen beteiligten Ländern versuchen werden, den großen Umgestaltungsprozeß, der überall nach dem Kriege sich meldet, dahin zu lenken, daß es ein mitteleuropäisches allgemeines, gleiches und direktes Normalwahlrecht geben soll. Die heimkehrenden Krieger werden mit Recht sagen, daß jeder kleine und geringe

Mann sein Leben für das Vaterland hat einsetzen müssen und daß ihm darum ein volles, restloses Staatsbürgerrecht gebührt. Ich teile diese Meinung vollständig und werde in Preußen mit aller Kraft für sie eintreten, aber ich bestreite, daß diese nach dem Krieg voraussichtlich einsetzenden Wahlrechtskämpfe eine mitteleuropäische Angelegenheit sein dürfen. Da Mitteleuropa Länder verschiedener Zusammensetzung und verschiedener Entwicklungsstufen umfaßt, muß es vorhandene Verschiedenheiten im inneren Staatsbau in sich grundsätzlich vertragen. Dabei werden sicherlich ähnlich gerichtete innerpolitische Bestrebungen unter sich Fühlung suchen und voneinander lernen, aber die Staatsparlamente sind ihres eigenen Rechtes und müssen es bleiben. Weder die ungarische noch die österreichische Verfassung geht uns Reichsdeutsche etwas an und umgekehrt. Auch hier liegt die Sache so, daß die Folgen der einzelstaatlichen Parlamentsrechte zugleich mitteleuropäischer Natur sind, indem die Wirtschafts- und Handelspolitik des Staatenverbandes von der Zusammensetzung der einzelstaatlichen Regierungen und Volksvertretungen abhängt, aber — wer zu viel erfassen will, läßt alles fallen. Weder Preußen noch Ungarn werden sich je darauf einlassen, ihre besonderen historischen Verfassungsformen auf den Altar Mitteleuropas niederzulegen. Kämpfe dieser Art müssen auch weiterhin gesondert in den verschiedenen Bereichen ausgekämpft werden, bis auf diese Weise, so hoffen wir, einmal tatsächlich überall an allen Ecken das mitteleuropäische Normalbürgerrecht herauswächst.

Das gleiche gilt von allen den Gesetzen und Ordnungen, die das Verhältnis von Volksvertretung und Krone regeln. Unter keinen Umständen dürfen bei Schaffung Mitteleuropas Kronrechte angerührt werden, weil das der allersicherste Weg wäre, das Ganze im Entstehen zu vernichten. Das versteht sich so sehr von selber, daß es nicht weiter ausgeführt zu werden braucht. Auch die verschiedene Art des parlamentarischen oder nichtparlamentarischen Regimentes ist und bleibt Landesangelegenheit. Ungarn ist auf Grund seines Wahlrechtes und seiner Wahlpraxis streng parlamentarisch, Österreich ist grundsätzlich unparlamentarisch mit wechselnden praktischen Zugeständnissen an Mehrheiten, das Deutsche Reich im ganzen ist formell unparlamentarisch bei wachsender Berücksichtigung der parlamentarischen Mehrheitsverhältnisse, die reichsdeutschen Einzelstaaten sind verschieden von Mecklenburg bis Baden. Das alles wird auch weiterhin nach eigenen Entwicklungsgesetzen wachsen, und überall wird wohl in den großen Finanzverhandlungen nach dem Krieg der parlamentarische Einfluß steigen, aber das kann nicht mitteleuropäische Bundessache sein.

Daraus ergibt sich schon, daß mitteleuropäische Bundesverwaltungen und -Vertretungen, soweit solche nötig sein werden, nicht nach einem gleichen System gewählt oder berufen werden. Das ist ein wirklicher und starker Mangel, denn das System der Auswahl der Geschäftsführer und Aufsichtspersonen ist nie ohne Einfluß auf die Geschäfte, aber ich wiederhole das schon öfter Gesagte: Mitteleuropa ist ein Überbau, aber kein Neubau! Die bisherigen Gebäude müssen stehen bleiben!

Der aufmerksame Leser mag sich wundern, daß ich, der ich mit allen Bemühungen die Gründung von Mitteleuropa betreibe, so fleißig bin, alles das aufzuzählen, was nicht mitteleuropäisch werden darf, aber so oft ich still für mich mir alle nötigen Teilnehmer des Bundes vorstelle, dann fühle ich den starken inneren Zwang, ihnen erst einmal ihren eigenen altgewohnten Boden unter den Füßen zu versichern, ehe ich es wage, mit ihnen von der weiterschaffenden, freiwaltenden Weltgeschichte zu reden. Schon heute ist allerlei Angst vor Mitteleuropa vorhanden, und diese Angst kann zur Grube aller unserer Hoffnungen werden, wenn wir mit ihr nicht menschlich umzugehen verstehen. Es soll das Neue nicht wie ein Bergsturz kommen, es soll erscheinen wie gutes, lindes Wachstum, als Zuwachs, nicht als Zerstörung. Darum versuchen wir auch den Einheitsgedanken im nachfolgenden nur auf Verträge gleichberechtigter souveräner Staaten aufzubauen, es zunächst offen lassend, wieweit solche Verträge kündbar sein sollen oder nicht.

* * *

So wie es heute schon zahlreiche Verträge zwischen fast allen Staaten und insbesondere zwischen Deutschland und Österreich-Ungarn gibt, durch welche für Untergruppen eines staatlichen Lebensgebietes Gleichheitsnormen geschaffen werden, so werden solche Verträge bei Erfassung des Zieles Mitteleuropa in beträchtlicher Fülle möglich und heilsam werden. Um an vorhandene Vorbilder anzuknüpfen, so erinnern wir an Post- und Telegraphenverträge, Auslieferungsverträge, Schiffahrtsverträge, Grenzverkehrsabkommen, an den deutsch-österreichischen Vertrag zur Vermeidung von Doppelbesteuerung, an Abmachungen über das Vormundschaftsrecht, an Sanitätskonventionen, Abkommen zur

Unterdrückung des Mädchenhandels, internationales Eherecht, Genfer Konvention über das Rote Kreuz, internationales Urheberrecht, an die Zuckerkonvention und ähnliches. Die meisten dieser Verträge sind nicht mitteleuropäisch im engeren Sinne, aber durch sie ist schon in der Vergangenheit eine verwendbare Methode gefunden worden, um ohne Beeinträchtigung der Souveränitäten einen überstaatlichen Rechts- und Verwaltungszustand anzubahnen. Solche Verträge werden nun innerhalb des mitteleuropäischen Gebietes in steigender Zahl hergestellt werden müssen. Man kann sie in zwei Hauptgruppen scheiden: Verträge, deren Ausführung von jedem Staat mit seinen Beamten auf eigene Weise ohne gemeinsame Kontrolle geschieht, und Verträge, die ihrer Natur nach eine gemischte gemeinsame Ausführungskommission verlangen. Das letztere ist dann eine Anbahnung gemeinsamer Verwaltung auf begrenzten Gebieten. Diese letztere Form wird zwischen zwei Staaten mit Dauerverband und gemeinsamen Schützengräben viel leichter und häufiger möglich sein, als zwischen zwei Staaten, die noch mit der gegenseitigen Kriegsmöglichkeit rechnen. Von ihr also muß noch genauer gesprochen werden.

Auch nach dem Kriege werden allgemeine internationale Verträge in großer Zahl wieder erneuert oder aufgerichtet werden. Dabei sprechen wir noch nicht vom eigentlichen Friedensvertrag oder von künftigen staatspolitischen Abmachungen über auswärtige Politik, sondern wir denken an Verträge, wie die oben schon erwähnten. Ihr Bereich ist die ganze staatlich organisierte Menschheit. In ihnen pulsiert die werdende Weltorganisation. Der besondere Staatsvertrag des geeinten Weltwirtschaftsgebietes hat aber ihnen gegenüber seinen besonderen Charakter, indem hier ein Austausch nicht nur von Grundsätzen und Vorschriften, sondern auch von ausführenden Personen stattfinden kann, indem hier die Gesetze und Ausführungsverordnungen bei voller Selbständigkeit so weit wie möglich auch im Wortlaut aneinander angepaßt werden und die Einheit des weltwirschaftlichen Gesamtkörpers von allen gesetzgebenden Faktoren, soweit als denkbar, angestrebt wird. Dabei sind Worte „soweit als möglich“, „soweit als denkbar“ nicht zu vermeiden, denn gerade in ihnen liegt die Selbständigkeit der Einzelteile. Die letzte Prüfung der Zweckmäßigkeit einer neuen Bestimmung und Einrichtung wird in den bisherigen politischen Hauptstädten in gewohnter Weise vollzogen, so wie wir schon bisher in Berlin, Wien und Budapest Verkehrsverträge, Justizabmachungen oder ähnliches behandelten.

Nehmen wir als Beispiel, daß die Aktiengesellschaftsgesetzgebung, Versicherungsgesellschaftsgesetzgebung und staatliche Börsenaufsichtspraxis Mitteleuropas unter sich angenähert werden sollen, so wird es dazu eine sachverständige mitteleuropäische Arbeitskommission geben müssen, die aus den betreffenden Ämtern der beteiligten Staaten beschickt wird. Diese Kommission leistet unter Zuziehung der Interessentenvertretungen die Vorarbeit bis zur Übernahme des Stoffes durch die auswärtigen Ämter. Haben die auswärtigen Ämter ernstliche Bedenken, so werden sie die Arbeit nochmals an die betreffende mitteleuropäische Kommission zurückverweisen können, bis die Form gefunden ist, die nach Art des bisherigen Verfahrens bei Staatsverträgen unter Vorbehalt der Zustimmung der gesetzgebenden Faktoren als Vertragsentwurf in beiden Staaten vorgelegt wird. Ob dieser Vertragsentwurf noch beiderseitige Zurückweisungen zuläßt oder nun einfach angenommen und abgelehnt werden muß, kann zweifelhaft sein, da jedes dieser Verfahren seine Vorzüge und Nachteile hat. Der Inhalt des Vertrages wird nun entweder so sein, daß jeder Staat ihn, wie bereits gesagt, unter eigener Kontrolle mit eigener Verwaltung und Rechtsprechung durchführt, oder er wird so sein, daß durch Vertrag ein gemeinsamer Ausschuß für Ausführungsverordnungen, Verwaltungsentscheide, Beamtenschulung und fernerhin auch für laufende Kontrolle und Oberleitung eingerichtet wird, also beispielsweise eine gemeinsame Zulassungsstelle für Emissionen. Diese gemeinsamen ausführenden Kommissionen oder Ausschüsse sind dann von den verschiedenen Regierungen auf Grund des Vertrages frei zu besetzen und nach vereinbartem Schema zu bezahlen. Sie unterliegen der Kritik aller beteiligten Parlamente, sind aber für die Vertragsdauer innerhalb ihres Tätigkeitsbereiches selbständig. Sie sind mitteleuropäische Organe, ohne daß es einen eigentlichen Staat Mitteleuropa gibt.

* * *

Es liegt auf der Hand, daß diese Konstruktion ihre schweren Mängel hat und wenig einladend aussieht, denn sie verlangt eine einheitliche Arbeit von einem Kollegium, das verschiedene Auftraggeber hat, und sie liefert Gesetzgebungsarbeiten, die ihrem Inhalte nach sonst in parlamentarische Kommissionen gehören, in einen behördlich berufenen Ausschuß. Bei Mangel an gutem Willen ist es jeder verbündeten Regierung und jeder starken Parlamentsmehrheit eine Leichtigkeit, diesen Apparat zum Stillstehen zu bringen, weil seine eigene Rotationskraft zu gering ist. Das muß willig zugegeben werden, aber es gehört zum verwickelten Problem Mitteleuropa, daß man solche gewagten Wege zu beschreiten genötigt ist. Dabei haben wir die gute Zuversicht, daß bei günstigem Erfolge einer solchen ersten und zweiten mitteleuropäischen Kommission schon die dritte und vierte viel leichtere Arbeit haben werden, weil dann eine Tradition sich gebildet hat. Alle traditionslose staatliche Tätigkeit ist, wie wenn jemand Rad fahren soll, der es noch nicht gelernt hat. Sobald er aber Griffe und Balance erfaßt hat, geht alles später fast, als wäre es Natur. Solche Anfangsstadien müssen übrigens unter allen Umständen durchgemacht werden, auch wenn man den mitteleuropäischen Geschäftsgang sehr anders und viel zentralisierter vorschlägt, als wir es getan haben.

Sicher ist, daß schon die Zollgemeinschaft in dem von uns bereits im vorigen Abschnitt besprochenen Sinne nicht ohne dauerndes gemeinsames Ausführungs- und Verrechnungsorgan möglich ist. Dasselbe gilt von einer gemeinsamen Vorratswirtschaft durch staatlichen Getreideeinkauf und von gemeinsamer Syndikatsregelung. Das gleiche gilt von der gemeinsamen Kriegsschulden- und Entschädigungskasse, falls eine solche beschlossen wird. Ob sich dann ein gemeinsames Patentamt anschließt oder ein gemeinsames Eisenbahnamt oder ein gemeinsames Schiffahrtsamt, das und vieles Ähnliche ist spätere Sorge. Erst müssen einige derartige Ämter wirklich in Gang und Arbeit sich befinden, ehe neue hinzugefügt werden. Darum lehnten wir es im ersten Abschnitte ab, ein fertiges Programm zukünftiger mitteleuropäischer Staatstätigkeiten aufzustellen. Das kann und wird hoffentlich Sache einer nächsten Generation sein.

Sobald man sich aber eine gewisse Mehrzahl solcher mitteleuropäischen Kommissionen oder Oberverwaltungen vor Augen stellt, bilden sie zusammen etwas wie eine mitteleuropäische Zentralverwaltung. Man soll darum die Kommissionen, so weit es angängig ist, an einem gemeinsamen Ort unterbringen, der in erneuter und besserer Weise für Mitteleuropa das sein wird, was einst mit falscher Verfassung Frankfurt a. M. im alten Deutschen Bunde war oder sein sollte. Einige Oberämter müssen allerdings wahrscheinlich dort liegen, wo die betreffende Sachkunde berufsmäßig am dichtesten beieinander sitzt. Um anzudeuten, wie ich mir die Verteilung denke, so würde ich als mitteleuropäische Zentralstelle für alle nicht örtlich gebundenen Vertragstätigkeiten

Prag vorschlagen, dabei aber die Seehandelszentrale nach Hamburg, die Börsenzentrale nach Berlin und die Rechtszentrale nach Wien legen. Das aber hat nur den Wert eines vorläufigen Unterantrages zur Vermehrung der Anschaulichkeit.

* * *

Indem wir aber vom Vertragssystem als Grundlage der mitteleuropäischen Einheit sprechen, haben wir bisher stillschweigend so getan, als seien das Deutsche Reich einerseits und die österreichisch-ungarische Monarchie andererseits zwei in sich einfach aufgebaute Staaten. Das aber sind sie nicht. Sie selbst sind schon schwere Vertragskonstruktionen, auf deren wunderlichem, historischem Untergrund das weitere Obergeschoß von Verträgen aufgerichtet werden soll. Und zwar sind beide Reiche verschieden, sehr verschieden in ihrem formalen und tatsächlichen Bau. Es wird darum nötig sein, das mitteleuropäische Vertragssystem erst reichsdeutsch und dann österreichisch-ungarisch zu betrachten. Wir gehen dabei in beiden Fällen von der Frage aus, wie Staatsverträge zustande kommen.

Im Deutschen Reiche ist das Recht, Staatsverträge zu schließen, ein klares und zweifelfreies Reichsrecht. Der Kaiser hat als völkerrechtlicher Vertreter des Reiches Bündnisse mit fremden Staaten einzugehen. Er aber ist bei den Gegenständen, welche zum Bereich der Reichsgesetzgebung gehören, zum Abschluß an die Zustimmung des Bundesrates und zur Gültigkeit an die Genehmigung des Reichstages gebunden. Schon hier liegen theoretisch umstrittene Gebiete, denn es ist nicht in jeder Sache klar, ob diese Bedingungen im Einzelfalle vorliegen oder nicht, doch hat die bisherige Praxis keine besonderen Schwierigkeiten gebracht. Soviel wir sehen, ist es so, daß alle Verträge wirtschaftspolitischer, rechtlicher und verkehrstechnischer Natur und alle Abmachungen, die finanzielle Verpflichtungen enthalten, den Gang durch Bundesrat und Reichstag gehen müssen. Fraglich ist die Sache einerseits bei den reinen staatspolitischen Verträgen über auswärtige Politik und Militärabmachungen und andererseits bei bloßen Vereinbarungen über Ausführungsverordnungen. Von der ersteren Gruppe politisch-militärischer Staatsverträge reden wir noch später besonders, und von den Ausführungsverordnungen verlohnt es sich nicht, hier ins einzelne einzugehen. Es besteht aber schon im Wortlaut des Artikels 11 der Deutschen Reichsverfassung ein wichtiger Unterschied zwischen der Mitwirkung des Bundesrates und des Reichstages. Der Bundesrat ist zum „Abschluß", der Reichstag zur „Gültigkeit" erforderlich. Das heißt in Wirklichkeit, daß die Verhandlungen zur Herstellung von Verträgen im Auftrage des Bundesrates ohne direkte Mitwirkung des Reichstages geführt werden, und daß dem Reichstag erst die fertigen Entwürfe zur Annahme oder Ablehnung vorgelegt werden. Da nun aber bei Zollverträgen und in den meisten anderen Fällen die Verhandlungen des Bundesrates erst auf Grund vorhandener Reichsgesetze geführt werden können, so hat auch hierbei der Reichstag meist schon im Anfang der Verhandlung ein Wort mitzureden, wie beispielsweise durch die Einfügung von Minimal- und Maximalbestimmungen in den Zolltarif. Dieser geschäftliche Hergang der Vertragsherstellung auf reichsdeutscher Seite würde sehr umständlich sein, wenn nicht längst durch die Gewöhnung die Wege ausgeglättet und abgekürzt wären. Da nämlich die Arbeit des Bundesrates durch die Reichsämter geleistet wird und diese in Wirklichkeit viel selbständiger geworden sind, als es aus dem Wortlaut der Verfassung erkennbar ist, so wird die ganze Vorarbeit von ihnen schon unter beständiger Fühlung mit den preußischen Ministerien und den Vertretern der Bundesstaaten geführt, so daß in vielen Fällen die Bundesratszustimmung nur die letzte formale Genehmigung eines sachlich bereits fertig gewordenen Aktes ist. Es ist jene Tradition vorhanden, von der wir vorhin sagten, daß sie für Mitteleuropa erst gefunden werden muß. Wer die reichsdeutsche Regierungsmaschinerie nur mit dem Auge des staatsrechtlichen Gelehrten betrachtet, muß sie für viel schwieriger halten, als diejenigen es tun, die sie im Betrieb zu beobachten Gelegenheit haben. Nicht als ob keine Reibungen vorkämen! Aber es sind nur die notwendigen Reibungen, die in allen Formen kollegialischen Tuns unvermeidlich sind. Durch das Amt des Deutschen Reichskanzlers ist eine Zentralstelle für Ausgleichungen geschaffen, wie sie in Österreich-Ungarn in dieser Kraft und Einheitlichkeit leider nicht besteht. Solange und soweit zwischen Reichskanzleramt und Reichstagsmehrheit über eine Sache ein grundsätzliches Einverständnis vorhanden ist, werden wirkliche Hemmungen kaum eintreten. Das will für unseren mitteleuropäischen Fall besagen, daß trotz der Undurchsichtigkeit der Paragraphen die Sachlage selbst hinreichend klar ist. Die Garantien der Fortführung des begonnenen Vertragssystems liegen in der Dauerhaftigkeit des Reichskanzleramtes und in der relativen Beständigkeit der reichsdeutschen Parlamentsverhältnisse. Es ist nicht daran zu zweifeln, daß ein einmal gefaßter Wille, Mitteleuropa herzustellen, später keinen großen Schwankungen ausgesetzt sein wird. Die erstmaligen Debatten werden sehr reich an Widersprüchen und Änderungsversuchen sein, dann aber wird der Apparat auf reichsdeutscher Seite bald völlig ruhig arbeiten, und die Einsetzung neuer Vertragsstücke in das einmal begonnene System wird nach aller menschlichen Voraussicht ohne neue wesentliche Erschütterungen vor sich gehen.

* * *

Nicht ganz so sicher sind wir des ruhigen Verlaufes in Österreich-Ungarn, weil dort die staatsrechtlichen Grundlagen und vor allem auch die Tradition des Regierens andere sind. Österreich und Ungarn sind zwei Staaten, die bereits bisher auf gegenseitige Verträge angewiesen sind und unter sich schon fast genau dasselbe durchgemacht haben, was sich nun für sie und uns im oberen Stockwerk des Weltwirtschaftsgebietes nochmals wiederholen soll. Es haben darum die Österreicher und Ungarn auf diesem Gebiete eine unvergleichlich viel größere Erfahrung als wir Reichsdeutschen, aber allerdings eine Erfahrung, die nicht ohne Narben und Wunden ist. Es fehlt trotz der Einheit der monarchischen Spitze das Ausgleichsamt, das bei uns der Reichskanzler hat. Der Monarch verhandelt sozusagen in seinen zwei Eigenschaften als österreichischer Kaiser und ungarischer König mit sich selbst. In ihm liegt schließlich die Einheit, in ihm, aber nicht in einem Reichsamt, denn das gemeinsame Ministerium ist nicht eine Oberleitung beider Staaten, sondern eine auf Verträgen beruhende Zentralverwaltung, wie wir sie vorhin für Mitteleuropa in Aussicht stellten. Anders ausgesprochen: die Reichseinheit der österreichisch-ungarischen Monarchie bezieht sich auf viel weniger Gegenstände als die Einheit des Deutschen Reiches. Sie enthält auf Grund des Gesetzes von 1867 die Einheit des Auswärtigen Amtes, der Heeresleitung und der dadurch erwachsenden Ausgaben, wozu die gemeinsame Verwaltung von Bosnien und Herzegowina hinzutrat. Nur über diese Dinge haben die Delegationen, dieser Ansatz eines Reichsparlamentes, zu beschließen. Alles andere gehört in die Spezialregierungen der beiden Staaten. Dahin gehört beispielsweise die Genehmigung von internationalen Verträgen und die Heeresrekrutierung, zwei Punkte, die für unsere Erörterungen von allergrößter Bedeutung sind. Wenn wir also mit Österreich-Ungarn Verträge schließen, wie wir es schon getan haben und in Zukunft noch viel mehr tun wollen, so schließen wir sie formell mit der einheitlichen Vertretung des Auswärtigen Amtes, aber sachlich mit zwei Staaten und zwei Parlamenten. Es würde von unserem Standpunkte aus einfacher sein, wenn jeder dieser zwei Staaten ganz selbständig mit uns verkehren könnte, weil dann die Zahl der beteiligten Faktoren geringer sein würde, aber diese Bemerkung hat nur einen akademischen Wert, weil wir und ebenso die Österreicher und Ungarn mit dem vorliegenden Staatszustande als einer Wirklichkeit rechnen müssen. Das alles würde nun ebensowenig bedenklich sein, wie die Verwickeltheit des reichsdeutschen Staatsrechtes, wenn die Tradition in Österreich-Ungarn so sicher wäre wie bei uns. Das aber ist, wie der bisherige Verlauf zeigt, leider nicht der Fall. Zwar die Staatseinheit im großen und ganzen steht fest und ist nach dem Kriege noch fester als vorher, aber alle Vertragsbindungen zwischen Österreich und Ungarn sind nur auf bestimmte Fristen abgeschlossen, und ihre Erneuerung bringt jedesmal schwere Ausgleichs- und Vertragsverhandlungen mit sich. An diesen Erschütterungen teilnehmen zu sollen, ist nach unseren Staatserfahrungen für uns Reichsdeutsche sehr ungewohnt und unerwünscht, und viele Beurteiler auf unserer Seite scheuen sich trotz sonst sehr zustimmender Grundauffassung vor der Einrichtung eines mitteleuropäischen Vertragssystems, weil sie nicht in derartige wiederkehrende Ausgleichsreibungen hineingezogen werden möchten. Es sei darum erlaubt, noch etwas tiefer auf die geschichtlichen Gründe dieses für uns schwer begreiflichen Verfassungszustandes einzugehen, soweit ich es als Nichtbeteiligter zu tun vermag.

* * *

Die deutsche Reichsverfassung ist, wie schon im zweiten Abschnitt ausgeführt wurde, das Ergebnis einer nationalen Einheitsbewegung, und ihr Ziel ist Vereinheitlichung, während die österreichisch-ungarische Verfassung von 1867 das Ergebnis eines nationalen Teilungsvorganges ist. Dabei ist die deutsche Reichsverfassung wesentlich aus dem Drange wirtschaftlicher Kräfte entstanden, während die österreichisch-ungarische Verfassung noch fast gar nichts vom Wirtschaftscharakter des Verkehrszeitalters an sich spüren läßt.

Wenn man den Quellen der deutschen Reichsverfassung nachgehen will, so muß man den Verfassungsentwurf der deutschen

Nationalversammlung vom 28. März 1849 in die Hand nehmen und aus ihm die Absichten der damaligen Volksbewegung erkennen. In diesem alten Entwurfe herrscht neben dem Gedanken der gemeinsamen Militärmacht und Kriegsflotte die Idee der Wirtschaftsgemeinschaft. Es wird der Reichsgewalt folgendes übertragen: Seeschiffahrtsregelung, Stromschiffahrt, Eisenbahnwesen, Oberaufsicht der Landstraßen, Herstellung eines Zoll- und Handelsgebietes, gemeinsame Produktions- und Verbrauchssteuern, Gewerbegesetzgebung, Postwesen, Münzwesen, Maße und Gewichte, Bankwesen, Heimatrecht, Gesundheitspflege, bürgerliches Recht, Handelsrecht, Wechselrecht, Strafrecht. Die nationale deutsche Bewegung war ganz gesättigt mit wirtschaftlichen Bestrebungen. Dem entspricht dann auch die von Bismarck auf Grund des Frankfurter Entwurfs hergestellte Reichsverfassung. Artikel 4 der deutschen Reichsverfassung ist eine genauere Umarbeitung der Frankfurter Absichten und fügt zu den genannten Gegenständen noch hinzu: Schutz des deutschen Handels im Auslande und das Obligationenrecht. Es ist sehr bemerkenswert, daß in diesem Artikel das Militärwesen und die Kriegsmarine erst an 14. Stelle steht. So sehr wurde die Verfassung zunächst wirtschaftsrechtlich bearbeitet. Das Deutsche Reich, das im Auslande meist als reiner Militärstaat gewertet wird, ist mindestens ebensosehr von Anfang an Wirtschaftsstaat. Beides durchdringt sich gegenseitig und gibt dem Ganzen seinen festen Halt.

Demgegenüber verlief der österreichisch-ungarische Ausgleich im Jahre 1867 noch ohne das Gefühl einer notwendigen größeren Wirtschaftseinheit und war völlig diktiert vom nationalen und staatsrechtlichen Streben der Ungarn, sich so viel als möglich von der bisherigen Staatseinheit zu lösen. Alle Wirtschaftsfragen sind in § 2 des Grundgesetzes unter den Angelegenheiten untergebracht, „die zwar nicht gemeinsam verwaltet, jedoch nach gleichen, von Zeit zu Zeit zu vereinbarenden Grundsätzen behandelt werden". Die Aufzählung der hierher gehörigen Materien enthält nur: die kommerziellen Angelegenheiten, speziell die Zollgesetzgebung; die Gesetzgebung über die mit der industriellen Produktion in enger Verbindung stehenden indirekten Abgaben; die Feststellung des Münzwesens und des Geldfußes; Verfügung bezüglich jener Eisenbahnlinien, welche das Interesse beider Reichshälften berühren; die Feststellung des Wehrsystems. Das ist alles! Auf diesem Untergrunde wurden Verträge abgeschlossen, nicht Gesetze gegeben oder Verordnungen erlassen.

Es besteht also zwischen Österreich und Ungarn der Zoll- und Handelsvertrag vom 30. Dezember 1907 mit Geltungsdauer bis zum 31. Dezember 1917. In ihm ist enthalten: einheitliche Zollgrenze ohne Zwischenzölle, Gemeinsamkeit der auswärtigen Handelsverträge bis zur Kündigung, Regelung des Mahlverkehrs, gegenseitige Inspektion der Zollverwaltungen, Gleichheit der Seeordnungen, Einverständnis über Flußschiffahrt, Annäherung der Eisenbahnverwaltungen, Gemeinsamkeit des Konsulatswesens, Annäherung der statistischen Arbeiten, Gleichartigkeit der Salz- und Tabakbehandlung, der Bier- und Branntweinbesteuerung, des Petroleums und Zuckers, Beibehaltung des Maß- und Gewichtssystems, gleiche Behandlung der reisenden Handeltreibenden, Regelung des Verkehrs der getrennten Postverwaltungen, Anerkennung der Aktiengesellschaften, Versicherungsgesellschaften u. dgl., gemeinsames Verfahren zum Schutze des Weines, Herstellung eines Schiedsgerichtes für alle diese Fragen.

Man sieht, wieviel mehr in dem tatsächlichen Vertrage enthalten ist, als in den wenigen Zeilen des Grundgesetzes angenommen wurde. Der Wirtschaftsstaat hat sich einen gewissen Raum erkämpft, aber auf Kündigung und mit welchen Mühen! Dieser Wirtschaftsstaat auf Kündigung ist ein Element der Unsicherheit in der gesamten Erwerbswirtschaft der Donaumonarchie. Man kann mit ihm keine langdauernden Verträge schließen, weil er selbst nur ein kurzfristiger Vertrag ist.

Nun ist es vom reichsdeutschen Standpunkt aus sehr leicht zu sagen, daß die Österreicher und Ungarn ihre Verträge in einen Dauerzustand verwandeln sollen, indem sie ihre Delegationen zur wirtschaftlichen Gesetzgebung für die Gesamtmonarchie ermächtigen, aber eben diesen Schritt wollen die Ungarn nicht tun, denn ihnen erscheint das wie eine Rückkehr zum alten Unterordnungszustand gegenüber Österreich. Sie wissen selbst sehr gut, daß dieses dargelegte Verhältnis starke Mängel hat, aber wie sollen sie es machen, um zum vollen österreichisch-ungarischen Wirtschaftsstaat zu gelangen, ohne den auch ins Wirtschaftliche übertragenen Nationalismus ihrer Väter und Vorkämpfer zu verletzen?

Wir unsererseits können nichts anderes tun, als diese Dinge darzustellen, denn es würde unser Ziel Mitteleuropa nicht erleichtern, wenn wir von außen her mit Vorschlägen kommen wollten über Dinge, die ihrer Natur nach einen rein österreichisch-ungarischen Charakter tragen. Aber sowohl Ungarn wie Österreich besitzen Männer, die den Gang der Weltwirtschaft zu erkennen verstehen und die mit der Erbweisheit in Ausgleichs- und Vertragsverhandlungen, die an der Donau zu Hause ist, einen Weg suchen werden, um trotz widerstrebender Paragraphen eine Tradition anzubahnen, die eine für alle Teile vorteilhafte und nötige mitteleuropäische Wirtschaft ermöglicht. Wo ein Wille ist, da ist auch ein Weg.

* * *

Wir sind mit den letzten Ausführungen schon ganz nahe an den innersten Kern des mitteleuropäischen Verfassungsproblems herangerückt, nämlich an die allmähliche Sonderung der Nationalstaaten vom Wirtschaftsstaat und vom Militärstaat. Um dieses Untergrundproblem zu erfassen, muß man sich unsere Ausführungen über die Weltwirtschaftsgebiete gegenwärtig halten. Das Weltwirtschaftsgebiet Mitteleuropa muß größer werden als der bisherige Staatsumfang von Deutschland, Österreich und Ungarn. Wir haben aus Gründen der Kriegslage darauf verzichtet, bestimmte Nachbarstaaten namhaft zu machen, und haben nur den allgemeinen Gedanken ausgeführt, daß weitere Anschlüsse nötig sind. An was nun sollen sich diese Nachbarstaaten anschließen? An einen Militärverband und an einen Wirtschaftsverband! Alles andere ist überflüssig und darum schädlich. Sie sollen und müssen ihre eigene staatliche Selbständigkeit für alle anderen Dinge haben und behalten. Also ist es ein Erfordernis, den Militärverband und den Wirtschaftsverband aus der übrigen Menge staatlicher Tätigkeiten so herauszuschälen, daß sie für sich allein angliederungsfähig werden. Zunächst reden wir dabei vom Wirtschaftsverband oder, wenn man lieber so sagen will, vom Wirtschaftsstaat. Dieser ist an keine Landessprache gebunden und verträgt in sich die verschiedensten Nationalitäten und Konfessionen. Keine mitteleuropäische Nationalität, auch nicht die deutsche, ist für sich groß genug für einen weltwirtschaftlichen Wirtschaftsstaat. Das ist die Folge der kapitalistischen Verkehrswirtschaft. Dieser Wirtschaftsstaat hat seine Zollgrenzen so wie der Militärstaat seine Schützengräben hat. Innerhalb dieser Grenzen sucht er ein allseitig belebtes Austauschgebiet herzustellen. Dazu gehört eine Wirtschaftsregierung, die für einen Teil der Wirtschaftsgesetze direkt zuständig ist und für einen anderen die Nationalregierungen berät. Zur direkten Leistung des Wirtschaftsstaates gehören Zölle, Syndikatsregelungen, Ausfuhrveranstaltungen, Patentrecht, Markenschutz, Materialkontrolle und ähnliches. Zum indirekten Tätigkeitsgebiet gehören

Handelsrecht, Verkehrspolitik, Sozialpolitik und vieles andere. Dieser übernationale Wirtschaftsstaat kann aber nicht eines Tages fertig beschlossen werden, sondern muß von Fall zu Fall wachsen. Je mehr er sich vollendet, desto mehr wird er sich seine eigenen Organe und seinen Wirtschaftsparlamentarismus schaffen.

Indem wir das Wort Wirtschaftsparlamentarismus aussprechen, greifen wir der Entwicklung weit voraus, aber wir tun es, um uns mit Bedenken auseinanderzusetzen, die gegenwärtig in streng liberalen und demokratischen Kreisen gegen den Plan Mitteleuropa laut werden. Es heißt dort: da nach Lage der Dinge die Gemeinschaft zwischen Deutschland und Österreich-Ungarn nicht als parlamentarisch ausgerüsteter Bundesstaat ins Leben treten kann, so bedeutet der im übrigen sehr wünschenswerte Vorgang einen tatsächlichen Verlust an parlamentarischer Betätigung und also an aktiven Staatsbürgerrechten. Das ist theoretisch betrachtet sicherlich wahr. Wenn man nämlich so wichtige Lebensgebiete wie Zölle, Vorratswirtschaft, Kriegsschuldenverwaltung, Syndikatsregelung, Seeordnung usw. zu Gegenständen mitteleuropäischer Kommissionsberatungen und Vertragsschließungen macht, so bleibt zwar das letzte zustimmende Ja den Parlamenten gewahrt, aber es kann nicht bestritten werden, daß sie aus der praktischen Mitarbeit noch etwas mehr als bisher ausgeschaltet werden. Auf dieses „noch etwas mehr als bisher" lege ich Gewicht, und um dieser Worte willen nannte ich vorher den ganzen Einwand theoretisch. Wer nämlich den Verlauf großer wirtschaftlicher Gesetzgebungen genauer verfolgt, wird schon jetzt zu dem Ergebnis kommen, daß an der Vorarbeit das Parlament als Ganzes oft wenig beteiligt ist, sondern nur einzelne hervorragend interessierte oder sachkundige Mitglieder, die um dieser ihrer Eigenschaften willen bei jeder Methode der Vorbereitung mitreden würden und werden. Was das Mehrheitssystem leistet, ist neben etlichen Einzeländerungen ein letztes zustimmendes oder ablehnendes Votum. Das liegt in der Natur der Sache, denn kein Volksvertreter kann alle Einzelfragen des Wirtschaftslebens beherrschen. Als man den Parlamentarismus schuf, waren die Wirtschaftsaufgaben des Staates unvergleichlich viel einfacher und konnten im allgemeinen mit dem gesunden Menschenverstand erfaßt werden, den man bei jedem Abgeordneten voraussetzen darf. Inzwischen ist Wirtschaftspolitik eine Technik geworden, viel mehr als auswärtige Politik. Wenn von ihr noch etwas mehr als bisher in Kommissionen und Sachverständigenkammern verwiesen wird, so ist das vom Standpunkt des Parlamentarismus aus keineswegs bloß ein Verlust, sondern gleichzeitig auch eine gewisse Erleichterung, indem dem Volksvertreter etwas volkswirtschaftlich Technisches abgenommen wird, was er im strengen Sinn des Wortes schon gar nicht mehr leisten konnte.

* * *

Doch damit ist immerhin erst nur eine Seite der Angelegenheit berührt. Der Abgeordnete hat berufsmäßig darauf zu achten, daß die von ihm vertretenen Wahlkreise oder Volksschichten nicht zu kurz kommen. Wie kann er das tun, wenn er einen Vertrag erst im letzten Stadium zu sehen bekommt? Darauf ist zu antworten, daß diejenigen Ämter, denen die Auswahl und Entsendung der mitteleuropäischen Kommissionsmitglieder und Sachverständigen obliegt, jederzeit bei allen Haushaltsberatungen der Kritik der Volksvertretung gewärtig sein müssen. Daß das keine bloße Redeform ist, wird jeder bestätigen, der die Verhandlungen der Budgetkommission des Deutschen Reichstags zu kennen in der Lage ist. Auch das vorgeschlagene neue System wird von der Begutachtung der Volksvertretung begleitet. Mehr aber kann in Wirklichkeit doch nicht erreicht werden. Man frage einmal nach, welchen Einfluß das einzelne englische Parlamentsmitglied auf die großenglische Wirtschaftspolitik hat! Da kann man aus dem Musterlande des Parlamentarismus merkwürdige Dinge hören. Der Entwicklungsgang der großen Verkehrs-, Handels- und Arbeitsverhältnisse verschlingt den einzelnen unorganisierten Antrag. Organisierte Anträge aber finden immer ihren Weg bis zur zuständigen Stelle.

Das nämlich ist die weitere Antwort, die gegenüber dem erwähnten demokratisch-parlamentarischen Bedenken gegeben werden muß: die mitteleuropäischen Wirtschaftskommissionen müssen satzungs- und vertragsgemäß gebunden sein, die Interessentenvertretungen aller beteiligten Länder und Erwerbszweige protokollarisch zu hören. Das ist in einer Art weniger als ein parlamentarischer Akt und in anderer Art mehr; weniger, weil es sich bis auf weiteres nur um Anhören handelt, mehr, weil es die beruflich Sachverständigen sind. Dabei muß von vornherein festgesetzt werden, daß die Angestellten und Arbeiter überall in ihrem Gewerbe als Interessenten zu gelten haben. Etwas Ähnliches läßt sich für Konsumartikel für die Verbraucher feststellen. Es kann so auf eine natürliche Weise das anfangen, was wir neben der politischen

Volksvertretung je länger desto mehr brauchen, das Wirtschaftsparlament der Zukunft. Man braucht es für die wirtschaftliche Mobilmachung, für die Vorratswirtschaft, für Zolltarife und vieles andere.

Es würde sachlich falsch sein, heute sofort aus den bestehenden Volksvertretungen ein beschließendes Wirtschafts- und Zollparlament für Mitteleuropa zusammenzusetzen, ganz abgesehen von den österreichisch-ungarischen Verfassungshindernissen, denn erst muß der Beratungs- und Verwaltungsstoff vorhanden sein, ehe ein Beratungskörper einen Sinn hat, und vor allem: der neue Wirtschaftsstaat Mitteleuropa braucht seine eigene zukünftige Wirtschaftsverfassung. Es würde ein schwerer Fehlgriff sein, ihn mit einem Delegationsparlament zu belasten, in dem aller Hader aller Einzelparlamente sich in Masse sammelt. Mag das Neue zunächst formlos, gestaltlos und demokratisch unzureichend auftreten, so ist hierbei doch wahrhaftig die Hauptsache, daß die Neubildung nicht vom ersten Tage an einen Geruch der Vergangenheit mitbringt. Sie soll etwas Schaffendes sein, und drei und mehr Nationen werden aufpassen, daß sie es wird.

* * *

Es sei gestattet, das bisher formell Besprochene etwas ins Anschauliche zu übertragen. Ich denke mir, daß ich in 10 Jahren, oder seien es auch noch mehr, nach Prag komme und den Vorsitzenden oder stellvertretenden Vorsitzenden (sie wechseln ab!) des mitteleuropäischen Wirtschaftsausschusses besuche. Er zeigt mir seinen schönen Neubau, sagt: als wir kamen, dachten wir, wir hätten nichts zu tun, und nun wächst es an allen Wänden in die Höhe! Solange nämlich niemand von Amts wegen über Mitteleuropa nachdenkt, ist Mitteleuropa nur eine Idee, von dem Tage an jedoch, wo es ein Amtszimmer gibt, existiert die erste Zelle eines neuen Gehirns, die erste Maschine einer neuen Fabrik. Solange nur Verträge abgeschlossen werden, ohne daß für sie Verwaltungsstellen geschaffen sind, ist kein Mensch da, der aus seinem Innersten heraus das vertritt, um dessentwillen die Verträge gemacht werden, sondern jeder Vertragschließende ist nur Anwalt seines Staates oder seiner Interessentenpartei. Das, so spricht der ehrwürdige, kluge alte Herr, haben wir hier zur Genüge durchgemacht. Von allen Seiten her kommen die Leute zu uns, aus Ungarn, aus Graz, von Mannheim, von Altona, auch von .... und von ..... Jeder will etwas für sich, beklagt sich für sich, will eine besondere Rosine aus dem großen Kuchen haben, wir aber vertreten in hundertfachen Wendungen ihm gegenüber das allgemeine Interesse. Gerade die viele Kleinarbeit zwingt uns, das allgemeine mitteleuropäische Wesen bis in seine letzten Ecken und Enden durchzudenken. So wächst unsere Idee mit und aus unserer Arbeit. Das allein schafft auch die Einigkeit zwischen uns und den Kollegen von drüben. Kleine Trübungen und Sonnenflecken kommen vor, aber es hat das im Grunde wenig zu besagen, denn unsere Lebensidee ist größer als wir alle. Es ist hier nicht wie einst in der Eschersheimer Gasse in Frankfurt a. M., denn wir haben zehnmal mehr zu tun als jene Herren, und die Weltwirtschaft wirft uns täglich neuen Stoff vor die Füße. So redete er, und wir gingen am Bergrande entlang und sahen die Stadt und die Brücken. Ich frug: wie steht es mit den Tschechen und den anderen nichtdeutschen Mitteleuropäern? O, sagte er, erst wollte der Verkehr nicht recht in Gang kommen, denn wir sprechen im Amte Deutsch, aber schließlich war es doch für die tschechischen Landwirte und Geschäftsleute viel zu wichtig, mit uns nicht ohne Fühlung zu sein. Und ein paar tchechische Worte kann ich auch dazwischenstreuen; das hilft oft sehr, daß das Deutsche leichter verstanden wird. Wir machen aus diesen Dingen absichtlich keine Prinzipienfrage und lassen uns nicht dazu drängen, innerhalb Mitteleuropa Partei zu sein. Das haben uns die Deutschen erst etwas übel genommen, aber sie sehen wohl auch, daß man ein Weltwirtschaftsgebiet nur mit einem gewissen Maß von allgemeiner Humanität verwalten kann. Der Ton ist es, der die Musik macht. Was übrigens die Leute, die zu uns kommen, da draußen politisch tun, geht uns nichts an, denn wir vertreten hier nur die Wirtschaftlichkeit. Aber mich dünkt, daß gerade das auch politisch lindernd wirkt. — Und wie ist es mit den neuen Bundesgenossen und ihren Extrarechten? Er wußte, wen ich meinte, ich kann es hier noch nicht sagen. Seine Antwort war: Alles braucht etwas Zeit zum Angewöhnen, aber da wir nichts verlangen, als was sachlich nötig ist, und da die Vorteile des Anschlusses an unser großes Marktgebiet auf der Hand liegen, so ist alles weitere nur Ausführungsdebatte. Kommen Sie, ich will Ihnen die Halle mit der Statistik an den Wänden zeigen! Hier lasse ich die fremden Besucher immer erst gern ein Weilchen warten. Sie sehen da die Bilder aller verbündeten Monarchen und dann Wandtafeln voll Einfuhr, Ausfuhr, Produktion, Konsumtion, soviel, daß ihnen die Größe Mitteleuropas erst noch einmal recht eindringlich wird, ehe sie zu mir oder meinem Kollegen ins Zimmer treten . . . . So hörte ich ihn gerne reden, wenn ich von der Zukunft unseres Planes träumte.

* * *

Wie aber ist es mit dem Militärstaat? Auch er muß über die Landesgrenzen der Nationalstaaten hinausgehen und muß die Schützengrabengemeinschaft umfassen. Man hat für ihn das Wort Militärkonvention geprägt, ohne daß bis heute jemand genau ausgesprochen hätte, was alles vereinbart werden kann und muß. Auch ich bin als Nichtmilitär dazu nicht imstande, und wenn ich es sagen könnte, so würde ich vielleicht für praktischer halten, es nur den Nächstbeteiligten mitzuteilen. Wir mitteleuropäischen Bürger verlangen nur, daß wir für eine weitere Weltgeschichtsperiode militärisch gesichert sind, und werden trotz großer Finanzlasten in unseren staatlichen Parlamenten bereit sein, das unbedingt Nötige dazu zu bewilligen. Das wird nach dem Krieg voraussichtlich keine Parteifrage mehr sein, sondern eine allgemeine Volksangelegenheit. Dabei aber müssen alle Erfahrungen dieses gewaltigen Krieges zur Vervollkommnung und Vereinfachung des Apparates ausgenutzt werden. In diesem Zusammenhange wird es unvermeidlich sein, die Frage der Heeresverfassungen von neuem zur Sprache zu bringen. Wir beabsichtigen nur, die Hauptbestimmungen der beiderseitigen Verfassungen hier kurz anzuführen.

Im Deutschen Reiche erfolgte nach Artikel 61 der Verfassung die Einführung der gesamten preußischen Militärgesetzgebung im Bundesgebiet und wurde dann im Jahre 1874 das sogenannte große Militärgesetz erlassen, zu dem später zahlreiche Zusätze und Nebengesetze gekommen sind. Die Einheitlichkeit ist vollkommen, abgesehen von den besonderen Bestimmungen für Bayern und Württemberg.

Was Bayern anbetrifft, so ist im Vertrag vom 23. Nov. 1870 aus Gründen der bayerischen Staatshoheit festgelegt, daß Bayern die Kosten und Lasten seines Kriegswesens (den Unterhalt der auf seinem Gebiet belegenen festen Plätze und sonstigen Fortifikationen einbegriffen) ausschließlich und allein trägt. Dabei aber verpflichtet sich Bayern, für sein Kontingent den gleichen Geldbetrag zu verwenden, wie er nach Verhältnis der Kopfstärke für die übrigen Teile des Bundes festgesetzt wird. Das bayrische Heer bildet einen in sich geschlossenen Bestandteil des deutschen Bundes-

Heeres mit selbständiger Verwaltung unter der Militärhoheit des Königs von Bayern; im Kriege aber, und zwar mit Beginn der Mobilisierung, unter dem Befehle des Bundesfeldherrn. In bezug auf Organisation, Formation, Ausbildung, Gebühren und Mobilmachungsvorschriften herrscht volle Übereinstimmung. Der Bundesfeldherr hat die Pflicht und das Recht, sich durch Inspektionen von der Übereinstimmung und Vollzähligkeit zu überzeugen. — Inzwischen hat die lebendige Tradition den Satz von der finanziellen Selbständigkeit der bayrischen Armee dahin abgemildert, daß die Kosten des bayrischen Militärwesens tatsächlich vom Reich bestritten werden und nur ein gegenseitiges Verrechnungsverfahren eintritt.

Die Militärkonvention mit Württemberg sichert den württembergischen Truppenteilen eigene Fahnen und Benennungen. Der Fahneneid enthält König und Bundesfeldherrn zugleich. Beförderungen geschehen vom König mit Zustimmung des Bundesfeldherrn. Das württembergische Armeekorps bleibt im eigenen Lande. Offiziersaustausch ist vorgesehen. Inspektionen.

Während diese reichsdeutschen Militärvereinbarungen die Einheitlichkeit der Armee nicht stören, liegen in Österreich-Ungarn die Verhältnisse auch auf diesem Gebiete verwickelter, da es drei Armeeorganisationen gibt, die ihren eigenen militärischen Apparat besitzen, nämlich das gemeinsame Heer, die österreichische Landwehr und die ungarische Landwehr. Um dieses zu verstehen, muß man wieder zum Grundgesetz von 1867 greifen. Dort wird für gemeinsam erklärt: „das Kriegswesen mit Inbegriff der Kriegsmarine, jedoch mit Ausschluß der Rekrutenbewilligung und der Gesetzgebung über die Art und Weise der Erfüllung der Wehrpflicht, der Verfügung hinsichtlich der Dislozierung und Verpflegung des Heeres, ferner der Regelung der bürgerlichen Verhältnisse und der sich nicht auf den Militärdienst beziehenden Rechte und Verpflichtungen der Mitglieder des Heeres". Dieser etwas schwierige Satz besagt etwa, daß die Heeresherstellung einzelstaatlich, die Heeresleitung gemeinsam ist. Was die Heeresherstellung anlangt, so wird im Grundgesetz die „Feststellung des Wehrsystems" unter den Gegenständen aufgeführt, die von Zeit zu Zeit vereinbart werden sollen. Also auch hier im Heere findet sich die uns schon bekannte Kündbarkeit! Derselben Kündbarkeit unterliegt die Aufbringung und Verteilung der Kosten des gemeinsamen Heeres.

Da nun Ungarn trotz seiner Beteiligung am gemeinsamen

Heere auf einen eigenen rein ungarischen Heereskörper nicht verzichten wollte, so bewahrte es sich in den Abmachungen von 1867 das Recht der zeitweisen Ergänzung des ungarischen Kriegsheeres und schuf oder behielt mit eigenem Rekrutierungs- und Verwaltungssystem seine ungarische Landwehr (Honved). Die Folge davon war aus Paritätsgründen die Entstehung einer besonderen österreichischen Landwehr. Ziffernmäßig waren die Friedenspräsenzverhältnisse vor Kriegsausbruch so, daß das gemeinsame Heer 339 000 Mann betrug, die österreichische Landwehr 49 000, die ungarische Landwehr 36 000. Eine uns vorliegende Denkschrift berechnet den Mehraufwand dieses dreifachen Systems mit 75 Millionen Kronen jährlich. Jeder der beiden Staaten hat zwei getrennte Heeresergänzungseinrichtungen, woraus folgt, daß in demselben Gebiet zweierlei verschiedene Rekrutierungen vorgenommen werden.

Denkt man auch hier über die Gegenwart hinaus in eine etwas fernere Zukunft, so wird ein mitteleuropäisches Heeresstatut notwendig sein, bei dem genau geschieden wird zwischen den allgemeinen Heeresverpflichtungen der verbündeten Staaten, die für alle Teilnehmer der Schützengrabengemeinschaft die gleichen sein müssen, und den Sonderrechten und Staatshoheiten der Einzelstaaten. Das gleiche gilt von den Kriegsflotten. Die Kriegsmarine ist in beiden Reichen eine gemeinsame Angelegenheit und wird aus den gemeinsamen Kassen bezahlt.

* * *

Die Heeresgemeinschaft ergibt sich aus dem Begriff des Weltwirtschaftsgebietes. Sobald man ein solches herstellen will, muß es ein geschlossener Verteidigungskörper sein. Das wird sich nach dem Kriege ebenso in Großengland wie in Mitteleuropa verfassungsmäßig ausdrücken müssen. Darin liegt für alle beteiligten Staaten und Staatsteile eine gewisse Beschränkung ihrer besonderen Politik, denn sie verzichten darauf, eigene Kriege für sich allein führen zu können. In der Beschränkung ist aber gleichzeitig ein mächtiger Schutz ihrer Existenz enthalten, denn sie können dann auch nicht mehr einzeln angegriffen werden. Wer zum Militärverband gehört, ist von ihm gesichert, soweit es in der Kraft der gemeinsamen Heere liegt.

Wir haben schon diesen geschichtlich notwendigen Vorgang mit der gewerblichen Syndizierung verglichen. Indem ein einzelnes Industrieunternehmen in ein Syndikat eintritt, gibt es etwas von seiner Selbständigkeit auf, aber es stärkt eben dadurch seine Existenz. Die Abwägung der Vorteile und Nachteile dieses Systems hat viele große und kleine gewerbliche und staatliche Unternehmungen sehr schwer und ernstlich beschäftigt, aber das Endergebnis ist der fast allgemeine Sieg des Syndikatsgedankens. Bei der Lage der mitteleuropäischen Staaten zwischen Ost und West bleibt ihnen allen auf die Dauer gar nichts anderes übrig, als sich gegenseitig durch Bindung zu stärken.

Das trifft auch für die benachbarten kleineren neutralen Staaten zu.

* * *

Die Folgen des Wirtschaftsverbandes und Heeresverbandes für die Führung und Leitung der auswärtigen Politik sind naturgemäß weitgehend und bringen viele sachliche und besonders auch verfassungstechnische Schwierigkeiten mit sich. Wir müssen auch davon einige Worte reden, wissen aber, daß hier vieles nicht durch Formulierungen, sondern nur durch tatsächliche gemeinsame Arbeit und Tradition geklärt werden kann.

Zwischen Österreich und Ungarn besteht eine volle Gemeinsamkeit der Führung der auswärtigen Politik. Das Grundgesetz sagt darüber: „Gemeinsam sind die auswärtigen Angelegenheiten mit Einschluß der diplomatischen und kommerziellen Vertretung dem Auslande gegenüber, sowie die in betreff der internationalen Verträge etwa notwendigen Verfügungen, wobei jedoch die Genehmigung der internationalen Verträge, insoweit eine solche verfassungsmäßig notwendig ist, den Vertretungskörpern der beiden Reichshälften (dem Reichsrate und dem ungarischen Reichstage) vorbehalten bleibt.“ Während also die zwei Reichshälften im übrigen getrennte Ministerien besitzen, haben sie einen gemeinsamen Minister des Auswärtigen, dieser aber ist zwei selbständigen Landesvertretungen gegenüber verantwortlich. Die Person dieses Ministers ist im Laufe der Zeiten sowohl aus Österreich wie aus Ungarn genommen worden. Der gegenwärtige Vertreter dieses Amtes ist Ungar. Es ist offenbar, daß dieses System, theoretisch betrachtet, zu argen Zerwürfnissen führen kann, aber in der Praxis hat es sich nicht schlecht bewährt, was insbesondere der hervorragenden Persönlichkeit des österreichischen Kaisers zu danken ist.

Im Deutschen Reiche ist die Leitung der auswärtigen Politik Sache des Bundesrates und wird vom Reichskanzler vertreten. Um aber den zum Deutschen Reiche gehörigen kleineren Königreichen einen Anteil an der auswärtigen Politik besonders zu sichern, wurde unter bayrischem Vorsitz im Bundesrat aus Bevollmächtigten von Bayern, Sachsen, Württemberg und zwei anderen bundesstaatlichen Vertretern ein Ausschuß gebildet, der die auswärtigen Angelegenheiten zu behandeln hat. Dieser Ausschuß ist nur bei ganz seltenen Gelegenheiten in Wirksamkeit getreten, seine Existenz aber gilt als Versicherung gegen einseitig preußisches Vorgehen. Auch hier hat die Wirklichkeit einfacher gearbeitet als die staatsrechtliche Theorie. In Wirklichkeit verwaltet das vom Reichskanzler abhängige Auswärtige Amt die Auslandsbeziehungen und unterliegt in seinen öffentlichen Akten der Begutachtung des Bundesrates und Reichstags.

In beiden Reichen hat sich demnach der Grundsatz der einheitlichen Führung der auswärtigen Geschäfte von selbst durchgedrückt. Das Problem, wie der Volkswille in der auswärtigen Politik zum Ausdruck kommen soll, ist in beiden Fällen unvollkommen gelöst, aber dasselbe gilt von allen geschriebenen und ungeschriebenen Verfassungen aller Nationen. Es ist technisch nicht möglich, die Volksvertretungen zu Mitwissern aller noch in schwebendem Zustand befindlichen internationalen Verhandlungen zu machen. Einiges kann in den parlamentarischen Kommissionen mitgeteilt werden, was bei uns auch in steigendem Maße geschieht, aber die Auswahl des mitzuteilenden Stoffes verbleibt doch den Trägern der Geschäfte. Hier hat das demokratische Staatssystem in sich selbst eine Lücke, die auch nicht dadurch ausgefüllt wird, daß man der Volksvertretung die Beschlußfassung über Krieg und Frieden zuerkennt oder die Veröffentlichung aller Geheimverträge fordert. Wir haben im August 1914 gesehen, daß nichts anders verlaufen wäre, wenn jenes Volksrecht im Wortlaut der Verfassung gestanden hätte. Die Bewilligung der Kriegskredite und der Kriegswirtschaftsgesetze ist tatsächlich dasselbe wie die Parlamentsabstimmung über den Krieg an sich, alles das aber erfolgt im gegebenen Augenblick bereits innerhalb der schon vorhandenen Kriegsspannung, ist genau genommen schon ein Akt im Kriege. Was die Völker vor unüberlegten Kriegserklärungen schützt, ist nicht ein Paragraph der Verfassung, sondern das Bewußtsein aller Regierenden, daß man in unseren Zeiten einen Krieg nicht ohne die innerliche Zustimmung der großen Mehrheit der Bevölkerung führen kann. Die Demokratie redet in der Tat mit, auch ohne Formulierung. Und ähnlich ist es mit den Verträgen. Sicherlich wäre es besser, noch mehr Verträge zu veröffentlichen und damit die Nationen selbst zu ihren Garanten zu machen, aber etliche Geheimarchive bleiben trotzdem übrig, wie in jedem großen Betrieb. Die Leitung der auswärtigen Politik, dieses erste und schwerste, verantwortlichste Geschäft der Staatsleitung, bleibt ihrer Natur nach Vertrauenssache. Das hat für alle Staatsbürger etwas Peinliches, da sie mit Blut und Geld die Fehler des Auswärtigen Amtes bezahlen müssen, aber es wird sich nicht ändern lassen. Alle Verfassungsbestimmungen sind auf diesem obersten Gebiete kaum mehr als Kontrollversuche.

* * *

Das aber bedeutet für Mitteleuropa, daß es von nur geringem Werte ist, wenn sich jemand ein Normalstatut für die gemeinsame Führung der auswärtigen Politik ausdenkt. Man kann es versuchen, aber die Amtsträger der verbündeten Reiche und Staaten werden dieses Papier zu ihren übrigen vielen Akten legen und es nur hervorholen, wenn es ihnen im Einzelfalle paßt. Auch ist die auswärtige Politik zu vielgestaltig, um nach einem vorher ausgearbeiteten Generalplan betrieben zu werden. Wir sehen es jetzt im Kriege: man arbeitet in Wien und Berlin gemeinsam, streitet, reibt und verständigt sich und versucht über Mißverständnisse mit Pflichtgefühl und gutem Willen hinwegzukommen. Der Dualismus ist da, aber er ist kein absolutes Hindernis. Soviel wir sehen, wird man in absehbarer Zeit über diesen Zustand grundsätzlich nicht hinauskommen, wird sich aber immer besser gegenseitig ineinander einarbeiten. Es entsteht keine Verfassungsänderung, aber auch hier eine Tradition.

Wer solche Dinge ohne Anerkennung der Wirklichkeiten aus dem Handgelenk herauskonstruieren möchte, der würde wohl ein einheitliches Auswärtiges Amt für Mitteleuropa fordern, so wie es einen einheitlichen Minister für Österreich und Ungarn gibt. Dabei wird aber übersehen, daß Österreich und Ungarn denselben Monarchen haben. Ohne diese Personalunion würde der einheitliche Minister des Äußeren kaum möglich sein, denn es würde die Einheitlichkeit des Auftraggebers fehlen. Wäre Mitteleuropa Republik, so könnte vielleicht manches anders sein, aber es genügt, diesen Satz auszusprechen, um ihn als ungeschichtlich zu empfinden. Auch läßt sich der an sich naheliegende Gedanke des einheitlichen Ministeriums des Äußeren solange überhaupt nicht ernstlich ausdenken, als die gegenseitigen Beziehungen zwischen den verbündeten Reichen selber auswärtige Politik sind. Das Vertragssystem mit gemeinsamen Vertragsorganen, wie wir es ausgeführt haben, setzt Vertragschließende auf beiden Seiten voraus. Das Neue ist also nicht ein neues Auswärtiges Amt für Mitteleuropa, sondern ein wachsender Bestand gemeinsamer Aufgaben und Einrichtungen zwischen den zwei schon bestehenden Ämtern.

Dabei kommt nun neben den schon besprochenen gemeinsamen Wirtschafts-Handelsausschüssen noch mancherlei anderes in Betracht. Es hat jedes der beiden Reiche sein volles eigenes System von Gesandtschaften und Konsulaten. Das wird auch in der Hauptsache so bleiben müssen, aber auch hier sind Annäherungen und Vertretungen möglich. Insbesondere im Konsulatssystem, wo schon heute an den verschiedensten Plätzen gegenseitige Vertretbarkeit geübt wird, müßte für kleinere Stationen Personaleinheit grundsätzlich bevorzugt werden. Der Mitteleuropäer im Ausland soll Gemeinschaftsgefühle bekommen. Es würde sehr zu empfehlen sein, eine gemeinsame Austauschstelle für Konsulatsberichte in der Heimat einzurichten. Und was die Gesandtschaften anlangt, so läßt sich eine Gemeinschaftsorganisation im gegenwärtigen Geschichtszeitpunkt kaum erörtern, aber es erscheint denkbar, daß alle allgemeinen Zuschriften und Mitteilungen ohne weiteres zur gegenseitigen Kenntnis gelangen.

Sicherlich würde es zu weit gehen, wenn man sagen wollte, daß in Zukunft nur noch gemeinsame Verträge geschlossen werden sollen; denn viele Vertragsmaterien berühren in der Tat nur den einen oder den anderen Staat. Beispielsweise sind die Abmachungen über die Donauschiffahrt bis zum Schwarzen Meere eine österreichisch-ungarische Angelegenheit, während ein deutsch-schwedischer Schiffahrtsvertrag eine reichsdeutsche Sache ist. Sobald aber beide Reiche an derselben Materie beteiligt sind, soll grundsätzlich immer der Versuch gemacht werden, die gleichen Bedingungen zu erzielen. Das muß von beiden Seiten gewollt werden, von beiden Seiten gewollt!

* *
*

Und damit sind wir am Ende unserer Ausführungen. Wir widmen sie den Staatsmännern und Völkern. Es ist nicht erforderlich, den Inhalt der Arbeit nochmals in kurzem zu wiederholen, denn der Leser wird ihn im Gedächtnis haben. Er wird, so hoffen wir, eins sicherlich erfaßt haben, daß die mitteleuropäischen Reiche in dieser Sache nicht gedankenlos sich schieben lassen dürfen, sondern einen grundlegenden Entschluß zu fassen haben, ob sie Mitteleuropa wollen oder nicht. Wenn sie es nicht wollen, gehen sie ganz anders auf die Friedenskonferenz, als wenn sie es wollen. Jede Kriegsfrage schließt anders, je nachdem die große Vorfrage beantwortet wird. Unsere künftige reichsdeutsche Politik setzt in dem einen oder anderen Falle völlig verschieden ein, und ebenso ist es mit Österreich-Ungarn. Man denke an Polen, Balkanverhältnisse, Türkei, Mittelmeer, Handelsabmachungen im Friedenstraktat; alles hängt von der mitteleuropäischen Entscheidung ab.

Da der Entschluß, Mitteleuropa zu wollen, ein großer, folgenschwerer Schritt aller beteiligten Staaten ist, so wird jeder Staat sich alle in Betracht kommenden Möglichkeiten genau und rückhaltlos überlegen. Wir erkennen an, daß das insbesondere für Ungarn nicht leicht ist. Vielleicht trägt Ungarn dabei die größte Last der Verantwortung, da es nun erst die Tat des Grafen Andrassy vom Jahre 1879 zur endgültigen Nationalentscheidung erheben muß. Ungarn als nichtdeutscher Staat hat einen Teil des Zukunftsschicksals der deutschen Nation in seinen Händen, denn wenn Ungarn Mitteleuropa entschlossen ablehnt, so wird es kaum verwirklicht werden können. Das wissen die Ungarn und richten sich darauf ein, daß sie ein weltgeschichtliches Wort erster Ordnung zu sprechen haben. Wenn sie es nicht sprechen, so ist für sie und uns ein Weltgeschichtstag vorbei. Aber auch der österreichische Kaiser wird unter Zuziehung seines Nachfolgers die Gründe für und gegen Mitteleuropa in seinen Händen wiegen und mit der Weisheit, die durch unvergleichliche Lebensschicksale reif geworden ist, das Vergängliche vom Unvergänglichen zu sondern wissen. Er kannte noch den alten Deutschen Bund, war vor Bismarck und ist nach ihm, und sein Testament wird den Völkern heilig sein. Er wird die Lehre dieses Krieges in seiner Entscheidung mitsprechen lassen. Und die Bevölkerungen Österreichs werden mit ihm die Zukunft unter dem großen Gesichtspunkt der allgemeinen Weltentwicklung erwägen und für sich und ihre Kinder die Grundform einer neuen sicheren Periode der Entwicklung herstellen wollen. Ebenso aber wird auch der Deutsche Kaiser und sein Volk sich vor eine Entscheidung gestellt sehen, bei der vieles Alte vergessen und vieles Neue übernommen werden muß. Die Nibelungentreue Kaiser Wilhelms II. soll zur Staatseinrichtung erhoben werden. Alte, für uns schon einmal erledigte Entwicklungsstreite sollen dabei neu beginnen. Aber sagt uns nicht allen der gewaltige Krieg, daß wir nicht stehen bleiben können,

Wir kommen anders aus ihm heraus, als wir hineingegangen sind. Wir kommen vom Krieg als Mitteleuropäer.

* * *

Es war im April (1915), als ich den Plan dieser Arbeit faßte. Damals wurde noch an den Karpathen gekämpft. Unsere Söhne und Schwiegersöhne verteidigten Ungarn und Österreich, so wie die Österreicher und Ungarn vorher für uns den russischen Anprall ausgehalten hatten. Inzwischen sind viele treue Kinder Mitteleuropas weiterhin in den Tod gegangen oder verwundet worden, viele gute, edle Menschen, die ein Leben vor sich hatten. Sie starben aber nicht vergebens, denn unsere gemeinsamen Heere drängten den Feind vor sich her, machten Galizien frei und lösten die Polen vom hundertjährigen russischen Bann. Vom Mai an dauert der Vormarsch. Unter den Nachrichten dieses größten siegreichen Angriffs der Weltgeschichte ist diese Arbeit gewachsen. Sie will gar nicht als zeitlose Erwägung gelten, sondern ist mit Fleisch und Blut aus dem Kriege entstanden. So wird sie von denen begriffen werden, die im Krieg anders wurden, als sie vorher waren.

Was soll der Ertrag des Krieges sein? Für was sollen unsere Toten gestorben sein? Dafür, daß wir am Tage nach dem Kriege wieder auseinandergehen und tun, als hätten wir uns nie gekannt? Das würde eine Verschleuderung des edelsten seelischen Gutes sein.

Mitteleuropa ist Kriegsfrucht. Zusammen haben wir im Kriegswirtschaftsgefängnis gesessen, zusammen haben wir gekämpft, zusammen wollen wir leben!

---

# IX. Statistisches und Historisches.

Im Texte unserer bisherigen Arbeit sind Ziffern und geschichtliche Angaben nur ganz sparsam verwendet worden, um auch den Lesern gefällig zu sein, die mit dem Handwerksgerät des Wissens verschont bleiben wollen. Da es aber glücklicherweise nicht nur solche Leser gibt, und da mancherlei Behauptungen und Bemerkungen des Textes erst durch Ziffern und Zahlen in die rechte Beleuchtung und zur erwünschten Beweiskraft gelangen, so wollen wir in dem nachfolgenden Abschnitt nochmals in der Reihenfolge der vorliegenden Schrift Angaben und Nachweise sammeln.

Das statistische Material entstammt fast durchaus den Statistischen Jahrbüchern für Deutschland, Österreich und Ungarn. Dabei sind Hübners geographisch-statistische Tabellen und Hickmanns Taschenatlas von Österreich-Ungarn hinzugezogen. Erst während der Fertigstellung unseres Buches erschien im gleichen Verlage das Buch von Dr. Pistor: „Die österreichisch-ungarische Volkswirtschaft" und konnte noch an einigen Stellen verwendet werden. Bei Aufzeichnung der geschichtlichen Tabelle unter II wurden die Geschichtsübersichten in Perthes' Geschichtsatlas berücksichtigt. Die Verfassung des Deutschen Reiches ist in der Guttentagschen Ausgabe benutzt und die Staatsgrundgesetze von Österreich und Ungarn in der Ausgabe von Giegl (Manzsche Buchhandlung in Wien). Die übrige allgemeine Literatur wird im Abschnitt m mitgeteilt. Als neuere, z. T. nach diesem Buch erschienene Arbeiten verwandten Inhalts sind zu nennen.:

Herkner, Geh. Rat, Prof., als Herausgeber des Sammelwerks: Die wirtschaftliche Annäherung zwischen dem Deutschen Reich und seinen Verbündeten. (Schriften des Vereins für Sozialpolitik Bd. 155 I und II.) München und Leipzig 1916.

Gerloff, Professor: Der wirtschaftliche Imperialismus und die Frage der Zollvereinigung zwischen Deutschland und Österreich-Ungarn; Stuttgart und Berlin 1915.

Jastrow, Professor: Die mitteleuropäische Zollannäherung und die Meistbegünstigung; Leipzig 1915.

Irresberger: Das deutsch-österreichisch-ungarische Wirtschafts- und Zollbündnis; Berlin 1916.

v. Liszt, Professor, Geh. Rat: Ein mitteleuropäischer Staatenverband; Leipzig 1914.

Frhr. v. Stengel: Zur Frage der wirtschaftlichen und zollpolitischen Einigung von Deutschland und Österreich-Ungarn; Münster 1915.

Losch, Geh. Finanzrat: Der mitteleuropäische Wirtschaftsblock und das Schicksal Belgiens; Leipzig 1914.

Munin: Österreich nach dem Kriege, Forderungen eines aktiven österreichischen Politikers; Jena 1915.

v. Philippovich, Professor, Geh. Hofrat, Mitgl. des österr. Herrenhauses: Ein Wirtschafts- und Zollverband zwischen Deutschland und Österreich-Ungarn; Leipzig 1915.

Wolf, Professor: Ein deutsch-österreichisch-ungarischer Zollverband; Leipzig 1915.

## I. Der gemeinsame Krieg und seine Folgen.

Um die statistischen Übersichten zu erleichtern, werden alle Ziffern abgerundet. Wer sie genauer kennen lernen will, muß die statistischen Jahrbücher zur Hand nehmen. Deutschland ist mit D, Österreich mit Ö, Ungarn mit U, Bosnien mit B bezeichnet.

Wir beginnen mit allgemeinen Angaben über Fläche und Bevölkerung:

Die Fläche beträgt:

| | |
|---|---|
| D | 541 000 qkm |
| ÖU | 676 000 „ |
| | 1 217 000 qkm |

Auf dieser Fläche wohnte nach der Zählung von 1910 eine **Bevölkerung** von

| | |
|---|---|
| D | 64,9 Millionen Einwohner |
| ÖU | 51,4 „ „ |
| | 116,3 Millionen Einwohner |

Inzwischen war aber bis vor dem Krieg die Gesamtbevölkerung der mitteleuropäischen Zentralstaaten bis auf etwas über 120 Millionen gewachsen. Ob während des männermordenden Krieges ein Zuwachs oder eine Abnahme der Gesamtbevölkerung stattfindet, läßt sich zur Stunde noch nicht sagen. Wahrscheinlich weibliche Zunahme und männliche Abnahme.

Die **Friedenspräsenz des Heeres** wird für 1913/14 angegeben:

| | |
|---|---|
| D | 800 000 |
| ÖU | 424 000 |
| | 1 224 000 |

Die österreichisch-ungarische Armee besteht im Friedensbestand aus folgenden Teilen:

| | |
|---|---|
| Gemeinsames Heer | 340 000 |
| Österr. Landwehr | 48 000 |
| Ungar. Landwehr | 36 000 |
| | 424 000 |

Militärpferde im Friedensbestand:

| | |
|---|---|
| D | 160 000 |
| ÖU | 90 000 |
| | 250 000 |

Über die Höhe der beiderseitigen Kriegsheere während des Krieges können wir nichts sagen.

Die **Kriegsflotten** enthielten vor dem Krieg:

| | D | ÖU |
|---|---|---|
| Schlachtschiffe | 101 | 30 |
| Kanonen | 2100 | 910 |

Eine volle Vergleichbarkeit der Flotten ist bei der Verschiedenheit der Typen nicht vorhanden.

Die mitteleuropäische Heeresmacht ist das Ergebnis langjähriger Entwicklung und steht in engem Zusammenhange mit der Zunahme der Bevölkerungen:

**Bevölkerungswachstum** (berechnet auf heutigen Landesumfang) in Millionen Einwohner:

| | D | Ö | U | B |
|---|---|---|---|---|
| 1850 | 35,4 | 17,5 | 13,2 | |
| 1870 | 40,8 | 20,2 | | |
| 1890 | 49,4 | 23,7 | 17,5 | |
| 1910 | 64,9 | 28,6 | 20,9 | 1,9 |

Für Ungarn sind im Statistischen Jahrbuch die früheren Anmeldung nicht zu finden. Die Zahl für U 1850 stammt aus Hickmann, ist jedenfalls richtig. Es hatte also ÖU ohne B im Jahre 1850: 30,7 Millionen Einwohner. Damals war das Gebiet des späteren Deutschen Reiches schon um fast 5 Millionen stärker besetzt als Österreich-Ungarn. Das war 1800 noch nicht der Fall. Der Umschwung in der Bevölkerungsmenge liegt in der ersten Hälfte des vorigen Jahrhunderts.

**Bevölkerungsveränderung im letzten Jahrhundert:**

| | D | ÖU (ohne B) | |
|---|---|---|---|
| 1800 | 21,0 | 23,1 | + 2,1 |
| 1850 | 35,4 | 30,7 | — 4,7 |
| 1900 | 56,4 | 45,4 | — 11,0 |
| 1910 | 64,9 | 49,5 | — 15,4 |

Das Zurückbleiben Österreich-Ungarns ist ganz offenbar und beruht teils auf dem Verhältnis von Geburt und Tod und teils auf Abwanderung.

Geburtenüberschuß 1911/12 in ‰:

| | Geboren | Gestorben | Überschuß |
|---|---|---|---|
| D | 28,3 | 15,6 | 12,7 |
| Ö | 31,5 | 22,0 | 9,5 |
| U | 35,0 | 25,1 | 9,9 |

Trotz geringerer Geburtenziffer hat Deutschland prozentual weitaus das bessere Gesamtresultat. Im Deutschen Reiche wird schon etwas zu wenig geboren, in Österreich aber und noch mehr in Ungarn wird weit über das Notwendige hinaus gestorben.

Abwanderungsfragen. Für Deutschland spielt gegenwärtig die Abwanderung keine wesentliche Rolle, eher die Zuwanderung. Anders steht es in Österreich-Ungarn. Die überseeische Auswanderung betrug

| | |
|---|---|
| 1908 | 192 000 |
| 1909 | 199 000 |
| 1910 | 277 000 |
| 1911 | 187 000 |
| 1912 | 213 000 |

Das sind sehr hohe Ziffern! Dazu kommt eine beständige Saisonauswanderung über die Landesgrenzen.

**Vergleich der Bevölkerungsvermehrung der Großmächte** (nach Hickmann) in Millionen:

| | 1800 | 1900 | Vermehrung |
|---|---|---|---|
| Europ. Rußland | 38,8 | 111,3 | + 72,5 |
| Ver. Staaten | 5,3 | 77,1 | + 71,8 |
| Deutschland | 21,0 | 56,4 | + 35,4 |
| Österreich-Ungarn ohne B | 23,1 | 45,4 | + 22,3 |
| Großbritannien | 16,2 | 41,6 | + 25,4 |
| Frankreich | 26,9 | 39,0 | + 12,1 |
| Italien | 18,1 | 32,5 | + 14,4 |
| Spanien | 11,5 | 18,2 | + 5,7 |
| Belgien | 3,0 | 6,9 | + 3,9 |
| Rumänien | 2,7 | 6,0 | + 3,3 |
| Portugal | 2,9 | 5,1 | + 2,2 |
| Niederlande | 2,0 | 5,1 | + 3,1 |
| Schweden | 2,3 | 5,1 | + 2,8 |
| | 173,8 | 449,7 | |

Diese Tabelle kann leider von mir mit privaten Mitteln nicht bis auf die Gegenwart fortgesetzt werden, da die Volkszählungen zu verschiedenen Zeitpunkten stattfinden und deshalb umgerechnet werden müssen, und weil der Landesumfang der Hickmannschen Tabelle mir nicht in jedem Fall genau bekannt ist. Aber auch schon in ihrer Fortführung nur bis 1900 ist diese Zusammenstellung von allerhöchstem Interesse.

Die Reihenfolge der europäischen Großmächte war nach dieser Berechnungsweise:

1800: Rußland, Frankreich, Österreich-Ungarn, Deutschland, Italien, Großbritannien

1900: Rußland, Deutschland, Österreich-Ungarn, Großbritannien, Frankreich, Italien.

(Den Vergleich der Weltstaaten mit Kolonialgebieten siehe Abschnitt V.)

Die europäische Politik ist, rein statistisch betrachtet, vielfach nichts anderes als die staatsrechtliche Realisierung obiger Bevölkerungsverschiebungen. Daß aber die Ziffer allein nicht entscheidet, beweist das Beispiel Rußlands. Die Quantität ist nur eine der geschichtlich wichtigen Eigenschaften der Völker.

## II. Zur Vorgeschichte Mitteleuropas.

Die nachfolgende Zusammenstellung geschichtlicher Daten hat nur den Zweck, den Leser an einzelne Vorkommnisse zu erinnern, die für die Vorgeschichte Mitteleuropas von Bedeutung sind:

1211 Die heilige Elisabeth, Deutschlands volkstümlichste Heilige, kommt aus Ungarn nach Thüringen.

1273—1291 Rudolf I. von Habsburg gründet die österreichische Monarchie, schlägt Ottokar von Böhmen 1278 auf dem Marchfelde.

1314—1330 Kampf zwischen Friedrich von Österreich und Ludwig von Bayern um die Kaiserkrone.

1348 König Karl IV. gründet in Prag die erste deutsche Universität.

1409 Auswanderung der deutschen und polnischen Studenten aus Prag. Gründung der Universität Leipzig.

1410 Schlacht von Tannenberg. Jagello von Litauen und Polen.

1415 Der Hohenzoller Friedrich I., Burggraf von Nürnberg, übernimmt die Mark Brandenburg.

1419—36 Hussitenkriege.

1438 Albrecht II., Herzog von Österreich, wird als Schwiegersohn Sigmunds auch König von Böhmen und Ungarn.

1440—70 Friedrich II. von Brandenburg macht Berlin zur Residenz.

1457 In Ungarn Mathias Corvinus zum König gewählt, in Böhmen Georg Podiebrad.

1466 wird Westpreußen polnisch, Ostpreußen polnisches Lehen.

1519—56 Kaiser Karl V., Weltreich auf österreichisch-spanischer Grundlage.

1525 Herzogtum Preußen.

1526 Schlacht von Mohacs gegen die Türken. Ferdinand von Österreich, Karls V. Bruder, wird König von Böhmen, Mähren, Schlesien und Ungarn. Von da an besteht die österreichisch-ungarische Monarchie.

1521—38 Italienische Kriege Karls V.

1529 Wien von den Türken belagert.

1539 Evangelische Reformation in Brandenburg.

1555 Augsburger Religionsfriede; cuius regio eius religio.

1556 Karl V. legt die Krone nieder. Trennung des österreichischen und spanischen Teiles der Weltmacht.

1576—1612 Kaiser Rudolf II; die protestantischen Ungarn empören sich. Gegenreformation.

1608—09 Gründung der protestantischen Union und der katholischen Liga.

1609 Jülich-Klevescher Erbfolgestreit. Brandenburg dehnt sich nach Westdeutschland aus.

1618 Preußen kommt an Brandenburg.

1618—48 Dreißigjähriger Krieg.

1620 Schlacht am Weißen Berge. Protestantismus in Böhmen zerbrochen.

1630—32 Gustav Adolf von Schweden in Deutschland, Versuch des Ostseereiches.

1640—88 Friedrich Wilhelm von Brandenburg, der Große Kurfürst, der eigentliche Gründer der norddeutschen Macht.
1660 Im Frieden von Oliva wird Preußen von der polnischen Herrschaft frei.
1681 Straßburg wird französisch; Frankreichs Einfluß auf den Westen.
1683 Wien von den Türken belagert, vom Polenkönig Johann Sobieski gerettet.
1697 Kurfürst August der Starke von Sachsen wird König von Polen.
1699 Friede von Carlowitz. Prinz Eugen, der edle Ritter. Siebenbürgen kommt an Österreich.
1701 Preußen wird Königreich.
1714 Friede zu Rastatt; Kaiser Karl VI. erhält die spanischen Niederlande, Mailand, Sardinien, Neapel.
1718 Friede von Passarowitz; Österreich erhält Kroatien und Teile von Bosnien und Serbien (wieder verloren 1739).
1732 Vertriebene Salzburger Protestanten werden in Preußen aufgenommen.
1713—38 Pragmatische Sanktion; Unteilbarkeit der österreichischen Länder, weibliche Erbfolge.
1740—86 König Friedrich II. von Preußen.
1740—86 Königin Maria Theresia von Österreich.
1740—42 Erster schlesischer Krieg.
1741—48 Österreichisch-bayrischer Erbfolgekrieg.
1744—45 Zweiter schlesischer Krieg.
1745—1806 Haus Lothringen auf dem Kaiserthron.
1756—63 Siebenjähriger Krieg. Preußen wird norddeutsche Großmacht.
1772 Erste Teilung Polens.
1778—79 Bayrischer Erbfolgekrieg. Friede von Teschen. Bayern erhält Kurpfalz.
1792—97 Erster Koalitionskrieg gegen Frankreich. Bündnis zu Pillnitz zwischen Österreich und Preußen.
1793 Zweite Teilung Polens.
1795 Dritte Teilung Polens. Preußen schließt mit Frankreich Sonderfrieden in Basel.
1797 Frieden von Campo Formio. Österreich behält Venetien, Istrien und Dalmatien.
1798—1802 Zweiter Koalitionskrieg gegen Frankreich.
1804 Franz II. als erblicher Kaiser von Österreich.
1805 Dritter Koalitionskrieg ohne Preußen. Wien von den Franzosen besetzt. Schlacht bei Austerlitz. Friede zu Preßburg. Italienische und tiroler Besitzungen verloren.
1806 Napoleon gründet den Rheinbund, Franz II. legt die deutsche Kaiserkrone nieder.

1806 Preußen bei Jena und Auerstädt geschlagen, Napoleon in Berlin.
1807 Friede von Tilsit. Preußen verkleinert, Polen wiederhergestellt.
1809 Österreich kämpft ohne Preußen gegen Napoleon. Westgalizien an Polen, Ostgalizien an Rußland.
1812 Die große napoleonische Armee zieht gegen Rußland. Preußen und Österreich mit Frankreich gegen Rußland.
1813 Preußen und Österreich mit Rußland gegen Frankreich. Völkerschlacht bei Leipzig.
1815 Wiener Kongreß; deutsche Bundesakte; Österreich erhält Mailand, Venetien, Istrien, Dalmatien, Tirol. Preußen erhält die Provinz Sachsen. Bundestag in Frankfurt a. M. unter Führung Österreichs. Polen wieder geteilt.
1815—26 Heilige Allianz; Preußen und Österreich unter russischer Leitung. Metternich.
1818—53 Gründung des Deutschen Zollvereins unter preußischer Führung.
1830—31 Polnischer Aufstand niedergeschlagen.
1848—49 Revolution in Berlin und Wien. Ungarisch-nationaler Aufstand. Kaiser Franz Josef. Deutsches Parlament in der Paulskirche in Frankfurt a. M. Erzherzog Johann von Österreich als Reichsverweser. Friedrich Wilhelm IV. von Preußen nimmt die Kaiserkrone nicht an. Wiederherstellung des Deutschen Bundes. Bezwingung der Ungarn mit russischer Hilfe.
1850 Preußen demütigt sich in Olmütz vor Österreich.
1853—56 Krimkrieg der Westmächte gegen Rußland. Österreich beteiligt sich als Schutzmacht Rumäniens. Preußen bleibt neutral. Nikolaus I. †. Pariser Frieden. Rußland tritt die Donaumündungen ab.
1859 Fürstentümer Moldau und Walachei selbständig.
1861—88 König Wilhelm I. von Preußen.
1862—90 Bismarck als Ministerpräsident und Reichskanzler.
1864 Dänischer Krieg gemeinsam von Österreich und Preußen geführt.
1866 Österreichisch-preußisch-italienischer Krieg; Schlacht bei Königgrätz; Venetien an Italien, Norddeutscher Bund, Zollparlament, preußische Verträge mit süddeutschen Staaten.
1867 Ausgleich zwischen Österreich und Ungarn. Franz Josef läßt sich als König von Ungarn krönen.
1870—71 Deutsch-französischer Krieg. Neutralität von Österreich und Rußland. Gründung des Deutschen Reiches, Kaiserkrönung in Versailles. Elsaß-Lothringen als Reichsland. Reichsverfassung.
1872 Dreikaiser-Zusammenkunft.
1877—78 Russisch-türkischer Krieg. Berliner Kongreß. Serbien,

Rumänien, Montenegro werden unabhängig von der Türkei. Bulgarien wird suzerän. Bosnien und Herzegowina kommen unter österreichisch-ungarische Verwaltung. Rußland erhält Beßarabien, tritt aber Teile der vorher türkischen Dobrudscha an Rumänien ab.

1879 Bündnisvertrag zwischen Deutschland und Österreich-Ungarn von Bismarck und Graf Andrassy vereinbart.

1882 Italien tritt dem Zweibund bei (bis 1915!).

1888 Kaiser Friedrich III.; Beginn der Regierung Kaiser Wilhelms II.

## Die bisher veröffentlichten Artikel des Dreibundvertrages.

### Artikel I.

Die vertragschließenden Teile versprechen sich gegenseitig Friede und Freundschaft und werden in kein Bündnis- oder Vertragsverhältnis eintreten, welches gegen einen ihrer Staaten gerichtet ist.

Sie verpflichten sich, über die politischen und wirtschaftlichen Fragen allgemeiner Natur, die sich ergeben könnten, einen Gedankenaustausch zu pflegen und versprechen sich außerdem wechselseitige Unterstützung im Rahmen ihrer eigenen Interessen.

### Artikel III.

Falls einer oder zwei der hohen Vertragschließenden ohne direkte Herausforderung von ihrer Seite von zwei oder mehreren Großmächten, die den gegenwärtigen Vertrag nicht unterzeichnet haben, angegriffen und in einen Krieg verwickelt würden, würde sich der casus foederis für alle hohen Vertragschließenden gleichzeitig ergeben.

### Artikel IV.

Falls eine Großmacht, die den gegenwärtigen Vertrag nicht unterzeichnet hat, die staatliche Sicherheit eines der hohen Vertragschließenden bedrohen würde, und der Bedrohte dadurch gezwungen wäre, ihr den Krieg zu erklären, so verpflichten sich die beiden anderen, ihrem Verbündeten gegenüber eine wohlwollende Neutralität zu beobachten. Ein jeder behält sich in diesem Falle vor, an dem Kriege teilzunehmen, wenn er es für angezeigt erachtet, um mit seinem Verbündeten gemeinsame Sache zu machen.

### Artikel VII.

Österreich-Ungarn und Italien, die nur die möglichste Aufrechterhaltung des territorialen Status quo im Orient im Auge haben, verpflichten sich, ihren Einfluß geltend zu machen, damit jede territoriale Veränderung, die der einen oder der anderen der den gegenwärtigen Vertrag unterzeichnenden Mächte nachteilig wäre, hintangehalten werde. Sie werden einander zu diesem Behufe alle Aufschlüsse geben, die geeignet sind, sie gegenseitig über ihre eigenen Absichten, sowie über die anderer Mächte aufzuklären. Sollte jedoch der Fall eintreten, daß im Laufe der Ereignisse die Aufrechterhaltung des Status quo im Gebiete des Balkans oder der ottomanischen Küsten und Inseln im Adriatischen oder Ägäischen Meere unmöglich würde und daß, entweder infolge des Vorgehens einer dritten Macht oder sonstwie, Österreich-Ungarn oder Italien genötigt wären, den Status quo durch eine zeitweilige oder dauernde Besetzung ihrerseits zu verändern, so würde diese Besetzung nur stattfinden nach einer vorangegangenen Übereinkunft zwischen den beiden Mächten, welche auf dem Prinzip einer gegenseitigen Kompensation für alle territorialen oder anderweitigen Vorteile, die eine jede von ihnen über den gegenwärtigen Status quo hinaus erlangen würde, zu beruhen und die Interessen und berechtigten Ansprüche der beiden Teile zu befriedigen hätte.

## III. Konfessionen und Nationalitäten.

Mitteleuropa, das Kampfgebiet der heftigsten Konfessionsstreite, ist konfessionell sehr bunt gemischt. Am einheitlichsten ist Österreich mit über 9/10 Katholiken.

**Konfessionsübersicht** in Millionen 1910:

| | D | Ö | U | |
|---|---|---|---|---|
| Katholisch | 23,8 | 25,9 | 12,9 | = 62,6 |
| Evangelisch | 40,0 | 0,6 | 4,0 | = 44,6 |
| Andere Christen | 0,3 | 0,1 | 0,1 | = 0,5 |
| Juden | 0,6 | 1,3 | 0,9 | = 2,8 |
| Griechisch-orientalische | — | 0,7 | 3,0 | = 3,7 |
| Sonstige | 0,2 | — | — | = 0,2 |
| | 64,9 | 28,6 | 20,9 | 114,4 |

Bosnien und Herzegowina fehlen in dieser Übersicht. Es sind dort 0,4 Katholiken, 0,8 Serbisch-Orthodoxe, 0,6 Mohammedaner und ganz unbeträchtliche Minderheiten von Evangelischen und Juden.

Die dem Papst untertänigen Unierten sind zu den Katholiken gerechnet.

Jede etwa mögliche oder zu erwartende Veränderung der mitteleuropäischen Landesgrenzen im Friedensschluß bringt, abgesehen von Kurland oder Livland, eine Vermehrung des katholischen Bestandes.

Von größeren Städten, über 200 000 Einwohner, sind wesentlich evangelisch: Berlin, Hamburg, Dresden, Leipzig, Breslau (sehr gemischt), Frankfurt a. M., Hannover, Nürnberg, Chemnitz, Magdeburg, Bremen, Charlottenburg, Kiel, Königsberg, Neukölln, Stettin, Stuttgart, wesentlich katholisch: Wien, Budapest, München, Köln, Prag, Düsseldorf, Lemberg.

Starke jüdische Minderheiten (über 5‰) sind in Wien, Budapest, Prag, Lemberg, Frankfurt, Breslau, Berlin.

**Nationalitäten im Deutschen Reiche**, in Tausenden. Leider können wir nur die etwas veralteten Ziffern von 1900 geben, da weder das Statistische Jahrbuch noch Hübners Tabellen die Nationalitätenzählung von 1910 enthalten. Sie scheint noch nicht fertig zu sein. Um dieses Umstandes willen ist eine einheitliche mitteleuropäische Tabelle für 1910 nicht herstellbar.

| | | | |
|---|---|---|---|
| Deutsche | 52 140 | = | 925 ‰ |
| Polen | 3 090 | = | 55 ‰ |
| Franzosen | 210 | = | 3,7 ‰ |
| Masuren | 140 | = | 2,5 ‰ |
| Dänen | 140 | = | 2,5 ‰ |
| Litauer | 110 | = | 1,9 ‰ |
| Kassuben | 100 | = | 1,8 ‰ |
| Wenden | 90 | = | 1,7 ‰ |

Was sonst noch aufgezählt wird, sind eingewanderte Minderheiten. Das Übergewicht der deutschen Nationalität ist handgreiflich. Auch ein Teil der 1 260 000 „Reichsausländer" sind geborene Deutsche. Die Österreicher in Deutschland betragen 630 000, die Ungarn in Deutschland 32 000.

**Nationalitäten in Österreich**, in Tausenden, nach der Zählung von 1910:

| | | | |
|---|---|---|---|
| Deutsche | 9950 | = | 356 ‰ |
| Böhmen, Mähren, Slowaken | 6440 | = | 230 ‰ |
| Polen | 4970 | = | 178 ‰ |
| Ruthenen | 3520 | = | 126 ‰ |
| Slowenen | 1250 | = | 45 ‰ |
| Serbokroaten | 781 | = | 28 ‰ |
| Italiener | 770 | = | 27 ‰ |
| Rumänen | 270 | = | 10 ‰ |

Die Deutschen betragen etwas mehr als $^1/_3$. Politisch folgt daraus, daß sie zu jeder Mehrheitsbildung eine anderssprachige Ergänzung brauchen, auch wenn sie restlos einig sind, was selten zu erreichen ist. Wenn etwa infolge des Krieges Galizien vom Verband der im Reichsrat vertretenen Länder abgetrennt würde, so tritt folgende Nationalitätenverteilung ein:

Nationalitäten in Österreich ohne Galizien und Bukowina (ruthenische Frage dabei unerörtert):

| | | |
|---|---|---|
| Deutsche | 9690 | |
| Tschechen | 6430 | |
| Slowenen | 1250 | |
| Serbokroaten | 780 | 9500 |
| Italiener | 770 | |
| Polen | 260 | |
| Ruthenen | 10 | |

Das bedeutet eine deutsche Mehrheit, die fast so knapp ist wie die magyarische Mehrheit in Ungarn.

**Nationalitäten in Ungarn**, in Tausenden, nach der Zählung von 1910:

| | | |
|---|---|---|
| Magyaren | 10050 = | 482 ‰ |
| Rumänen | 2950 = | 141 ‰ |
| Deutsche | 2030 = | 98 ‰ |
| Slowaken | 2150 = | 94 ‰ |
| Kroaten | 1830 = | 88 ‰ |
| Serben | 1110 = | 53 ‰ |
| Ruthenen | 470 = | 23 ‰ |
| Sonstige | 460 = | 21 ‰ |

Die Mehrheitsverhältnisse sind deutlich. Die Magyaren können auch ohne Wahlkreisgeometrie und Wahldruck darauf rechnen, daß sie in nationalen Fragen nicht überstimmt werden, wenn sie unter sich einig sind.

In Bosnien und Herzegowina sind von 1930 Tausenden 1760 serbisch-kroatisch. Die nächstgrößte Gruppe sind die Türken, die aber als „Ausländer" gezählt sind, mit 150 Tausend.

Österreich-Ungarn mit Bosnien und Herzegowina, also die Gesamtmonarchie, enthält in Millionen:

| | |
|---|---|
| Deutsche | 12,0 |
| Magyaren | 10,1 |
| Böhmen, Slowaken | 8,5 |
| Serbokroaten | 5,5 |
| Polen | 5,0 |
| Ruthenen | 4,0 |
| Rumänen | 3,2 |
| Slowenen | 1,3 |
| Italiener | 1,0 |
| Sonstige | 0,2 |
| | 51,4 |

Sobald man den Gesamtbegriff österreichisch-ungarische Slawen einführt, kann man aus Tschechen, Slowaken, Polen, Serbokroaten,

Ruthenen und Slowenen eine Menge von 24,3 Millionen berechnen, die im Gesamtstaat die erste Größe sein würde, nur sind die verschiedenen slawischen Gruppen nicht in diesem Sinne eine Einheit. Ihre Stärke ist auch ohne dieses beachtlich genug.

Die meisten dieser Ziffern können durch den Friedensschluß sich ändern, nur steht von vornherein fest, daß ein magyarischer Zuwachs ausgeschlossen und ein deutscher Zuwachs nur sehr begrenzt möglich ist. Weitere Erörterungen über sonstige Vermehrungsmöglichkeiten sind noch nicht angebracht. Nur sei bemerkt, daß die Zahl der russischen Polen nach veralteter Zählung mit etwa 8 Millionen angegeben wird.

## IV. Das mitteleuropäische Wirtschaftsvolk.

Die **Analphabeten** können entweder bei der Rekrutierung oder bei der Volkszählung festgestellt werden. Da Deutschland das erste tut und Österreich-Ungarn das zweite, so sind die Angaben nicht ganz vergleichbar. Deutschland hat auf 1000 Rekruten 0,5, die nicht schreiben und lesen können; Österreich hatte 1900 auf 1000 Einwohner noch 356, eine Ziffer, die sich inzwischen beträchtlich vermindert haben wird; Ungarn hatte 1910 von 1000 Einwohnern 437, Bosnien sogar 878! Die ungarische Ziffer sank zwischen 1900 und 1910 von 502 auf 437, weil fast überall das nachwachsende Geschlecht dem Schulzwange unterliegt. Der tiefer liegende, eigentliche Unterschied aber ist, daß wir in Deutschland schon etwa das dritte Geschlecht allgemein durchgeführten Schulzwanges haben, in Österreich im ganzen etwa das zweite, in Ungarn kaum das erste. Jetzt darf Österreich als völlig in das normale Schulsystem einbegriffen angesehen werden und Ungarn als nahe daran. Von 10 000 Einwohnern sind Elementarschüler in Preußen 1625, in Österreich 1705, in Ungarn 1319, in Bosnien aber erst 222.

Es seien zum Vergleich einige Angaben über das Schulwesen anderer Staaten hinzugefügt. Auf 10 000 Einwohner hatten Elementarschüler Großbritannien 1664, Frankreich 1435, Belgien 1246, Italien 908, Rumänien 831, Rußland 370, Vereinigte Staaten 1924. Dabei ist zu beachten, daß die Dauer der Schulpflichtigkeit oder des tatsächlichen Schulbesuches verschieden ist.

Die Zählungen der Erwerbstätigen sind fast gar nicht vergleichbar, weil nach verschiedenen Grundsätzen verfahren wird. Wenn beispielsweise in Deutschland 30,4%, in Österreich 42,8% in Ungarn 26,7% der weiblichen Bevölkerung als erwerbstätig angegeben wird, so bedeutet das nicht, daß in Österreich die Arbeit der Frau größer ist als in Deutschland, sondern nur daß die Ehefrauen und Haustöchter anders gezählt werden. Die männliche Berufstätigkeit steht ziemlich gleichmäßig auf etwas über 60% der vorhandenen männlichen Bevölkerung. Durch die verschiedene

Zählung ist nun leider auch die Vergleichbarkeit der Berufsgruppen sehr beeinträchtigt, abgesehen davon, daß die Berufszählungen in verschiedenen Jahren abgehalten wurden und für Österreich die letzte nur von 1900 vorliegt.

Unter allen diesen Einschränkungen und Vorbedingungen ist die nachfolgende **Übersicht der Berufsgruppen** aufzunehmen. Von 100 Erwerbstätigen gehörten zu den nachfolgenden Berufsgruppen

| | D | Ö | U |
|---|---|---|---|
| Land- und Forstwirtschaft | 35,2 | 60,9 | 69,7 |
| Industrie und Bergbau | 40,0 | 23,3 | 13,6 |
| Handel und Verkehr | 12,4 | 5,4 | 4,2 |
| Armee und Marine | 2,3 | 1,7 | 1,5 |
| Öffentlicher Dienst und freie Berufe | 3,9 | 2,9 | 2,5 |
| Häusliche und persönliche Dienste | 4,5 | 3,5 | 4,4 |
| Sonstige | 1,7 | 2,3 | 4,1 |

Fast bei jeder Gruppe bestehen übrigens noch weitere Unterschiede der Zählweise. Beispielsweise gehören Gast- und Schankwirtschaften in Österreich-Ungarn zur Industrie, in Deutschland aber zum Handel, was viel zur Erklärung der unterschiedlichen Handelsziffern beiträgt. Ungarn rechnet unter Sonstige auch solche Leute, die wir in Deutschland überhaupt nicht als Erwerbstätige ansehen, wie Unterstützte und Landstreicher.

Die Organisiertheit der Berufe läßt sich statistisch überhaupt nur bei den Lohnarbeitern vergleichen, was für unsere Betrachtungsweise ein großer Mangel ist. Auch hier aber würde es zu gewagt sein, Prozentziffern herstellen zu wollen.

**Gewerkschaften der Lohnarbeiter:**

| | D | Ö | U |
|---|---|---|---|
| Gewerkschaftsmitglieder | 3 754 000 | 693 000 | 119 000 |
| Gewerkschaftsvermögen | 94 Mill. Mk. | 19,7 Mill. Mk. | 2,8 Mill. Mk. |
| Gewerkschaftseinnahmen | 90 " " | 11,4 " " | 2,1 " " |

Zum Vergleich geben wir die Gewerkschaftsmitglieder verschiedener Länder:

| | |
|---|---|
| Deutschland | 3 754 000 |
| Großbritannien | 3 281 000 |
| Ver. Staaten | 2 526 000 |
| Frankreich | 1 027 000 |
| Italien | 872 000 |
| Österreich | 693 000 |
| Belgien | 232 000 |
| Holland | 189 000 |
| Dänemark | 139 000 |
| Schweiz | 131 000 |
| Schweden | 122 000 |
| Ungarn | 119 000 |

Die Weltbedeutung einer mitteleuropäischen Gewerkschaftszentralisation ergibt sich aus diesen Ziffern ohne weiteres. Leider können wir einen Vergleich der Organisiertheit des landwirtschaftlichen und gewerblichen Unternehmertums nicht bieten.

Zur Beurteilung der Produktivität der Arbeit dienen am meisten die internationalen Übersichten über den **Durchschnittsertrag des Hektars Ackerland.** Der Hektar bringt Doppelzentner in:

| | Weizen | Gerste | Kartoffeln |
|---|---|---|---|
| Belgien | 26 | 27 | 211 |
| Irland | 26 | 25 | 161 |
| Holland | 25 | 27 | 174 |
| **Deutschland** | **24** | **22** | **159** |
| Schweiz | 22 | 19 | 155 |
| England | 21 | 18 | 164 |
| Schweden | 21 | 17 | 100 |
| Norwegen | 18 | 20 | 168 |
| **Österreich** | **15** | **16** | **100** |
| Rumänien | 14 | 11 | 68 |
| Kanada | 14 | 16 | 112 |
| Japan | 14 | 19 | 100 |
| **Ungarn** | **13** | **14** | **75** |
| Italien | 12 | 9 | 61 |
| Bulgarien | 12 | 11 | 44 |
| Vereinigte Staaten | 10 | 13 | 61 |
| Rußland | 9 | 10 | 74 |

Um diese höchst wichtige und interessante Tabelle richtig zu bewerten, wird man die Vorzüge des Klimas der Nordsee für Ackererzeugnisse nicht vergessen dürfen, aber es gibt trotzdem doch zu denken, daß die Nordseeländer (zollfreie und zollgeschützte ohne Unterschied!) den obersten Grad von landwirtschaftlicher Leistung aufweisen. Der industrielle Kapitalismus erster Stufe, wie er um die Nordsee herum am kräftigsten entwickelt ist, steigert auf vielfältige Weise indirekt den Landwirtschaftsertrag.

* * *

Da bedauerlicherweise eine Vergleichsberechnung der gewerblichen Arbeitsleistungen nicht durchführbar ist oder nur sehr zweifelhafte und willkürliche Ergebnisse liefert, so wird man auf einige indirekte Angaben Gewicht legen müssen, die nicht die Leistungskraft selbst, sondern nur die technisch-kapitalistische Durcharbeitung der Landgebiete betreffen.

**Postverhältnisse:**

| | D | Ö | U | |
|---|---|---|---|---|
| Postsendungen im ganzen... | 7,0 | 1,9 | 0,7 | Milliarden |
| Ferngespräche............. | 2,1 | 0,3 | 0,2 | " |
| Telegramme............. | 61 | 23 | 13 | Millionen |
| Personal................. | 233 000 | 71 000 | 38 000 | |

Es leuchtet ohne weiteres ein, daß ein reichsdeutscher Postbeamter mehr Sendungen, Telegramme und Gespräche vermittelt als ein österreichischer oder ungarischer, aber dabei ist zu beachten, daß eine dichter wohnende Bevölkerung leichter zu versorgen ist.

**Eisenbahnverhältnisse:**

| | D | ÖU | |
|---|---|---|---|
| Eisenbahnlänge............ | 63 000 | 46 000 | km |
| Auf 10 000 Einwohner..... | 9,5 | 9,0 | " |
| Anlagekapital pro km...... | 315 000 | 274 000 | Mk. |

Leider kann hier, soviel ich sehe, die Zahl des Personals bei der Verschiedenheit der Eisenbahnsysteme nicht mit Sicherheit vergleichsfähig gemacht werden.

**Aktiengesellschaften** (1911):

| | D | Ö | U | |
|---|---|---|---|---|
| Zahl der Gesellschaften.. | 5300 | 740 | 2900 | |
| Nominalkapital......... | 16,3 | 3,3 | 2,0 | Milliarden Mk. |

Dabei ist zu berücksichtigen, daß in Ungarn Banken und Sparkassen mitgezählt sind. Die geringe Zahl der Aktiengesellschaften in Österreich erklärt sich teilweise aus der hohen Aktiengesellschaftsbesteuerung.

Aktiengesellschaftskapital in Großbritannien 45,3 Milliarden Mk., in Frankreich 10,8, in Rußland 5,4, Holland 3,0, Schweiz 2,6, Belgien 2,3.

Durchschnittlicher Marktdiskont 1913: Paris 3,84, London 4,39, Berlin 4,98, Wien 5,72.

* *
*

Ein anderer Weg zur Vergleichung der Lage der Bevölkerung ist die **Verbrauchsstatistik auf den Kopf der Bevölkerung.** Ich entnehme der soeben erscheinenden Schrift von Pistor: „Die österreichisch-ungarische Volkswirtschaft“ (Verlag von G. Reimer, Berlin) die folgende Übersicht (1912/13):

| | D | | ÖU | | |
|---|---|---|---|---|---|
| Weizen | 88 | 233 | 120 | 204 | kg |
| Roggen | 145 | | 84 | | " |
| Fleisch (1910) | 52,6 | | 29,9 | | " |
| Kaffee | 2,4 | | 1,1 | | " |
| Reis | 3,6 | | 2,0 | | " |
| Zucker | 21,6 | | 13,0 | | " |
| Salz | 24,6 | | 12,5 | | " |
| Bier | 101 | | 46 | | l |
| Tabak | 1,7 | | 1,2 | | kg |
| Baumwolle | 7,2 | | 4,3 | | " |

Im Getreide ist die Aussaat und Viehverfütterung mitgerechnet, so daß ein unmittelbarer Rückschluß auf das Brotquantum des Einzelmenschen nicht gezogen werden kann. Auch bei Salz und Zucker sind indirekte Verwendungen einbegriffen. Etwas niedriger ist der Brotverbrauch in Österreich-Ungarn sicher. Der geringere Durchschnittsverbrauch ist aber besonders auffällig in Fleisch und Zucker, von denen Österreich-Ungarn soviel produziert. Das nächste, erreichbare Ziel der österreichisch-ungarischen Bevölkerungsmenge muß sein, den reichsdeutschen Durchschnittsverbrauch zu erlangen. An dieser Stelle zeigt sich das volkstümliche und soziale Interesse an der steigenden Wirtschaftsbelebung des Gesamtgebietes auf das eindringlichste.

## V. Gemeinsame Kriegswirtschaftsprobleme.

Die Verbindung mit der Weltwirtschaft vor dem Krieg ist durch die Ziffern der Einfuhr und Ausfuhr erkennbar. Eine Übersicht im Anhang des Statistischen Jahrbuches für das Deutsche Reich gibt folgende Reihenfolge:

**Anteil der Staaten am Welthandel** (1912):

| | Millionen Mk. | Prozent |
|---|---|---|
| Großbritannien | 27 400 | 16,6 |
| Deutschland | 21 300 | 12,9 |
| Vereinigte Staaten | 16 200 | 9,9 |
| Frankreich | 14 800 | 9 |
| Holland | 11 400 | 6,9 |
| Belgien | 7 000 | 4,2 |
| Rußland | 5 800 | 3,5 |
| Österreich-Ungarn | 5 600 | 3,3 |
| Italien | 5 100 | 3,1 |

Die Gesamtmenge der in Ausfuhr und Einfuhr gehandelten Waren wird mit 164 Milliarden bewertet, wobei allerdings dieselbe

Ware doppelt, ja bei weiterer Verschiebung vierfach und mehrfach gezählt wird. Das international gehandelte Quantum mag mit 60 bis 70 Milliarden angesetzt werden, also annähernd doppelt soviel als der berechenbare Jahresertrag der deutschen Volkswirtschaft. Dieser gewaltige Austausch ist durch den Krieg teils völlig gestört, teils unübersichtlich geworden.

Der englische Abschließungsplan bezog sich ursprünglich mehr auf Deutschland als auf Österreich-Ungarn, doch mußte Österreich-Ungarn unter seinen Folgen mit leiden, hat es aber gut ausgehalten. Die Grundtatsachen des Abschließungsplanes waren:

**Deutscher Auslandsbedarf** (1912 in Millionen Mark Wert):

| | Einfuhr | Ausfuhr | | |
|---|---|---|---|---|
| Rohstoffe | 5000 | 1500 | — 3500 | Mill. Mk. |
| Halbfabrikate | 1200 | 1100 | — 100 | " " |
| Fertigfabrikate | 1500 | 6400 | + 4900 | " " |
| Nahrungs- und Genußmittel | 2800 | 1000 | — 1800 | " " |
| Tiere | 300 | — | — 300 | " " |
| Im ganzen | 10800 | 10000 | — 800 | Mill. Mk. |

**Österreichisch-ungarischer Auslandsbedarf** (1912 in Millionen Kronen):

| | Einfuhr | Ausfuhr | | |
|---|---|---|---|---|
| Rohstoffe (einschl. d. Nahrgsst.) | 2000 | 960 | — 1040 | Mill. Kr. |
| Halbfabrikate | 570 | 510 | — 60 | " " |
| Ganzfabrikate | 980 | 1260 | + 280 | " " |
| Im ganzen | 3550 | 2730 | — 820 | Mill. Kr. |

Dieser Jahresabschluß ist besonders ungünstig wegen der Witterungsverhältnisse, kennzeichnet aber doch im allgemeinen die Sachlage. Leider habe ich das Jahr 1913 auf österreichischer Seite noch nicht vor mir.

Englands Rechnung ging darauf hinaus, daß wir beiderseits unsere Fertigfabrikate nicht ins Ausland verkaufen und die Rohstoffe und Nahrungsmittel nicht vom Ausland kaufen konnten. Die größeren Einfuhrposten in Nahrung und Viehfutter in Deutschland sind nach Abzug der Ausfuhr oder Wiederausfuhr folgende (1913) in Millionen Mark:

| | Einfuhr | Ausfuhr | Mill. Mk. |
|---|---|---|---|
| Weizen | 417 | 88 | — 329 |
| Weizenmehl | 5 | 44 | + 39 |
| Roggen | 42 | 133 | + 91 |
| Roggenmehl | — | 39 | + 39 |
| Kartoffeln | 25 | 18 | — 7 |
| Rindfleisch | 36 | — | — 36 |

| | Einfuhr | Ausfuhr | Mill. Mk. |
|---|---|---|---|
| Schweinefleisch | 24 | — | — 24 |
| Eier | 194 | 2 | — 192 |
| Schmalz | 147 | — | — 147 |
| Butter | 119 | 1 | — 118 |
| Reis | 104 | 43 | — 61 |
| Rübenzucker | — | 265 | + 265 |
| Bier | 10 | 15 | + 5 |
| Käse | 35 | — | — 35 |
| Äpfel | 46 | — | — 46 |
| Heringe | 73 | 2 | — 71 |
| Gerste | 390 | 1 | — 389 |
| Kleie, Reisabfälle | 149 | 2 | — 147 |
| Leinsaat | 130 | 1 | — 129 |
| Ölkuchen | 119 | 39 | — 80 |
| Palmkerne | 104 | — | — 104 |
| Hafer | 60 | 93 | + 33 |
| Klee-, Luzernesaat | 46 | 17 | — 29 |

In dieser Aufstellung sind allerdings auch Einfuhren aus Nachbarländern enthalten, die durch den Krieg nur wenig gestört wurden. Immerhin war die Lage recht bedenklich, denn man sieht, daß größere Aktivposten nur in Zucker und Roggen vorhanden waren. Roggen aber trat vielfach an Stelle von Gerste bei der Fütterung ein. Unter diesen Umständen konnte die Ernährung von Mensch und Vieh nur fortgesetzt werden durch Aufbrauchen der Vorräte und geregelte Sparsamkeit. Über die Größe der Vorräte können wir bis jetzt statistische Angaben nicht machen. Es war von allen Hauptstoffen mehr vorhanden, als irgend jemand vorher dachte.

Eine Zusammenstellung der Regierungsverordnungen zur Kriegswirtschaft findet sich in den „Mitteilungen und Nachrichten der Kriegszentrale des Hansabundes" (bei Hillger, Berlin).

Die beste Übersicht der beständig wachsenden Materialien zur Kriegswirtschaftskunde findet sich in „Weltwirtschaftliches Archiv", herausgegeben von Professor Harms in Kiel (bei Fischer in Jena). Über die Finanzlage im Krieg unterrichtet die in der Sammlung „Der deutsche Krieg", herausgegeben von Dr. E. Jäckh, enthaltenen Reden des Staatssekretärs Helfferich. Allgemeine Gesichtspunkte enthält: Prof. Franz Oppenheimer „Weltwirtschaft und Nationalwirtschaft" und Prof. Herm. Levy „Vorratswirtschaft und Volkswirtschaft". Die Wirtschaftsprobleme des Kriegsanfangs beschreibt: Prof. Jastrow „Im Kriegszustand, die Umformung des öffentlichen Lebens in der ersten Kriegswoche". (Georg Reimer, Berlin).

* * *

Über **Preissteigerungen im Krieg** verweisen wir auf das „Weltwirtschaftliche Archiv" (Aufsatz von Prof. Eulenburg).

Die **volle Selbsternährung der Gesamtmonarchie Österreich-Ungarn** ist seit einer Reihe von Jahren nicht mehr vorhanden. Es betrug in der Gruppe „Getreide, Hülsenfrüchte, Mehl" die Mehreinfuhr

| | |
|---|---|
| 1911 | 605 000 Tonnen |
| 1912 | 692 000 „ |

Mit anderen Worten: Österreich-Ungarn kaufte im Jahre 1912 für etwa 100 Millionen Kronen Nahrungs- und Genußmittel vom Ausland hinzu.

Für das **gegenseitige wirtschaftliche Verhältnis von Österreich und Ungarn** und damit für die Erkenntnis der Wirtschaftsspannungen im Kriege ist aber wichtiger die nachfolgende Tabelle in Millionen Kronen 1912:

| | Von Ungarn nach Österreich | Von Österreich nach Ungarn |
|---|---|---|
| Getreide | 298 Mill. Kr. | 13 Mill. Kr. |
| Mehl | 259 „ „ | |
| Reis | 13 „ „ | 3 „ „ |
| Obst | 8 „ „ | 5 „ „ |
| Kartoffeln | 4 „ „ | — |
| Zuckerrüben | 6 „ „ | — |
| Rinder | 161 „ Stück | 4 „ Stück |
| Schweine | 91 „ „ | |
| Milch | 12 „ Kr. | — |
| Eier | 15 „ „ | — |
| Butter | 8 „ „ | — |
| Schmalz | 13 „ „ | — |
| Speck | 11 „ „ | — |
| Wein | 60 „ „ | 15 „ Kr. |
| Fleisch | 17 „ „ | 4 „ „ |
| Zucker | 2 „ „ | 14 „ „ |
| Tabak | 17 „ „ | — |

Die Striche (—) in der zweiten Reihe bedeuten nicht, daß gar keine österreichische Einfuhr nach Ungarn stattfindet, sondern nur daß sie unbeachtlich ist. Das Gesamtbild ist ganz klar: *Ungarn ist das Landwirtschaftsland für Österreich!* Österreich für sich allein ist ein landwirtschaftliches Einfuhrland wie Deutschland, fast mehr.

Die österreichische Ausfuhr nach Ungarn hat folgende Hauptposten (Überschuß gerechnet):

| | | |
|---|---|---|
| Steinkohlen | 22 | Mill. Kr. |
| Koks | 15 | " " |
| Baumwollengarne | 21 | " " |
| Baumwollwaren | 222 | " " |
| Leinengewebe | 17 | " " |
| Säcke | 11 | " " |
| Wollwaren | 120 | " " |
| Seidenwaren | 44 | " " |
| Hüte | 16 | " " |
| Kleider | 52 | " " |
| Wäsche | 23 | " " |
| Papier und Papierwaren | 30 | " " |
| Kautschukwaren | 10 | " " |
| Leder, Lederwaren | 80 | " " |
| Holzwaren | 25 | " " |
| Glaswaren | 21 | " " |
| Tonwaren | 15 | " " |
| Eisen, Eisenwaren | 100 | " " |
| Unedle Metallwaren | 37 | " " |
| Maschinen, Apparate | 64 | " " |
| Elektrische Apparate | 15 | " " |
| Fahrzeuge | 8 | " " |
| Edelmetalle, Edelsteine | 26 | " " |
| Instrumente, Uhren | 19 | " " |
| Chemische Hilfsstoffe | 8 | " " |

Erst auf Grund dieser Übersichten begreift man, daß es in der Doppelmonarchie tatsächlich zweierlei Handelspolitik und zwei Wirtschaftsstaaten gibt. So aber würde es bei uns im Deutschen Reiche auch sein, wenn wir eine staatliche Übergangsgrenze an der Elbe hätten. Wer aber von uns würde sie haben wollen?

## VI. In der Weltwirtschaft.

In Hübners „Geographisch-statistischen Tabellen" werden noch immer 61 selbständige Staaten auf der Erdoberfläche aufgezählt, darunter sind aber Zwergstaaten wie Andorra, Costarica, Dominikanische Republik, Honduras, Liechtenstein, San Marino, Monako, Panama, Polargegenden(!) und Samos mit aufgeführt, und es werden Staaten, deren Abhängigkeit offenbar ist, noch als selbständig genannt, wie Ägypten, Arabien, Nipal, Oman, Marokko. In Wirklichkeit kann man nicht genau angeben, wieviel wirklich selbständige Staaten es gibt, da der Begriff der Souveränität flüssig ist. Es sind aber auch bei weitherziger Auffassung nicht über 50.

Nimmt man an, daß die wirkliche staatliche Souveränität bei einer Million Einwohnern beginnt, so kann man folgende Gruppen bilden:

**Größenklassen der Staaten (mit Kolonien).**

Staaten über 100 Millionen:

| | | |
|---|---|---|
| Großbritannien | 443 | 1049 Mill. |
| China | 330 | |
| Rußland | 169 | |
| Vereinigte Staaten | 107 | |

Staaten von 50 bis 100 Millionen:

| | | |
|---|---|---|
| Frankreich | 98 | 298 Mill. |
| Deutschland | 77 | |
| Japan | 72 | |
| Österreich-Ungarn | 51 | |

Staaten von 20 bis 50 Millionen:

| | | |
|---|---|---|
| Niederlande | 44 | 170 Mill. |
| Italien | 36 | |
| Brasilien | 25 | |
| Türkei | 22 | |
| Belgien | 22 | |
| Spanien | 21 | |

Staaten von 10 bis 20 Millionen:

| | | |
|---|---|---|
| Mexiko | 15 | 40 Mill. |
| Portugal | 15 | |
| Persien | 10 | |

Staaten von 5 bis 10 Millionen:

| | | |
|---|---|---|
| Rumänien | 8 | 48 Mill. |
| Abessynien | 8 | |
| Siam | 8 | |
| Argentinien | 7 | |
| Schweden | 6 | |
| Peru | 6 | |
| Columbia | 5 | |

Staaten von 1 bis 5 Millionen:

| | | |
|---|---|---|
| Afghanistan | 4 | 45 Mill. |
| Bulgarien | 4 | |
| Griechenland | 4 | |
| Schweiz | 4 | |
| Serbien | 4 | |
| Chile | 3 | |
| Dänemark | 3 | |
| Haiti | 3 | |
| Venezuela | 3 | |
| Bolivia | 2 | |
| Kuba | 2 | |
| Ekuador | 2 | |
| Guatemala | 2 | |
| Liberia | 2 | |
| Norwegen | 2 | |
| Uruguay | 1 | |

Es braucht nicht gesagt zu werden, wie qualitativ verschieden oft Staaten gleicher Größenklasse sind. Immerhin beweist diese Übersicht den absoluten Sieg des staatlichen Großbetriebsystems. Fast $^3/_8$ der Menschheit gehört zu den vier Weltwirtschaftsgebieten ersten Ranges. Die Weltgeschichte ist in Wirklichkeit ein Spiel der acht ersten Kräfte. In diesem Spiel würde eine dauernde Zusammenlegung von Deutschland und Österreich-Ungarn auch ohne Angliederung weiterer Nachbarstaaten eine Änderung von größter Tragweite sein. Es heißt dann: Großbritannien, China, Rußland, Mitteleuropa, Vereinigte Staaten, Frankreich, Japan. Ob aber China dabei in Wirklichkeit Mitspieler ist oder nur Objekt, muß sich erst zeigen.

* * *

Die bisherigen deutschen Kolonien waren oder sind folgende (Fläche in 1000 qkm):

| | Fläche | Weiße | Farbige |
|---|---|---|---|
| Ostafrika | 995 | 5300 | 7 660 000 |
| Kamerun | 790 | 1900 | 2 650 000 |
| Togo | 87 | 400 | 1 030 000 |
| Südwestafrika | 835 | 14 800 | 84 000 |
| Neuguinea | 240 | 1000 | 600 000(?) |
| Karolinen usw. | 2,5 | 500 | |
| Samoa | 2,6 | 500 | 38 000 |
| Kiautschou | 0,6 | 4500 | 190 000 |

Fläche also gegen 3 Mill. qkm, weiße Bewohner etwa knapp 30 000, farbige etwas über 12 Millionen. Die Bevölkerungsangaben schwanken sehr.

Österreich-Ungarn hat keine Kolonien.

Die Kolonialbestände der europäischen Nachbarländer sind folgende:

Belgien besitzt das belgische Kongoland mit 2,4 Millionen qkm und etwa 15 Millionen Einwohnern.

Die Niederlande besitzen in Ostindien große und kleine Sundainseln mit fast 2 Millionen qkm und etwa 38 Millionen Einwohnern; dazu kleinere Gebiete in Westindien.

Dänemark besitzt die Faröerinseln, Island, Grönland, westindische Inseln. Bewohnbar etwa 200 000 qkm, 140 000 Einwohner.

Norwegen und Schweden besitzen keine Kolonien, ebensowenig die Schweiz und die Balkanstaaten.

*   *
*

Bevölkerungsziffern aller mitteleuropäischen Gebiete zwischen Frankreich und Italien einerseits und Rußland andererseits (Kolonialbevölkerung nicht gerechnet) 1910:

| | | | |
|---|---|---|---|
| Deutschland .......... | 64,9 | Mill. | Einw. |
| Österreich-Ungarn .... | 51,4 | " | " |
| Rumänien .......... | 7,6 | " | " |
| Belgien ............ | 7,5 | " | " |
| Niederlande ......... | 6,2 | " | " |
| Schweden ........... | 5,6 | " | " |
| Serbien ............ | 4,5 | " | " |
| Bulgarien ........... | 4,3 | " | " |
| Griechenland ......... | 4,3 | " | " |
| Schweiz ............ | 3,8 | " | " |
| Dänemark ........... | 2,8 | " | " |
| Norwegen ........... | 2,4 | " | " |
| Albanien ............ | 0,8 | " | " |
| Luxemburg .......... | 0,3 | " | " |
| | 166,4 | Mill. | Einw. |

Deutschland und Österreich-Ungarn zusammen haben mehr als $^{2}/_{3}$ der ganzen hier berücksichtigten Menge. Daß alle diese Staaten jemals einem Bundesverhältnis angehören sollten, liegt jenseits aller gegenwärtigen Erwägungen, denn es ist nicht nur ihr historisch berechtigter Selbständigkeitswille, sondern auch ihre gegenseitige Gegenstellung zu beachten.

*   *
*

Zum **Vergleich der vier großen Weltwirtschaftsgebiete** dienen folgende Übersichten, in denen unter Mitteleuropa immer nur Deutschland-Österreich-Ungarn verstanden ist, Gr = Großengland, wobei meist nicht das ganze weite Weltgebiet berücksichtigt ist, aber immerhin der größte Teil, nämlich außer dem europäischen Heimatlande auch Britisch-Indien, Neuseeland und Australien. Kanada und Südafrika fehlen bei verschiedenen Angaben; Rs = Rußland, und zwar leider ohne die asiatischen Teile, gelegentlich ohne Nordkaukasien und Finnland; Die Unebenheiten dieser Statistik konnten auch von den statistischen Ämtern nicht überwunden werden; Vs = Vereinigte Staaten; Me = Mitteleuropa.

Bodenbenutzung in Millionen Hektar:

| | Gr | Rs | Vs | Me |
|---|---|---|---|---|
| Gesamtfläche | 760 | 516 | 770 | 116 |
| Landwirtschaftl. benutzt | 146 | 210 | 194 | 67 |
| Wald | 50 | 108 | 220 | 33 |

Hier fehlt Kanada, bei dessen Einrechnung die großbritannischen Ziffern von Landwirtschaftsfläche und Wald beträchtlich größer sein würden.

Ernteerträge (1912/13) in Millionen Tonnen:

| | Gr | Rs | Vs | Me |
|---|---|---|---|---|
| Weizen | 20 | 23 | 21 | 11 |
| Roggen | — | 25 | 1 | 16 |
| Gerste | 3 | 12 | 4 | 8 |

Hier ist Kanada eingerechnet. Das eigene, selbsterzeugte Brotgetreidequantum Mitteleuropas ist größer als das von Großengland und von den Vereinigten Staaten.

Viehbestände in Millionen Stück:

| | Gr | Rs | Vs | Me |
|---|---|---|---|---|
| Pferde | 11 | 25 | 21 | 9 |
| Rinder | 149 | 37 | 57 | 36 |
| Schweine | 8 | 12 | 61 | 37 |
| Schafe, Ziegen | 212 | 43 | 54 | 22 |

Die großenglische Rinderziffer erklärt sich durch Indien, die großenglische Schafziffer durch Australien.

Zuckererzeugung in Millionen Tonnen:

| | Gr | Rs | Vs | Me |
|---|---|---|---|---|
| Rübenzucker | — | 1,2 | 0,5 | 4,1 |
| Rohrzucker | 2,9 | — | 0,5 | — |
| | 2,9 | 1,2 | 1,0 | 4,1 |

Hier beherrscht Mitteleuropa den Markt.

### Baumwollenernte.

Leider fehlt die russische Angabe. Mitteleuropa ohne Kolonien hat keine eigene Ernte. Welternte 1912/13 betrug 27,2 Millionen Ballen. Davon lieferten die Vereinigten Staaten 14,1 und Großengland 5,5.

### Baumwollspindeln.

| | | |
|---|---|---|
| Großbritannien mit Indien und Kanada.... | 63 | Millionen |
| Vereinigte Staaten ........................ | 32 | " |
| Mitteleuropa ............................... | 16 | " |
| Rußland ...................................... | 9 | " |
| Weltziffer ................................... | 145 | " |

Mitteleuropa hat die dritte Baumwollenfabrikation der Welt.

### Steinkohlen und Braunkohlen.

Großengland mit Kanada, Indien, Australien, Südafrika und Britisch-Borneo 307 Millionen Tonnen; Rußland mit asiatischen Besitzungen 31 Millionen Tonnen, Vereinigte Staaten 450 Millionen Tonnen, Mitteleuropa hat genau wie Großengland 307 Millionen Tonnen. Dazu kommt, daß die mitteleuropäischen Steinkohlenlager im allgemeinen zukunftsreicher sind als die großbritannischen; allerdings ist in Großengland der Anteil von Steinkohle größer und von Braunkohle geringer.

### Eisenerze und Roheisen in Millionen Tonnen.

| | Gr | Rs | Vs | Me |
|---|---|---|---|---|
| Eisenerze........ | 15 | 8 | 60 | 38 |
| Roheisen ........ | 10 | 4 | 30 | 20 |

Hier ist der Kampf zwischen den Vereinigten Staaten und Mitteleuropa eine Zukunftsfrage der Weltwirtschaft.

— Alle diese Übersichten sind infolge der Verschiedenheit des Materials im einzelnen unsicher und beruhen meist auf den Zusammenstellungen im Anhange des Statistischen Jahrbuches für das Deutsche Reich. Wir sollen an ihnen lernen, in großen volkswirtschaftlichen Quantitäten zu denken. Sobald wir das tun, gelangen wir von selbst zu dem Schlusse, daß auch die gemeinsamen Quantitäten von Deutschland-Österreich-Ungarn noch nicht eigentlich weltwirtschaftlich groß, aber doch eine sehr tüchtige Grundlage mitteleuropäischer Arbeit und Zukunft sind.

## VII. Zollfragen.

Nach der reichsdeutschen Statistik wurden zwischen Deutschland und Österreich-Ungarn in den letzten Jahren Waren mit folgenden Wertangaben ein- und ausgeführt.

**Deutsch-österreichisch-ungarischer Handel in Millionen Mark.**

| | Von ÖU nach D | Von D nach ÖU |
|---|---|---|
| 1909 | 750 | 770 |
| 1910 | 760 | 820 |
| 1911 | 740 | 920 |
| 1912 | 830 | 1040 |
| 1913 | 830 | 1100 |

Man erkennt ohne weiteres die Entwicklungsrichtung: Österreich-Ungarn braucht seine Naturerzeugnisse in steigendem Maße selbst und kann seine Industrieeinfuhr nach Deutschland nicht ebenso vermehren, wie es umgekehrt geschieht. Um dieser Entwicklung willen wird der gegenwärtige Handelsvertrag in Österreich-(Ungarn) als ungünstig betrachtet.

Vom deutschen Standpunkt aus ist die Steigerung unserer Ausfuhr nach Österreich-Ungarn nicht ungewöhnlich hoch, denn unsere Ausfuhr wuchs seit 1907 in folgenden Verhältniszahlen, wenn man die Ausfuhr von 1907 mit der Ziffer 100 ansetzt:

**Wachsen der deutschen Ausfuhr 1907—1913.**

| | | |
|---|---|---|
| Nach Großbritannien | wie | 100: 136 |
| „ Frankreich | „ | 100: 176 |
| „ Rußland | „ | 100: 201 |
| „ Ver. Staaten | „ | 100: 109 |
| „ Österreich-Ungarn | „ | 100: 154 |
| Im Durchschnitt | „ | 100: 147 |

Die deutsche Ausfuhr stieg im Wert von 1909 bis 1913 um 3,5 Milliarden Mark. Von dieser gewaltigen Zunahme kamen 330 Millionen auf Ausfuhr nach Österreich-Ungarn, also nicht ganz der zehnte Teil unserer Zunahme. Die deutsche Ausfuhr nach Rußland stieg in derselben Zeit um 440 Millionen Mark, die nach Frankreich um ebenfalls 330, die nach Großbritannien um 420. Es handelt sich um eine ganz allgemeine wirtschaftliche Kraftausstrahlung Deutschlands, die nur in Österreich-Ungarn schwerer empfunden wird, weil die eigene Ausfuhr nicht Schritt zu halten vermochte.

Während sich die russische Einfuhr nach Deutschland in demselben Zeitraum je nach den Ernteergebnissen hob und senkte, konnte Österreich-Ungarn, da es wenig Ernteüberschüsse zu vergeben hatte, an diesen Glücksgewinnen der deutschen Bedarfsjahre wenig teilnehmen.

**Deutsche Einfuhr von Rußland und Österreich-Ungarn** in Millionen Mark

| | Von Rs | Von ÖU |
|---|---|---|
| 1909 | 1360 | 750 |
| 1910 | 1390 | 760 |
| 1911 | 1630 | 740 |
| 1912 | 1530 | 830 |
| 1913 | 1420 | 830 |

Da Rußland keinen besseren Handelsvertrag mit Deutschland besitzt als Österreich-Ungarn, ist offenbar, daß nicht der Handelsvertrag am Unterschiede schuld ist.

Betrachten wir die Einzelposten, so war die österreichische Einfuhr nach Deutschland steigend in folgenden Hauptartikeln: Eier, unbearbeitetes Nadelholz, Kalbfelle, Rindshäute, Leinengarn, Bettfedern, Erdöl, Bier, Holz zu Holzmasse, Äpfel, Ölkuchen, Porzellanwaren, Mineralschmieröle, Felle, Grubenholz usw. Die Einfuhr aber war sinkend oder gleichbleibend in folgenden Hauptartikeln: Braunkohle, Ochsen, gesägtes Nadelholz, Malz, Steinkohlen, Hopfen, Pferde, Kühe, Rotkleesaat, Hühner, Speisebohnen, Kleie usw. Dazwischen liegen schwankende Artikel. In jedem Einzelfalle kann der Rückgang von sehr verschiedenen Ursachen, von Zöllen oder Klima oder eigenem Bedarf herstammen, aber bei sorgfältiger Nachüberlegung der scheinbar regellosen Erscheinungen kehrt man doch immer wieder zu der Grundtatsache zurück, daß Österreich-Ungarn, abgesehen von Waldprodukten, wegen zu geringem, durchschnittlichem Ackerertrag bei wachsendem Eigenbedarf aufhört, ein ausführendes Agrarland zu sein, ohne bisher die Kraft zu haben, durch eigene, an die Landeserzeugnisse richtig angesetzte Industrien sich auf dem Außenmarkte einen entsprechenden Absatz zu gewinnen.

Versucht man nun, sich an der Hand der österreichischen Statistik eine Meinung über denselben Vorgang zu bilden, so verstärkt sich der Eindruck, daß das Einfuhrbedürfnis schneller wächst als die Ausfuhrmöglichkeit. Die Mehreinfuhr schwillt beängstigend an, während die Ausfuhr langsamere Fortschritte macht. In Geld ausgedrückt, betrug die Passivität der Handelsbilanz im Jahre 1912 über 740 Millionen Kronen, eine Summe, die zu den Kapitalbezügen Österreich-Ungarns aus dem Auslande in keinem Verhältnis steht.

Nach den österreichischen Angaben ist die österreichisch-ungarische Gesamtausfuhr von 1907 bis 1912 im ganzen um 268 Millionen Kronen gestiegen, also etwa von 100 : 110. Der Aufstieg liegt, wenn man gerade diese Jahre vergleicht bei Mineralölen, Zucker, Eiern, Fetten, Holz und Holzwaren, auch bei Pferden, aber nicht bei Rindern, kaum bei Malz, wenig bei Leinen- und Hanfwaren, gar nicht bei Getreide. Die meisten Industrien kommen im Auslande mit Mühe langsam voran.

Bei dieser Sachlage ist es begreiflich, wenn alle Zollfragen mit einer gewissen Scheu behandelt werden. Es versteht sich auch von selbst, daß eine Volkswirtschaft in dieser Lage unter dem besonderen Drucke der Kriegsfolgen nicht auch noch unübersehbaren Experimenten ausgesetzt werden will. Dafür müssen wir Reichsdeutschen Verständnis haben, wenn wir überhaupt mit den Österreichern und Ungarn zusammen arbeiten wollen. Aber gerade um dieser Lage willen, sagen wir, daß mit Zollvereinbarungen allein der Umschwung zum Besseren nicht herbeigeführt werden kann. Österreich-Ungarn bedarf der Intensitätssteigerung und des weltpolitischen Anschlusses an Deutschland, das eine ähnliche Entwicklung, wie jetzt Österreich-Ungarn sie durchmacht, schon vor etwa 40 Jahren erlebt hat, als es noch leichter war, sich vom Agrarausfuhrland in ein Industrieausfuhrland mit verstärkter landwirtschaftlicher Innenleistung umzuwandeln.

## VIII. Verfassungsfragen.

Die **deutsche Reichsverfassung** hat folgende Vorstufen:

1. Das Römische Reich Deutscher Nation, vom Westfälischen Frieden 1648 bis zur Niederlegung der Kaiserkrone 1806, war ein sogenannter Staatenstaat, das heißt ein Bund souveräner Landesherren mit Reichstag. Dieser Reichstag bestand aus dem Kurfürstenrat, dem Fürstenrat und dem Kollegium der Reichsstädte. Der Kaiser, der bei tatsächlich bestehender Erblichkeit in alter Weise gewählt wurde, berief verfassungsmäßig den Reichstag. Doch blieb dieser von 1663 an in Regensburg in Permanenz. Für Religionssachen bestanden Corpus Catholicorum und Corpus Evangelicormu. Zu einem Reichsbeschluß gehörte Übereinstimmung aller dazu berufenen Körperschaften und kaiserliches Dekret. Die Geschäfte wurden von Deputationen geführt. Ein vom Kaiser bestätigter Deputationsschluß hatte die Kraft eines Reichsbeschlusses.

Dieses System ist tatsächlich fast unwirksam für gemeinsame Gesetzgebung geblieben.

2. Der Rheinbund 1806—1813 entstand auf Grund der Umformung der Reichsverfassung durch den Reichsdeputationshauptschluß von 1803 unter französischer Oberleitung und umfaßte ganz Deutschland mit Ausnahme von Österreich, dem rechtselbischen Preußen, den schwedischen und dänischen Besitzungen und den Hansestädten. Der Rheinbund übernahm die bestehenden Reichsrechte, soweit nicht die Abänderungen besonders ausgesprochen wurden. Der Reichstag des Rheinbundes sollte nach Frankfurt a. M. berufen werden, ist aber nie zusammengetreten.

3. Der Deutsche Bund 1815—1848 beruhte auf der Bundesakte vom Wiener Kongreß und umfaßte Österreich und Preußen nur mit ihren früher zum Römischen Reich Deutscher Nation gehörigen Ländern und außerdem alle deutschen Mittel- und Kleinstaaten, auch die, welche sich wie Hannover und Schleswig-Holstein im monarchischen Staatsverbande mit außerdeutschen Monarchien befanden. Der Bund war, wie Arndt im „Staatsrecht des Deutschen Reiches" sich ausdrückt, ein „völkerrechtlicher Verein der deutschen souveränen Fürsten und freien Städte". Er beruhte im Innern auf Verträgen und wollte in seinen äußeren Verhältnissen eine politische Gesamtmacht darstellen. Zu jeder Erweiterung des Tätigkeitsbereiches des Bundes gehörte wegen des festgehaltenen Vertragscharakters Einstimmigkeit der in Frankfurt a. M. tagenden Bundesversammlung. Diese stand unter dem Präsidium Österreichs und bestand aus Vertretern der beteiligten Fürsten und Staaten. Es gab kein eigenes Bundesheer, sondern nur eine Verpflichtung, Kontingente bereitzuhalten.

4. Das Revolutionsparlament 1848—50. Als vorbereitende Tagung für eine deutsche Reichsverfassung trat die Nationalversammlung in Frankfurt a. M. zusammen und beschloß einen Verfassungsentwurf, der später in seinen Hauptteilen von Bismarck übernommen wurde. Dieser Verfassungsentwurf änderte nichts am bisherigen Reichsumfang, nahm also auch Österreich und Preußen nur in alten deutschen Bestandteilen auf. Für mehrsprachige Staatsgebiete wurde beschlossen: „Hat ein deutsches Land mit einem nichtdeutschen Lande dasselbe Staatsoberhaupt, so soll das deutsche Land eine von dem nichtdeutschen Lande getrennte Verfassung, Regierung und Verwaltung haben." Die Militärgewalt wurde vollständig zur Reichssache erklärt. Die Rechtsfeststellung, Wirtschafts- und Verkehrsgesetzgebung kann von der Reichsgewalt in die Hände genommen werden, soweit es die Organe des Reiches beschließen. In diesen Bestimmungen liegt das Wesen des Bundesstaates gegenüber dem Staatenbund. Reichsgesetze gehen Landesgesetzen vor. Der Reichstag besteht aus einem Staatenhaus und einem Volkshaus, von denen das erste etwa der Bundesversammlung in Frankfurt a. M. entsprach, das zweite etwa so wie der spätere Deutsche Reichstag gedacht war. Die Kaiserkrone wurde dem preußischen König mit 290 Stimmen gegen 248 Stimmenthaltungen angetragen. Durch Ablehnung dieses Angebotes zerfiel der ganze Plan.

5. Der Deutsche Bund 1850—1866 unterscheidet sich staatsrechtlich nicht von dem bis dahin bestehenden Bunde, nur wächst an seiner Seite der von Preußen begründete Deutsche Zollverein, der etwa seit 1852 das Gebiet des späteren Deutschen Reiches umfaßte. Auf Grund des Prager Friedens erkennt 1866 der Kaiser von Österreich die Auflösung des bisherigen Bundes an und gibt

seine Zustimmung zu einer Gestaltung Deutschlands ohne Beteiligung des österreichischen Kaiserstaates.

6. Der Norddeutsche Bund 1866—1871 umfaßt Norddeutschland bis zur Maingrenze. Die Verfassung ist in allen wesentlichen Stücken schon die jetzige deutsche Reichsverfassung. Der König von Preußen hat den erblichen Vorsitz und die vollziehende Gewalt. Die gesetzgebende Gewalt liegt bei Bundesrat und Reichstag. Der Bundesrat wird in Anlehnung an das Frankfurter Beispiel in Berlin konstruiert. Neben dem norddeutschen Reichstag gibt es das Zollparlament, an dem Vertreter Süddeutschlands teilnehmen: Der Norddeutsche Bund ist Bundesstaat, denn er hat eigene gesetzgebende Kraft.

7. Das Deutsche Reich von 1871 an ist eine Erweiterung des Norddeutschen Bundes durch Hinzutritt der süddeutschen Staaten und Aufnahme des Zollvereins in die Bundesorganisation. Der preußische König führt den Titel Deutscher Kaiser. Mit Bayern und Württemberg werden besondere Abmachungen getroffen, von deren militärischem Teile wir schon im Texte unserer Arbeit geredet haben. Reichsorgane sind der Kaiser, der Bundesrat und der Reichstag.

Der Kaiser ist Bundesfeldherr und Bundespräsident, beauftragt als König von Preußen die preußischen Stimmen im Bundesrat und setzt den Reichskanzler ein und ab. Er ist der Kopf aller ausführenden Reichsgewalten. Seine Stellung hat seit der Reichsgründung in dem Maße an Bedeutung gewonnen, als die Reichstätigkeiten zugenommen haben.

Im Bundesrat sind 61 Stimmen, von denen Preußen nur 17 hat. Dafür besitzt aber Preußen in Militär-, Zoll- und Steuerfragen für sich allein das Recht der Ablehnung von Veränderungen. Mehrheitsabstimmungen finden sehr selten statt. Der Bundesrat ist tatsächlich zu einem dauernden Vertretungskörper geworden, der ebenso Vorlagen für Gesetze, wie denn auch Ausführungsverordnungen erläßt. Verfassungsrechtlich ist der Bundesrat der Auftraggeber der dem Reichskanzler unterstellten Reichsämter; in Wirklichkeit liegt aber die sachliche Führung oft bei diesen Ämtern. Die Reichsämter sind: das Reichsamt der auswärtigen Angelegenheiten, das Reichsmarineamt, das Reichskolonialamt, das Reichsamt des Innern, das Reichsjustizamt, das Reichsschatzamt usw. Ein Reichskriegsamt gibt es nicht, da noch ein preußisches, bayrisches, württembergisches Landheer besteht. In Wirklichkeit ist der preußische Kriegsminister fast dasselbe wie ein Reichskriegsminister.

Der Reichstag entsteht aus direkten Wahlen und hat mit Delegation aus anderen Vertretungskörpern nichts zu tun. Er ist das sicherste Zeichen, daß es ein Reichsstaatsbürgerrecht gibt. Er enthält 397 Abgeordnete. Der Reichstag ist für Entstehung und Veränderung aller Reichsgesetze notwendig, wobei Haushaltspläne und Anleihen als Gesetze gerechnet werden.

Dieser, aus Kaiser, Bundesrat und Reichstag zusammengesetzte Oberbau hat ein durchaus eigenes, befriedigendes Staatsleben des Deutschen Reiches hervorgebracht. Änderungswünsche beziehen sich viel mehr auf die oft noch sehr veralteten Verfassungen der Einzelstaaten als auf die Reichsverfassung.

* * *

Die **österreichisch-ungarische Verfassung** ist keine einheitliche Staatsverfassung im Sinne der deutschen Reichsverfassung. Ihre älteren Vorstufen sind in Hinsicht auf die deutschen österreichischen Kronländer dieselben wie beim Deutschen Reich. Die österreichisch-ungarische Zusammengehörigkeit aber ist grundsätzlich in der Pragmatischen Sanktion Kaiser Karls VI. vom Jahre 1713 (1723) ausgesprochen, indem sich in ihr alle Besitzteile der Gesamtmonarchie auf die gleiche Erbfolgeordnung, also auf dauerndes Zusammenbleiben, verpflichteten. Die Staatseinheit ist von vornherein monarchisch. Der Titel eines Kaisers von Österreich stammt aus dem Jahre 1804.

Die Verfassung des Einheitsstaates wurde rechtlich ausgebaut durch das kaiserliche Diplom von 1860 und das dazu gehörige Patent von 1861. Diese Verfassung enthält Landtage und Reichsrat fast mit derselben Stoffverteilung wie der deutsche Reichsverfassungsentwurf von 1848, nur daß immer derselbe Monarch dabei mitbeteiligt ist. Ein Unterschied zwischen den Ländern der ungarischen Krone und denen der österreichischen Hälfte wird auch in diesen Verfassungsakten gemacht, aber die überwiegende Absicht ist die Zentralisierung.

Das entscheidende Verfassungsjahr der österreichisch-ungarischen Monarchie ist das Jahr 1867, das Jahr der staatlichen Trennung und vertraglichen Bindung von Österreich und Ungarn.

Durch königlichen Eid wird die gesetzliche Unabhängigkeit und territoriale Integrität Ungarns und seiner Nebenländer feierlich ausgesprochen. Damit wird auf die älteren ungarischen Verfassungen zurückgegriffen, insbesondere auch auf die Revolutionsgesetzgebung von 1848. Durch diesen Trennungsakt sind zwei mehrfach gegliederte Staaten mit Unterbau und Oberbau entstanden, von denen jeder für sich schon eine Reichsverfassung über den Landesverfassungen hat, die aber denselben Monarchen besitzen und darum gewisse gemeinsame Einrichtungen von Natur haben oder auf Vertragswegen schaffen. Die hauptsächlichsten Stücke der Einheit sind: das gemeinsame Ministerium des Äußern, das k. k. Kriegsministerium für alle Angelegenheiten des gemeinsamen Heeres und der Kriegsflotte (wobei die beiderseitigen Landwehren fortbestehen), gemeinsames Finanzministerium für die gemeinsamen Kosten bei getrennten Finanzsystemen, eine gemeinsame Verwaltung von Bosnien und Herzegowina. Der gemeinsame Kostenvoranschlag wird einer Delegationsversammlung zur Beratung (und Beschließung) vorgelegt, die aus Deputationen der beiderseitigen Parlamente besteht.

Von reichsdeutscher Seite werden häufig die Sitzungen der Delegationen mit dem Deutschen Reichstag gleichgestellt, was aber ein Irrtum ist. Jede Reichshälfte entsendet 60 Vertreter, von denen ein Drittel dem Herrenhause oder der Magnatentafel entnommen sind. Die Sitzungen sind öffentlich und nicht gemeinsam, da jede Delegation in ihrer Landessprache verhandelt. Der Verkehr zwischen den Delegationen ist schriftlich. Meinungsverschiedenheiten werden, wenn dreimaliger Schriftenwechsel erfolglos geblieben ist, in gemeinschaftlicher Plenarsitzung durch Abstimmung ohne Debatte erledigt. Die Thronrede wird zweimal gehalten, deutsch und magyarisch. Man sieht, daß dieser Apparat nicht dazu geschaffen ist, um gemeinsames Staatsgefühl zu erzeugen, daß er im Gegenteil dazu eingerichtet wurde, die notwendigen gemeinsamen Geschäfte mit der denkbar geringsten gegenseitigen Berührung zu erledigen.

Die gegenwärtig gültigen Vereinbarungen zwischen Österreich und Ungarn stammen vom Dezember 1907 und gehen bis 31. Dezember 1917. Darunter befinden sich die Festsetzung der beiderseitigen Beitragspflicht und der Zoll- und Handelsvertrag. Nur bis zum Ablauf dieses Vertrages ist verfassungsmäßig Österreich-Ungarn ein einheitliches Zollgebiet. Die Einhebung und Verwaltung der Zölle bleibt innerhalb der Grenzen des betreffenden Staates den Regierungen der beiden vertragschließenden Teile überlassen. Zur gegenseitigen Überwachung der Zollverwaltung werden beiderseits Inspektoren bestellt, welche das Recht haben, in den Geschäftsgang der betreffenden Verwaltung des anderen Staates Einsicht zu nehmen. Für Streitfragen ist ein Schiedsgericht vorhanden.

Bosnien und Herzegowina sind 1879 in den gemeinsamen Zollverband aufgenommen worden. Daran wurde durch die Erklärung der erblichen Souveränität des Kaiserhauses von 1908 nichts geändert. Die dortige Verwaltung wird von österreichischer und ungarischer Seite inspiziert.

Mitteleuropäische Verträge werden vom gemeinsamen auswärtigen Amte vorbereitet, aber von den nicht gemeinsamen Landesvertretungen beschlossen werden müssen. Darum ist es wahr, wenn gesagt wird: wir wissen nicht genau, ob wir mit einem oder zwei Staaten zu verhandeln haben.

# X. Literatur.

Im nachfolgenden sind Bücher und Schriften genannt, aus denen der Österreicher und Ungar die reichsdeutsche Politik und der Reichsdeutsche die österreichisch-ungarische Politik kennen lernen kann. Die Zusammenstellung der österreichisch-ungarischen Literatur stammt von Richard Charmatz, dem Verfasser des „Wegweiser durch die Literatur der österreichischen Geschichte" (Stuttgart bei Cotta 1912) und ist in der „Hilfe" (Nr. 23, 1915) erschienen. Die reichsdeutsche Zusammenstellung ist von einem Kreise sachkundiger Männer und Frauen für diesen Zweck als Hilfsmittel mitteleuropäischer Annäherung hergestellt worden. In beiden Fällen sind natürlich viele Bücher weggelassen worden, die ebensogut hätten genannt werden können. Die Auswahl kann im einzelnen angezweifelt werden, da der Wert eines Buches je nach dem Wunsch und Bildungsgange des Lesers ein verschiedener ist und da an verschiedenen Stellen auch Schriften geringerer Tüchtigkeit mit genannt werden mußten, weil keine besseren vorhanden oder bekannt waren. Die kleinen Zwischenbemerkungen stammen im österreichischen Verzeichnis von Herrn R. Charmatz und im deutschen Verzeichnis von mir. Sie wollen nur Winke für den Gebrauch geben.

## Österreichisch-ungarische Literatur.

Für die, die dem Studium Österreich-Ungarns nicht allzuviel Zeit widmen können, müssen zunächst die wichtigsten Bücher und jene Schriften genannt werden, die einen Überblick gewähren. Die Kenntnis der Vorgänge im 19. Jahrhundert vermitteln vor allem:

Anton Springer, Geschichte Österreichs seit dem Wiener Frieden 1809. 2 Bde. Leipzig 1863 und 1865. (Reicht bis zum Jahre 1849.)

Heinrich Friedjung, Der Kampf um die Vorherrschaft in Deutschland 1859—1866. 2. Bde. 10. Aufl. Cotta, Stuttgart. (Österreichisches Monumentalwerk.)

Heinrich Friedjung, Österreich von 1848—1860. Bisher 2 Bde. Cotta, Stuttgart, mehrere Auflagen. (Sehr fesselnd und aufschlußreich.)

Eine kurze Übersicht gewähren die beiden in der Sammlung „Aus Natur und Geisteswelt" erschienenen Bücher:

Richard Charmatz, Geschichte der auswärtigen Politik Österreichs im 19. Jahrhundert. 2 Bde. Leipzig.

Richard Charmatz, Österreichs innere Geschichte von 1848 bis 1907. 2 Bde. 2. Aufl, Leipzig.

Für das Verständnis der **auswärtigen Politik** sind anzuführen:

Heinrich Friedjung, Der Krimkrieg und die österreichische Politik. 2. Aufl. Cotta, Stuttgart.

Eduard von Wertheimer, Graf Julius Andrassy, Sein Leben und seine Zeit. 3 Bde. Stuttgart 1913. (Auch für die innere ungarische Politik von Bedeutung.)

Theodor von Sosnosky, Die Balkanpolitik Österreich-Ungarns seit 1866. 2 Bde. Stuttgart 1913 und 1914.

Theodor von Sosnosky, Die Politik im Habsburgerreich. Band I und II. 2. Aufl. 1912/13.

Zur Erkenntnis der **politischen Strömungen und nationalen Theorien** dienen die Bücher:

Rudolf Springer, Grundlagen und Entwicklungsziele der österreichisch-ungarischen Monarchie. Wien 1906. (Vorzügliches Buch.)

Rudolf Springer, Der Kampf der österreichischen Nationen um den Staat. Erster Teil. Wien 1902.

Otto Bauer, Die Nationalitätenfrage und die Sozialdemokratie. Wien 1907. (Später auch eine Volksausgabe. Viel geschichtliches Material.)

Aurel C. Popovici, Die Vereinigten Staaten von Groß-Österreich. Leipzig 1906.

Paul Samassa, Der Völkerstreit im Habsburger Staat. Leipzig 1910.

Ferner die älteren Bücher:

Paul Dehn, Deutschland nach Osten. Band 2 und 3. Österreich-Ungarn in reichsdeutschem Licht. 2 Teile. München 1888 und 1890.

Adolf Fischhof, Österreich und die Bürgschaften seines Bestandes. Wien 1869.

Joseph Freiherr von Eötvös, Die Nationalitätenfrage. Budapest 1865.

Endlich:

Richard Charmatz, Deutsch-österreichische Politik. Studien über den Liberalismus und über die auswärtige Politik. Leipzig 1907.

Über **Verfassung und Verfassungsgeschichte**:

Alfons Huber, Österreichische Reichsgeschichte. Wien 1895.

Ludwig Gumplowicz, Das österreichische Staatsrecht. 3. Aufl. Wien 1907.

Heinrich Rauchberg, Österreichische Bürgerkunde. Wien, Verlag Tempsky.

**Statistik**:

A. L. Hickmann, Geographisch-statistischer Taschenatlas von Österreich-Ungarn. Wien, Verlag Freytag.

Österreichisches statistisches Handbuch. Herausgegeben von der k. k. statistischen Zentralkommission. (Jährlich 1 Band.) Wien, Verlag Gerold.

* * *

Nun seien einige Werke genannt, die längere Zeitabschnitte oder einzelne Personen behandeln, und die bereits zur Vertiefung der ersten Kenntnisse dienen. Von allgemeinen österreichischen Geschichtsdarstellungen kommen in Betracht:

Franz Martin Mayer, Geschichte Österreichs mit besonderer Rücksicht auf das Kulturleben. 2 Bde. 3. Aufl. Wien 1909. (Gute zusammenfassende Darstellung.)

Richard Kralik, Österreichische Geschichte. 3. Aufl. Wien 1914. (Klerikal-konservative Weltauffassung.)

Ferner:

Franz Krones, Geschichte der Neuzeit Österreichs vom 18. Jahrhundert bis auf die Gegenwart. Berlin 1879. (Auch vierter Band des Handbuchs der Geschichte Österreichs desselben Verfassers.)

H. von Zwiedineck-Südenhorst, Deutsche Geschichte von der Auflösung des alten bis zur Errichtung des neuen Kaiserreiches (1806—1871). 3 Bde. Cotta, Stuttgart 1897, 1903, 1905.

Für Ungarn:

Michael Horvath, Kurzgefaßte Geschichte Ungarns. 2 Bde. Budapest 1863. (Reicht bis zum Jahre 1848.)

Eugen Csuday, Die Geschichte der Ungarn. 2 Bde. Wien 1898.

Dann:

Michael Horvath, Geschichte des Unabhängigkeitskrieges in Ungarn 1848—1849. 3 Bde. 2. Aufl. Budapest 1872.

Michael Horvath, 25 Jahre aus der Geschichte Ungarns. 1825—1848. 2 Bde. Leipzig 1867.

Heinrich Marczali, Ungarische Verfassungsgeschichte. Tübingen 1910.

Joseph von Jekelfalussy, Der tausendjährige ungarische Staat und sein Volk. Im Auftrage des ungarischen Handelsministeriums herausgegeben. Budapest 1896.

Einzelne Zeitperioden:

Adam Wolf und Hans von Zwiedineck-Südenhorst, Österreich unter Maria Theresia, Josef II. und Leopold II. (Aus: Oncken, Allgemeine Geschichte in Einzeldarstellungen. Berlin 1884.)

H. von Zwiedineck-Südenhorst, Maria Theresia. (Monographien zur Weltgeschichte.) Velhagen und Klasing.

Johann Wendrinsky, Kaiser Josef II. Wien 1880.
A. Dove, Ausgewählte Schriften. Leipzig 1898. (Enthält Aufsätze über Maria Theresia und Kaunitz.)
August Fournier, Historische Studien und Skizzen. 3 Bde. Prag 1885. Wien 1908 und 1912. (Viele Beiträge zur Zeit Maria Theresiens, Josef II., Napoleons und Metternichs.)
Eduard Wertheimer, Geschichte Österreichs und Ungarns im ersten Jahrzehnt des 19. Jahrhunderts. 2 Bde. Leipzig 1884 und 1890.
Ernst Viktor Zenker, Die Wiener Revolution 1848 in ihren sozialen Voraussetzungen und Beziehungen. Wien 1897.
Maximilian Bach, Geschichte der Wiener Revolution im Jahre 1848. Wien 1898. (Sozialdemokratische Auffassung.)
Joseph Alexander Freiherr von Helfert, Geschichte der österreichischen Revolution im Zusammenhange mit der mitteleuropäischen Bewegung. 2 Bde. Freiburg i. Breisgau 1907 und 1908. (Reicht bis Juni 1848; konservative Auffassung.)
Friedrich Schütz, Werden und Wirken des Bürgerministeriums. Leipzig 1909. (Feuilletons.)
Walter Rogge, Österreich von Vilagos bis zur Gegenwart. 3 Bde. Leipzig 1872, 1873.
Walter Rogge, Österreich seit der Katastrophe Hohenwart-Beust. 2 Bde. Leipzig 1879. (Rogges Werke sind unübersichtlich und voll Voreingenommenheit.)
Gustav Kolmer, Parlament und Verfassung in Österreich. 8 Bde. Wien 1902 bis 1914. (Reicht von 1861 bis 1904.)

Über das kulturelle und soziale Leben geben Aufschluß:
Gustav Strakosch-Graßmann, Geschichte des österreichischen Unterrichtswesens. Wien 1905.
Ludwig Hevesi, Österreichische Kunst im 19. Jahrhundert. 2 Teile. Leipzig 1903. (Aus „Geschichte der modernen Kunst".)
J. W. Nagl und J. Zeidler, Deutsch-österreichische Literaturgeschichte. 2 Bde. Wien 1896 bis 1915.
K. Grünberg, Die Bauernbefreiung und die Auflösung des gutsherrlich-bäuerlichen Verhältnisses in Böhmen, Mähren und Schlesien. 2 Teile. Leipzig 1894.
Heinrich Waentig, Gewerbliche Mittelstandspolitik. (Auf Grund österreichischer Quellen.) Leipzig 1898.
Julius Deutsch, Geschichte der österreichischen Gewerkschaftsbewegung. Wien 1908.
Georg Loesche, Geschichte des Protestantismus in Österreich. Tübingen 1902. (Dieses ausgezeichnete kleine Büchlein enthält am Schlusse Literaturangaben für die wichtige Zeit der Reformation und Gegenreformation.)

Georg Loesche, Von der Toleranz zur Parität in Österreich. 1781 bis 1861. Leipzig 1911.

Für die Handelspolitik müssen genannt werden:

Adolf Beer, Die österreichische Handelspolitik im 19. Jahrhundert. Wien 1891.

Ludwig Lang, Hundert Jahre Zollpolitik 1805—1905. Aus dem Magyarischen übersetzt. Wien 1906.

A. v. Matlakowits, Die Zollpolitik der österreichisch-ungarischen Monarchie und des Deutschen Reiches seit 1868 und deren nächste Zukunft. Leipzig 1891.

* * *

In alphabetischer Reihenfolge seien die Biographien oder Memoiren der wichtigsten Persönlichkeiten genannt; einige Kenntnis der Geschichte wird instand setzen, nach den für das besondere Interessengebiet in Betracht kommenden Bänden zu greifen:

Friedrich Ferdinand Graf vonBeust, Aus drei Viertel-Jahrhunderten. 1866 bis 1885. Zweiter Band. Stuttgart 1887.

Oskar Criste, Das Buch vom Erzherzog Carl. Wien 1914. (Volkstümlicher Auszug aus der großen dreibändigen Biographie.)

Gustav Steinbach, Franz Deak. Eine Biographie. Verlag Manz, Wien 1888.

Karl Ritter von Landmann, Prinz Eugen von Savoyen. (Aus: Weltgeschichte in Charakterbildern.) München 1905.

Heinrich von Sybel, Prinz Eugen. München 1861.

Richard Charmatz, Adolf Fischhof. Cotta, Stuttgart 1910.

Arthur Görgei, Mein Leben und Wirken in Ungarn in den Jahren 1848 und 1849. 2 Bde. Leipzig 1852.

F. von Krones, Moritz von Kaiserfeld. Leipzig 1888.

Ludwig Kossuth, Meine Schriften aus der Emigration. 3 Bde. Preßburg 1880 und 1882.

K. Th. Heigel, Essays aus neuerer Geschichte. Bamberg 1892. (Studie über Metternich.)

Aus Metternichs nachgelassenen Papieren. Herausgegeben vom Fürsten Richard Metternich-Winneburg. Wien 1880. (Im 1. Bande dieses vielbändigen Werkes sind die selbstbiographischen Aufzeichnungen des Staatskanzlers enthalten.)

Feldmarschall Graf Radetzky, Eine biographische Skizze nach den eigenen Diktaten. Von einem österreichischen Veteranen. Cotta, Stuttgart 1858.

C. Wolfsgruber, Joseph Othmar Kardinal Rauscher. Freiburg i. Br. 1888.

Albert Eberhard Friedrich Schäffle, Aus meinem Leben. 2 Bde. Berlin 1905.

Hugo Kerchnawe und Alois Veltzé, Feldmarschall Karl Fürst zu Schwarzenberg. Wien 1913.
A. F. Berger, Felix Fürst zu Schwarzenberg, k. k. Ministerpräsident. Leipzig 1853.
Adolf Beer, Aus Wilhelm von Tegetthoffs Nachlaß. Wien 1882.
L. von Ranke, Geschichte Wallensteins. Leipzig. Mehrere Ausgaben.

*　　*
*

Von größter Wichtigkeit sind die Beziehungen der einzelnen Völker zueinander und zum Staate. So umfangreich auch die Broschürenliteratur ist, so fehlt es doch an aufschlußreichen zusammenfassenden Einzeldarstellungen. Vor allem sei auf das Sammelwerk Die Völker Österreich-Ungarns, Ethnographische und kulturhistorische Schilderungen. 12 Bde. Wien 1881 usw. verwiesen. Einzelne Teile sind noch heute gut verwendbar.

Weiter sei genannt:

Ludwig Schlesinger, Geschichte Böhmens. 2. Aufl. Prag 1870. (Ausführlich nur bis zum Ende des 18. Jahrhunderts.)
Teutsch, G., Geschichte der Siebenbürger Sachsen. I. Bd. 3. Aufl. Hermanstadt 1899; reicht bis 1669. Bd. II von Fr. Teutsch (1700—1815) Hermanstadt 1907; Bd. III (1815—1868) von demselben, Hermanstadt 1910. (Als Fortsetzung bis zur Gegenwart ist anzusehen: Fr. Teutsch: G. Teutsch, Geschichte seines Lebens (1817—93). Hermanstadt 1909.
Raimund Fr. Kaindl, Geschichte der Deutschen in Ungarn. Gotha 1912.
Alfred von Skene, Entstehen und Entwickelung der slawisch-nationalen Bewegung in Böhmen und Mähren im 19. Jahrhundert. Wien 1893.
Wilhelm Kosch, Die Deutschen in Österreich und ihr Ausgleich mit den Tschechen. Leipzig 1909.
Max Menger, Der böhmische Ausgleich. Stuttgart 1891.
Karl Türk, Böhmen, Mähren und Schlesien. (Aus der Sammlung: Der Kampf um das Deutschtum.) München 1898.
Heinrich Rauchberg, Die Bedeutung der Deutschen in Österreich. (Aus: Neue Zeit- und Streitfragen.) Dresden 1908.
R. W. Seton-Watson (Scotus Viator), Die südslawische Frage im Habsburger Reiche. Berlin 1913.
Herm. Jg. Bidermann, Die Italiener im Tiroler Provinzialverbande. Insbruck 1874.
Gregor Kupzanko, Das Schicksal der Ruthenen. Leipzig 1887.
Roman Sembratowycz, Polonia irredenta. Frankfurt a. M. 1907.

Ferner die Materialsammlung:

Alfred Fischel, Das österreichische Sprachenrecht. 2. Aufl. Brünn. Verlag Irrgang.

## Reichsdeutsche Literatur.

Wir sehen absichtlich ab von der älteren deutschen Geschichte und übergehen darum auch die großen Werke von Ranke, Raumer, Waitz, Giesebrecht, Nitsch, Häußer, Schlosser, Lamprecht und anderen. Ebenso übergehen wir auch die Staatslexika und fast alle eigentliche Sachliteratur.

Die wichtigsten Quellen (Aktenstücke und Ereignisübersichten) bieten:

Schultheß, Europäischer Geschichtskalender. München, C. H. Beck.
Wippermann, Deutscher Geschichtskalender. Leipzig, Felix Meiner.

Eine allgemeine Quellenkunde und Literaturnachweis ist:

Dahlmann-Waitz, Quellenkunde der deutschen Geschichte. 8. Aufl. Leipzig 1912. F. K. Koehler.

Die Vorgeschichte und Geschichte des Deutschen Reiches ist in keinem einzelnen Buche vollständig zu finden, da gerade die größten historischen Werke der Neuzeit nur Teilarbeiten sind. Nach meinem Buche erschien jedoch im Buchhandel das große zusammenfassende Werk Professor Brandenburgs über die Reichsgründung, das, i. g. politisch vorurteilslos, ein bedeutendes, sehr belehrendes Werk ist:

Erich Brandenburg, Die Reichsgründung, 2 Bde. Quelle und Meyer. Leipzig 1916. Dazu: Untersuchungen und Aktenstücke zur Geschichte der Reichsgründung, von demselben Verfasser. Leipzig 1916.

Als Gesamtdarstellungen neuerer deutscher Geschichte können gelten:

Br. Gebhardt, Handbuch der deutschen Geschichte. 2 Bde. 5. Aufl. Stuttgart 1913. Union, Deutsche Verlagsgesellschaft.

D. Schäfer, Deutsche Geschichte. 2 Bde. 4. Aufl. Jena 1914. G. Fischer (Weltpolitisch.)

G. Egelhaaf, Geschichte der neuesten Zeit vom Frankfurter Frieden bis zur Gegenwart. 5. Aufl. Stuttgart 1915. C. Krabbe. (Viel klarer Einzelstoff.)

G. Kaufmann, Politische Geschichte Deutschlands im 19. Jahrhundert. Berlin 1912. G. Bondi. (National und liberal.)

R. Schwemer, Vom Bund zum Reich. 2. Aufl. Leipzig 1912. B. G. Teubner. (Aus Natur und Geisteswelt Bd. 102.)

Heinrich v. Treitschke, Deutsche Geschichte im 19. Jahrhundert, 5 Bde. Leipzig 1908—1913. S. Hirzel. (Hauptwerk über die Vorbereitungszeit, reicht bis 1848.)

Zur Vorgeschichte der deutschen Reichsgründung gehören außer Treitschke weiter:

Die Befreiung 1813, 1814, 1815. Urkunden, Berichte, Briefe. Düsseldorf-Ebenhausen, W. Langewiesche. (Anschaulich, volkstümlich.)

1848, Der Vorkampf deutscher Einheit und Freiheit. Urkunden, Berichte und Briefe. Düsseldorf-Ebenhausen, W. Langewiesche. (Ebenso.)

G. Mollat, Reden und Redner des ersten Deutschen Parlaments. Osterwieck 1895. A. W. Zickfeld. (Gute Einführung in den Geist von 1848.)

Fr. Meinecke, Weltbürgertum und Nationalstaat. 3. Aufl. München 1913. R. Oldenburg. (Sehr wertvoll für den Unterschied von großdeutsch und kleindeutsch.)

W. Maurenbrecher, Gründung des Deutschen Reiches 1859 bis 1871. 4. Aufl. Leipzig 1910. C. E. M. Pfeffer.

H. v. Sybel, Begründung des Deutschen Reiches durch Wilhelm I. Volksausgabe, 7 Bände. 3. Aufl. München 1913. R. Oldenbourg. (Das Hauptbuch der Bismarckischen Zeit, etwas breit.)

Sehr zahlreich ist die Bismarckliteratur. Wir nennen nur Hauptwerke:

Gedanken und Erinnerungen, herausgegeben v. H. Kohl. Volksausgabe, 2 Bde. Stuttgart 1915. Cotta Nachf.

Neue Großoktavausgabe, 2 Bde. (Deutsches politisches Lebensbuch.)

Bismarcks gesammelte Reden m. verbind. geschichtlichen Darstellungen, von Ph. Stein. 13 Bde. Leipzig 1895—1899. Ph. Reclam.

Heinr. v. Poschinger, Preußen im Bundestag 1851—1859. Dokumente der Kgl. Preuß. Bundestags-Gesandtschaft, herausgegeben v. H. Poschinger, 4 Teile. 2. Aufl. Leipzig 1882—1884. S. Hirzel. (Auch die übrigen Sammlungen Poschingers kommen in Betracht.)

Heinr. Friedjung, Der Kampf um die Vorherrschaft in Deutschland, 1859—1866. 2 Bde. 9. Aufl. Stuttgart 1912 und 1913. Cotta Nachf. (Dieses hervorragende österreichische Werk gehört auch zur reichsdeutschen Geschichte.)

Aus der nachbismarckischen Zeit seien erwähnt:

Karl Lamprecht, Deutsche Geschichte der jüngsten Vergangenheit und Gegenwart 1. und 2. Bd. Geschichte der wirtschaftlichen und sozialen Entwicklung in den 70er—90er Jahren des 19. Jahrhunderts, Geschichte der inneren und äußeren Politik in den 70er—90er Jahren des 19. Jahrhunderts, 5. Aufl. Berlin 1912 und 1915. Weidmann.

Fürst Hohenlohe-Schillingsfürst, Denkwürdigkeiten, i. Auftr. d. Prinzen Al. zu Hohenlohe-Sch. herausgegeben v. Fr. Curtius.

2 Bde. Stuttgart 1906. Deutsche Verlagsanstalt. 2. Bde. wohlfeile Ausgabe 1914. (Erinnerungen des dritten Reichskanzlers.)
Fürst Bülow, Reden. 4 Bde. Leipzig 1914. Ph. Reclam.
Deutschland unter Kaiser Wilhelm II. 3 Bde. Berlin 1914. Reimar Hobbing. (Sehr vielseitiges Sammelwerk.)

Reichsverfassung und Verwaltung, Statistisches:

Graf Hue de Grais, Handbuch der Verfassung und Verwaltung Preußens und des Deutschen Reiches. 22. Aufl. Berlin 1914. Springer. (Praktisches, sehr viel gebrauchtes Handbuch.)
P. Laband, Deutsches Reichsstaatsrecht. 6. Aufl. (Sammlung: Das öffentl. Recht der Gegenwart). Tübingen 1912. J. C. B. Mohr.
E. Loening, Reichsverfassung. 4. Aufl. (Sammlung: Aus Natur und Geisteswelt Bd. 34). Leipzig 1913. B. G. Teubner.
Der deutsche Staatsbürger. 2. Aufl. Leipzig 1912. C. E. Poeschel. (Eine leicht verständliche Bürgerkunde.)
Statistisches Jahrbuch für das DeutscheReich, herausgegeben vom Kaiserl. Statistischen Amt. Berlin, Puttkammer und Mühlbrecht. (Das interessanteste Buch Deutschlands.)

* * *

Über die reichsdeutschen Bundesstaaten kann nur eine knappe Auswahl geboten werden. — Über Preußen:

O. Hintze, Die Hohenzollern und ihr Werk, 500 Jahre vaterländischer Geschichte, Berlin 1915. P. Parey. (Auf der Höhe der Forschung stehendes, zumal für die sonst nirgends zusammenfassend behandelte Geschichte der inneren Politik Preußens bedeutsames Werk.)
Gerh. Anschütz, Die Verfassungsurkunde für den Preuß. Staat. 2 Bde. Berlin 1912. O. Häring. (Ausführlicher Kommentar, liberaler Standpunkt.)
A. Arndt, Die Verfassungsurkunde für den Preußischen Staat. 7. Aufl. Berlin 1911. J. Guttentag. (Mit kurzen Erklärungen.)
C. Bornhak, Grundriß des Verwaltungsrechts in Preußen. 4. Aufl. Leipzig 1912. Deichert Nachf.
Statistisches Jahrbuch des Preußischen Staates, herausgegeben v. Kgl. Preuß. Statistischen Landesamte, Berlin.

An die preußischen Bücher schließen wir einiges aus der reichsdeutschen Polenliteratur an:

Ludwig Bernhard, Die Polenfrage, Das polnische Gemeinwesen im Preuß. Staat. 2. Aufl. München-Leipzig 1910. Dunker & Humblot. (Eindringliche Studie.)

Gg. Cleinow, Die Zukunft Polens. Bd. 1. Wirtschaft, Bd. 2. Politik. Leipzig 1908 und 1914. Fr. W. Grunow. (Viel Stoff.)
Die Deutsche Ostmark, herausgegeben v. Deutschen Ostmarkenverein. Lissa 1913. O. Eulitz. (Kampfschrift gegen Polen.)
E. Brandenburger, Polnische Geschichte. Leipzig, Göschen. (Sammlung Göschen 338.)

Über Verfassungen und Zustände in den größeren Bundesstaaten unterrichten:

F. Stoerk und F. W. Rauchhaupt, Handbuch der deutschen Verfassungen. 2. Aufl. Leipzig 1913. Duncker & Humblot. (Enthält Verfassungen aller Einzelstaaten.)
Karl Braun, Aus der deutschen Kleinstaaterei, Randglossen zu den politischen Wandlungen der letzten Jahre. Aus den Papieren eines deutschen Abgeordneten. Bromberg 1878. (Fröhliche, interessante Rückblicke.)
E. Brandenburg, Der Eintritt der süddeutschen Staaten in den Norddeutschen Bund. Berlin 1910. Gebr. Paetel.
H. Ockel, Bayerische Geschichte. Leipzig. Göschen. (Sammlung Göschen 160.)
Th. Flathe, Geschichte des Kurstaates und Königreichs Sachsen. 3 Bde. 2. Aufl. Gotha 1867—1873. Fr. A. Perthes.
O. Kämmel, Sachsens Geschichte. Leipzig, Göschen. (Sammlung Göschen 100.)
K. Weller, Württembergs Geschichte. Leipzig, Göschen. (Sammlung Göschen 462.)
A. Dove, Großherzog Friedrich von Baden als Landesherr und deutscher Fürst. Heidelberg 1902. C. Winter.

Mit dem Problem der deutsch-österreichischen und überhaupt südöstlichen Annäherung beschäftigen sich in älterer Zeit:

Dr. A. v. Matlakovits, Die Zollpolitik der österreich-ungarischen Monarchie und des Deutschen Reiches seit 1868 und deren nächste Zukunft. Leipzig 1891.
Friedrich List, Das nationale System der politischen Ökonomie. Neudruck nach der Ausgabe letzter Hand, eingeleitet von H. Waentig. 2. Aufl. Jena 1910.
Theodor v. Sosnosky, Die Politik im Habsburgerreich. Randglossen zur Zeitgeschichte. 2 Bde. 2. Aufl. Berlin 1912/13.
Konstantin Frantz, Untersuchungen über das europäische Gleichgewicht. Berlin 1859.
Alexander von Peez, Europa aus der Vogelschau. Neudruck. Wien und Leipzig 1916.
Paul de Lagarde, Deutsche Schriften. Gesamtausgabe. 4. Aufl. Göttingen 1905.

Dreiunddreißig Sätze vom deutschen Bund. Berlin 1861.
Das neue Deutschland. Leipzig 1871.

* * *

Indem wir zur inneren Politik übergehen, überschauen wir zunächst die Handbücher der Parteien und politischen Gruppen.

Konservatives Handbuch. Berlin 1911. R. Hobbing.
Politisch-soziales ABC, Handbuch für die Mitglieder der Zentrumspartei. Stuttgart 1900. Süddeutsche Verlagsbuchhandlung.
Agrarisches Handbuch. Berlin 1911. Bund der Landwirte. (Hauptquelle für die agrarische Bewegung.)
Politisches Handbuch der Nationalliberalen Partei. Berlin 1914. Buchh. d. Nat.-Lib. Partei. (Reichhaltig.)
Eugen Richter, Politisches ABC. (Vergriffen.) (Bestes älteres Handbuch.)
Martin Wenck, Handbuch für liberale Politik. Berlin-Schöneberg 1911. Fortschritt (Buchverlag der „Hilfe").
G. Gothein, Agrarpolitisches Handbuch. Berlin 1910. Liebheit & Thießen. (Freihändlerisch-liberal, inhaltreich.)
Handbuch für sozialdem. Landtagswähler. Berlin 1913. Buchh. Vorwärts.
Handbuch des Alldeutschen Verbandes. 18. Aufl. München 1915. Lehmann.

Zur Parteigeschichte:

Friedrich Naumann, Die politischen Parteien in Deutschland. Berlin 1911. Georg Reimer. (In den Ziffern überholt.)
F. Salomon, Deutsche Parteiprogramme. 2. Aufl. Bd. 1 von 1844—1871, Bd. 2 von 1871—1890. Leipzig, B. G. Teubner.
Oskar Klein-Hattingen, Geschichte des deutschen Liberalismus. Wohlfeile Ausgabe, 2 Bde. Berlin-Schöneberg 1912. (Buchverlag der „Hilfe".) (Reichhaltiges historisches Material.)
Oskar Stillich, Die politischen Parteien in Deutschland. 2 Bde. 1: Die Konservativen, Bd. 2: Der Liberalismus. Leipzig 1908 und 1911. Klinkhardt.
F. Mehring, Geschichte der deutschen Sozialdemokratie. 4 Bde. 4. Aufl. Stuttgart 1909. Dietz Nachf. (Parteiisch, aber klug.)
Werner Sombart, Sozialismus und soziale Bewegung im 19. Jahrhundert. Jena 1908. G. Fischer. (Vortreffliche Einführung.)
Hugo Preuß, Das deutsche Volk und die Politik. Jena 1915. E. Diederichs. (Polit. Bibl.) (Wertvolles politisch-liberales Gegenwartsbuch.)

Für besondere Gebiete:

August Pfannkuche, Staat und Kirche. Leipzig 1915. B. G. Teubner.
W. v. Lexis, Das Unterrichtswesen im Deutschen Reich. 4 Bde. Berlin 1904. Behrend & Co.
Gertrud Bäumer, Die Frau in Volkswirtschaft und Staatsleben der Gegenwart. Stuttgart 1914. Deutsche Verlagsanstalt. (Volle Übersicht der deutschen Frauenbewegung.)

Wichtige Übersichtsbücher über auswärtige Politik, Heer und Flotte:

Ernst von Reventlow, Deutschlands auswärtige Politik 1888—1913. 3. Aufl. Berlin 1916. E. S. Mittler & Sohn. (Ein bedeutsames chronikartiges Werk.)
Paul Herre, Weltpolitik und Weltkatastrophe 1890—1915. Berlin. Ullstein & Co. 1916.
Theodor Schiemann, Deutschland und die große Politik 1901 ff. Berlin 1902 ff. G. Reimer (eine jährlich erscheinende weltpolitische Übersicht des konservativen Berliner Historikers).
J. J. Ruedorffer, Grundzüge der Weltpolitik in der Gegenwart. Stuttgart, Berlin 1914. (Vor dem Kriege verfaßt, sehr gedankenreiche Untersuchung über den Widerstreit der nationalen und universalen Tendenzen der Weltpolitik aus der Feder eines „dem Kanzler nahestehenden" Diplomaten, der sich hinter dem Pseudonym Ruedorffer verbirgt.)
Paul Rohrbach, Deutschland unter den Weltvölkern. 4. Aufl. Stuttgart 1912. J. Engelhorns Nachf. (Gedankenreiche Einführung in die auswärtige Politik.)
Veit Valentin, Kolonialgeschichte der Neuzeit. Tübingen 1915.
E. Zimmermann, Unsere Kolonien. Berlin 1914. Ullstein & Co.
A. v. Löbell, Das deutsche Heer. Stuttgart, Greiner & Pfeiffer. (Bücher des Wissens Bd. 92.)
Nauticus, Jahrbuch für Deutschlands Seeinteressen. Berlin, E. S. Mittler & Sohn.

Die allgemeine Wirtschaftspolitik wird für das Bedürfnis politischer Leser behandelt in:

Friedrich Naumann, Neudeutsche Wirtschaftspolitik. 3. Aufl. Berlin 1911. Georg Reimer.
Werner Sombart, Die deutsche Volkswirtschaft des 19. Jahrhunderts. 2. Aufl. Berlin 1909. Georg Bondi. Volksausgabe 1913.

## Handelspolitik.

W. Lotz, Ideen der deutschen Handelspolitik 1860—1891. Leipzig 1892. Verein für Sozialpolitik.
Richard Calwer, Jahrbuch der Weltwirtschaft. Jena, G. Fischer.

Lusensky, Einführung in die deutsche Zoll- und Handelspolitik. Hannover 1913. Helwing. (Wichtig für Handelsvertragsvorarbeiten.)

## Agrarpolitik.

A. Buchenberger, Grundzüge der deutschen Agrarpolitik. 2. Aufl. Berlin 1899. P. Parey.
Th. von der Goltz, Geschichte der deutschen Landwirtschaft. Bd. 2: Das 19. Jahrhundert. Stuttgart 1903. Cotta Nachf.
Die Deutsche Landwirtschaft, bearbeitet v. Kaiserl. Statistischen Amt. Berlin 1913. Puttkammer & Mühlbrecht. (Beste Gegenwartsübersicht.)

## Gewerbepolitik.

Hübener, Die deutsche Eisenindustrie. Leipzig 1913. G. A. Glöckner. (Handelshochschulbibl. Bd. 14.)
Die Schwereisenindustrie im deutschen Zollgebiet, ihre Entwicklung und ihre Arbeiten. Stuttgart 1912. A. Schlicke & Co.
A. Oppel, Die deutsche Textilindustrie. Leipzig 1912. Duncker & Humblot.
F. Baumgarten und A. Meszlény, Kartelle und Trusts. Berlin 1906. O. Liebmann.
Tschierschky, Kartell und Trust. Leipzig, B. G. Teubner. (Aus Natur und Geisteswelt 522.)
P. Krusch, Die Versorgung Deutschlands mit metallischen Rohstoffen. Leipzig 1913. Veit & Co.
C. Christiansen, Chemische und Farbenindustrie. Tübingen 1914. J. C. B. Mohr.
M. Levy, Die Organisation und Bedeutung der deutschen Elektrizitätsindustrie (enthalten in Gewerbliche Einzelvorträge, 8. Reihe). Berlin 1914. Georg Reimer.

## Finanzpolitik.

K. Helfferich, Studien über Geld- und Bankwesen. Berlin 1900. J. Guttentag. (Vergriffen.)
K. Helfferich, Deutschlands Volkswohlstand. 1888—1913. 4. Aufl. Berlin 1914. G. Stilke.
J. Rießer, Von 1848 bis heute, Bank- und Wirtsch.-Studie. Volksausgabe von „Die deutschen Großbanken und ihre Konzentration“. Jena 1912. G. Fischer.

## Sozialpolitik.

Leopold von Wiese, Einführung in die Sozialpolitik. Leipzig 1910. G. Glöckner. (Handelshochschulbibl. Bd. 8.)
H. Jastrow, Sozialpolitik und Verwaltungs-Wissenschaft. Berlin 1902. Georg Reimer. (Grundsätzlich.)

Heinr. Herkner, Die Arbeiterfrage. 5. Aufl. Berlin 1908. J. Guttentag. (Geschichtlich darstellend.)
A. Manes, Sozialversicherung. Berlin, G. J. Göschen. (Sammlung Göschen 267.)

Natürlich ist das nur ein ganz geringer Auszug aus der Fülle der volkswirtschaftlichen und sozialpolitischen Literatur.

* * *

Auch wir schließen ebenso wie unser österreichischer Freund mit einer kleinen Aufzählung von Biographien und Memoiren, die für die politische Geschichte von Bedeutung sind:

R. Koser, Geschichte Friedrichs des Großen. 4 Bde. 4. und 5. Aufl. Stuttgart 1912/1914. Cotta Nachf. Volksausgabe 6. und 8. Aufl. 1913. (Ehrwürdiges Hauptwerk.)
M. Lehmann, Freiherr vom Stein. 3 Bde. Leipzig 1902—1905. S. Hirzel. (Bd. 1 vergriffen.) (Innere Geschichte der Freiheitskriege.)
H. Delbrück, Das Leben des Feldmarschalls Grafen N. Gneisenau. 2 Bde. i. 1. Bd. Berlin 1908. G. Stilke. (Militärgeschichtlich und zeitgeschichtlich.)
Friedrich Meinecke, Radowitz und die deutsche Revolution. Berlin 1913. Mittler & Sohn. (Wichtig für 1848.)
L. Parisius, Freiherr Leopold von Hoverbeck. 2 Bde. Berlin 1900. J. Guttentag. (Über den älteren preußischen Liberalismus.)
Leopold von Gerlach, Denkwürdigkeiten aus dem Leben. 2 Bde. Berlin 1892. (Das ältere konservative Berlin.)
Karl Jentsch, Friedrich List. Berlin 1901. E. Hofmann & Co. (Der Prophet der Ausdehnung nach Osten.)
A. Bergengrün, David Hansemann. Berlin 1901. J. Guttentag. (Die Entstehung der kapitalistischen Neuzeit.)
H. Oncken, Lassalle. Stuttgart 1904. Fr. Frommann. (Anfänge der Sozialdemokratie.)
R. Haym, Das Leben Max Dunckers. Berlin 1891. R. Gaertner. (Liberale Entwickelungen.)
Briefe von und an Freiherr W. E. Ketteler, herausgegeben von J. M. Reich. Mainz 1879. Kirchheim. (Anfänge des Zentrums.)
E. Marcks, Kaiser Wilhelm I., Eine Biographie. 6.—7. Aufl. München 1910. Duncker & Humblot. (Politisch-historisch.)
M. Lenz, Geschichte Bismarcks. 4. Aufl. München 1914. Duncker & Humblot.
E. Marcks, Bismarck, eine Biographie in 4 Bd. I. Bd. bei Cotta, Stuttgart-Leipzig 15. Aufl. 1910 und Otto von Bismarck, Lebensbild; ebenda. Stuttgart 1915.
Veit Valentin, Bismarck und seine Zeit. Leipzig 1915. B. G. Teubner. (Aus Natur und Geisteswelt Bd. 500.)

von Blume, Moltke. Oldenburg, Gerh. Stalling. (Erzieher d. preuß. Heeres Bd. 1.)

Ludwig Bamberger, Erinnerungen, herausgegeben von P. Nathan. Berlin 1899. G. Reimer. (Die Wirtschaftspolitik vor 1866.)

H. Oncken, Bennigsen, Ein liberal-nationaler Politiker. 2 Bde. Stuttgart 1909. Deutsche Verlagsanstalt. (Entstehung der nationalliberalen Partei.)

Ed. Hüsgen, Ludwig Windthorst, Sein Leben, seine Zeit. Ill. Volksausgabe. 7.—16. Tausend. Köln 1911. J. P. Bachem. (Der Zentrumsführer.)

D. v. Oertzen, Stöcker, Lebensbild und Zeitgeschichte. Volksausgabe. Schwerin 1914. Fr. Bahn. (Der christlich-soziale Führer.)

Eugen Richter, Im alten Reichstage, Erinnerungen. 2 Bde. Berlin 1895 (vergriffen). (Der Fortschrittler.)

August Bebel, Aus meinem Leben. 3 Teile, 2. Aufl. Stuttgart 1911/1914. Dietz Nachf. (Der Sozialdemokrat.)

* * *

Mit diesen Erinnerungsschriften an bedeutende Männer schließen wir unsere Arbeit. Sie haben getan, was sie konnten. Tun wir, was wir können und sollen!

# Bulgarien und Mitteleuropa

Als ich vor etwa einem Jahre mein Buch „Mitteleuropa" schrieb, konnte ich noch nicht von Bulgarien reden, denn damals war für die europäische Öffentlichkeit die Haltung dieses Staates noch völlig zweifelhaft. Mochten der Zar Ferdinand und sein Ministerpräsident Radoslawow auch damals schon genau wissen, was sie tun wollten, und mochten die Leiter der deutschen auswärtigen Politik mit wachsendem Vertrauen nach Sofia blicken, so verbot sich doch eine Besprechung dieser werdenden Annäherung von selbst. Jetzt nun liegt alles Geheime offen zutage, der Bund ist vorhanden, und der militärische Erfolg des Krieges gegen Serbien hat in eindringlichster Weise denen recht gegeben, die für die mitteleuropäisch-bulgarische Gemeinsamkeit gearbeitet hatten. Unsere Heere sind unter Mackensen und Jekow bis an die Schützengräben von Saloniki vorgedrungen und halten nun die Mitteleuropawacht am Ägäischen Meere, nachdem es den Türken gelungen ist, Gallipoli vom französisch-englischen Heerlager wieder frei zu machen. Noch sind zwar diese Erfolge nicht durch einen Frieden gesichert, das größere Bulgarien ist noch nicht umgrenzt, noch droht neuer Angriff der Außenmächte, aber der erste wichtigste Schritt ist doch geschehen: Bulgarien ist zu uns in das umlagerte Mitteleuropa hereingekommen als erster weltgeschichtlicher Zuwachs unserer zukünftigen Gruppe.

Während ich nun die dadurch geschaffene Erweiterung des mitteleuropäischen Gedankens hier zu erörtern unternehme, sitze ich am Schreibtisch des glänzenden Dampfers „Herzogin Sophie" von der Königlich Ungarischen Fluß- und Seeschiffahrtsgesellschaft nud fahre von Belgrad aus nordwärts bis Budapest, voll von den überquellend reichen Eindrücken des Begrüßungsbesuches, den zehn deutsche Reichstagsabgeordnete in fast allen wichtigeren Plätzen des neuen Bruderlandes gemacht haben. Unser Besuch war die

Antwort auf einen Besuch bulgarischer Abgeordneter in den drei bisherigen Hauptstädten Mitteleuropas, in Budapest, Wien und Berlin. Wir erwarten, daß bald auch von Ungarn und Österreich aus ähnliche parlamentarische Gesandtschaften nach Sofia reisen werden, damit es nicht scheint, als habe Bulgarien über den Kopf der Donaumonarchie hinweg mit dem Deutschen Reiche die Freundschaft gesucht — das ist nicht der Fall, vielmehr liegt die Sache so, daß der Anschluß an alle mitteleuropäischen Staaten und besonders auch an das benachbarte Ungarn für Bulgarien eine selbsterwählte Notwendigkeit ist, nachdem es den russischen Zusammenhang endgültig aufgegeben hat.

Die Erzählung vom täglichen Verlauf unserer unvergeßlichen Begrüßungsreise, die vom früheren Vertreter Bulgariens in Belgrad, Minister Tschapraschikow, auf das umsichtigste geleitet wurde, gehört nicht hierher und kann auch kaum in Worten wiedergegeben werden, weil man die Steigerung der treuen und einfachen Volksbegeisterung zwar erleben, aber nicht ohne Weitschweifigkeit von Ort zu Ort berichten kann. Es genügt zu sagen, daß wir deutschen Abgeordneten, die ausnahmslos auf dem Gebiete von Volksversammlungen und Volksbewegungen einige kritische Erfahrungen besitzen, täglich von neuem hingenommen waren von dem uns umrauschenden Gewoge eines den Siegeshelfer froh und fest begrüßenden Volkes. Die Bulgaren sind in ihrer Art nicht theatralisch, denn sie haben gar nichts Lateinisches und wenig Hellenisches an sich, spielen keine Heldendramen, sondern sind tapfer und bäuerlich, sachlich, fast etwas verschlossen und scheu. Wenn dieses Volk von Bauern aus seinen Dörfern zu den Eisenbahnstationen zusammenlief, um uns als die deutschen Abgeordneten zu sehen, so galt das nicht unseren Einzelpersonen, die ihnen meist unbekannt sind, sondern dem deutschen Heere, dem deutschen Staate und der mitteleuropäischen Politik ihres eigenen Königs und Landes. Wir erlebten ein Volksbekenntnis von ganz eigenartiger Bedeutung und innerer Schönheit. Indem das bulgarische Volk durch seine Vertreter und Bürgermeister zu uns redete, redete es eigentlich noch viel mehr mit sich selber und schloß eine erste Periode seiner nationalen Existenz ab, die Zeit von der russischen Befreiung bis hinter den zweiten balkanischen Kriege, von 1876 bis 1914.

* * *

Laßt mich versuchen, in wenigen Worten vom Inhalte dieser ersten Periode des neuen bulgarischen Staates zu sprechen, so gut das von jemandem geschehen kann, der diese Dinge nur von außen her und darum historisch, aber nicht unmittelbar menschlich miterlebt hat. Als die Männer der heutigen bulgarischen Staats- und Stadtverwaltungen, mit denen wir unsere Hände geschüttelt haben, jung waren, da waren sie das erste Geschlecht der Freigewordenen und trugen hohe Wünsche bei geringen Mitteln in ihren Händen. Hinter ihnen lag endlos lang und eintönig die Türkenzeit, in der die vortürkische bulgarische Königslegende fast nur noch wie letztes Abendrot am dunkel gewordenen Himmel leise leuchtete. Die Bulgaren sind viel länger und viel fester türkisch gewesen als alle anderen befreiten Nationen, insbesondere als Ungarn, Rumänen, Serben und Griechen. Die Türkenherrschaft war sicherlich im ganzen lange nicht so drückend, wie sie nach den einstmals berühmten Reden Gladstones über Mazedonien erscheinen konnte, denn der Türke ist kein Unmensch, wenn man ihn in Ruhe läßt. Er will oder vielmehr er wollte seine Steuern und seine Behaglichkeit. Deshalb ist es auch falsch, wenn die Last der finanziellen Leistungen überschätzt wird, die an die Türken geliefert wurde. Ich habe mir von Sachkennern vortragen lassen, daß Bulgarien heute etwa fünfmal so viel an öffentlichen Finanzen aufbringen muß als in der Türkenzeit. Es war also die Befreiung keine Ersparnis, sondern eine Vervielfältigung der Pflichten. Der Türkendruck war mehr etwas Passives als etwas Aktives. Durch ihn wurden die geistigen Talente, die Tüchtigkeiten, die Willenskräfte gelähmt; das Volk vegetierte. Es hatte ein traumhaftes Leben, wie es wohl die organischen Wesen haben, denen die Selbstbestimmung und Eigenbewegung fehlt. Bei einem solchen Leben kann ein Volk körperlich gesund bleiben, aber diese Gesundheit hat sozusagen keinen Zweck, weil niemand etwas Wichtiges mit seinem Leben anfangen kann. Hier mag man studieren, welches der wirkliche Inhalt des Wortes Freiheit ist: das Erwachen zur nationalen Eigenbewegung, das spät, aber noch nicht zu spät, über die Bulgaren gekommen ist. Durch Jahrhunderte waren sie gleichsam in Schutzhaft der Türken, verdarben nicht, lebten nicht eigentlich, blieben aber bewahrt für ihre geschichtliche Stunde.

Will man jedoch die Besonderheit der bulgarischen Befreiung begreifen, so wird es nötig sein, sein Auge darauf zu richten, daß am Ende der Türkenzeit in diesem Volke **keine nationale Adelsschicht** vorhanden war. Es war nicht wie in Ungarn und in den

Fürstentümern Walachei und Moldau, wo einheimischer und eingewanderter Adel unter den türkischen Paschas eine Unterherrschaft fortsetzten. Bulgarien hatte in sich selbst nur sehr wenig soziale Gliederung. Was als sozialer Unterschied erscheint, ist meist schon national bedingt, wie beispielsweise die besondere Lage der hellenischen Küstenfahrer und Kaufleute. Das bulgarische Volk ist kleinbäuerlich und handwerkerlich aus der türkischen Bewahrungszeit herausgekommen; demokratisch weniger in der Theorie als in der unmittelbaren Praxis seines Daseins. Es hatte sich zwar immer etwas bulgarische Bildungsschicht erhalten, und ein Nationalkirchentum lebte trotz griechischer Metropoliten, aber der Betätigungskreis dieser Mönche, Popen und Gebildeten war klein, und die Stimme der eigenen Sprache klang literarisch fast wie ein Seufzen. Da erschien mit einem Male für eine Generation von Menschen die Aufgabe, auf solcher Grundlage einen Staat zu bauen! Das aber ist die Generation, deren älter gewordene Glieder heute mit uns von dem Wunder der letzten vierzig Jahre reden, als wäre es etwas Selbstverständliches. Ich habe mir die Männer angesehen, die noch unter den Türken junge Revolutionäre waren, und hundertmal haben wir das Lied von der blutgetränkten Maritza singen hören. Es ist das Entstehungslied des neugeborenen Staates, der nun nach so kurzer Zeit schon ein weltgeschichtliches Mannesalter erreicht.

Begreiflicherweise kann sich ein Volk, das durch Jahrhunderte hindurch beherrscht wurde, nicht durch sich allein befreien. Wie einst in alten Zeiten die Israeliten durch Cyrus den Perser freigemacht wurden und ihn deshalb einen Gesalbten Gottes nannten, so fanden die Bulgaren ihren Befreier im russischen Zaren Alexander II., der nach langer Belagerung die Türken bei Plewna überwand und im Friedenstraktat von St. Stefano im März 1878 den Bulgaren ihren nationalen Gesamtbesitz einschließlich Ostrumelien und Mazedonien zusprach. Dieser Vorgang sieht natürlich weltgeschichtlich etwas anders aus als bulgarisch. Weltgeschichtlich ist er ein Stück des alten russischen Marsches nach Konstantinopel, eine Äußerung des moskowitischen Ausdehnungswillens an sich. Daß dabei gerade die Bulgaren aus der türkischen Verkalkung herausgeschält wurden, war ihr Glück, aber nicht eigentlich der Kriegszweck der Russen. Wie aber soll ein vom müden Verderben erlöstes braves, bäuerliches Volk nicht dem die Hände und den Saum seines Gewandes küssen wollen, der ihm Leben gab? Die höhere russische Politik war für die geographielosen, ungeschichtlichen bulgarischen Landbewohner kaum verständlich, die Praxis der russischen Gewalthaber und Agenten war ihnen oft unheimlich, aber wie ein Heiligenbild auf Goldgrund mußte ihnen der Zar erscheinen, von dessen Hand der Balsam der Entwicklungsmöglichkeit herabrann. Alexander II. steht als Anfang einer neuen Daseinsweise in Erz gegossen auf dem Platze vor der Volksvertretung in Sofia. Sein Gedächtnis ist stärker als die Erinnerung an den Berliner Kongreß, auf dem der Landesumfang nach dem Rate der Großmächte verkleinert wurde. Wenn darum bei uns gesagt wurde, der Berliner Kongreß habe Bulgarien geschaffen, so klingt das etwas ungewohnt für bulgarische Ohren.

Es liegt mir viel daran, daß die Rolle Rußlands gegenüber Bulgarien bei uns in Deutschland richtig verstanden werde, denn wir sind in Gefahr, durch eine schiefe Behandlung gerade dieser Beziehungen unseren neuen und notwendigen geschichtlichen Bund mit dem bulgarischen Volke zu stören. Das wird zwar nicht jetzt im Kriege geschehen, aber es darf auch nachher nicht vorkommen. Wer aus den alten preußischen Provinzen stammt, wird sich dieses Verhältnis leichter klarmachen können, als die Bewohner der früheren Rheinbundlande, denn Altpreußen wurde vor reichlich 100 Jahren von Alexander I. gerettet und ist ihm dafür dankbar geblieben bis zum Tode Kaiser Wilhelms I. Hätte Alexander I. im Winter 1812/13 an seinen russischen Landesgrenzen haltgemacht, so wäre Preußen wahrscheinlich verloren geblieben. Alexanderplatz, Alexanderkaserne in Berlin, russische Kolonie in Potsdam und vieles andere erinnern an die Russenperiode des hohenzollernschen Staates. Nikolaus I. wurde Mitregent in der Mark Brandenburg, und die preußische Neutralität im Krim-Kriege war der Dank für die russische Hilfe in der Völkerschlacht von Leipzig. Wenn wir diesen Teil der eigenen Vorgeschichte besser wüßten, als es gewöhnlich geschieht, würden wir noch leichter die geistigen Voraussetzungen für das innerliche Begreifen unserer neuen Freunde besitzen.

* * *

Eben jetzt habe ich auf der Donaufahrt in der Gegend der alten Feste Peterwardein Gelegenheit, von einem bulgarischen Juristen zu hören, wie er in seiner Jugend im Jahre 1874 von seinem Vater auf Kosten eines in Rußland sitzenden Slawenkomitees in ein russisches Gymnasium geschickt wurde, weil es bulgarische höhere Schulen nicht gab und die Schulung in Konstantinopel wenig taugte. Was damals an Intellektuellen vorhanden war, ging durch die sprachlich nahe verwandte russische Erziehung. Auch Männer, die heute das Tischtuch zwischen sich und Rußland längst zerschnitten haben, saßen als Knaben an russischer Tafel oder lebten als bulgarische Emigranten in Odessa oder auch Moskau. Aus Leuten solcher Art war vielfach im Jahre 1879 die große Sobranje im zauberhaften Tirnowo zusammengesetzt, die den Prinzen Alexander von Battenberg als Fürsten wählte. Mag dieser tapfere Reiter auch innerhalb der bulgarischen Geschichte mehr nur als ein Zwischenspiel gelten, so müssen wir hier von ihm sprechen, weil mit ihm das deutsche Volksinteresse für Bulgarien begann und weil an ihm die Schwere der neuen Staatsaufgaben klar zutage tritt.

Was sollte dieser Fürst? Er war als Fürst zunächst nur deshalb nötig, weil es eine eigene volkstümliche Dynastie nicht gab. Von allen Nationen, die früher einmal türkisch waren, haben nur die Serben eigene Herrscher gefunden, und gerade sie haben mit ihnen recht bedenkliche Erfahrungen gemacht. Die Ungarn schlossen sich zeitig an die Habsburger Dynastie an, Rumänen und Griechen aber suchten sich Prinzen alter westeuropäischer Geschlechter. Es herrschte dabei das bestimmte und richtige Gefühl vor, daß eine Bevölkerung, die aus der Abhängigkeit kam, nicht für sich allein zur Souveränität gelangen konnte. Die Bulgaren wollten einen eigenen militärischen, finanziellen, politischen Körper bilden und suchten sich dazu einen monarchischen Instruktor, der einerseits dem Zarbefreier genügte und anderseits doch ein leiser und feiner Befreier vom Zaren werden konnte. Ein Nichtbulgare sollte die Nationalisierung der Bulgaren übernehmen! Es ist bekannt, wie kritisch Bismarck diese Aufgabe ansah und wie wenig er bereit war, die Familie der Hohenzollern an ihr teilnehmen zu lassen. Jedenfalls zeigte es sich, daß die Regierungszeit Alexanders kaum etwas anderes war, als ein Stimmen der Instrumente. Immerhin aber sind diese sieben Jahre nicht ohne Wert gewesen, denn in ihnen wurden unvermeidliche Grenzkämpfe zwischen Krone und Parlament erledigt oder vielmehr in ihrer Unformulierbarkeit erkannt, und es begann kavalleristisch und munter das, was man die Versetzung von Westeuropa an den Balkan nennen kann.

* * *

Versuchen wir aber zunächst einmal, uns von den inneren Staats- und Kulturbestrebungen Bulgariens ein gewisses Bild zu machen, ehe wir zu seiner äußeren Politik zurückkehren!

Das vom Türkentum freigewordene Volk hatte bei seiner Erlösung die sichere Empfindung, daß es noch vieles werde lernen müssen, um als modernes Kulturvolk gelten zu können, auch traute es sich diese Leistung zu, weil ja ohne solchen Glauben die Volksbefreiung selber ihren Wert verliert. Der Glaube allein aber ist zunächst nur gleichsam ein Lied ohne Worte. Er verwandelt sich nur langsam in Wollen, je nachdem zum geglaubten Ziele der Weg oder die Methode hinzuerkannt wird, und verwandelt sich noch später vom Wollen in die Tat, wenn die Organisation der öffentlichen und privaten Arbeiten für die Verwirklichung heranreift. Das ist ein allgemeines Schema, das wohl für alle nachgeborenen Völker gilt. Sie machen ihre Augen auf und besehen sich den geistigen und materiellen Haushalt ihrer älteren Geschwister und wählen aus, was sie davon gern haben möchten. Das besondere Nationale zeigt sich dabei in der Auswahl der Ideale. Kurz, auch der Bulgare ging auf Reisen, um sich seiner eigenen künftigen Kulturanschauung gewiß zu werden. Wir haben manchen tüchtigen jungen Mann mit suchenden Augen bei uns angetroffen, aber wir wußten auch, daß andere seiner Altersgenossen gleichzeitig bei Franzosen, Russen oder auch Engländern zu Gaste waren. Dabei ergab sich nun, soviel ich sehen kann, daß die junge bulgarische Generation trotz aller slawisch-nationalistischen Freundschaft für Rußland sich von dort die erforderliche neue weltliche Kultur nicht holen konnte, weil Rußland selber noch geistig und materiell borgt. Die Geistlichkeit zwar konnte mit ihren Idealen am ehesten russisch bleiben, aber schon der Jurist, Staatsrechtler und Volkswirtschaftler mußten sich anderswohin wenden, mehr noch der Techniker, Verkehrs- und Finanzpolitiker. Bulgarien verehrte den Zarbefreier, nahm jedoch sofort nach der Befreiung eine sehr westliche demokratische Verfassung an und baute seine neuen Stadtteile abendländisch und nicht russisch. Was nun aber die Auswahl unter den verschiedenen abendländischen Kulturen anlangt, so besteht auf dem Balkan ein schon kurz erwähnter merkbarer Unterschied zwischen den zur französischen Gruppe hinneigenden Rumänen und Griechen und den im Kern ihrer Seele unfranzösischen Bulgaren. Sie haben sich redlich Mühe gegeben, französische Sprache und Lebensform zu gewinnen, aber — es geht ihnen dabei wohl wie uns Deutschen auch —, wir begreifen zwar das Französische, aber wir bleiben ihm im Innern fern, weil wir dafür zu plump, schwer, ernsthaft und brav sind, nicht abgeschliffen genug, zu sehr noch immer gute große Kinder. So war es keineswegs nur der mehr zufällige Umstand, daß der Fürst Alexander ein Deutscher war, der die Bulgaren trotz politischer Abneigung dem Deutschtum nahebrachte.

* * *

Um aber das, was ich hier in ziemlich allgemeinen Worten ausgesprochen habe, noch anschaulicher zu machen, spreche ich von dem Eindruck der Kinderschulen, die in zahlreichen Orten uns umgrüßten. Ich habe öfters in Frankreich Kinderfestzüge gesehen und weiß, wie reizend, allerliebst, theatralisch und kokett die Franzosen so etwas zustande bringen. Das läßt sich aus diesen Bulgarenkindern meines Erachtens nie herausholen, selbst wenn die Lehrkräfte dazu entdeckt würden, aber was wir vor uns sahen, war jenes uns Deutschen so unendlich vertraute Gemisch von Scheu, Neckerei und durchbrechender Natur. Diese Knaben und Mädchen machen einen durchweg gesunden und sachlichen Eindruck, sind keine Puppen, sondern Menschenkinder, die erst noch viel lernen wollen. Es wird von ihnen tüchtig gelernt. An wie vielen Orten haben uns Schulklassen in gutem, verständlichem Deutsch angesungen! Ein geradezu entzückendes Kindersingspiel bot uns am Abend der Stadtgarten in Varna. Diese Kinder sind in meinen Augen das bulgarische Volk, mit dem wir Deutschen heute Freundschaft schließen. Wenn es manchem Alten schwer wird, sich aus einer verworrenen Mischung vieler Kulturbruchstücke bis zu einer Art Eigencharakter hindurchzuarbeiten, so wird es diesen Kindern um vieles leichter sein, und je mehr sie nichts als eben nur gut gebildete Bulgaren sein wollen, desto einfacher können gerade wir Deutschen ihnen die Hand reichen.

Während ich aber nun die Kinder in langem Zuge uns entgegenmarschieren sehe und ihnen meinen herzlichen Gruß zuwinke, muß ich doch immer wieder an ihre Väter denken, die heute auf deutsch oder französisch mit uns reden, als hätten wir uns schon lange gekannt. Es sind das keineswegs lauter einfache und durchsichtige Seelen, können es nach ihrer seltsam bewegten Lebensgeschichte gar nicht sein. Welchen Aufstieg enthält ein Lebensalter! An ihnen hängt noch viel Türkenzeit, Bandenkampf, Parteizwist, Egoismus, Mißtrauen und lauerndes Abwarten. Alles Menschliche und Allzumenschliche ist vorhanden, wie bei uns auch, aber es scheint hier im ganzen noch unvermittelter und unausgeglichener dazusein, so wie wohl Träume von Leuten sind, die noch im Gefängnis geboren wurden und denen gelegentlich mitten im elektrischen Lichte Gespenster sehr anderer Tage erscheinen. Das steigende Volk mußte im Fluge ganze Perioden durchleben, es mußte sich emporbrängen, stoßen und schieben. Die neue bulgarische Durchschnittsmoral ist noch nicht fertig. Fast jeder Mann, auch wenn er viele Auszeichnungen trägt, hat noch verborgen etwas vom kleinen Balkanbauern an sich, ein Herz, das zwischen Treuherzigkeit und Verschlagenheit schnell hin und her schwankt. Es sollen mir die bulgarischen Freunde nicht übelnehmen, daß ich das als meine Meinung mit der freundschaftlichen Offenheit sage, die ich mir überhaupt in meinen mitteleuropäischen Arbeiten zur unbedingten Regel gemacht habe. In unserer gegenseitigen Lage hilft nur beiderseitige rückhaltlose Deutlichkeit. Wir ahnen die ungeheuren seelischen Schwierigkeiten gerade der bulgarischen Generation, die jetzt mit uns zu tun hat, wir achten sie und wollen gern verstehen, warum es so schwer ist, ein neues nachgeborenes balkanisches Volk zu sein.

* * *

Als im Juli 1887 Ferdinand von Sachsen-Koburg und Gotha zunächst als Fürst, dann aber als König und Zar die Regierung übernahm, wartete eine Fülle von politisch-technischen Arbeiten auf ihn. Streng konstitutionell mußte er auftreten und dabei doch ein Monarch im Sinne der Wohlfahrtsfürsten des 18. Jahrhunderts sein, denn noch war der Parlamentarismus keine sicher wirkende Maschinerie. Hier paßte das Wort nicht, das vom französischen König Louis Philippe, seinem mütterlichen Ahnherrn, gesagt wurde, daß er zwar herrsche, aber nicht regiere. Wenn irgend an einer Stelle der Welt, so konnte hier ein junger Fürst zeigen, daß es Erbweisheiten gibt, die man vom Abendlande her in den Halborient mitzunehmen vermag, Klugheiten in der Menschenverwendung, Handwerkskünste einer alten vielgewandten Diplomatie in neuer Benutzung auf höchst diffizilem Boden. Der neue Fürst übernahm ein in seinem Nationalumfange noch nicht gesättigtes Volk, ein altes, noch nicht völlig erloschenes Unterordnungsverhältnis zur Türkei, ein höchst reales Abhängigkeits- und Dankbarkeitsverhältnis zu Rußland, ein Feindschaftsverhältnis von serbischer Seite, er übernahm ein Heer, das erst werden sollte, ein

Staatsfinanzwesen, das der täglichen Sanierung bedurfte, und vor allem, er übernahm die Tradition eines Vorgängers, die nur allzu deutlich an die Veränderlichkeit aller irdischen Dinge erinnerte. Wenn er trotzdem Schritt für Schritt alle Schwierigkeiten überwunden hat und heute als Mehrer des Staates und Erfüller der nationalen Volkshoffnungen von seinem köstlichen Hochgebirgssitze aus auf ein siegreiches, wachsendes Volk blickt, dann muß Freund und Feind bekennen, daß hier eine ganz seltene historische Leistung vorliegt. Daß er in solcher Arbeit nicht jeden Moment für jedermann durchsichtig sein konnte, versteht sich von selbst. Auch daß es bald diese und bald jene Partei peinlich empfand, wenn Wetterumschläge im Gebirge stattfanden, ist menschlich begreiflich. Schließlich aber werden die Leistungen der großen Aufrichter menschlicher Gemeinschaften nicht danach bemessen, wie viele oder wenige der Zeitgenossen heute oder morgen beglückt wurden, sondern danach, ob der Neubau als Ganzes Standhaftigkeit hat oder nicht. Ich überlege mir noch einmal ruhig alle Vorbedingungen des Erfolges, und dabei steigt mein Verwundern, denn, wie mir scheint, ist hier in kürzerer Frist mehr geleistet, als was mancher berühmte Fürst des absolutistischen Zeitalters bei weniger Hemmungen auf angestammtem Boden in sein Lebensbuch einschreiben konnte.

Daß aber dem Architekten der kühne Bau gelang, wurde ermöglicht durch seine Mitarbeiter und sein Baumaterial. Leider bin ich nicht imstande, über die bulgarischen Partei- und Regierungsführer der vergangenen 30 Jahre etwas Übersichtliches zu bieten, kann weder Stambuloff, den vielumstrittenen bulgarischen Richelieu, mit seiner harten verschlagenen Gewalt und mit seinen kräftigen historischen Lichtblicken in ferne Zukunftslagen, noch auch die Reihe der vor und nach ihm abwechselnden Ministerpräsidenten darstellen. Das letzte, was ich mir am Ende der Donaufahrt in Budapest erzählen lasse, ist die bulgarische Ministerreihe, von Zankoff und Grekoff über Stoiloff, Natchowitsch und Petroff bis hin zum jetzigen staatsklugen, hochgebildeten Ministerpräsidenten Radoslawow und seinen Mitarbeitern, die wir kennengelernt haben. Wer das alles nicht selber durcherlebt hat, für den verschwimmen die Einzelveränderungen, denn offenbar sind die Parteien noch in einem gewissen flüssigen Zustande, und Persönliches ist stark mit Sachlichem gemischt. Auch brauchen wir Deutschen die innere bulgarische Geschichte nicht ebenso zu erfassen wie die Welt- und Wirtschaftsstellung unseres neuen Verbündeten, denn was wir suchen, ist das Volk im Ganzen, das höher steht und größer ist als alle seine Parteien. Ihm machten wir unsern Besuch und ihm reichten wir die Hand. Die einzelnen Minister und politischen Führer sind trotz ihrer Verschiedenheiten für uns Ausstrahlungen einer in sich zusammenhängenden volkstümlichen Lebenskraft, Mitschöpfer und Miterhalter des neuen bulgarischen Daseins. So ungefähr betrachtet nach meinem Gefühl auch der Bulgare die deutschen Minister und sonstigen Staatsvertreter als wechselnde Gesichter eines sich im Grunde gleichbleibenden Wesens.

*  *
*

Ein Volk sieht mit der Kinderbegabung des Volkes die Nationen im ganzen. Dabei wird vieles übersehen, aber die Hauptsache meist richtig erkannt. Auch schon ehe wir in ein näheres politisches Verhältnis zu den Bulgaren getreten sind, hat es eine deutsche Vorstellung vom Bulgarentum gegeben, die sich mit dem wachsenden Aufstieg der bulgarischen Kraft und Kultur sichtlich verbesserte. Der entscheidende Zeitpunkt aber für das deutsche Erkennen des Bulgarentums war doch der erste Balkankrieg. Als Militärvolk begriffen wir die große Epoche Bulgariens, die Schlachten von Kirk-Kilisse, Lülle-Burgas, den Sturm an der Tschataldjalinie, die Belagerung Adrianopels. Obwohl unsere Diplomatie aus verschiedenen Gründen damals nicht ganz auf seiten der bulgarischen Diplomaten stand, so fühlte unser Volk etwas vom Geist von Marslatour und Gravelotte in diesem Aufmarsch und Sieg. Die vorher teilweise vorhandenen Zweifel an der inneren Reellität der sprunghaften neuen Entwicklung der Bulgaren sind von jenen heroischen Tagen an wie weggeblasen, denn so viel weiß jeder bei uns, daß militärische Leistungen von solcher Größe und Sicherheit nicht Zufallsergebnisse sein können, sondern nur in langer vorhergehender militärischer, technischer und pädagogischer Arbeit erlangt werden. Der große Befähigungsnachweis ist seitdem erbracht. Wir fingen an, es mit einer freundschaftlichen Befriedigung zu hören, wenn man die Bulgaren als die Preußen des Balkans bezeichnete, und begannen uns um die Lebensverhältnisse dieser jungen tapferen Nation mehr als bisher zu kümmern.

Was fanden wir da? Und was haben wir jetzt bei der Reise in Bulgarien gesehen?

Es gibt überkluge gute Freunde, die uns ins Ohr sagen, daß eine hochoffizielle Abgeordnetenfahrt zur Volks- und Landeskenntnis überhaupt nichts beitragen könne, da wir ja doch nur auf gebahnten

Wegen von einem zum anderen Höhepunkt geschafft und von ausgewählten Personen umgeben werden. Zugegeben, daß daran etwas Wahres ist, so gibt es Dinge genug, die man auch auf einer Festfahrt beobachten kann. Wenn beispielsweise eine Dorfgemeinde ihre Kinder an der Straße aufstellt, und jeder Knabe hat ein Fähnlein in der Hand und jedes Mädchen eine Blume, so werden wir sicherlich nicht davon träumen, daß diese Jugend nun Sommer und Winter mit Sonntagskleidern und sorgfältigst gewaschen auf Besichtigung wartet, aber wir sehen, bis zu welchem Grade der Ordnung und Verschönerung ein Dorfbestand unter heutigen Verhältnissen gesteigert werden kann. Auch das ist ein Befähigungsnachweis. Oder wenn wir in einem städtischen Hotel zum Empfangsessen in der Mitte der Lokalbehörden sitzen, so haben wir sicherlich das beste Tischzeug, die vortrefflichste Mahlzeit und die tüchtigste Bedienung, die es dort gibt, aber gerade weil wir das wissen, bleibt uns der Vergleich übrig, wie ein ähnlicher Empfang in einer deutschen Kreisstadt gleicher Größe verlaufen würde. Die Bulgaren haben dabei nicht schlecht abgeschnitten. Und wer kann die Augen hindern, in die Fenster zu blicken, die Gärten zu beachten, den Zustand der Dächer zu beurteilen, Mängel der Hygiene und Kanalisation zu entdecken? Ein ganzes Volk kann sich nicht verstellen, weil es aus zu vielen besteht. Während ich dieses schreibe, steigen die Zehntausende, ja Hunderttausende nochmals vor mir auf, die wir vor uns hatten: sonnenverbrannte alte Bauern, gute weißhaarige Greise mit runenhaften Gesichtern in schlichter und oft auch ärmlicher Kleidung; Frauen, die viele Kinder getragen haben und doch noch straff auf den Äckern arbeiten, weit entfernt, Kulturdamen zu sein, aber handfest vom Kopf bis zu den braunen Füßen; Soldaten wie aus Bronze gegossen; junge Mädchen mit festgeknoteten sittsamen Zöpfen in bunten heimischen Trachten — diese alle und sehr viele mit ihnen sind die Urelemente der bulgarischen Geschichte in diesen wundersamen, merkwürdigen dreißig Jahren.

* * *

Um meine Gedanken und Erinnerungen über Bulgarien ruhig zu sammeln, bleibe ich einige Tage fast genau in der Mitte von Mitteleuropa an der Grenze des Deutschtums und Ungarstaates in Preßburg. Hier vergleiche ich Wald und Land mit dem, was wir dort unten sahen, und komme etwa zu dem Ergebnis, daß hier an der mittleren Donau der Entwicklungszustand höher ist, daß aber dort zwischen der unteren Donau und dem Ägäischen Meere die Möglichkeiten noch größer sind, wenn einmal die Menschen so weit sein werden, den Reichtum ihrer Natur ganz zu benutzen, denn an sich ist das bulgarische Land zur Blüte geschaffen, nur hatte es mehr als zweitausendjähriges Unglück in seiner Geschichte. Es war Hinterland und Durchgangsland, nicht beschienen von der Sonne Alexanders des Großen, zertreten von den Rossen der Völkerwanderung, ausgebeutet von den Byzantinern, kahl liegen gelassen von den Türken, auf den Bergen vielfach verkarstet, in den Ebenen von verknechteten Menschen mit geringem, altertümlichem Vieh bewirtschaftet. Jetzt erst wird das Land zur Hochzeit gerufen, jetzt zeigt es leise, was es kann.

Es wächst! Dort, wo die Waldverwüstung nicht hingekommen oder bald wieder überwunden ist, wie in dem prächtigen Hochtal beim Rilakloster, gibt es Laubwälder wie bei uns an der Ostseeküste, nur noch naturhafter und älter. Und wenn man von Ssamokow aufwärts bis zur Königsvilla Ssitniakowo fährt, findet man echt thüringischen Wald, als ob man Friedrichroda besuchte, dann darüber Schwarzwald oder Oberbayern, und schließlich im Angesicht des Mussalla eine Hochgebirgslandschaft mit stammhaften Zirbelkiefern und einer Pflanzenwelt, die den fürstlichen Botaniker stets von neuem lockt, das kletterkundige Gebirgsauto halten zu lassen. Drunten aber im Überschwemmungsgebiet bei Philippopel gedeiht der Reis, entfalten sich die Tabakblätter, die Ebene quillt von Segen, und Rosenfelder liegen wie Geschmeide am Südrande der Balkanberge. Der Balkan ist ein Mittelgebirge, voll gesunden Wachstums, sobald er gepflegt wird, und die Getreidefläche zwischen Balkan und Donau ist schon heute eine Kornkammer und kann es noch viel viel mehr werden.

Es wächst! Die genaueren Daten der statistischen Arbeit werden in einem Anhang mitgeteilt werden, ebenso wie die Literatur für die geschichtlichen, politischen und volkswirtschaftlichen Fragen. Hier sollen nur einige wenige Angaben abgedruckt werden:

Es betrug die Bodenbenutzung in 1000 Hektar

| | 1897 | 1908 |
|---|---|---|
| Ackerland.......... | 2975 | 3628 |
| Wiesen............ | 352 | 399 |
| Obstgärten ........ | 5 | 9 |
| Rosengärten ....... | 5 | 8 |
| Weingärten........ | 115 | 95 |

Nur im Wein ist Rückgang infolge der Phylloxerakrankheit, sonst überall Fortschritt der Fläche. Mehr aber gilt der Fortschritt des Ertrages und der Bewertung. Die amtliche Statistik beziffert den Bodenwert

| | | |
|---|---|---|
| 1895: | 1570 | Millionen Frank (Lewa) |
| 1900: | 2017 | „ „ |
| 1908: | 4838 | „ „ |
| 1912: | 6629 | „ „ |

Das Dekar (10 Ar) Rosenacker stieg im Kreise Stara Zagora in 32 Jahren von 80 auf 600 Frank. Die Jahreseinfuhr landwirtschaftlicher Maschinen bewertete sich 1890 auf 200 000 Frank, 1900 auf 600 000, 1912 aber auf 6 800 000! Der landwirtschaftliche Kredit, der besonders von der Banque agricole vermittelt wird, betrug 1886 etwa 14 Millionen, 1912 aber über 52 Millionen. Auch der Viehbestand steigt, wenngleich nicht so stark, wie der Ackerbau:

| | 1892 | 1905 |
|---|---|---|
| Pferde ............ | 344 000 | 538 000 |
| Esel ............... | 82 000 | 124 000 |
| Rinder ............ | 1 426 000 | 1 695 000 |
| Büffel ............ | 342 000 | 477 000 |
| Schafe ............ | 6 868 000 | 8 131 000 |
| Ziegen ............ | 1 264 000 | 1 384 000 |
| Schweine .......... | 462 000 | 465 000 |

Hier ist Platz genug für Schafherden. Die Viehqualität läßt im allgemeinen noch zu wünschen übrig, wie denn überhaupt die systematische Erziehung erst anfängt. Wir besuchten mit Interesse die Modellfarm bei Rustschuk.

Es wächst! Als Zar Ferdinand zur Regierung kam, fand er nach Zusammenschluß von Nordbulgarien und Ostrumelien 3,15 Millionen Einwohner vor. Obwohl nun nicht wenige Türken abgewandert sind, betrug die Ziffer im Jahre 1910 schon 4,33 Millionen und hebt sich trotz der Kriegsverluste weiter. Dazu kommen nun die neu erworbenen Gebiete, mit deren Hilfe der Bulgarenbestand über 7 Millionen steigen wird. Die Volksvermehrung ist so gut, daß die Dörfer wachsen und dabei die meisten Städte zunehmen. Sofia zählte 1884 nur 20 850 Einwohner, hatte im Jahre 1910: 102 870 und wird heute auf 140 000 geschätzt! Amerikanisch!

* * *

Zum Aufbau einer Volkswirtschaft gehören Schulen, Straßen, Eisenbahnen, Häfen, Steuern, Gefängnisse und Kasernen. Auch die letzteren sind nicht nur um ihres militärischen Zweckes, sondern auch als Erziehungsanstalten notwendig, denn sie überwinden am meisten die Tradition der untechnischen alten Dörfer. Wie vieles an Schulen geleistet ist, mag in den Statistiken nachgelesen werden: es ist etwa der volle Aufbau eines abendländischen Schulsystems, das natürlich mit den Erziehungsmängeln des vorhergehenden Geschlechtes noch zu kämpfen hat. Viele weibliche Erziehungskräfte, überhaupt starke weibliche Schulung! Man redet schon von Gefahr eines gebildeten Proletariats, aber einerseits vernichteten die Kriege gerade viele Bildungsjugend, und dann kann niemand wissen, wie groß der Bedarf an geschulten Kräften in diesem fast gewaltsam sich hebenden Volke schon in 20 Jahren sein mag. Es wird im Vollgefühl des Werdens wohl etwas reichlich auf Vorrat an Intelligenzen produziert, aber eine erst steigende Volkswirtschaft hat keine festen Grenzen in sich selbst. Sie ist ihrem Wesen nach Experiment.

Um eine Zukunftsernte in jeder Art zu gewinnen, muß in der Gegenwart mit vollen Händen ausgestreut werden. Das aber bedeutet finanziell, daß zuerst geborgt wird, um später nicht nur zu verzinsen, sondern auch zurückzuzahlen. Ein neuer Staat kann nichts anderes sein als ein Schuldnerstaat. Im Jahre 1913 werden die Passiva der Staatsvermögensübersicht mit 588 Mill. M. angegeben, die Jahreszinsen mit 32 Millionen. Man ersieht daraus ungefähr die Gründungskosten des Staates und die Höhenlage seines Kredites. Diese Schulden werden durch den neuen Krieg und durch Anlagen in den neu erworbenen Landesteilen weiter wachsen, aber gegenüber der Riesenbelastung anderer kriegführender Staaten wird Bulgarien relativ gesund aus der allgemeinen Finanzkatastrophe hervorgehen, wie denn schon jetzt der Krieg viel Geld ins Land gebracht hat. Die Hauptgläubiger waren bis kurz vor dem Kriege Belgier und Franzosen, es wird aber stark damit gerechnet, daß sich deutsches und österreichisches Kapital von jetzt an viel reichlicher als bisher um Bulgarien bekümmern, und zwar sowohl um die Staatsfinanzen, wie um private oder vergesellschaftete Industriegründungen, wie denn überhaupt die Unterbringung der neuesten größeren Staatsanleihe in Deutschland einer der ersten Schritte der Annäherung war und beiderseits in diesem Sinne aufgefaßt wurde.

Für die Industrie bringen die Bulgaren, besonders die Stadtbewohner, eine wichtige Voraussetzung mit, nämlich die, daß sie in der Türkenzeit schon immer sehr gute Handwerker gewesen sind und mit hausindustrieller Betriebsweise viel nach Konstantinopel und weiterhin geliefert haben. Das gilt von feiner Metallarbeit, Keramik, Leder, Wollspinnerei, Holzschneiderei. Diese alten Handwerke sind hier wie überall in eine bedrängte Lage gekommen, aber falls nun die neuen maschinellen Unternehmungen rechtzeitig und mit sozialpolitischer Vorsicht angesetzt werden, so kann wenigstens ein ganzer Teil der traditionellen Handfertigkeiten bewahrt werden, wie wir ja auch bei uns beobachten, daß die alten bäuerlichen Hausindustrien guten Untergrund für verbesserte Qualitäten in der Industrie und damit auch sozialen Aufstieg der Arbeiterschaften abgegeben haben. Um eine derartige Umschaltung zu fördern und um überhaupt Arbeitsgelegenheit zu vermehren, ist das Gesetz zur Förderung der heimischen Industrie von 1894 gegeben und später verbessert worden. Von den Vorteilen dieses Gesetzes haben im Jahre 1911 etwa 350 Unternehmungen mit 83 Millionen Frank Anlagekapital und etwas über 15 000 Arbeitern Gebrauch gemacht. Als ausländisches Industriekapital, das in Bulgarien arbeitet, werden etwa 15 Millionen Frank angegeben, wovon zwei Drittel belgischen Ursprungs ist. Österreichisch-tschechischen Ursprungs ist die große, technisch vollkommene Zuckerfabrik in Gorna Orachowitza, durch die wir geführt wurden und in deren Garten uns der verehrte zweite Kammerpräsident Momtschiloff unter dem elektrisch durchleuchteten Nußbaum glänzend bewirtete und herzlichst willkommen hieß. Weitere große Industrien haben wir nicht besichtigt, denn es war genug zu sehen an Kasernen, Spitälern, Bädern, Museen, Schulen und vielem anderen.

Dieses alles hat keineswegs den Zweck, eine volle Landesbeschreibung zu liefern, wozu ich gar nicht im entferntesten imstande bin, sondern soll nur Hinweise geben auf Natur und Entwicklungsstufe unserer Bundesgenossen. Eine gute Landeskunde hat in deutscher Sprache Professor Kassner in der Bibliothek des Ostens bei Klinkhardt in Leipzig erscheinen lassen (1916).

* * *

Indem die bulgarische Wirtschaft wächst, wird das Netz der Internationalität immer enger geflochten. Anfangs war und blieb auch das losgelöste Bulgarien wirtschaftlich betrachtet ein Stück Türkei. Es lieferte nach Konstantinopel und von dort weiter bis nach Ägypten und Syrien, noch im letzten normalen Jahre vor der Kriegszeit 1911 im ganzen für fast 30 Millionen Frank, darunter an lebendem Vieh für 6,7 Millionen, Fleischwaren 3,7, Getreide und Mehl 14,0. Erst in weitem Abstande folgten vor 30 Jahren Frankreich und England und noch entfernter Österreich-Ungarn. Je höher nun aber der Ertrag des Landes stieg, desto mehr verschob sich das Bild der Käufer. Die Reihenfolge der Abnehmer bulgarischer Erzeugnisse war 1911 folgende: Belgien mit 53, 8 Mill., Türkei 29,2, England 24,2, Deutschland 22,9, Griechenland 12,6, Frankreich 11,1, Österreich-Ungarn 10,6. Dabei muß aber berücksichtigt werden, daß gerade das betreffende Jahr eine Erntemenge brachte, wie sie noch nie vorhanden gewesen war. Auf dem großen Ernteüberschuß beruht der fabelhafte Getreideverkauf nach Antwerpen und auch nach englischen Häfen. Alle bulgarischen Verkäufe schwanken im Wellengange der Welternten und der eigenen Mengen. Sicher nur ist so viel, daß vom Standpunkt des Verkaufs aus Bulgarien gar keine russischen Interessen haben kann, denn der Verkäufer braucht Bedarfsländer. Am nächsten liegen die Bedarfsländer am Mittelländischen Meere, wenn sie gut bei Kasse sind, was veränderlichen Bedingungen unterliegt.

Was aber den Einkauf anlangt, so ist die Reihenfolge diese: Österreich-Ungarn 48,2 Millionen, Deutschland 39,8, England 30,0, Frankreich 24,9, Türkei 16,0. Am interessantesten ist es hier für uns, den Wettbewerb Österreich-Ungarns und Deutschlands auf bulgarischem Boden etwas zu verfolgen.

| | Österreich-Ungarn | Deutschland |
|---|---|---|
| 1901 .......... | 17,2 | 9,8 |
| 1906 .......... | 27,8 | 16,2 |
| 1911 .......... | 48,2 | 39,8 |
| 1912 .......... | 51,4 | 43,5 |

Das meiste, was man in den bulgarischen Städten an industriellen Waren in den Schaufenstern sieht, ist mitteleuropäischen Ursprunges. Dabei überwiegt Österreich-Ungarn in Textilwaren und Deutschland in Metallverarbeitungen. Wir kommen auf diesen Wettbewerb der mitteleuropäischen Großmächte an anderer Stelle noch zurück. Hier liegt uns daran, zunächst nur als Ergebnis unserer Wirtschaftsbetrachtungen auszusprechen, daß Bulgarien von seiner Wirtschaft aus keine klaren politischen Richtlinien erhält. Diese Wirtschaft ist unrussisch, schwankt aber sonst zwischen allen mittel- und westeuropäischen Möglichkeiten. Es kann also eine auswärtige Politik gemacht werden, die man deshalb idealistisch nennt, weil materielle Beweggründe nicht nachgewiesen werden können.

Sicherlich fordern alle vorhin kurz dargestellten Wachstumsvorgänge eine ruhige Friedenszeit, und alle, denen der so glückliche Wirtschaftsaufschwung Bulgariens am Herzen liegt, müssen in der Theorie Friedensfreunde sein. Ob sie es in der Praxis immer waren, hängt von anderen Erwägungen ab, die man mit dem dunklen Wort Balkanfrage zusammenfaßt.

Die Balkanfrage!? Was ist das? Sind es hundert Fragen oder fünf oder eine? Sind es lösbare Fragen oder ewige Gespenster? Wer beschreibt die Wolken über dem Lande zwischen der Adria und dem Schwarzen Meere? Wer will weissagen über Saloniki und die Inseln der ägäischen Flut?

* * *

Die alte große Türkei, die von Persien bis nach Marokko reichte und von den Südgestaden Arabiens bis vor die Tore von Wien, war ein Eroberungsreich, aber kein Einheitsstaat. Sie zerbröckelte stückweise und trug ihre Verluste mit Würde und Geduld. Sie gleicht einem alten weitgelagerten Rittergute, das an seinen Rändern parzelliert wird, weil es im überkommenen Bestande nicht rationell bewirtschaftet werden kann. Jedesmal, wenn ein neues Vorwerk abgetrennt wird, sagt man dem Gutsherrn: Sie werden sehr erleichtert sein, denn dieser lästige Außenschlag hat Ihnen ja doch nur Sorge gemacht! Wie lange der Vorgang aber noch so weiterschreiten darf, das ist die Frage, denn schließlich kann man doch nicht jeden Verlust als Gewinn umschreiben, und es gibt im Kern des großen zerbröckelnden Weltreiches zwei Nationalitäten, die immer noch übrigbleiben, wenn alle Unterworfenen befreit, das heiß abgeschnitten sein werden, die Osmanen und die Araber. Ihr gegenseitiges Verhältnis ist die Urfrage der vorderasiatischen Welt, eine alte, vom Wüstensande arg verstaubte Angelegenheit, bei der sich alle Welt einmischt, um am Prozesse zu verdienen. Gelingt es, den osmanisch-arabischen Gesamtstaat zu erhalten und zu beleben, so ist das das Größte, was Enver Pascha und die Jungtürken erlangen können. Wir wollen ihnen gern dabei nach Kräften helfen, denn die Türken haben uns geholfen, aber so wie wir hinter den Osmanen stehen, so versucht sich der Engländer hinter den Araber zu stellen. England ist längst der Zahl nach die größte mohammedanische Macht und will am arabischen Mohammedanismus etwa das tun, was das Türkentum vor langer Zeit am Reiche von Byzanz getan hat: es erbte mit der Waffe.

Im Zusammenhange dieser allgemeinen Zergliederung des alten Türkenreiches ist die europäische Balkanfrage nur ein Teil und die bulgarische Staatsfrage wieder ein Unterteil. Die abgetrennten Stücke des Türkenbestandes vervollständigen sich zu politischen Lebewesen und geraten dabei naturgemäß in blutige Streitigkeiten, weil jedes Stück möglichst viel Lebensmaterie an sich ziehen will. Da nämlich weder der Türkenstaat noch die vorhergehende römisch-byzantinische Herrschaft ihrerseits das Bedürfnis hatten, künftige Neubelebungen durch regionale Gliederungen vorzubereiten, so beginnt der freie Balkan ohne gefestigte nationale Traditionen. Die Nationalitäten sind mehr Konfessionen als Landeseigenschaften, wollen aber und müssen Träger von Landesherrschaften werden, denn gerade im Namen der Nationalitäten wurde der Bann der alten übernationalen Kriegsherrschaft gebrochen. Also gilt es, um jeden Preis „nationale Grenzen" zu schaffen, selbst wenn man dabei ganze Gemeinden ausrotten oder ihnen mit Gewalt eine neue Nationalität aufzwingen müßte. Alles, was ich in „Mitteleuropa" über Nationalitäten ausgeführt habe, gilt hier in verstärktem Maße. Was die Nationalität dabei in Wirklichkeit ist, vermag kein Mensch genau zu sagen, denn alle Merkzeichen wechseln. Der Bulgare will nach seiner eigenen Angabe ein Turanier sein, ein Bruder der Finnen, Magyaren und Osmanen, aber er spricht dabei das älteste, ehrwürdigste Slawisch! Auch wird nicht bezweifelt, daß auf diesem Völkerwanderungsboden kaum in einzelnen Landstrichen und Bergtälern reines Blut im Sinne der Rassengeschichte vorhanden ist. Es soll darum zur Ergänzung des Blutes die Historie den Nationalcharakter bestimmen. Die Historie aber hat den Mangel, daß sie in den verschiedenen Jahrhunderten verschieden aussieht, daß also beispielsweise der Serbe, Grieche und Bulgare dieselbe Bergwand beanspruchen können, weil sie im Wechsel der Zeiten ihnen allen schon einmal gehört hat. Kurz, die Grundlagen der neuen Lebensgestaltungen sind an sich strittig. Das hindert aber nicht, daß vier balkanische Zentren entstanden sind: Serben, Griechen, Rumänen, Bulgaren, von denen jeder Teil gern mehr sein will als die übrigen. Da wir Deutschen selber früh unter Gespaltenheit und Kleinstaaterei jämmerlich gelitten haben, so besitzen wir ein gewisses angeborenes

Mitgefühl für derartige chaotische Zustände, haben einen Sinn für das partikularistische Ringen, können aber dabei auf Grund unserer eigenen geschichtlichen Erfahrungen nicht verschweigen, daß das Verharrenwollen auf der Entwicklungsstufe des unversöhnlichen Nationalitätenkampfes ebenso lähmend auf allen Fortschritt wirkt, wie es bei uns der nichtige Partikularismus getan hat. Die Folge des fortgesetzten Nationalpartikularismus ist nämlich stets ein Spiel des einen gegen den andern und damit die Hereinziehung fremder Elemente und die Erhaltung eines mürbe machenden Spannungszustandes. Man bekommt bei diesem Streit der relativ kleinen nationalen Einheiten nie das Gefühl, auf einem großen, sicheren Schiffe zu fahren, und die Charaktere leiden unter den Intriguen, Unterschiebungen, Übertreibungen. Man soll nicht fragen, ob der Nationalitätssinn an sich gut oder schlecht ist, denn er kann beides sein, sondern ob er politisch und geschichtlich wichtig ist. Wir Deutschen haben das von Bismarck gelernt, der als Verwirklicher unserer nationalen Ideale zugleich der Warner vor Überspannungen war und den Deutschen in Österreich mit vollem Bewußtsein den Rat gab, gute Österreicher zu sein. Wenn von dieser staatsklugen Bismarckgesinnung nichts auf die Balkanhalbinsel rinnt, so bleibt sie wohl auch noch in Zukunft ein Blutgefilde.

Man sehe sich die drei südlichen Halbinseln des europäischen Erdteiles an: Spanien und Italien sind geeint, obwohl ihre völkischen Mischungselemente am Schlusse der Völkerwanderung kaum weniger bunt waren als die des Balkanlandes. Und waren nicht auch Frankreich und England äußerst zusammengewürfelte Bestandteile? Dort aber hat die alte Zeit mit ihrer größeren Naivität das Vereinheitlichungswerk vollziehen können, hier jedoch hat das lange Türkengefängnis die mitgebrachten Charaktere verhärtet und den zu Schutzzwecken erworbenen Eigensinn verewigt. Das lastet als Schicksal auf den vier Nationen.

* * *

Da der Vernunftgedanke des **Balkanbundes** im Januar 1913 scheiterte, so steigerte sich durch das Mißlingen die Schwierigkeit, und insbesondere Bulgarien kam in eine unerträgliche Lage. Wir müssen diesen Vorgängen in doppelter Weise unsere Aufmerksamkeit schenken, nämlich zunächst vom bulgarischen Gesichtswinkel aus, um von dort her zu begreifen, warum und wie Bulgarien jetzt dazu kommt, mit Überzeugung den dauernden Anschluß an Mitteleuropa zu suchen, und sodann vom Gesichtswinkel der mitteleuropäischen Großmächte aus, um festzustellen, warum diese die Angliederung Bulgariens an Mitteleuropa wünschen und herbeiführen müssen. Wer über diese Dinge genauere Auskunft verlangt, dem ist dringend zum Vorstudium das zweibändige Werk von Th. v. Sosnosky, „Die Balkanpolitik Österreich-Ungarns", zu empfehlen (Stuttgart 1914), eine Arbeit, die sich durch Quellenmaterial und Sachkunde auszeichnet. Wir aber können an dieser Stelle nichts anderes zu tun beabsichtigen, als in kurzen Zügen, unter Weglassung sehr vieler und auch wichtiger Zwischenerscheinungen den mitteleuropäischen Lesern einige Vorbegriffe zum Verständnis der neuen und in vieler Hinsicht ganz unerwarteten Wendung der Balkanpolitik zu vermitteln.

Wenn wir den Plan eines Balkanbundes einen Vernunftgedanken nennen, so ist damit nicht gesagt, daß die verschiedenen balkanischen Verträge vom Frühjahr 1912 die Verwirklichung dieses Gedankens darstellten. Als reine Idee war die Möglichkeit der Vereinigten Staaten der Balkanhalbinsel schon längst vorhanden; sie schwebte in der Luft, fand aber keinen Boden auf der wirklichen Erde. Als Inhalt dieser Idee kann gelten: alle aus türkischer Herrschaft befreiten Nationen bleiben selbständig in ihren nationalen und innerstaatlichen Beziehungen, wirken aber nach außen als Einheit unter der Parole, daß das Balkanland den Balkanvölkern gehören solle. Ein Bund dieses Charakters hätte die Rumänen, Bulgaren, Serben, Griechen und Montenegriner umschließen müssen und für sie eine sowohl gegen Konstantinopel wie gegen Petersburg und Wien gerichtete Selbständigkeitspolitik führen sollen. Einen derartigen Bund aber konnte man nur bis zu Ende ausdenken und vertragstechnisch vorbereiten, wenn man die gegenwärtigen und zukünftigen gegenseitigen Grenzen und die Bundesziele nach außen hin absolut unter sich festlegte, und wenn man die gemeinsame Balkanführung so konstruierte, daß man dazu keine auswärtige Oberautorität brauchte. Das alles aber war so nicht herzustellen, und darum bleiben auch die Abmachungen vom Februar bis Mai 1912 weit hinter dem theoretischen Ideale zurück. Es entstand überhaupt nicht das, was wir in Deutschland vielfach unter dem Worte „Balkanbund" damals uns vorstellten, sondern es wurden nur Einzelverträge immer zwischen zwei Staaten unter sich geschlossen, die zwar untereinander eine Art von Zusammenhang hatten, aber gerade eine gemeinsame Bundesregierung oder auch nur einen Ansatz zu einer tatsächlichen Balkanführung völlig vermieden.

Man machte einen bulgarisch-serbischen, einen bulgarisch-griechischen, einen serbisch-griechischen und einen montenegrinisch-serbischen Vertrag. Es fehlte von vornherein und mit Absicht die Einbeziehung Rumäniens in das Vertragssystem, ein Punkt, auf den wir später zurückkommen werden. Die Verträge waren verschieden lang in ihrer Dauer, und nur der Stammvertrag des Systems, der bulgarisch-serbische Vertrag und die zu ihm gehörige Militärkonvention, erstreckte sich der Abmachung gemäß bis 31. Dezember 1920. Das ist der Vertrag, den man in dem bereits zitierten Werke von Sosnosky lesen muß, um einen Ausgangspunkt für das Verständnis der bulgarischen Geschichte der letzten vier Jahre zu erlangen.

Im bulgarisch-serbischen Vertrag und der zu ihm gehörigen Militärkonvention werden folgende Fälle als möglich angenommen:

1. Rumänien greift Bulgarien an,
2. die Türkei greift Bulgarien an,
3. Österreich-Ungarn greift Serbien an,
4. Österreich-Ungarn rückt in den Sandschak Novibazar ein,
5. die Türkei greift Serbien an,
6. Rumänien greift Serbien an,
7. Bulgarien und Serbien erklären der Türkei den Krieg.

Für jeden dieser Fälle sind die Hilfsleistungen etwas anders normiert, aber man sieht, daß alle an sich denkbaren Fälle balkanischer Verwicklungen eingerechnet sind. Das schafft eine höchst schwierige gegenseitige Situation, denn von nun an kommt es darauf an, wer den andern zuerst ins Schlepptau nimmt. Es ist an sich denkbar, daß Serbien einen Krieg mit Österreich provoziert, bei dem es der Heeresfolge Bulgariens sicher ist. Es ist aber ebenso denkbar, daß zunächst die historisch unvermeidliche letzte Abrechnung mit der Türkei ins Auge gefaßt wird. Man muß annehmen, daß von vornherein dieser Vertrag mit Hintergedanken angefertigt wurde. Das ist um so wahrscheinlicher, als der Vertrag unter russischer Leitung abgeschlossen wurde, und in ihm der Zar als Schiedsrichter und als ausschlaggebende Stelle für einen etwaigen Krieg gegen die Türkei anerkannt wird. Es erschien also der Balkanbund gleichzeitig als ein Instrument der russischen Macht, das ebensowohl gegen Konstantinopel wie gegen Wien gebraucht werden konnte und das auch als Seitendruck gegenüber Rumänien in Betracht kam. Die Frage war, wer diese vielseitige Maschinerie zuerst in Benutzung nehmen würde.

* * *

Es ist nicht nötig, den ersten Balkankrieg, der im Oktober 1912 begann, hier zu erzählen, denn er ist in das Gedächtnis aller Zeitgenossen eingeschrieben. Der König von Bulgarien setzte sich an den Schalthebel der Vertragsmaschinerie und dirigierte die vertragsmäßig gebundenen Kräfte südwärts gegen die Türkei. Während in Serbien eine Dynastie ohne Würde den Vertrag mehr wie ein russisches denn ein balkanisches Aktenstück behandelte, indem sie lediglich den Winken des ränkevollen russischen Gesandten, Herrn v. Hartwig, folgte, lebte im Königschloß von Sofia der balkanische Gedanke an sich. Sollte jemals eine Balkangeschichte zustande kommen, die mehr war als eine Klientenrivalität vor der Tür des russischen Herrschers, dann gab es dafür nur diesen einen Ausgangspunkt und diese Zeit, in der die Vertragsbindung existierte, aber von der andern Seite noch nicht fest verwendet wurde. Auch war der Augenblick deshalb politisch günstig, weil die Türkei noch in der italienischen Verwicklung steckte. Wir nehmen an, daß die Bulgaren schon damals die Absicht hatten, die Türkei nur soweit zu bekämpfen, als es zur Befreiung des Balkans nötig und unvermeidlich war. Wo freilich die Grenzen liegen sollten, an denen dies Ziel erreicht wäre, und die zugleich den Balkan von der Türkei territorial scheiden würden, konnte man wohl kaum schon sagen. Dieser Befreiungskampf war die Vorbedingung jeder weiteren Gesundung und zeigte sich übrigens, wie schon Feldmarschall v. d. Goltz vorhergesagt hatte, für den Staatsbestand der Türkei viel weniger gefährlich, als die türkischen Botschafter der Großmächte gefürchtet hatten.

Der Krieg wurde ein Siegeszug wie 1866 der preußische Krieg, und den Hauptteil der Arbeit taten unter starken Verlusten und mit tadelloser militärischer Kraft die Bulgaren. Wir haben schon früher gesagt, welchen Eindruck der Vormarsch bis zur Tschataldjalinie bei uns gemacht und wie er das deutsche Volk vor dem Bulgarenvolke mit Achtung erfüllt hat. Hier ist es wichtiger, des inneren Eindrucks zu gedenken, den die Siegesereignisse bei den Bulgaren selber hervorriefen. Ich habe darüber mit recht verschiedenen unserer bulgarischen Freunde sprechen können: es war ein Taumel, ein Jubel, ein Erlöstsein von Druck und Sorgen, es war der Auferstehungsmorgen des einstigen legendenhaften alten Bulgariens; die Romantik verwandelte sich in Gegenwart, die Arbeit eines Menschenalters trug wunderbare Früchte, das Selbstgefühl steigerte sich, als ob man Flügel hätte. Weil Bulgarien noch viel gedrückter und kleiner gewesen war, als es Preußen und Deutschland je gewesen sind, so war die historische Wendung um so gewaltiger in ihrer seelischen Bedeutung. Schon stand das bulgarische Heer jenseits der alten Mauer von Konstantinopel, die einst Kaiser Anastasius 510 als Rückendeckung der Herrschaftsstadt erbauen ließ, da stockte der Siegeszug, da hieß es: Halt! Bulgarien konnte oder durfte nicht weiter!

* * *

Man gönne sich etwas Zeit, diesen Augenblick der Geschichte in sich aufzunehmen!

Da liegt Konstantinopel, das uralte, heilige, wunderbare Konstantinopel, die Mutterstadt aller orientalischen Macht, die Heimat des Glaubens, die Trägerin der größten römischen, christlichen und muhammedanischen Überlieferungen, die Stadt, an der alle Nationen und Religionen zwischen Indien und Adria ihren Anteil haben, die letzte übriggebliebene gewaltige Zauberstätte aus der Geschichtswelt, die vor uns allen war. Wir Reichsdeutschen haben im allgemeinen wenig eigenes Gefühl für den unglaublichen Magnetismus von Konstantinopel, da wir als weströmisch erzogenes Volk und Nordseefahrer zu wenig mit Byzanz zu tun hatten, schon aber die Österreicher und noch mehr die Ungarn haben es im Blute, mit Konstantinopel zu rechnen, denn durch Jahrhunderte hin war ihr Leben eine Türkenfrage. Wieviel mehr jedoch ist Konstantinopel den Balkanvölkern Schicksal und Druck, zugleich aber auch Erziehung und Zentrum gewesen! Bis vor kurzem saß das Haupt der bulgarischen Kirche in Konstantinopel. Dort standen sie bittflehend vor den Würdenträgern des Weltreiches, dort durften sie ihre Geschenke abgeben, dort lag in den Basaren, was daheim gearbeitet wurde und was sie ihren Frauen mitbringen wollten.

Ganz nüchterne Menschen werden zwar einwenden, daß Reliquien und Erinnerungen für heutige Menschen nichts mehr bedeuten, aber, indem sie das sagen, kennen sie die heutigen Menschen nicht. Man lenke seinen Blick nach dem alten italienischen Rom und frage sich, worauf das unbestreitbare internationale Ansehen des römischen Papstes beruht! Der Papst hat keine Armee, aber es hütet sich jeder, ihn zu berühren, weil er eingehüllt ist in das schirmende

Gewand einer großen Tradition. Man stelle sich vor, daß die Osmanen von Konia aus oder auch von Smyrna aus regierten, so weiß man sofort, daß das für sie eine nicht wieder gut zu machende geschichtliche Herabsetzung wäre. Von da an sind sie kaum etwas anderes als die Perser. Um ihres geschichtlichen Lebens willen müssen sie um Konstantinopel kämpfen. Konstantinopel zu erwerben ist aber aus demselben Grunde der Traum aller umwohnenden Mächte. Vom sogenannten Testament Peters des Großen an bis heute marschiert bei Tag und Nacht Rußland auf dem Wege nach Konstantinopel; von seiner Befreiung an träumt das Griechenvolk von dieser Stadt hellenischen Stolzes; hierher lenken sich alle Blicke derer, die jemals am Goldenen Horn Tribut gezahlt haben. So wie einst die Deutschen unter ihren mittelalterlichen Kaisern über die Alpen gezogen sind, um das alte italienische Rom zu greifen, so zieht das Morgenland an den Bosporus, an Marmarameer und Dardanellen, und zwar ist Konstantinopel praktisch, geographisch und politisch unvergleichlich mehr wert als Rom, denn hier kreuzen sich die Land- und Seewege, und von hier aus hat man die Schlüssel Südrußlands und Rumäniens in seinen Händen. Von Konstantinopel aus kann dazu bei gebesserter Verwaltung ungeheuer viel mehr geschehen, als von den Türken der letzten Jahrhunderte getan wurde. Von hier aus ist eine sehr bedeutsame Mittelmeerpolitik möglich, eine Handelspolitik fast wie in Antwerpen, eine westöstliche Kulturleistung ersten Ranges.

Vor Konstantinopel also stand das bulgarische Heer. Es lieferte den Beweis, daß unter damaligen Verhältnissen in der Senkungszeit hinter der jungtürkischen Revolution, als der alte Zustand nicht mehr vorhanden, der neue aber noch ganz ungefestigt erschien, daß damals Konstantinopel an sich für die bulgarische Armee nicht unzugänglich war. Bulgarien ohne Rußland steht vor Konstantinopel, steht dort, wo vor 40 Jahren Rußland stand, als es den Frieden von San Stefano machte. Welcher Anlaß für politische Phantasien und Besorgnisse!

Wir überlassen es der besser informierten Nachwelt, die Einzelvorgänge an der Jahreswende von 1912 auf 1913 darzustellen. Heute sind gewisse wichtige Fragen noch ungeklärt, besonders auch die, ob der bulgarische Ansturm haltmachen mußte, weil das bulgarische Heer seine Kräfte schon allzusehr aufgebraucht hatte, oder weil tatsächlich der türkische Widerstand größer wurde, je näher der Kampf an die Hauptstadt herankam, oder ob Rußland an dieser Stelle entscheidend und drohend eingriff, oder ob der Widerstand der balkanischen Bundesgenossen und Rumäniens bereits bis zu hemmender Stärke gediehen war. Es wirkte sicherlich mehreres davon zusammen, um die Bulgaren zu bestimmen, schnell und ohne eine internationale Vermittlung abzuwarten, mit den Türken ihren Vorfrieden abzuschließen, das heißt keine weiteren Angriffe auf Konstantinopel zu richten. Alles andere blieb zunächst in der Schwebe und wurde Gegenstand internationaler Verhandlungen in London und an andern Orten. Es blieb aber die tatsächliche Feststellung, daß kaum 35 Jahre nach dem Anfang seiner Befreiung Bulgarien vor Konstantinopel mit Heereskraft aufzog.

* * *

Die erste Hälfte des Jahres 1913 muß für die Bulgaren und besonders für ihre Regierenden eine Zeit unglaublicher Quälereien gewesen sein. In London saßen die Botschafter der Großmächte beieinander und berieten sich darüber, welche Meinungen Europa habe, dabei meist hinter den auf der Balkanhalbinsel geschehenen Tatsachen einherschleichend. Es wurde aber keineswegs nur in London verhandelt, sondern in allen Hauptstädten, besonders in Petersburg und Wien. Die bulgarischen Männer jener Tage waren Geschow als Ministerpräsident in Sofia und Danew als diplomatischer Vertreter in London, bis dann inmitten des Flusses der Dinge Danew die Leitung in Sofia übernahm. Sie konnten nicht verhindern, daß der kühne, frohe Sieg in wenigen Monaten zerpflückt und zerbrochen wurde, denn der Balkanbund zerfiel in seine Teile, die Mitkämpfer wurden Räuber, Rumänien meldete sich als Mitinteressent, alle Mächte drohten mit Entziehung ihres Wohlwollens, Rußland ließ seine alten Schützlinge in der Not allein, — Bulgarien wird eingekreist, umdroht und geschlagen, weil es eine kurze Frist sein Haupt zu den Wolken erhoben hatte. So kommt nach dem ersten der zweite Balkankrieg und aus ihm der Friede von Bukarest.

Versucht man aus der Menge der Streitgegenstände die wichtigsten herauszugreifen, so dürften es etwa folgende sein:

Jede große Veränderung der Kräfte auf der Balkanhalbinsel ist zugleich eine Verschiebung des europäischen Gleichgewichts. Das gilt ganz besonders von einer bulgarischen Besetzung Konstantinopels, sobald sie auch nur als möglich gedacht wird. Es gilt aber ebenso von dem Zurückweichen der Türkei aus Albanien, durch welches die Herrschaftsfrage der adriatischen Ostküste brennend wird. Von diesen internationalen Erwägungen und Besorgnissen werden wir später genauer zu reden haben.

Die verbündeten Balkanmächte verlangten von der Türkei mehr, als was der damaligen Siegeslage entsprach: Abtretung alles europäischen Landbesitzes, abgesehen von der allernächsten Umgebung der Stadt Konstantinopel, einschließlich des Verzichtes auf die ägäischen Inseln und Kreta. Daß sich die Türkei so lange als möglich gegen dieses Opfer wehrte, war selbstverständlich. Erschwert aber wurde die Sache dadurch, daß selbst im Falle der Abtretung Albaniens, der Inseln und Kretas diese Teile von den Großmächten als Verwaltungs- oder Bevormundungsstoff angesehen und nicht dem Balkanbund zu freier Verfügung überlassen wurden. Daraus erwuchs in Serbien, das an Albanien interessiert war, und in Griechenland, das seine Hände nach Kreta und den Inseln ausstreckte, die Besorgnis, daß sie bei einem Friedensschlusse zu kurz kommen würden.

Ebenso wie die Großmächte an ein zu erhaltendes Gleichgewicht zu glauben vorgaben, bestand auch innerhalb der Balkanstaaten ein ähnlicher Gedanke der notwendigen Ausgleichung oder Ausbalancierung jedes Vorteils. In diesem Sinne meldete sich das am Balkanbund und am Kriege unbeteiligte Rumänien und verlangte als Kompensation das Gebiet zwischen Silistria und Kavarna rechts von der unteren Donau. In demselben Sinne besetzten die Griechen voreilig Saloniki und verlangten die Serben Mazedonien als Pfand ihrer Größenansprüche. Ein allgemeiner Neid gegenüber Bulgarien brachte einen Gegenbund zustande. Venizelos, der Grieche, und Pasitsch, der Serbe, machten sich im Februar 1913 einen Besuch und weckten eine antibulgarische Agitation in ihren Ländern.

Was blieb nach kurzem Kriege zwischen Bulgarien einerseits und Serben und Griechen andrerseits, nach rumänischem widerstandslosen Einmarsch und nach erneutem türkischen Vorgehen den Bulgaren anders übrig, als mit grollendem Herzen, verraten und enttäuscht, nachzugeben? Der Ministerpräsident Danew verschwand, da Rußland nicht zu Hilfe kam, und Radoslawow übernahm die harte Aufgabe der letzten Abwicklung nach dem Verluste. Am 10. August 1913 wurde der Friede von Bukarest unterzeichnet. Alle vier Nachbarstaaten schoben sich in bulgarische Gebiete oder bulgarische Ansprüche hinein. Es entstand das Kartenbild, wie wir es in den neueren Atlanten vor uns sehen: Adrianopel türkisch;

Saloniki, Kavala und Serres griechisch; Monastir, Ischtip, Pirot und Nisch serbisch; Silistria und die Meeresküste bis Ekrena rumänisch. So endete ein hohes, stolzes Drama. Die Idee des Balkanbundes war gründlich begraben, die Regelung der türkischen Erbschaft war mißlungen. Als einzige Freunde blieben beinahe übrig die alten Gegner Türken und Bulgaren, weil sie nicht verbündet gewesen waren.

* * *

Als der Friede von Bukarest geschlossen wurde, konnte kein Mensch sagen, wie lange er die Grundlage des balkanischen Lebens sein sollte. In Bulgarien sammelte man sich nach dem Rückschlag, was nicht ganz ohne gegenseitige Vorwürfe abging, man ehrte die Toten, erzog die Lebenden, regelte die Finanzen und wartete auf eine Zeit der erneuten politischen Abrechnung. Dabei vollzog sich eine Umdenkung des Volkes, deren Ergebnis wir auf unserer Abgeordnetenreise überall und besonders auch in den früher stark russophilen Orten bemerken konnten. Es zerriß das innere Band mit Rußland. So viel ich zu beurteilen vermag, hat derjenige erfahrene bulgarische Freund recht, der zu mir sagte: „Bei uns gibt es zwar noch Russophoben, aber keine Russophilen", das heißt, es gibt noch Leute, die vor einer russischen Rache Furcht haben und deshalb jede weitere Reibung vermeiden möchten, aber es gibt keine beachtlichen politischen Kreise mehr, die aus panslawistischen oder bulgarisch-nationalen Gründen den neuen Anschluß an die russische Macht suchen. Man hatte erlebt, daß im Zweifelsfalle Rußland sich für Serbien entschied, daß es nichtslawische Nationen wie Rumänen und Griechen bevorzugte, daß es dem befreiten bulgarischen Volke den eigenen Aufstieg mißgönnte. Rußland erwarb sich gewisse Freundschaften in Rumänien, indem es die Bulgaren herzlos opferte. Es arbeitete für einen Kampf gegen Österreich und festigte darum seine Verbindung mit den Grenznachbarn der Doppelmonarchie. Das fühlte in Bulgarien auch der kleine Mann. Er stand vor dem Erzbilde des Zarbefreiers und frug, wohin der Helfer verschwunden sei. Dazu kam, daß die politisch nachdenklicheren Kreise sich immer deutlicher die Frage vorlegten, ob sie, da Konstantinopel doch nicht bulgarisch werden konnte, ihren Militäreinfluß mehr für ein russisches oder für ein türkisches Konstantinopel einsetzen sollten. Die Gefährlichkeit eines russischen Konstantinopel war offenbar geworden. Zur eigenen bulgarischen

Befreiung waren die Russen nicht mehr nötig und kaum noch nützlich. Die erste Periode des neuen bulgarischen Volkstums und Staates war wirklich bis zu Ende abgelaufen.

Nicht so klar wie diese mehr negative Ablösung von Rußland war für die Bulgaren ein positiver Gedanke über ihre Zukunft. Wäre die Weltlage noch dieselbe gewesen wie vor etwa 20 Jahren, so würde ein Abrücken von Petersburg von selbst nach London geführt haben, aber inzwischen hatte sich die alte Gruppierung verschoben, und für den Sehenden war schon die Aufstellung der Weltkriegsparteien zu merken. Der russisch-englische Gegensatz verflüchtigte sich, England hörte auf, eine Schutzmacht des türkischen Dardanellenbesitzes zu sein, zu England konnte sich Bulgarien nicht wenden. Die Türken für sich allein waren zu schwach. Von solchen Vordersätzen aus umkreisten bulgarische Gedanken die mitteleuropäischen Möglichkeiten um so mehr, da ja auch sowohl alttürkische wie jungtürkische Augen nach Berlin zu blicken pflegten. Die Türkei besaß kein Bündnis mit Deutschland, aber einen Geschichtszwang, der sie zusammenband. Wer auf Erhaltung der Türkei sich einstellen wollte, mußte irgendwie an deutsche Politik sich angliedern.

Obwohl Zar Ferdinand und Ministerpräsident Radoslawow gute Kenner deutscher Verhältnisse sind, da sie beide ihre entscheidenden Jugendjahre bei uns verlebten, war für sie der Gedanke des Anschlusses an Mitteleuropa keineswegs ein naheliegender selbstverständlicher Pfad, denn Deutschland war in aller bisherigen Geschichte am weitesten von Bulgarien entfernt geblieben, und Österreich-Ungarn hatte in den Anfangszeiten des bulgarischen Staates sich auf serbische Seite gestellt. Das wurde von den Bulgaren auch dann nicht ganz vergessen, als Österreich-Ungarn in Zeiten der Entfernung von Serbien sich wohlwollend um Ausgleich zwischen Bulgarien und Rumänien bemühte. Wir werden diese Entwicklung von seiten der mitteleuropäischen Mächte aus nochmals zu berühren haben, müssen aber hier schon vorausnehmen, daß bis zum Bukarester Frieden von einer deutsch-bulgarischen Verständigung nicht geredet werden kann, soweit die offizielle Diplomatie und Staatsvertretung in Betracht kommt. Man sagte in Bulgarien: „Wir müßten einen starken Freund gewinnen“, aber man war keineswegs sicher, ob Deutschland dieser Freund sein wollte. Hinsichtlich Österreichs und Ungarns war der Wille zur Freundschaft öfter ausgesprochen worden, aber es fehlte die Konsequenz der Durchführung, da Österreichs Balkaninteressen vielfältig gelagert sind. Und Österreich-Ungarn allein war vor dem Kriege vom Balkan aus betrachtet nicht der starke Freund, weil in allen russischen Geheimverhandlungen die bevorstehende Zerlegung der Doppelmonarchie eine Rolle spielte und auch auf dem Balkan vielfach für denkbar gehalten wurde. So etwa standen die Dinge, als der österreichische Thronfolger in Serajewo dem serbischen Morde zum Opfer fiel. Die Schüsse in der bosnischen Hauptstadt waren für alle Balkanstaaten ein Signal zum Neubeginn der Kämpfe, nur mit dem Unterschiede, daß diesmal die Großstaaten selber in den Streit zogen. Der Weltkrieg begann, und in ihm fand sich Bulgarien zu Mitteleuropa.

* * *

Der Weltkrieg, der eine Anhäufung verschiedener Kriege geworden ist, war seinem ersten Ursprunge nach ein serbisch-österreichischer Kampf. Als das österreichische Ultimatum formuliert wurde, stand, soviel man weiß, noch keineswegs fest, daß daraus ein österreichisch-russisch-deutsch-französischer und darum auch englischer Krieg folgen müsse, sondern Österreich-Ungarn gab damals seine Versicherung ab, daß es nur eine Strafexpedition ausführen, aber seine Landesgrenzen nicht verändern wolle. Welche Entschlüsse Bulgarien für diesen einfacheren Fall gefaßt haben würde, läßt sich nachträglich nicht sagen, da der Fall selbst nicht eingetreten ist. Sobald feststand, daß Rußland die Ablehnung des Ultimatums wünschte und den Serben dabei seine Unterstützung versprach, wurde sofort die Balkanlage völlig unübersehbar, da man ja in den ersten Anfängen weder die Haltung der Türkei noch die Rumäniens zu beurteilen vermochte. Ein durch zwei schwere Kriege geschwächter kleinerer Staat wie Bulgarien konnte und durfte sich nicht ohne gewisse Garantien des Erfolges in einen Kampf der Obergewalten einmischen, in dem niemand die nächsten Wochen zu berechnen vermochte. So blieb zunächst die Neutralität das einzig Mögliche. Man kann überzeugt sein, daß von Sofia aus jeder Schritt genau verfolgt wurde, und daß man dort den leider vergeblichen ersten Einmarsch der Österreicher und Ungarn nach Serbien und ihren Rückzug mit aller Spannung eigensten Interesses sich entwickeln sah.

Es gibt in diesem Kriege zwei Grundformen der Neutralität, nämlich die absolute und die relative. Als absolut neutral sind Schweiz, Holland und die skandinavischen Staaten anzusehen, weil sie vom Kriege politisch überhaupt nichts wollen und nur die Wirtschaftsvorteile und -nachteile mit in Kauf nehmen. Als relativ neutral galten auch nach dem Anschluß der Türkei an Mitteleuropa die drei Staaten Italien, Bulgarien und Rumänien. Dabei schien die Neutralität der beiden letztgenannten gegenseitig voneinander abzuhängen. Diese relativ neutralen Staaten wurden nun der Schauplatz stärkster Agitationen und auch Bestechungen. Bulgarien hat es durchgemacht, und sowohl der Zar Ferdinand wie der Ministerpräsident Radoslawow haben alle grauenhaften Künste des Geldes und der Drohung um sich herum spielen sehen. Bei dem Prozeß gegen die Urheber des Bombenattentates im Kasino von Sofia vom 14. Februar 1915 wurde die Öffentlichkeit erschreckt durch Enthüllung eines von Serbien und Rußland ausgehenden Mordplans gegen den Zaren Ferdinand. Die Russenfreunde wollten nach serbischem Muster auch in Bulgarien eine andere, ihnen gehorsame Regierung herstellen. Gleichzeitig aber verhandeln die Russen und alle Vierverbandsmächte beständig mit der von ihnen gewaltsam bedrohten bulgarischen Regierung, indem sie ihr alles Mögliche versprachen, falls sie nur den Landfeldzug gegen Konstantinopel unternehmen wolle. Die Wochen vor der Tschataldjalinie waren von keiner Seite vergessen. Man wußte diesseits und jenseits, daß Bulgarien bei gleichzeitigem russischen und englisch-französischen Land- und Seeangriff die Hauptstadt des Orientes zu bewältigen in der Lage war. Bulgarien seinerseits aber wußte, daß es zwar erobern, aber nicht behalten dürfe und könne. Es verhandelte über balkanische Kompensationen, besonders über Mazedonien. Versprechungen von allen Seiten, Sicherheiten auf keiner! Dabei eine brennende Erinnerung an kürzlich erlebte Treulosigkeiten der gewesenen Bundesgenossen! Die Türken versprachen, den Landstreifen westlich und auch streckenweise östlich der Maritza abzutreten, damit die Eisenbahn Adrianopel—Dedeagatsch bulgarischer Besitz wird. So entsteht die bulgarisch-türkische Annäherung, und im Hintergrunde tauchte die Möglichkeit eines mitteleuropäischen Anschlusses auf. Hierfür waren längst finanzielle Vorbereitungen getroffen. Anfang August 1915 erfüllt unter Führung der Berliner Diskontogesellschaft eine deutsch-österreichisch-ungarische Bankgruppe die erste Hälfte einer großen bulgarischen Staatsanleihe von 500 Mill. Fr. vom Sommer 1914, durch welche die Staatsschuld zu Kriegs- und Verwaltungszwecken verdoppelt wurde. Diese Anleihe war ihrem Wesen nach eine Loslösung vom französischen Finanzsystem und ihre Erfüllung zu dieser Stunde ein sehr weitwirkender politischer Vorgang.

Eine erste offene Kundgebung der künftigen Haltung brachte aber das Regierungsorgan „Narodni Prava“ am 7. September: „Für die bulgarische Öffentlichkeit wird es immer klarer, daß unsere ehemaligen Verbündeten um nichts in der Welt aufhören werden, das unglückliche Mazedonien zu knechten, solange die bulgarische Macht nicht zu Worte kommt.“ Es folgte bald bewaffnete Neutralität, wobei Griechenland versichert wird, daß ihm gegenüber feindliche Absichten nicht vorliegen. In einer großen, klugen Denkschrift wird die bulgarische Bevölkerung auf die bevorstehende Veränderung vorbereitet. Es heißt dort: „Unser größter Feind ist heute Serbien. Serbien ist das liebe Kind Rußlands und seiner Verbündeten, welche nach Mitteln und Wegen suchen, um es so schnell wie möglich groß zu machen. Dagegen haben uns die Zentralmächte weitgehende territoriale Versprechungen auf Kosten Serbiens für unsere aktive militärische Mithilfe gemacht. Diese Versprechungen berücksichtigen unser Verlangen, längs der Donau eine gemeinsame Grenze mit Österreich-Ungarn zu haben. ... Es verlangt die furchtbare Lage unserer mazedonischen Brüder, daß die Niederwerfung Serbiens beschleunigt und durchgeführt wird, ehe der letzte mazedonische Bulgare niedergemetzelt wird. Es ist selbstverständlich, daß Deutschland und Österreich-Ungarn an der Schöpfung eines Großbulgariens um so freudiger mitarbeiten werden, wenn wir ihnen durch die Tat beweisen, daß wir zu ihnen halten, das ist, wenn wir vereint mit ihnen Serbien vernichten.“ Damit waren die Würfel geworfen! General Jekow übernahm den Oberbefehl, und am 16. Oktober 1915 begann die Blockade der bulgarischen Küsten am Ägäischen Meer durch den Vierverband. Am gleichen Tage marschieren die bulgarischen Truppen schon auf Pirot. Es folgt der gemeinsame glänzende Balkanfeldzug, den unter Führung von Mackensen die Deutschen, Österreicher und Ungarn am 6. Oktober begonnen hatten.

Die Siegesnachrichten des Feldzuges gegen Serbien wurden sicherlich nirgends in der Welt so durstig aufgesogen als in Bulgarien. Durch sie versanken alle früheren Zweifel: die Tage des ersten Balkankrieges waren wieder da, die schon halb verlorenen Hoffnungen gingen ihrer Erfüllung entgegen. Die Gemeinschaft der mitteleuropäischen und bulgarischen Truppen wurde eine vollständige. Wir haben bei unserem Aufenthalt in Bulgarien das Rauschen der Siegesfreude und der Freundschaft gespürt. Bulgarien will mit uns gehen, es will es! Das ist das Ergebnis seiner schweren, opferreichen bisherigen Geschichte. Es ruft den Donaustaaten und uns großbulgarische Grüße zu und hält treue Nachbarschaft mit der Türkei.

Wie aber nimmt nun Deutschland diese Wendung auf? Wie paßt sie in unser bisheriges politisches System? Wie paßt sie zur österreichisch-ungarischen Politik? Wir werden nochmals in die frühere Geschichte rückwärts gehen müssen, um dieselbe Entwicklung von deutscher und österreichisch-ungarischer Seite aus zu überdenken: Was tat und wollte Mitteleuropa auf der Balkanhalbinsel?

* *
*

Da alle reichsdeutsche politische Geschichte Bismarckischen Ursprungs ist, so wird es auch für uns an dieser Stelle nötig sein, zunächst Bismarcks Haltung zu den Balkanfragen zum Verständnis zu bringen. Dabei ist die erste notwendige Beobachtung, daß dem großen Staatsmanne alle balkanisch-türkischen Dinge immer nur als ferne Angelegenheiten zweiten Grades erschienen sind und er sich ihnen nur dann zuwandte, wenn die Politik der europäischen Großmächte vom Balkan aus gestört oder beeinflußt wurde. Auch fehlten ihm, der so unendlich vieles wußte und verstand, die persönlichen Anschauungen für das Lebensgebiet des Halborients. Er war mit seinen Gedanken in Wien und auch in Budapest zu Hause, in Petersburg, Paris und London, und fühlte ohne weiteres jede kleine Kursschwankung der dortigen Willensrichtungen, aber Konstantinopel war ihm mehr wie ein dunkler Planet, den er nur indirekt merkte, wenn Abirrungen in den Kurven der andern Gestirne sein Gehirn beschäftigten. Noch weniger besaß er ein eigenes Verhältnis zu den „nationalen Fragmenten, welche die Balkanhalbinsel bevölkern". Auch um das Ergebnis des russisch-türkischen Krieges und das in San Stefano der Türkei vorläufig abgezwungene Großbulgarien hat er sich offenbar mehr nur aus indirekten Gründen gekümmert, denn noch in den „Gedanken und Erinnerungen" legt er Gewicht darauf, daß er von der dem Kriege vorangehenden Reichstadter Balkanvereinbarung zwischen Rußland und Österreich-Ungarn offiziell nichts gewußt hat. Erst dann als zwischen Rußland, Österreich-Ungarn und England drohende Meinungsverschiedenheiten über die Kriegsfolgen auftauchten, und nachdem Fürst Gortschakow, der Russe, einen Kongreß in Wien abgelehnt hatte, ließ er sich bereit finden, den Berliner Kongreß einzuladen. Auf diese Weise wurde er ziemlich unvermittelt nicht nur zum ehrlichen Makler, wie er selber sagt, sondern auch zum ausgleichenden Schiedsrichter in „orientalischen Fragen".

Der Wunsch nach Verlegung des Kongresses nach Berlin wurde durch seinen russischen Freund Graf Schuwalow an Bismarck gebracht, aber der eigentliche Veranlasser des Kongresses war doch der österreichisch-ungarische Minister Graf Andrassy. Dieser erhob sich als der Gegenspieler gegen das erobernde Rußland, rettete für die Doppelmonarchie den Besitz (zunächst Okkupation) von Bosnien und Herzegowina, sorgte für bessere Landausstattung Serbiens, beschränkte das übermäßige Anwachsen Montenegros und sicherte in Übereinstimmung mit den Engländern und unter dem Segen Bismarcks den Weiterbestand einer europäischen Türkei. Wenn er dabei hinsichtlich des vielbesprochenen Sandschak Novibazar nicht alle seine Wünsche durchsetzte, so war er doch sicherlich einer der wenigen, die ganz befriedigt den Kongreßsaal verlassen konnten. Es ist ein sehr richtiger Griff, daß an der einen Seite des schönen Andrassy-Denkmals in Budapest der Berliner Kongreß dargestellt ist. Der weltkundige Ungar hat auf diesem Kongreß in vielen Dingen Bismarcks Hand geführt. Er war alter ungarischer Revolutionär, Russengegner, zeitweise Flüchtling in der Türkei, dann in Paris und London, später aber der Vertrauensmann seines Königs und Kaisers, ein Ungar mit Internationalität und fest verbunden mit dem werdenden neuen Deutschen Reiche. Sein Auftreten 1878 war das Vorspiel und der Anlaß zum deutsch-österreichisch-ungarischen Bündnisvertrage. Bismarck hatte gegenüber der russischen Anfrage von 1876 sich für das Zusammengehen mit Österreich-Ungarn entschieden. Das war sein ganz persönliches Werk. Andrassy hat dann aber diesem Entschlusse einen balkanischen Inhalt gegeben. Durch ihn wurde Bismarck ein Mithelfer des Auflebens der österreichisch-ungarischen Monarchie und eine Art Richter im Auflösungsprozeß der damaligen Türkei.

Es liegt sehr nahe, sich jetzt im Weltkriege auszudenken, wie alles gekommen wäre, wenn Bismarck damals das Amt des Kongreßvorsitzenden von sich abgeschoben hätte. Ich gestehe, daß ich wiederholt versucht habe, diesen Ideengang zu verfolgen, es ist aber zu viel Unbekanntes in dieser Rechnung. Man weiß nicht, ob es bei Bismarckischer Unbeteiligtheit zu einem Kriege zwischen Rußland einerseits und England und Österreich-Ungarn andrerseits gekommen wäre oder nicht, zu einem neuen Krimkrieg mit erneuter preußisch-deutscher Neutralität. Diese Situation kannte Bismarck aus Erfahrung und wollte sie vermeiden. Man weiß nicht, wer in einem solchen Kriege gesiegt hätte, da die Russen ja schon vor Konstantinopel standen. Was würden die Bevölkerungen der westlichen Balkanhalbinsel gemacht haben? ... Alle Vergangenheit bleibt immer dunkel in ihren nicht verwirklichten Möglichkeiten. Sicher aber ist, daß der jetzige Weltkrieg zu einem Teile eine Folge des Berliner Kongresses ist, denn von da an trat der Gegensatz zwischen Rußland und Deutschland in die Geschichte ein. Von da an gibt es auch eine Art deutscher Balkanpolitik in allerweitesten Umrissen, und von da an hören und fühlen wir die Schüsse südlich der Save und Donau.

* * *

Etwa in den Jahren zwischen 1878 und 1884 vollendete sich in der deutschen Außenpolitik der Sieg von 1870/71. Das will besagen: die Periode der Herstellung eines nationalen Staates ging über in eine *Periode der beginnenden Weltwirksamkeit*. Der Eintritt des Deutschen Reiches in die Reihe der Großmächte war fertige Tatsache geworden, und damit änderten sich Ideale und Aufgaben. Es begann die deutsche Handels- und Kolonialpolitik, deren mitfolgender Bestandteil die Flottenpolitik ward. Noch unter Bismarcks Augen begann das überseeische Interesse. Gleichzeitig oder vielmehr etwas früher aber schlossen Bismarck und Andrassy den Zweibund, der später Dreibund hieß. So hatten wir eine See- und eine Landpolitik, wie wir nebeneinander Heer und Flotte vermehrten. Wir begannen damals die Ansprüche zu erheben, die wir jetzt im Weltkrieg verteidigen müssen. In der Geschichte dieser Entwicklung Deutschlands zur Weltmacht war der Berliner Kongreß ein wichtiger, ja fast ein notwendiger Schritt. Er bewies, daß von Berlin aus Menschheitsfragen entschieden werden können. Die wahrhaft große Verantwortlichkeit fing an. Es dauerte aber noch immer eine weitere Zeit, bis die neue Großmacht nach jeder Seite hin ihr eigenes Lebensprogramm herausbildete.

Auf doppeltem Wege kam, wie uns scheinen will, das Deutsche Reich dazu, seine *schützende Hand nach Möglichkeit über die Türkei auszubreiten*. Einmal führte die Seepolitik dazu, den in der Zukunft liegenden Gegensatz zwischen Großbritannien und Deutschland vorzuempfinden. Wir bauten in steigendem Maße Kriegsschiffe und hatten als Vorbild und etwaigen späteren Gegner England vor Augen. Vielfach bestand dabei die Hoffnung, daß, wenn wir nur Kriegsschiffe besitzen, deren Vorhandensein allein uns davor behüten würde, sie brauchen zu müssen, aber immerhin wir fingen an, eine für uns neue Art Weltgeschichte zu treiben: Seeherrschaftsgeschichte, Küsten- und Kolonialgeschichte, Erdkugelverteilungsgeschichte. In diesem Zusammenhang bekam die muhammedanische Welt für uns beinahe plötzlich ein ganz anderes Gesicht. Der Kalif von Konstantinopel wurde als antienglische Kraft begriffen. Das war der Sinn der Kaiserreise vom Jahre 1898 und der Kaiserrede von Damaskus, die später in Tanger an ungünstigerem Platze wiederholt wurde. Ich habe damals in meinem Reisebuche „Asia" türkisch-deutsche Erwägungen angestellt, die heute auch für mich selbst interessant zu lesen sind, weil in ihnen schon der deutsch-türkische Kampf um Suez vorhergesehen ist. Was im Jahre 1898 noch nicht erkennbar war, das war die jungtürkische Reorganisation des osmanischen Staates; aber nach etlichen Schwankungen hat das deutsch-türkische Gemeinsamkeitsverhältnis sich mit der neuen Türkei noch besser eingestellt als mit der alten.

Der zweite Weg aber, auf dem das Deutsche Reich zum Interesse an der Erhaltung der Türkei gelangte, war der Landweg über Österreich-Ungarn. Sobald einmal die Verbindung der beiden mitteleuropäischen Großmächte als Tatsache galt, war es unvermeidlich, daß wir einen Teil der österreichisch-ungarischen Balkanpolitik mit auf unsere Schultern nehmen mußten, und zwar wesentlich den negativen Teil: Rußland nicht ins Ungemessene wachsen zu lassen! Welche Interessensphären oder Kompensationen sich Österreich-Ungarn im Einzelfalle ausmachte, war uns ziemlich gleichgültig; wir haben uns um seine wechselnde Serbenpolitik nicht sehr genau bekümmert, aber wir wußten immer, daß die Auflösung der europäischen Türkei nicht zu einem Zeitpunkt eintreten dürfe, der für Rußland besonders günstig war. Insofern blieb Deutschland innerhalb der Grundlinien des Berliner Kongresses, schuf sich aber eine verwickeltere Lage. Wir konnten die Türken nicht vor allen Verlusten bewahren; wir konnten ein Gefüge nicht erhalten, das sich selber löste, wir hatten kein Mittel, die Tripolitaner an Konstantinopel zu fesseln oder die Albaner im Gehorsam zu erhalten, aber schließlich waren wir Reichsdeutschen doch der einzige Großstaat, der nicht selbst türkische Landesgebiete wegnehmen wollte und der ehrlich die Erstarkung der türkischen Armee beförderte und wünschte. Das haben die Türken gewußt, und ohne Vertrag haben wir uns in entscheidender Stunde mit ihnen waffenbrüderlich und treu zusammengefunden.

*　*　*

In dem allen liegt eingeschlossen, daß wir eine besondere politische Freundschaft zu Bulgarien nicht hatten und gar nicht haben konnten. Es ist besser, das selber ruhig auszusprechen, da es doch allseitig bekannt ist und von den Gegnern genugsam vorgetragen wird. Der Berliner Kongreß mußte in den neu befreiten hoffenden bulgarischen Kreisen als Enttäuschung wirken. Solange Bulgarien noch nicht an das Ende seiner Auseinandersetzungen mit der Türkei gelangt war, gab es für ein deutsch-bulgarisches Bündnis keinen Raum. Das galt selbst noch für den Frieden von Bukarest, weil auch da noch keine bulgarisch-türkische Vereinbarung über ihre gegenseitige Grenze bestand. Erst von da an, wo sich zwischen Türkei und Bulgarien aus eigenen balkanischen Interessen eine stille oder offene Rücksichtnahme und Verständigung anbahnt, ist überhaupt an deutsch-bulgarische politische Unternehmungen zu denken. Das bleibt auch in Zukunft die Voraussetzung aller weiteren Schritte. Eine solche Lage aber konnte vor dem Weltkriege nicht vorhanden sein.

Es mögen wohl jetzt nachträglich dem Geschichtsbetrachter allerlei Gedanken darüber aufsteigen, wie anders für Bulgarien alles gekommen wäre, wenn es mit einem Ruck im Jahre 1878 im Sinne des Friedens von San Stefano fertig befreit worden wäre. Soweit ich mir die seelische und politische Lage des bulgarischen Volkes vorstelle, bin ich zu der Annahme geneigt, daß der mühsame und langsame Verlauf seiner Befreiung mehr ein Glück als ein Unglück gewesen ist. Das ist natürlich nicht aus dem Sinne der Leidenden und Kämpfenden heraus gesprochen, die vor Ungeduld gebrannt haben, aber es kann trotzdem wahr sein. Eine geschenkte Freiheit ist ein gefährliches Ding, sie wird fremder Hand geschuldet und gewinnt kein berechtigtes Selbstbewußtsein. Eine Nation muß sich ihre Freiheit selbst erkämpfen und verteidigen, sobald sie nur eben einen Teil ihrer Ketten verloren hat. Wer weiß, ob nicht ein vor 40 Jahren restlos befreites Bulgarien heute schon eine Art Finnland sein würde? Das soll nicht in dem Sinne gesagt sein, als ob Bismarck aus derartigen pädagogischen Gesichtspunkten die allzu schnelle Erfüllung bulgarischer Wünsche gehindert hätte. Keineswegs! Aber jetzt, nachdem die schwere Erziehungszeit abgelaufen ist, erleichtert es die beiderseitige Freundschaft, wenn man die guten Wirkungen an der damaligen Hemmungspolitik hervorhebt. Jede von beiden Seiten hat entsprechend ihrer Geschichtslage und ihrem Charakter so gehandelt, wie sie mußte.

* * *

Während nun wir Reichsdeutschen aus der Ferne nur eine ganz allgemeine und darum oberflächliche Balkanpolitik getrieben haben, war Österreich-Ungarn stets direkt an den Dingen südlich der Donau beteiligt. Was wir vorhin vom Grafen Andrassy berichtet haben, ist nämlich nicht etwas Unvermitteltes, sondern gehört in die Jahrhunderte alte überkommene österreichische Reichspolitik, denn, wie schon öfter gesagt, die alte Geschichte der Donaumonarchie ist mehr als alles andere eine zähe Durchführung des Türkenkampfes. In diesem Kampfe entstand überhaupt erst die Monarchie. Durch ihn fand sie ihre Grenzen. In ihm entstand die Rivalität zu Rußland. Das alte Österreich war etwas ganz anderes als eine Schutzmacht der Türkei, und wenn es vom Krimkrieg an oder auch schon unter Metternich und seinen nächsten Vorgängern zeitweilig als solche erschien, so war dabei die Aufbewahrung der vermeintlichen Konkursmasse meist ein Hauptgesichtspunkt, denn bis vor etwa 10 Jahren glaubte man in Österreich fast überall weit mehr an den Zerfall als an den Wiederaufbau der osmanischen Macht.

Es ist nicht nötig, viel von alten Zeiten zu erzählen, aber daß die Türken zweimal vor Wien gestanden haben, gehört zum Verständnis der österreichischen Balkanpolitik. Als im Jahre 1683 Rüdiger von Starhemberg die Kaiserstadt verteidigte, rettete er die Mitte Europas. Von da an brach sich die türkische Welle. 1688 besetzten unter Ludwig von Baden die Österreicher Belgrad, und 1689 Nisch und Widdin. Schon damals erhoben sich österreichische Wünsche nach Bosnien, Herzegowina, Dalmatien, wohl auch nach Walachei und Moldau. Der Kampf ging hin und her, in ihm aber erwuchs als großer Held der Monarchie der Prinz Eugen von Savoyen, der stärkste mitteleuropäische Kriegsmann zwischen Wallenstein und Friedrich II. Als Prinz Eugen 1699 in Karlowitz Frieden machte, verschaffte er den mithelfenden Russen einen Zugang zum Schwarzen Meer. Das war ein für Österreich bedenklicher Wendepunkt, denn von da an wuchsen Österreich und Rußland beide nach Süden zu, aber Rußland wuchs breiter und rascher, es war im Rücken freier. Der Siebenjährige Krieg wurde in seinem Verlauf und in seinen Folgen der österreichischen Südpolitik ungünstig, so daß der Friede von Kütschük-Kaingrdschi 1774 eine russische Ernte auf türkischem Gefilde werden konnte. Immerhin aber spielt beständig etwas von Krieg um die ungarische Südgrenze, bis durch Napoleons Auftreten erst die Österreicher und dann die Russen fast ausschließlich nach Westen hin beschäftigt werden. An Stelle der Bedrohung ihrer Nordgrenzen durch die österreichische und russische Ausdehnungspolitik tritt mit dem Kampfe Napoleons gegen England die Türkei in ein neues Stadium weltpolitischer Verwicklungen. Ihre Existenz als Mittelmeerstaat wird in Frage gestellt, einerseits durch die napoleonischen Ansprüche auf Ägypten, andrerseits durch den Versuch Rußlands, sich auf Zypern, den jonischen Inseln und durch die Schutzherrschaft über Serben und Montenegriner eine Mittelmeerstellung zu verschaffen. In jener Zeit passieren zum ersten Mal russische Kriegsschiffe die Dardanellen. Indem aber diese Fragen aufgerollt und weltpolitisch gedehnt werden, erscheint als neuer Kontrahent England in der Maske der Schutzmacht für die Türkei. Im Interesse der späteren Aufteilung des europäisch-asiatischen Besitzstandes der Türkei wird nun zum ersten Mal der Grundsatz der Integrität des osmanischen Reiches aufgestellt. Diese Forderung ist um so dringender, als endlich auch die unterworfenen christlichen Völker der Türkei beginnen, mit eigener Kraft an ihrer Befreiung mitzuarbeiten. Noch in die napoleonische Periode hinein fällt die Anfrage der Serben, ob Österreich sie schützen wolle, wenn ihm Belgrad, Semendria und Schabatz ausgeliefert werden. Österreich mußte bei damaliger Weltlage ablehnen (Sosnosky I, 44)! So kam Belgrad 1811 in die Hände der Russen, und es begann das böse, wilde Spiel der Serben, das hundert Jahre Zeit hatte, sich auszuleben. War auch die russische militärische Besetzung der Belgrader Feste nur kurz, so war sie doch der Beginn eines immer wieder auftauchenden Mitregiments. In Serbien aber fing 1817 die Reihe der Fürstenmorde an, kein besonders gutes Vorzeichen für das Jahrhundert der Nationalitätenbefreiungen.

Sehr zu bemerken ist, daß im Jahre 1840, als der kühne Ägypter Ibrahim, der Sohn Mehemed Alis, gegen die Türkei zog, Rußland, Österreich und England für den ungeschmälerten Bestand der Türkei sich verbinden: es soll kein Fremder seine Hand ausstrecken! Von diesem Erhaltungsbunde sagte sich Zar Nikolaus I. 1854 los. Der Krimkrieg wurde der Kampf zwischen Osten und Westen um den Bestand der Türkei, und während Preußen neutral blieb, beteiligte sich Österreich schwach und mußte im Frieden von Paris 1856 auf die Besetzung der Donaufürstentümer verzichten, verfeindet mit Rußland, uneinig mit den Westmächten, verlassen in seiner besonderen Balkanpolitik. Es zeigte sich, daß Mitteleuropa einig sein muß, wenn es etwas erreichen will.

Eine eigene, erfolgreiche Balkanpolitik fand Österreich-Ungarn nach 1866 und nach der inneren Umgestaltung von 1867 erst wieder, als ein Jahrzehnt nach der Aufrichtung des Deutschen Reiches im Jahre 1870/71 der Zusammenschluß von Deutschland mit der Monarchie heranreifte. Damit stehen wir wieder an der Stelle, an der wir schon waren, als wir von Bismarck und Andrassy sprachen. Andrassy bringt die Hoffnungen, Siege und Enttäuschungen von ganzen Jahrhunderten mit, eine Mitgift, die ihre sehr eigentümlichen Gefahren und Entwicklungsmöglichkeiten in sich birgt. Wie wird sich die reichsdeutsche und die österreichisch-ungarische Balkanpolitik vereinigen?

* * *

Das deutsch-österreichisch-ungarische Bündnis von 1879 war kein Entschluß, von nun an gemeinsam eine einheitliche mitteleuropäische Politik zu treiben, sondern nur ein Versprechen, die letzten Folgen einer gegen den Druck Rußlands gerichteten Politik gemeinsam zu tragen. Darin lag die innere Schwierigkeit des Vertragsverhältnisses. Von Deutschland aus betrachtet sah die Sache so aus, daß die Doppelmonarchie Österreich-Ungarn sich auf dem Balkan ihre eigenen Experimente gestatten konnte, und daß dann im Fall einer etwa daraus folgenden russischen Kriegserklärung die deutschen Truppen zur Verteidigung mit bereitstehen mußten, während umgekehrt von österreichisch-ungarischer Seite aus sich die Sache so darstellte, daß man nie genau vorher wußte, ob Deutschland eine Drohung Rußlands als Angriff im Sinne des Vertrages ansehen werde oder nicht. Daraus ergaben sich beiderseits Heimlichkeiten, deren größte der sogenannte Rückversicherungsvertrag Bismarcks mit Rußland war. Es gibt keinen stärkeren Beweis für die Notwendigkeit einer zukünftigen festeren Konstruktion Mitteleuropas als die Periode von 1879 bis zum Ausscheiden Bismarcks 1890.

Versuchen wir, uns die sehr vielseitige Angelegenheit in ihren einfachsten Grundzügen zu verdeutlichen:

Rußland, das eigentliche alte moskowitische Rußland, hat die Gewohnheit, sich selbst als eine unangreifbare Zitadelle mit zwei Umwallungen von Außenwerken anzusehen. Die erste Umwallung liegt innerhalb der Landesgrenzen und besteht aus Finnen, Balten (mit Esten und Letten), Litauern, Polen, Kleinrussen, Rumänen (Beßarabien), Kosaken, Tataren usw. Die zweite äußere Umwallung aber bestand in den Zeiten Nikolaus I. aus Preußen, Österreichern (mit Ungarn) und Orientchristen aller Art, Rumänen,

Serben, Montenegrinern, Bulgaren, Kaukasusvölkern und Armeniern. Dieser ganze zweite Kreis ist zur Dankbarkeit verpflichtet, denn er würde ohne die Gnade des Zaren entweder französisch oder türkisch geworden sein. Undankbarkeit ist es, wenn sich Glieder des zweiten Kreises selbständig loslösen. In diesem Sinne war es „Undank", wenn Österreich im Krimkriege eigene Wege ging, wenn Deutschland auf dem Berliner Kongreß nicht alle russischen Wünsche erfüllte, wenn die Rumänen sich an die Preußen hielten, wenn Serbien zeitweise österreichisch spielte, und vor allem auch, wenn Bulgarien einen König hatte, der nicht ein Prinz von Mingrelien war. Alle diese Undankbaren immer wieder zur Pflicht zurückzubringen, ist die beständige Arbeit der russischen Geschäftsträger und ihrer Agenten. Dabei ist jedes Mittel recht und jede Art von Bestechung, Verfolgung und Parteiverhetzung erlaubt. Bei größeren Staaten werden größere, bei kleineren kleinere Mittel bevorzugt. Um Deutschland in Ordnung zu halten, wird den französischen Präsidenten geschmeichelt, um Österreich zu binden, wird den Italienern etwas westliches Balkanland versprochen, um Rumänen und Serben zu locken, wird die Zerlegung Österreichs an die Wand gemalt, um die Bulgaren zu ködern, wird in ihrer eigenen Mitte selbst eine Parteiung hervorgerufen, und alles eigene staatliche Dasein wird nur sozusagen auf Widerruf gestattet. Diese vielarmige, gespenstige, mit Gold und Blut vertraute russische Diplomatie war nicht einfach dadurch gebändigt, daß Bismarck und Andrassy miteinander einen Vertrag machten. Sie mußten bereit sein, gegen sie den Kampf mit den Waffen aufzunehmen. Das aber war aus vielen Gründen der alte Bismarck nach 1879 nur in sehr geringem Grade, und fast ebensowenig der zweitnächste Nachfolger Andrassys, Graf Kalnoky.

Daraus folgt eine schwierige und unerquickliche Periode der gegenseitigen Schachzüge eines Verbündeten gegen den andern. Wenn beispielsweise Graf Kalnoky am Schluß des Jahres 1886 gewisse russische Schritte gegen Bulgarien beanstandete, nachdem er vorher die Ausdehnung Bulgariens mit verhindert hatte, so warf Bismarck die Worte hin: „Was ist uns denn Bulgarien? Uns ist es vollständig gleichgültig, wer in Bulgarien regiert und was aus Bulgarien wird. Die Freundschaft mit Rußland ist uns viel wichtiger als die mit Bulgarien und die von allen Bulgarenfreunden, die wir hier bei uns im Lande haben." Das war damals! Damals wußte offiziell der Bulgare nichts von Deutschland und Deutschland nichts vom Bulgaren. Eine deutsch-österreichisch-ungarische Balkanpolitik war unter diesen Umständen nicht herzustellen. Es fehlte als großer, sachverständiger Mittelsmann Andrassy.

Bismarck aber blieb auch noch nach seinem Ausscheiden aus den Ämtern allen österreichisch-ungarischen Balkanbestrebungen gegenüber kühl und ablehnend und schrieb in seinen „Gedanken und Erinnerungen" die Worte: „Wenn ich österreichischer Minister wäre, so würde ich die Russen nicht hindern, nach Konstantinopel zu gehen. ... Der österreichische Anteil wird um so größer ausfallen, je mehr man in Wien warten und die russische Politik zu ermutigen weiß, eine weiter vorgeschobene Stellung einzunehmen." Das ist noch ohne alles Gefühl für die Eigenexistenz sowohl der Türken wie der Balkannationen gedacht, es ist aber auch ohne die Erwägung gedacht, daß für Österreich-Ungarn der Kampf um die Existenz erst an dem Tage endgültig beginnt, an dem die Russen in Konstantinopel einziehen. Während jedoch Bismarck solches schrieb, vollzog sich schon eine Änderung, die er grollend bekämpfte, die aber für alle mitteleuropäisch-balkanischen Probleme von allerhöchster Wichtigkeit wurde, nämlich die Nichterneuerung des deutsch-russischen Geheimvertrages, der Deutschland zur Neutralität verpflichtete, falls Österreich-Ungarn als Angreifer erscheinen sollte. Erst mit dieser Lösung von Rußland ward eine gewisse eigene mitteleuropäische Balkanpolitik möglich. Wir haben hier nicht die Aufgabe, diesen ersten weltpolitischen Schritt der Periode Kaiser Wilhelms II. in seinen Gesamtfolgen zu überlegen (wer könnte das?), sondern nur auszuführen, in welcher Weise er unser reichsdeutsches Verhalten im näheren Orient und unser Verhältnis zur österreichisch-ungarischen Balkanpolitik beeinflußte.

* * *

Solange Bismarck die Geschicke Deutschlands lenkte, besaßen wir in der politischen Außenwelt einen auf Heer und Volkskraft gegründeten Realkredit und einen Bismarckischen Personalkredit. Dieser zweite mußte eines Tages aufhören. Dann erst konnte sich zeigen, ob Deutschland und mit ihm Mitteleuropa auf eigenen Füßen zu stehen vermögen. Das ist im ganzen der Charakter der Zeit von 1890 bis jetzt.

Die Probe wurde vorbereitet durch wichtige Interessenverschiebungen, die sich langsam, aber unaufhaltsam entwickeln und deren Folgen für das Balkanproblem uns hier beschäftigen. Es änderte sich durch die Besetzung Alexandrias 1882, die Verteidigung und Eroberung Ägyptens und des Sudans die englische Rolle gegenüber der Türkei. Englands Stellung in Ägypten mit seiner Bedeutung für Indien zwang diese Macht, ihre Hand auch auf die arabische Südhälfte der asiatischen Türkei zu legen; unter diesen Umständen mußten die wiederholten ägyptischen Aufstände in Konstantinopel einen Rückhalt finden. Die alte Idee, daß England eine Schutzmacht sei für den ganzen europäisch-asiatisch-afrikanischen Türkenstaat, verlor mehr und mehr an Eindringlichkeit, und der frühere absolute Gegensatz zwischen englischer und russischer Orientpolitik, der hinter dem Zusammenbruch der napoleonischen Politik, zumal seit dem Krimkriege, bis zum Berliner Kongreß in aller Schärfe bestand, wandelte sich in eine Rivalität von Fall zu Fall. Die alte europäische Gruppierung des Kongresses hörte auf. Nach einer Zeit gewissen Schwankens aller gegenseitigen Beziehungen der Großmächte bildet sich ein neuer Gegensatz für ihre Verteilung heraus. 1898, als sich Franzosen und Engländer in Faschoda gegenüberstanden, konnte es einen Augenblick noch scheinen, als ob durch diese im Grunde uralte Gegnerschaft das neue Weltbild bestimmt würde. Das Tempo der weltwirtschaftlichen Entwicklung Deutschlands brachte zu gleicher Zeit aber die weltpolitische Rivalität zwischen der alten und der jüngsten Seemacht zu dauernder Erscheinung. Die Kampfparole Europas lautete nicht mehr: England gegen Rußland, sondern: England gegen Deutschland. Erst dadurch bekam die deutsche Beschützung der Türkei einen aktiven Inhalt. Die deutsche Orientpolitik, die schon Anfang der neunziger Jahre erkennbar ist und mit der Orientreise des Kaisers von 1898 ihre bestimmte Note erhält, wird zu einem unlöslichen Teil der deutschen Weltpolitik. Dadurch aber vermehrte sich nun auch in Balkanfragen die Zahl der möglichen Kombinationen. Es gab russisch-österreichische Abmachungen, wie beispielsweise die gemeinsame Anerkennung des bulgarischen Fürsten Ferdinand (1896) und die Kaiserbegegnung in Mürzsteg mit ihrem mazedonischen Reformprogramm, es gab aber auch russisch-englische Besprechungen über den Besitz von Kreta und die Abgrenzung zukünftiger Interessensphären. Im ganzen aber darf doch die Zeit bis 1907 als eine P a u s e d e r B a l k a n p o l i t i k angesehen werden, weil England in Südafrika und Rußland in Ostasien beschäftigt waren und weil die hohe Politik aller an den Weltmeeren liegenden Großstaaten sich andern, mehr überseeischen Zielen zuwandte. Fast konnte es scheinen, als habe der europäische Wetterwinkel an Gefährlichkeit verloren, und es sei den halb befreiten Balkanvölkern eine für sie höchst notwendige Ruhe zur inneren Organisierung gewährt. Man sprach während einiger Jahre mehr von Marokko als von den Dardanellen und beargwohnte die Rüstungen Japans mehr als die Befestigungen serbischer Berge. Dabei aber war die balkanische Wirklichkeit doch nicht ganz so ruhig wie der internationale Eindruck, denn das, was von bulgarischen und serbischen Bandenkämpfen in Mazedonien berichtet wurde, hatte einen harten und blutigen Hintergrund, und vor allem vollzog sich in Serbien im Sommer 1903 ein Thronwechsel durch Mord: der österreichisch gesinnte König Alexander wurde zerstückelt zum Fenster hinausgeworfen, damit für den panslawistischen Peter Karageorgewitsch Platz geschafft würde! Es entstand das gegen Österreich-Ungarn wütend feindliche, von Rußland aufgestachelte, nach allen Seiten unberechenbare Serbien mit seiner über Donau und Save weit hinausgreifenden großserbischen Idee, ein Staat, dessen innere Verwaltung nicht schlecht, dessen äußere Politik aber aufreizende Agitation und Raubgesinnung war. Aus den balkanischen Nationalitäten war etwas anderes geworden, als die Schutzherren sich gedacht hatten: Rußland sah scheel auf Bulgarien und Österreich-Ungarn besorgt auf Serbien. Es gehörte die gewandte Kunst der Diplomaten dazu, die balkanischen Bewegungen nicht zu politischen Weltbegebenheiten werden zu lassen, eine Kunst, für die Fürst Bülow als Deutscher Reichskanzler die nötige geschickte Hand besaß, an der aber auch die österreichisch-ungarischen Diplomaten Kalnoky und Goluchowsky sich beteiligten.

* * *

Man kann nachträglich fragen, ob es nicht richtiger gewesen wäre, während des Russisch-Japanischen Krieges weitere österreichische Schritte auf der Balkanhalbinsel zu tun. Erst nach diesem Kriege, im Jahre 1908, in einer Zeit russischer Schwäche, vollzog sich gleichzeitig die Erklärung Bulgariens zum Königreich und die Erklärung Österreich-Ungarns, daß es Bosnien und Herzegowina der Monarchie einverleiben wolle. Durch Freiherrn v. Ährenthal war ein stärkerer Wille in die österreichisch-ungarische Balkanpolitik eingeführt; er dachte österreichisch-imperialistisch und sah, daß bei weiterem tatenlosen Geschehenlassen die großserbischen Ideen zu einer bedrohlichen Höhe anwachsen mußten. Dazu konnte er sich auf die alten Akten des Berliner Kongresses berufen. Aber man erlebte, daß die politische Welt des Berliner Kongresses nicht mehr vorhanden war. Es erhob sich gegen Österreich-Ungarn ein allgemeiner Bedrohungssturm, bei dem Russen und Türken sogar weniger aufgeregt agierten als Engländer und Franzosen und sogar die italienischen Bundesgenossen.

Die Erregung der Westmächte hing aber sicherlich nicht nur mit balkanischen Fragen zusammen, sondern wohl mehr mit dem vergeblichen Besuche, den König Eduard von England dem österreichischen Kaiser Franz Josef im August 1908 in Ischl machte, um ihn für das Einkreisungsprogramm zu gewinnen. Der österreichische Kaiser war aller Verlockung gegenüber bundestreu geblieben, und England sah in ihm und seinem Minister des Auswärtigen die Hemmnisse seiner antideutschen Pläne. Darum sollte den Österreichern und Ungarn gezeigt werden, daß ihnen bei deutschem Anschlusse auch auf der Balkanhalbinsel nichts gelinge. Es war damals schon irgendwie eine Generalprobe für den Weltkrieg. In dieser Lage mußte Fürst Bülow mit fester Erklärung die „Nibelungentreue" wahren, obwohl er und die deutsche Regierung mit Recht verstimmt sein konnten, daß Freiherr v. Ährenthal seine Annexionserklärung nicht vorher mit Berlin besprochen hatte.

Es wird für alle diejenigen, die „Mitteleuropa" herbeiführen wollen, wichtig sein, sich den damaligen Vorgang gegenwärtig zu halten, weil auch er in aller Deutlichkeit zeigt, bis zu welchen Schwierigkeiten ein Defensivbündnis ohne gemeinsame äußere Politik führen kann. Es konnte aus den Verhandlungen über Marokko in Algeciras und aus der bosnischen Frage der große Krieg kommen, darum mußte und sollte beides von vornherein gemeinsam bearbeitet werden. Daran aber hat es gefehlt! Wir sehen und kennen die beiderseitigen starken und historisch begreiflichen Widerstände gegen eine vertragsmäßige diplomatische Gemeinsamkeit, aber hier muß nach dem Kriege ein anderer Zustand eintreten, als er vorher war. Es können nur solche Akte gemeinsam mit den Waffen und mit dem Blute der Völker vertreten werden, die schon im Entstehen vereinbart sind. Das führt zwar bis zur Forderung einer mitteleuropäischen Außenpolitik und im besonderen einer gemeinsamen mitteleuropäischen Balkanpolitik, aber wie kann man sich überhaupt den zukünftigen Zustand unserer mit Bulgarien verbündeten mitteleuropäischen Staatengruppe anders durchgeführt denken?

Versucht man, sich in die Lage von 1908 zurückzudenken, so muß zugegeben werden, daß es für Österreich-Ungarn nicht ganz einfach war, mit Deutschlands Hilfe einen Abtretungsakt, und sei er auch nur noch formeller Natur, von der Türkei zu fordern. Es bestanden sichtbar und tatsächlich noch zweierlei Balkanpolitiken nebeneinander, wobei Wien damals mehr balkanisch, Deutschland mehr türkisch dachte. Aber bei vertragsmäßiger gemeinsamer kriegerischer Haftbarkeit müßte ja doch eines Tages eine deutsch-österreichisch-türkische Verständigung herbeigeführt werden. Inzwischen sind diese Dinge dadurch viel leichter geworden, daß die Türkei auf den größten Teil ihrer europäischen Besitzungen endgültig verzichtet hat. Es gibt, soviel wir sehen, jetzt keine Reibungsflächen mehr zwischen Österreich-Ungarn und den Türken. Österreich-Ungarns alte geschichtliche Balkanpläne richten sich, auch wenn sie in Zukunft neu belebt werden, nicht mehr gegen die vergangene Türkenherrschaft, sondern voraussichtlich auf serbische, montenegrinische und albanische Gebiete. Sie sind mit politischer Türkenfreundschaft jetzt sehr gut vereinbar und müssen so gestaltet werden, daß Bulgarien dabei seine Rechnung findet.

* * *

Wie verschieden den Balkanvorgängen gegenüber Österreich-Ungarn dasteht als Deutschland, erkennt man unter anderem an dem schon einmal erwähnten Wortlaut des bulgarisch-serbischen Vertrages vom Februar 1912 (Sosnosky II, 273). Dort heißt es:

> „Falls Österreich-Ungarn Serbien angreift, ist Bulgarien verpflichtet, jenem unverzüglich den Krieg zu erklären und mindestens 200 000 Mann nach Serbien zu senden, die offensiv und defensiv zusammen mit dem serbischen Heere zu kämpfen haben. Dieselbe Verpflichtung hat Bulgarien Serbien gegenüber, wenn Österreich-Ungarn unter was immer für einem Vorwande und ohne Zustimmung der Türkei seine Truppen in den Sandschak Novibazar einrücken läßt, so daß Serbien ihm den Krieg erklärt; oder aber wenn Serbien zur Wahrung seiner Interessen in den Sandschak seine Truppen einmarschieren läßt und hierdurch einen Konflikt mit Österreich-Ungarn herbeiführt.

Da steht es mit klaren Worten, wie sehr durch den Besitz von Bosnien und Herzegowina und durch die früheren Ansprüche auf den Sandschak Novibazar Österreich-Ungarn ein Balkanstaat ist. Es ist von Süden her angreifbar, was Deutschland nicht ist. Dadurch wurde während der zwei Balkankriege und bei den Verhandlungen in London und Bukarest seine Aufgabe weit schwieriger als die deutsche. Österreich-Ungarn kann die Parole „Der Balkan den Balkanvölkern" nicht ohne weitere Erklärungen gelten lassen. Es kann es nicht für gleichgültig erklären, wenn Montenegro auf Kosten Albaniens wächst, es kann zu einem serbischen Adriahafen sich nicht kühl abwartend verhalten. Darum mußte der Minister des Äußeren Graf Berchtold den Großmächten seine Minimalforderungen unterbreiten. Er verlangte freie Entwicklung Albaniens, Zurückweisung des serbischen Drängens nach der Adria, Herstellung einer österreichischen Bahnverbindung nach dem Ägäischen Meere und Heranziehung und Befriedigung Rumäniens. Wir sprechen hier nicht über diese einzelnen Punkte, von denen jeder allerlei Geheimnisse enthält, sondern bleiben bei der Hauptsache, daß Österreich-Ungarn als Balkaninteressent die Vorbedingungen für den serbischen Konflikt teils vorgefunden, teils gesteigert hat, was in seiner geschichtlichen Aufgabe lag. Je mehr man sich in die Balkangeschichte vertieft, desto oberflächlicher erscheint die Erklärung der serbisch-österreichischen Spannung nur aus der Behandlung der serbischen Schweineausfuhr heraus. Auch derartige wirtschaftspolitischen Akte haben ihre Folgen, aber sie allein machen die Weltgeschichte nicht. Der Kampf zwischen Österreich-Ungarn und Großserbien ist eine lang angewachsene staatspolitische Erscheinung. Österreich-Ungarn konnte sich mit einem verbündeten Kleinserbien vertragen, nicht mit einem Staate, der bis nach Agram und darüber hinaus seine Hände ausstreckte. Und wenn sich Bulgarien zeitweise verpflichtete, den Serben gegen Österreich zu helfen, so mußte das in Wien und Budapest gefühlt werden. Wir haben weiter oben angedeutet, mit welchen Gedanken und Vorbehalten die Bulgaren den Balkanvertrag geschlossen haben, hier mußte zur Ergänzung darauf eingegangen werden, wie dieser Vertrag in Österreich-Ungarn wirkte, sobald er bekannt war.

Man begreift, daß durch den Balkanbund eine gewisse Gemeinschaft zwischen Österreich-Ungarn und Rumänien entstehen mußte, die sich schon auf der Londoner Botschafterkonferenz zeigte. Beide Staaten, über deren sonstige Beziehungen wir jetzt absichtlich jedes Wort vermeiden, hatten ein gemeinsames Abwehrinteresse. Österreich-Ungarn, das bei den Verhandlungen über die Bestätigung des Bukarester Friedens eine Zerbröckelung Bulgariens aus antiserbischen Gründen zu verhindern wünschte, mußte gleichwohl immer nach einer Befriedigung rumänischer Ansprüche trachten. In dieser zwiespältigen Situation würde eine restlose Einheit der mitteleuropäischen Politik von höchstem Werte gewesen sein, fehlte aber. Deutschland stand mehr auf rumänisch-griechischer Seite, während Österreich-Ungarn mit Rußland zusammen den Bulgaren den Hafen Kavalla sichern wollte, von Rußland aber allein gelassen wurde. Dabei hatte Österreich-Ungarn, soviel wir sehen, sachlich recht: es vertrat das Anrecht Bulgariens an Mazedonien. Aber seine Anstrengungen waren vergeblich, und Rußland schob sich rechtzeitig als Helfer Rumäniens in den Vordergrund.

Das war der Ausklang der mitteleuropäischen Balkanpolitik vor dem Kriege!

* * *

Was ergibt sich nun aus dem allen?

Ohne Zweifel ist der Hinzutritt Bulgariens zu Mitteleuropa zunächst nur ein Kriegsvorgang, aber es versteht sich von selbst, daß er nicht ohne allergrößten Schaden aller Beteiligten wieder gelöst werden kann, weil damit das einzige wahrhafte Vertrauensverhältnis, das es heute in Balkanangelegenheiten für uns und in großer Politik für Bulgarien gibt, verloren gehen würde. Von dieser neuen, durch den Krieg geschaffenen Tatsache muß ausgegangen werden. Das aber bedeutet, daß die künftigen mitteleuropäischen Aktionen in Balkanangelegenheiten ebenso wie mit der Türkei, so nun auch mit Bulgarien beraten und vereinbart werden müssen. Wir müssen den mitteleuropäischen Gedanken nach dem Balkan hin weiter denken, weil es keine Verbindung mit Bulgarien geben kann, die nicht das ganze Balkanproblem umfaßt.

Reden wir also von einer mitteleuropäischen Balkanpolitik nach dem Kriege! Daß wir es nicht im Sinne eines Marktens um „Kriegsziele" tun, versteht sich von selbst. Wir bleiben uns bewußt, daß noch die Waffen zu entscheiden haben, und daß es neutrale Stellen und allerlei Dinge gibt, über die zu sprechen wenig nützlich sein dürfte.

Der Hauptgedanke bei diesem in die Zukunft hinausgreifenden Teile unserer Arbeit muß sein, daß wir in Deutschland, Österreich und Ungarn uns gemeinsame Anschauungen über das aneignen, was nach Rat und Gang der Geschichtsentwicklung auf der Balkanhalbinsel möglich und nötig zu tun ist. Man kann nämlich von den Staatsmännern eine zielbewußte, harmonische Politik erst dann verlangen, wenn schon Ziele im Bewußtsein der beteiligten Völker im Entstehen begriffen sind. Nun steht es heute wohl so, daß alle politisch überlegsamen Mitteleuropäer sich schon gelegentlich einmal eine gewisse Vorstellung über künftige Balkanzustände zurechtgelegt haben, daß aber nur selten eine größere Verdeutlichung gewonnen wurde, weil tatsächlich die Fragstellungen unglaublich verwickelt sind. Ich werde mich bemühen, im Anschluß an „Mitteleuropa" einige Grundlinien zu ziehen, ohne zu wähnen, daß ich alles erfasse und zur Sprache bringe.

Dabei wird es sich empfehlen, von der balkanischen Wirtschaftspolitik auszugehen, um erst hinter ihr die Nationalpolitik und die Weltpolitik zu berühren.

* * *

Wirtschaftlich ist von einer Donaupolitik, einer österreichisch-ungarischen Ausdehnungs- und Handelspolitik und einer reichsdeutschen Orient- und Verkehrspolitik zu reden.

Die Donau ist im Oberlaufe voll alter Geschichte, wird aber in ihrem Unterlaufe von einer bisher fast ungeahnten Bedeutung sein. Die Fahrt auf dem Strome von Rustschuk bis Budapest hat mir beständig vor Augen gebracht, was hier noch alles am flutenden Wasser entstehen könnte. Ich dachte an die Benutzung des Rheins, der Elbe und der Oder, und sah im Geiste längs der Donau verlängerte Schleppbahnen (wie bei Orsova), Zubringerkanäle, regulierte Nebenflüsse, Lagerhäuser, Holzplätze, Kohlenstapel, Getreidesilos, Mühlen, Tabaktrockenhallen, Eisenwerke, Schiffsbauanlagen, Uferbahnen, Gasthäuser, Sommerbäder, Drahtseilbahnen, Elektrizitätswerke, und zwischen dem allen ein großes, lebendiges Arbeitsvolk von Schiffern, Hafenarbeitern, Bauarbeitern, Technikern, Kaufleuten. Bei der Einfahrt nach Budapest vom Süden her wuchs die Stadt in meinen Augen zum Zukunftshafen des Ostens, zu einem vergrößerten Mannheim am stärkeren Strome, zum Umschlageplatz der nordischen Kohle mit dem südlichen Weizen und Mais. Das kann geschehen, wenn vom bayrischen Ludwigskanal an bis nach Rustschuk und Galatz eine großzügige, gemeinsame Stromverwaltung eintritt, nicht Rivalität, sondern Harmonie. Dann wird viele österreichische und ungarische Auswanderung überflüssig durch Aufschließung der Heimat, und dann hängt die Entwicklung der Balkanvölker weit enger als bisher mit dem großen Körper der Mitteleuropawirtschaft zusammen. Da nun voraussichtlich Bulgarien nach dem Kriege von Semendria an Stromanlieger ist, so gewinnt es im Norden einen erweiterten Donaulandcharakter. Die Fruchtbarkeit der Fläche zwischen Stara Planina-

Gebirge und Varna wird erst ihre ganze Fülle entwickeln können. Dann fahren die Nordländer nach Tirnovo, wie sie vor dem Kriege in die Apenninstädte fuhren, und wie man in friedlicheren Tagen Rom besuchte, so lenkt man den Weg von den feierlich schönen Süddonaubergen nach Sofia und Konstantinopel. Dabei gewinnen alle Beteiligten, denn Sichkennenlernen ist der Anfang der gemeinsamen Unternehmungen.

Österreich und Ungarn aber brauchen noch einen andern Weg nach dem Süden, sie brauchen eine Mittelmeerverbindung. Das ist eine alte Grundidee der Wiener Handelspolitik, dort hinreichend ins Bewußtsein eingelebt, bei uns im Deutschen Reiche noch nicht überall begriffen. Wir müssen uns auf der Landkarte verdeutlichen, wie eingeschlossen und vom billigen Allerweltsverkehr abgeschlossen die Donaumonarchie gelagert ist, fern von Rohstoffen und Märkten. Das mochte in älteren Zeiten wenig bedeuten, jetzt aber, nachdem Österreich, wie wir im Mitteleuropabuche dargelegt haben, im Übergange zum Industriestaat begriffen ist und gar nicht mehr ohne Export leben kann, jetzt ist jede Verkehrsverbesserung nach dem Mittelmeer hin eine Lebenserhöhung. Triest, das vielumstrittene, allein ist ein zu schwacher Zusammenhang mit der Außenwelt, und auch Fiume liegt tief drin im adriatischen Busen. Für schwere Güter mit zeitloser Fahrt sind diese Häfen vorzüglich, aber die Monarchie braucht dazu etwas, was dem italienischen Brindisi entspricht, den Außenhafen der schnellen und weiten Verbindungen. Schon Valona könnte bei gesicherten politischen Verhältnissen dazu dienen. Früher dachte man lange und lebhaft an die Straße nach Saloniki über Mitrovitza, neuerdings aber sagt man wohl, daß bei verbündeter Haltung der Griechen Athen durch eine Bahn Triest—Valona—Athen zu einem wunderbaren mitteleuropäischen Hafen ausgestaltet werden könnte. Man sieht, wie sehr hier Handelspolitik noch mit Kriegspolitik verwickelt ist, und es muß deshalb genügen, diese allgemeinen Andeutungen zu geben.

Beide mitteleuropäischen Reiche haben ein gemeinsames, großes Interesse an der Verkehrs- und Handelslinie über Konstantinopel nach dem Orient. Das ist ein Landweg erster Ordnung. Auf die Sicherheit dieses Weges muß insbesondere Deutschland alles Gewicht legen, weil seine Zusammenhänge mit der Türkei an das Vorhandensein dieser Linie gebunden sind. Wir haben ja im Kriege erlebt, welcher Schaden dadurch hätte entstehen können, daß die Serben ein Stück dieses Weges besaßen. Um dieses Weges willen erfolgte der Donauübergang der Armee Mackensen.

Alles, was an der Balkanbahn liegt, liegt an der für uns notwendigen Linie Hamburg—Suez, die wir uns von niemandem dürfen sperren lassen. Was ist Bagdadbahn, was anatolische Bahn für uns, wenn wir sie nicht ohne englische Erlaubnis erreichen können? Schon vor Jahren habe ich gelegentlich zu einem Bulgaren gesagt, daß ein gedeihliches deutsch-bulgarisches Verhältnis nur auf der Grundlage der absoluten Gesichertheit der großen Verkehrslinie denkbar sei. Als wir deutschen Reichstagsabgeordneten von den bulgarischen Staatsvertretern auf dem Bahnhof von Nisch zuerst begrüßt wurden, da war der Ort selbst symbolisch für das, was uns vereinte: wir und ebenso die Bulgaren mußten die feindliche Kontrolle der Strecke Belgrad—Nisch—Pirot zerbrechen. Vom bulgarischen König an hat das ganze bulgarische Volk erfahren, was es heißt, nur durch Gegner zu seinen Freunden reisen zu können. Eine wohlgeordnete Balkaneisenbahn ist fast mehr als ein Staatsvertrag.

* * *

Wenn nun die zwei mitteleuropäischen Reiche jetzt schon diejenige innere Einheitlichkeit besäßen, die wir in „Mitteleuropa" als Zukunftsziel hingestellt haben, so würde ohne weiteres jede Wirtschaftsausdehnung nach den Balkanstaaten hin als gemeinsame Handlung betrachtet werden können. Das ist aber zur Stunde und auch auf längere Frist hin noch nicht der Fall. Mitteleuropa ist erst im Werden, und viele Elemente sträuben sich noch. Darum ist es unvermeidlich, daß die balkanischen Wirtschaftsfragen auch als mitteleuropäische Rivalitäten erscheinen. Wir haben dort, wo wir vom bulgarischen Außenhandel sprachen, schon absichtlich darauf hingewiesen, wie die deutsche Einfuhr mit der österreichisch-ungarischen ringt, haben auch in dem Kapitel über Zölle in unserm älteren Buche schon vor dieser selben Tür gestanden. Es genügt, auf das dort Gesagte hinzuweisen und noch bestimmter als früher jetzt auszusprechen, daß eine gedeihliche Angliederung balkanischer Bestandteile an die mitteleuropäische Gesamtpolitik nicht möglich ist ohne eine **Handelsregelung**, die sowohl der balkanischen und ungarischen Landwirtschaft wie andrerseits der österreichischen und reichsdeutschen Exportindustrie genügt. Für diese Regelung haben wir noch einige Zeit zur Ausführung, denn zunächst im Kriege bestehen Ausnahmeverhältnisse, und sofort nach dem Kriege wird der Rohstoffeinkauf und die Auffütterung der Viehbestände die erste Sorge aller Staaten sein, dann aber muß eine neue Klarheit geschaffen werden, die nur aus sehr sorgfältigen Einzelarbeiten heraus geboren werden kann. Ungarn hat ein Interesse daran, daß es die Vorteile des mitteleuropäischen Getreidezolles nicht verliert, was geschehen würde, wenn ein Überangebot an Nahrungsgetreide innerhalb des Zollgebietes erfolgte. Ebenso hat Ungarn ein gewisses Interesse an einer Begrenzung der Fleischeinfuhr, und die ganze mitteleuropäische Landwirtschaft, auch die reichsdeutsche, ist interessiert an Gesundheitskontrolle der Fleischeinfuhr. Diesen Agrarinteressen steht der Wunsch der Konsumenten und der exportierenden Industrien gegenüber. Alle sonstigen Zollstreitfragen zeigen sich auch an der mitteleuropäisch-balkanischen Grenze. Wir Reichsdeutschen müssen rundweg anerkennen, daß Österreich-Ungarn den Balkanmarkt braucht. Ob dieses Anerkennen sich in gewissen Produktionszweigen durch Syndikatsrayonierungen ausdrücken läßt oder auf andere Weise, ist Aufgabe von Verhandlungen, die nicht zu spät begonnen werden dürfen, da sie sicherlich nicht kurz sein werden.

Derartige Verhandlungen werden sehr erleichtert, wenn die Kapitalisierung balkanischer Verkehrsanlagen und Unternehmungen möglichst von beiden mitteleuropäischen Reichen aus gemeinschaftlich erfolgt, wie es bei der letzten großen bulgarischen Staatsanleihe geschehen ist. Nun vermag zwar im gegenwärtigen Zeitpunkte niemand eine sichere Meinung über die Geldverhältnisse nach dem Kriege zu haben. Alle kriegführenden Staaten werden relativ ärmer sein als die neutralen. Es ist nicht undenkbar, daß ein amerikanisches Anleiheangebot in allen aufsteigenden, entwicklungsfähigen Ländern bemerkbar wird, denn die Vereinigten Staaten sind vermutlich mit einem Schlage der erste Gläubigerstaat der Welt geworden. Das können wir nicht hindern, müssen nur sorgen, daß bei uns nach dem Maße der vorhandenen Kräfte der gute Wille besteht, im Zweifelsfalle zunächst unseren Bundesgenossen und Waffenbrüdern finanziell behilflich zu sein. Wir wünschen in jeder Weise den Aufstieg, die erhöhte Produktion und finanzielle Kraft eines von russischer Obergewalt frei gewordenen selbständigen Balkangebietes.

* * *

Ein russenfreier Balkan? Ist das denkbar? Ist das irgendwie auf die Dauer erreichbar?

Wenn es erreichbar ist, dann ist es etwas ungeheuer Großes, mehr als was selbst die kühnsten Propheten mitteleuropäischer Balkanpolitik je geweissagt haben! Ob es aber zu erlangen ist, werden wir erst am Ende des Krieges wissen. Es würde ein gewaltiges Erlebnis sein, sowohl für die Balkanvölker wie für die gesamte europäische Welt: eine russenfreie Balkanhalbinsel!

Vor hundert Jahren gab es einen Traum: türkenfreier Balkan! Dieser einstige Traum ist Wirklichkeit, denn jetzt sind in Europa nur noch letzte Inseln zwischen Griechen und Türken strittig. Aber die Befreier wurden neue Herren. Ist es nun im Weltkrieg eine Denkbarkeit, das Wort zu verwirklichen: Das Balkanland den Balkanvölkern??

In diesen Fragen liegen zwei der allerschwersten österreichisch-ungarischen Probleme eingeschlossen, die rumänische und die serbische Frage. Von beiden muß einiges geredet werden, ehe die Stellung der Bulgaren zu Mitteleuropa wirklich verstanden werden kann. Wir wissen zwar, daß es für Österreich und Ungarn einigermaßen bedenklich ist, auch nur theoretisch die Existenz dieser beiden Fragen anzuerkennen, aber da alle Welt auf beiden Seiten des Krieges von diesen Dingen redet, so dürfen sie für uns kein unberührbares Geheimnis bleiben.

Die Nationalidee arbeitet instinktartig ohne Rücksicht auf staatliche Traditionen, Rechte und Notwendigkeiten. Auch wenn sie nur als Agitatorenidee auftritt, waltet doch meist etwas vom dunklen Geschichtswillen selbst in den gewöhnlichsten Agitatoren. Dieses instinktive Schaffen ist sehr häufig nicht verständig im Sinne des kulturellen Fortschrittes, denn beispielsweise geht es den Rumänen in Ungarn zweifellos besser als dem niederen Volke in Rumänien, und den preußischen Polen besser als den Bewohnern des Warschauer Landes, aber über allen verständigen materiellen Erwägungen lebt — sozusagen in der Luft — etwas Unaussprechliches, der Zug zur Nationalität. Er ist wie eine Art Religion, ein Glaube, der falsch sein mag, für den man aber Wunder tun und sündigen kann. Von derartigen Glaubensregungen ist alles voll, was unerlöst, das heißt national nicht eingegliedert, zwischen dem russischen, germanischen und muhammedanischen Gebiete zerstückelt liegt, und daran wird sich voraussichtlich im kommenden Geschichtszeitalter nur wenig ändern. Es unterliegt kaum einem Zweifel, daß nach den Erschütterungen des allgewaltigen Krieges die Nationalitätsgeister an der unteren Donau noch lebhafter rumoren werden als vorher. Der viele Blutgeruch ruft sie herauf. Mag jetzt Rumänien aus Staatsklugheit kämpfen oder nicht kämpfen, so bleibt in jedem Falle etwas Unerledigtes übrig. Mag Serbien zertreten sein, erdrückt und erledigt, so verbleibt doch in dem letzten Kinde der Berge ein Rest von Wiederherstellungswillen. Wer vom bisherigen Kampfe der Bulgaren in Mazedonien Kenntnis genommen hat, der kann die unheimliche Gewalt derartiger drängender Unsichtbarkeiten nicht leugnen. Mit andern und einfacheren Worten: auch eine russenfreie Balkanhalbinsel ist noch nicht endgültig zur Ruhe gekommen, solange auf ihr oder neben ihr unbefriedete Nationalitäten irren.

Das darf man aussprechen, ohne dabei schon zu wissen, wie dem Übel abgeholfen werden soll. Mir graut vor schnell fertigen Menschen, die da glauben, für jedes Mißverhältnis müsse es ein wohltuendes Heilmittel geben, denn für viele irdische Unfertigkeiten gibt es als Trost wirklich nichts als den Tod. Die Welt ist voll von Unlösbarkeiten und unerlöstem Wesen. Das ist ihr angeborener Charakter und muß wohl zur ewigen Ordnung gehören. Man kann immer nur schrittweise und stückweise an die Lösbarkeit herankommen und muß froh sein, halbwegs gangbare Erledigungen zu finden. So ist es auch hier. Der theoretische Phantast könnte von einem Ungarn reden, das im Osten Rumänen abgibt, um im Südwesten ein zu Großserbien ausgeweitetes Kroatien an sich heranzuziehen, aber kein staatlich verantwortlicher Ungar wird das im Ernste vorschlagen und durchführen wollen. Was hat es also für einen Zweck, Gedankenbahnen zu begleiten, die doch vor dem Nichts endigen? Kein ungarischer Staatsmann kann es wollen, weil er mit den ungarländischen Rumänen auch Magyaren und Deutsche preisgeben müßte und weil er des Verlustes sicherer sein würde als des Gewinns. Es bleibt also bei dem, daß an der österreichisch-ungarischen Südgrenze eine reinlich durchgeführte Nationalitätenkarte eine Undurchführbarkeit ist. Solange die mitteleuropäischen Staaten siegreich bleiben, behalten Österreich und Ungarn ihre bisherige geschichtliche Form nach Osten und Südwesten, und ob sie an der Adria, in Nordserbien, Montenegro oder auch Albanien eine andere Gestalt erhalten, ist noch im fernen Nebel des Friedens. Davon darf jetzt noch nicht gesprochen werden, aber — es kann auch nicht mit Erfolg davon gesprochen werden, denn wer weiß denn etwas vom letzten Abschluß des italienischen Krieges? Wer weiß, wie Albanien dann gelagert sein wird? Soviel nur ist offenbar: Mitteleuropa muß versuchen, ein in sich befriedigtes Balkangebiet herzustellen.

* * *

Der Bund der Bulgaren mit Mitteleuropa wird nämlich um so sicherer sein, je mehr es gelingt, alle Balkanfragen zu regeln, ohne daß verwundbare Stellen übrig bleiben. Jede unfertige Stelle bedeutet nämlich, daß sich fortan nach dem Kriege Russen und Engländer dort als Helfer anbieten werden. Deshalb soll zwischen Deutschen, Österreichern, Ungarn und Bulgaren ein künftiges Balkanprogramm ehrlich und gemeinsam vorbereitet werden. Die wichtigsten Interessenten sind dabei zunächst, bis andere Nationen hinzutreten, die Ungarn und die Bulgaren. Sie sind, so lange Rumänien schwankt, für uns die zwei allein maßgebenden Nationalitäten Mitteleuropas nördlich und südlich der Donau. Österreich ist mit der Adriaküste, Dalmatien und dem Mitbesitz an Bosnien und Herzegowina sehr viel interessierter als wir Reichsdeutsche. Wir aber sind beteiligt, weil unsere Soldaten die Öffnung des serbischen Gebietes erzwingen halfen und weil wir einen Hauptteil an der weltpolitischen Vertretung des neuen Zustandes zu leisten haben werden.

Bei diesem mitteleuropäischen Balkanprogramm ist das erste Erfordernis, daß zwischen Bulgarien und Österreich-Ungarn (oder bloß Ungarn?) keinerlei Grenzfragen übrig bleiben, keine Reibungsflächen, so daß ein Schützengraben zwischen diesen Staaten von vornherein unnötig und ausgeschlossen ist. Der Militärverband muß Dauerverband werden können. Eine mitteleuropäische Militärkonvention muß in ihren Hauptbestimmungen bis ans Ägäische Meer reichen, möglicherweise auch bis in die Türkei hinein.

Schon darin liegt, daß das serbische Gebiet nicht als feindliches Kastell innerhalb des mitteleuropäischen Schützengrabenverbandes geduldet werden kann. Ich spreche absichtlich nichts weiteres über diesen Punkt, solange wir noch mit einer serbischen Armee zu kämpfen haben. Als Volk haben die Serben dasselbe Recht zu existieren wie jedes andere, aber das Recht auf berufsmäßige Friedensstörung darf von den Anwohnern nicht gewährt werden, falls nicht die Zukunft des ganzen Erdteils von neuem in Frage gestellt werden soll.

Da wir nun weder über Rumänien noch über Griechenland etwas aussagen können, so bleibt es für jetzt eine offene Frage, ob und in welchem Umfang ein neuer Balkanbund aufgerichtet werden kann. Es ist durch die Sachlage ausgeschlossen, daß er für sich allein als Militärbund auftritt, denn gegen wen sollte er gerichtet sein? Bulgarien rechnet sich zu Mitteleuropa und wahrt mit diesem zusammen seine erworbenen Rechte! Der neue Balkanbund aber hat einen sehr guten Zweck als Verkehrs- und Handelsbündnis, als Bund für technisch-kulturellen Aufstieg aller Balkanländer: Eisenbahngemeinschaft, Postgemeinschaft, Schiffahrtsvereinigung, Einheit der Wirtschaftsgesetze und Parallelität der Handelsverträge mit Mitteleuropa und der übrigen Welt. Alles Nationale muß dezentralisiert behandelt werden, alles Handelspolitische balkanisch, alles Militärische mitteleuropäisch.

* * *

Und nun zum Schluß: Wer macht auch das alles? Diese Frage, die bei jedem Zukunftsplan an letzter und wichtigster Stelle steht!

Teils machen es die Diplomaten, teils die Monarchen, teils die Parlamente und Völker und teils der Gang der militärischen Ereignisse und wirtschaftlichen Anforderungen. Unsere schriftstellerische Bearbeitung hat nur den Zweck, eine mehr einheitliche Gesinnung und Denkweise hervorzurufen und Fragstellungen vorzubereiten, die sich dann im Laufe der Dinge von selber eines Tages melden werden.

Es würde alles viel einfacher scheinen, wenn wir schon jetzt einen dauernden Ausschuß der Regierungen für mitteleuropäische Angelegenheiten hätten, aber diesen Ausschuß kann es erst dann geben, wenn vorher der Wille aller in Betracht kommenden mitteleuropäischen Staaten amtlich bekundet ist, den näheren Verband tatsächlich herstellen zu wollen. So weit sind wir noch nicht! Vorläufig und vielleicht noch auf lange Zeit hinaus ist gar keine andere Methode denkbar, als daß die Monarchen miteinander verkehren, die auswärtigen Ämter sich immer mehr als Verwalter gemeinsamer politischer Werte und Kräfte betrachten, die Heeresleitungen sich in den Dienst gemeinsamer Kriegsleistung stellen, die Handelsministerien sich über Einkäufe und Grenzbehandlungen verständigen, die Verkehrsabteilungen sich auf freundschaftlichen Fuß stellen, die Parlamentarier ihre Bekanntschaften und Beziehungen vervielfältigen, die Zeitungen sich gegenseitig beachten usw. Es müssen viele Hände ineinandergreifen. Dabei wird überall und von allen noch einiges gelernt werden müssen.

Eine solche Methode der Annäherung hat die Gefahr, daß einzelne Ämter und Regierungsstellen einen stärkeren mitteleuropäischen Eifer entwickeln als andere. Ohne Unterlaß muß ich in den Ländern der Waffenbrüder hören: „Das oder jenes machen Ihre reichsdeutschen Beamten! Wie paßt das zu Mitteleuropa?"

Natürlich können wir unsererseits mit ähnlichen Gegenfragen antworten, meist aber liegt die Sache so, daß der Beamte einfach seiner Dienstvorschrift folgt, daß diese aber noch nicht mitteleuropäisch durchdacht ist. Ehe ganze Staaten sich aneinander gewöhnen, vergeht natürlich einige Frist. Immerhin wird es nun aber im dritten Kriegsjahre bald Zeit, daß unnötige Grenzplackereien, Wirtschaftsreibungen und dergleichen Unfreundlichkeiten gänzlich abgetan werden und daß dafür die Idee der gemeinsamen Zukunft in die verschiedenen Bureaus der obengenannten Ämter einzieht. Je mehr das zwischen Deutschland, Österreich und Ungarn glückt, desto leichter wird sich dasselbe Verfahren auch mit Bulgarien anbahnen lassen.

Als wir deutschen Abgeordneten vom Zaren Ferdinand von Bulgarien empfangen wurden, standen wir mit ihm auf wunderbarer Bergeshöhe. Damals schauten wir im Geiste ein zusammengehöriges Lebens- und Verteidigungsgebiet von Nord- und Ostsee bis ans Mittelländische Meer. Wenn dieser Völkerbund zu wachsen beginnt, dann war der Tod unzähliger Tapferer nicht vergeblich, denn es ersteht durch ihre Hingabe ein geschichtliches Werk für Kind und Kindeskind, eine breite, weite, wohlgesicherte Heimat für Völker, die nicht englisch und nicht russisch zu sein vermögen und doch in der Welt noch etwas bedeuten wollen. Sie schließen sich zusammen und tragen Last und Freude gemeinsam.

Einen herzlichen Gruß allen Waffenbrüdern am Rhein, an der Donau, an der Maritza und am Euphrat!

# Anhang.

## Historisches und Statistisches.

Die Bearbeitung dieses Teils liegt bei meinem Mitarbeiter Herrn Dr. Walther Schotte, dem ich jetzt das Wort gebe:

Die großen politischen Ereignisse der bulgarischen Geschichte sind in den letzten Jahren seit 1912 so rasch aufeinander gefolgt, daß die statistische Arbeit nicht Schritt halten konnte. Der letzte Band der statistischen Jahrbücher Bulgariens erschien Anfang des Sommers 1914 und behandelte erst die Ergebnisse des Jahres 1911. Wir sind daher in Rücksicht auf die geographisch-politischen Veränderungen des Bukarester Friedens und die tatsächlichen Gebietserweiterungen des verbündeten Zarenreiches im Weltkrieg auf andere z. T. abgeleitete Quellen angewiesen, von denen ich hier namentlich nur die Landeskunde von Prof. Kassner, das Balkanbuch Dr. A. Wirths, das Jahrbuch für den Balkanhandel von Keßler, die Veröffentlichung der Diskontogesellschaft: Bulgarien, Ein Merkbuch für den deutschen Kaufmann, und die Denkschrift der bulgarischen Regierung über ihre Stellungnahme im Weltkrieg anführe. Genauere Literaturangaben folgen unten.

### I. Fläche und Bevölkerungsverhältnisse.

Wie überhaupt in dieser Materialsammlung berücksichtigen wir zumal für Gebietsentwicklung und Bevölkerungsverhältnisse die großen Epochenjahre der bulgarischen Geschichte seit dem Berliner Kongreß. Die ersten statistischen Arbeiten liegen 1880 vor. Wichtig wird dann der erste Serbenkrieg und die staatsrechtliche Verbindung mit Rumelien 1886, dessen völlige Lösung aus der Türkei und die Erhebung Bulgariens zum Zartum 1908, die Jahre der Balkankriege 1912/13 und der Eintritt Bulgariens in den Weltkrieg im Herbst 1915.

#### 1. Gebietserweiterung.

| | | |
|---|---|---|
| Epoche 1878—85 | Bulgarien etwa | 63 000 qkm |
| | Rumelien „ | 33 000 „ |
| | Zusammen genau | 96 346 qkm |
| Epoche 1885—1913 | Gewinn der Balkankriege | +26 000 qkm |
| | Verlust an Rumänien | — 8 340 „ |
| 1915 vor Eintritt in den Weltkrieg etwa | | 114 000 qkm |
| 1916 bis Ostern besetztes Gebiet etwa | | 60 000 „ |
| Heutiger tatsächlicher Bestand über | | 180 000 qkm |

Das neue Bulgarien wird ungefähr der Größe Bayerns, Württembergs, Badens und Elsaß-Lothringens entsprechen. Zur Zeit der größten Ausdehnung des mittelalterlichen Bulgarenreiches unter dem großen Zaren Symeon um 920 umfaßte dieses 245 000 qkm.

Gebietsgröße im Verhältnis zu den Balkanländern nach dem Bukarester Frieden:

| | | |
|---|---|---|
| Rumänien | 138 000 | qkm |
| Bulgarien | 114 000 | " |
| Griechenland | 120 000 | " |
| Serbien | 83 000 | " |
| Montenegro | 19 000 | " |
| Albanien etwa | 30 000 | " |
| Europäische Türkei | 23 000 | " |

## 2. Bevölkerungsverhältnisse.

a) Natürliches und durch kriegerische Eroberungen bedingtes Wachstum:

| | | | |
|---|---|---|---|
| 1880 | Bulgarien | 2 007 919 | Einwohner |
| 1884 | Rumelien | 942 680 | " |
| 1887 | das geeinigte Bulgarien | 3 145 375 | " |
| 1900 | " " " | 3 744 283 | " |
| 1905 | " " " | 4 035 575 | " |
| 1911 | " " " | 4 368 923 | " |
| | = 45 Einwohner pro qkm. | | |
| 1912 | Vor den Balkankriegen | 4 337 513 | " |
| 1913 | Zuwachs von der Türkei | + 783 000 | " |
| | An Rumänien abgetreten | — 353 600 | " |
| | Verluste an Toten etwa | — 140 000 | " |
| 1916 | Mit den Einwohnern in den besetzten Gebieten über | 6 500 000 | " |

b) Prozentuales Wachstum im Vergleich zu westeuropäischen und mitteleuropäischen Staaten: 1900—1910:

| Bulgarien | Preußen | Reich | Rußland | Frankreich |
|---|---|---|---|---|
| 1,58% | 1,48% | 1,36% | 2,10% | 0,18% |

c) Vergleich mit der Bevölkerung der andern Balkanstaaten:

| | | | |
|---|---|---|---|
| Rumänien | 7,45 | Mill. | Einw. |
| Bulgarien 1914 | 4,80 | " | " |
| Griechenland | 4,70 | " | " |
| Serbien | 4,24 | " | " |
| Montenegro | 0,43 | " | " |
| Albanien | 1,10 | " | " |
| Europäische Türkei | 1,60 | " | " |

### 3. Verhältnis von Stadt und Land.

1910 lebten Bulgaren:

| | | | | |
|---|---|---|---|---|
| in Städten | 428 668 männl., | 400 834 weibl. Geschl.; | zus. | 829 522 |
| auf d. Lande | 1 778 017 „ | 1 729 974 „ | „ „ | 3 507 991 |

Das Zarenreich hat einen ausgesprochen ländlich-bäuerlichen Charakter. Nebenbei beachte man den männlichen Bevölkerungsüberschuß. Seit 1900 ist das Verhältnis von Stadt und Land im ganzen fest, höchstens daß sich gar wider Erwarten eine Vermehrung der ländlichen Bevölkerung um 0.8% herausgebildet hat auf 80,88% auf dem Lande, bei 19,12% in den Städten lebender Bevölkerung. Im Anschluß an diese Statistik erledigen wir am besten gleich das

### 4. Verhältnis der Berufe (1905).

Es waren tätig:

| | |
|---|---|
| in landwirtschaftlichen Berufen | 76,88% |
| „ Jagd und Fischerei | 0,16 „ |
| „ Minen, Steinbrüchen und Salinen | 0,05 „ |
| „ Industrie, Gewerbe und Handel | 14,60 „ |
| „ Ämtern und freien Berufen | 5,00 „ |
| „ dienenden Stellungen | 0,79 „ |
| „ nicht näher zu bezeichnenden Berufen | 1,52 „ |

Um das Wachstum der landwirtschaftlichen Berufe nach Osten und Südosten Europas zu sehen, vergleiche man diese Zahlen mit denen D(eutschlands), Ö(sterreichs) und U(ngarns):

| | D | Ö | U | B |
|---|---|---|---|---|
| Landwirtschaftliche Berufe | 35,2% | 60,9% | 69,7% | 77,04% |
| Berufe in Industrie, Gewerbe, Handel, Verkehr und Bergbau | 52,4 „ | 28,7 „ | 17,8 „ | 14,65 „ |

In einigen der wichtigeren Gewerbe sind tätig:

| | |
|---|---|
| Textilindustrie | 0,48% |
| Lederindustrie | 0,39 „ |
| Metallindustrie | 1,95 „ |
| Keramisches Gewerbe | 0,19 „ |
| Nahrungsmittelindustrie | 1,24 „ |
| Bekleidungsgewerbe | 2,15 „ |
| Bau- und Tischlergewerbe | 1,13 „ |
| Handel u. Verkehr (ausschl. Getr.-Exp.-Verk.) | 3,96 „ |
| Hotels, Kaffes, Restaurants | 1,30 „ |

### 5. Entwicklung und Größe der Städte.

Das alte Bulgarien vor den Balkankriegen mit 80 Städten hatte nach der Zählung von 1910

| | | | |
|---|---|---|---|
| 19 Städte mit zwischen | 10- und | 20 000 | Einwohnern |
| 4 „ „ „ | 20- „ | 30 000 | „ |
| 3 „ „ „ | 30- „ | 50 000 | „ |
| Darüber stand nur Sofia mit | | 102 812 | „ |

Große Entwicklung zeigen folgende Städte:

| | 1887 | 1910 | Gewachsen um |
|---|---|---|---|
| Burgas | 5 865 Einw. | 14 897 Einw. | 159,12% |
| Varna | 24 555 „ | 41 419 „ | 64 „ |
| Plevodin | 33 442 „ | 47 981 „ | 45,26 „ |
| Plevna | 11 474 „ | 23 049 „ | 61,10 „ |
| Rustschuk | 21 163 „ | 36 255 „ | 33,32 „ |
| Sofia | 20 856 „ | 102 812 „ | 232,24 „ |
| „ | 1916: etwa 150 000 Einwohner. | | |
| Tirnowo | — | 12 649 „ | |

Durch den Bukarester Frieden fielen mit den thrazisch-mazedonischen Gebieten an Bulgarien:

| | | |
|---|---|---|
| 7 Städte von 10- bis zu | 20 000 | Einwohnern |
| 3 „ „ 20- „ „ | 30 000 | „ |
| Philippopel mit | 47 981 | „ |

## II. Konfessionen und Nationalitäten.

| | Anzahl | Prozent der Bevölkerung |
|---|---|---|
| Türken | 465 988 | 10,74 |
| Zigeuner | 121 573 | 2,80 |
| Rumänen | 79 748 | 1,84 |
| Griechen | 47 935 | 1,10 |
| Juden | 40 118 | 0,92 |
| Armenier | 12 160 | |
| Fremde Staatsangehörige etwa | | 1,00 |

| | |
|---|---|
| Davon Türken | 0,55% |
| „ Österr. u. Ungarn | 0,15 „ |
| „ Reichsdeutsche etwa | 0,06 „ = 3400 Deutsche. |

Zar Ferdinand selbst ist römisch-katholischen Glaubens. Er ist von dem Artikel der Verfassung befreit, der den erblichen Zaren verpflichtet, der orthodoxen Staatskirche anzugehören. Der Kronprinz Boris, geb. am 30. Januar 1894, ist auch am 16. Februar 1896 orthodox getauft worden.

Die Staatsreligion ist die „christlich-orthodoxe des orientalischen Ritus", völlig getrennt von der Oberhoheit des griechischen Patriarchats in Konstantinopel. Der oberste Geistliche: der Exarch, hat seit den Balkankriegen seinen Sitz in Sofia. Dem Exarchen, der auf Lebenszeit durch die Synode aus den amtierenden Bischöfen gewählt wird, steht diese, die aus 4 auf 4 Jahre gewählten Bischöfen besteht, sowie der Exarchalrat zur Seite. Nach der Volkszählung von 1910 gab es:

| | |
|---|---|
| Orthodoxe | 3 643 951 |
| Mohammedaner | 602 101 |
| Juden | 40 118 |
| Katholiken | 32 130 |
| Protestanten | 6 252 |

## III. Bildungswesen.

1913/14 bestanden 374 städtische, 4213 ländliche Elementarschulen
zusammen 4589 gegen 1270 im Jahre 1901.

Auf je 945 Kinder kommt danach eine Schule, oder 8190 Lehrkräfte für 352 826 Schulkinder = 1 Lehrer für 43 Kinder. Diesem Aufschwung des Schulwesens entspricht die Abnahme der Analphabeten, so daß Bulgarien heute unter die Staaten rechnet mit der geringsten Zahl Analphabeten. Durchschnittlich können heute 95% aller Rekruten des bulgarischen Heeres lesen und schreiben, unter den Kindern von 10—15 Jahren sind es 98%. Dabei stehen Türken und Zigeuner in der Schulbildung am weitesten zurück; die Bulgaren werden an Lerneifer nur noch von Juden und Armeniern übertroffen. Die Bildungsverhältnisse stellen Bulgarien unmittelbar hinter Deutschland. Man bedenke, daß vor 34 Jahren der Prozentsatz der Schriftkundigen kaum 40% betrug. Auch in dieser Entwicklung ist Bulgarien das Preußen des Balkans.

1911 gab es

296 Progymnasien, die unsern Real- oder Oberrealschulen entsprechen, für Knaben und Mädchen mit... 33 405 Knaben
13 074 Mädchen

18 Gymnasien für Knaben mit 8412 Schülern
12 „ „ Mädchen „ 4243 Schülerinnen
8 Lehrer- bezw. Lehrerinnen-Seminare.

Sofia ist Universität. Die medizinische Fakultät fehlt noch. Erstaunlich ist die hohe Zahl weiblicher Studierender, die in der historisch-philosophischen Fakultät 50% ausmachen.

## IV. Wirtschaftliche Verhältnisse.

Dem Anbau von Getreide dienten

| | |
|---|---|
| 1897 | 1 809 348 ha |
| 1911 | 2 523 738 „ |
| 1912 | 2 564 588 „ |

Zur Beurteilung der Produktivität der Arbeit diene die Übersicht über den Durchschnittsertrag im Vergleich mit den mitteleuropäischen Ländern: Der Hektar bringt Doppelzentner in

| | Weizen | Gerste | Kartoffeln |
|---|---|---|---|
| Deutschland .......... | 24 | 22 | 159 |
| Österreich............ | 15 | 16 | 100 |
| Ungarn ............. | 13 | 14 | 75 |
| Rumänien ........... | 14 | 11 | 68 |
| Bulgarien ........... | 12 | 11 | 44 |

Bei den sehr günstigen klimatischen Verhältnissen Bulgariens ist eine Intensivierung der Arbeit sehr aussichtsreich. Die Hauptrolle gebührt dem Weizen. Der Ernteertrag von 1912 zählte 12 180 752 Zentner in einem Wert von 298 Millionen Lewa. Der Gesamtwert der Getreideernte betrug fast 552 Millionen Lewa; davon wurde für fast 96 Millionen ausgeführt.

Die Viehzucht ist relativ unentwickelt. Schafzucht nimmt die erste Stelle ein. Von ihren Erträgen wird ein namhafter Export nach der Türkei bestritten. An einem Eierexport von über 14 Millionen Lewa war Deutschland 1912 mit 11½ Millionen als Abnehmer beteiligt.

Berühmt sind die Rosenkulturen, zumal bei Tirnowo. 1912 wurden Rosenessenzen von 11.62 Millionen Lewa Wert ausgeführt. Nächst wichtig ist der Tabak, der 1914 in Alt- und Neubulgarien eine Ernte von 22 Millionen kg erlebte und in der Ausfuhr 1912 schon unter den Öl- und Industriepflanzen (ausschließlich Rosen) an erster Stelle stand. Tabak, Raps, Hanf, Flachs, Baumwolle wurden im Werte von 5 Millionen ausgeführt.

Über Industrie vgl. den Text.

## V. Außenhandel.

Die bulgarische Handelsbilanz weist seit dem Jahre 1886 eine fast dreifache Steigerung der Einfuhr und Ausfuhr auf. Wir nehmen die Bilanz vor den Balkankriegen, weil während der Kriegsjahre natürlich die Ausfuhr zurückging, die Einfuhr durch Bezug von Kriegsmaterial eine anormale Steigerung erfuhr Es stand:

| | | |
|---|---|---|
| 1911 | die Einfuhr | die Ausfuhr |
| | auf 199 344 808 Lewa | 184 633 945 Lewa |

Die negative Handelsbilanz, die übrigens dank den ausgezeichneten Ernteerträgen des Jahres 1911 nicht sehr groß ist, drückt die Entwicklung der Aufnahmefähigkeit eines jungen Staates aus.

Von diesem Außenhandel gingen 26% auf dem Donauwege, 45,80 auf dem über das Schwarze Meer, 28,20 auf dem Landwege. Wie die Statistik der folgenden Jahre andeutet und es der Natur der Sachlage entspricht, gewinnt der Donauweg an Bedeutung. Dazu kommt mit dem Hafen von Dedeagatsch Verkehr über das ägäische Meer, der auf die Landwege zurückwirkt. Die Eisenbahnen, nunmehr alle im staatlichen Besitz, haben eine Betriebslänge von heute fast 2500 km und stellen ein Anlagekapital von fast 350 Millionen Lewa dar.

| | Ausfuhr (Wert in Lewa) | Einfuhr |
|---|---|---|
| Deutschland ...... | 22 911 569 | 39 836 757 |
| Österreich-Ungarn | 10 567 214 | 48 215 666 |
| Türkei .......... | 29 209 939 | 15 986 158 |
| Belgien ......... | 53 789 592 | 5 047 317 |
| England ........ | 24 236 537 | 30 034 398 |
| Frankreich ....... | 11 119 066 | 24 927 028 |
| Italien .......... | 3 948 488 | 9 118 389 |
| Rußland......... | 336 190 | 6 974 737 |
| Andere Länder ... | 28 515 350 | 19 204 358 |

Wenn man berücksichtigt, daß die große Summe der belgischen Ausfuhr aus Bulgarien durch Belgiens Rolle als Zwischenhändler für die Rekordernte von 1911 zustande kommt, diese Ernte aber zum großen Teil an Deutschland weiter gehandelt wurde, so erweist diese Statistik, wo das wirtschaftliche Interesse Bulgariens liegt. Rußland scheidet wirtschaftspolitisch fast ganz aus. Frankreich führte 1911 noch erheblich Kriegsmaterial in Bulgarien ein; mit diesen Lieferungen wird es in Zukunft auch ein Ende haben. Die Türkei bleibt ein erster Abnehmer der Produkte bulgarischer Landwirtschaft. Der deutsche Handel mit Bulgarien ist von 1911 bis 1913 um 4% gewachsen. Wir stehen in der Einfuhr von Gerb- und Farbstoffen, Drogen und Medikamenten, Metallen und Metallwaren, Maschinen, Instrumenten, Wagen, Schiffen, Büchern und Kunstwaren an erster; in Steinen, Erden, Glas, Papier-, Spiel- und Schmuckwaren an zweiter Stelle. Unsere Einfuhr in Metallen und Metallwaren betrug 1912 24 600 295 Lewa. Wir sind Bulgariens bester Kunde in Häuten, Leder, Riechstoffen, animalischen Nahrungsmitteln und Getreide, was die Statistik ohne Berücksichtigung des Zwischenhandels leider nicht ausdrücken kann.

Im Verhältnis zu den andern balkanischen Staaten ist der deutsch-bulgarische Handel noch unentwickelt. Der mit Rumänien ist fast fünfmal so groß, der mit Serbien und Griechenland ist nicht geringer gewesen. Die Einfuhr aus dem Gesamtbalkan steht in Deutschlands Welthandel erst an neunter, die Ausfuhr dorthin an zehnter Stelle und beträgt durchschnittlich 2,2%. Wie starker Steigerung sie fähig ist, beweist das Wachstum des deutsch-rumänischen Handels im Jahre 1913/14 um 100%. Ungleich größere Bedeutung hat schon jetzt der Balkanhandel für Österreich-Ungarn.

In den Kapitalsanlagen stehen die Mittelmächte den französischen Banken erheblich nach. Wir haben ohne die große Anleihe von 1914 nur 50 Millionen Mark in Bulgarien investiert, das Fünffache in Serbien, das mehr als Zehnfache in Rumänien. Das ausländische Kapital in der Industrie Bulgariens macht überhaupt nur 25% aus, davon sind deutschen Ursprungs nur 13 350 862 Lewa.

Der Handelsvertrag Deutschlands mit Bulgarien datiert von 1905, verlängert 1911—1917 und läuft bei einjähriger Kündigungsfrist sonst weiter. Es ist ein Meistbegünstigungsvertrag mit besonderer zolltarifarischer Vereinbarung für einige landwirtschaftliche Produkte.

## VI. Verfassung, Parteien, Heer und Flotte.

Zar Ferdinand I., geb. 26. Februar 1861 zu Wien, aus dem Hause Sachsen-Koburg-Gotha, wurde am 7. Juli 1887 durch die Nationalversammlung zu Tirnowo zum Fürsten von Bulgarien gewählt. Erst 1896 bestätigte ihn der Sultan. Am 5. Oktober 1908 proklamierte er sich zum unabhängigen Zaren der Bulgaren. In erster Ehe mit Maria Luise, Prinzessin Bourbon von Parma, gest. 1899, zeugte er zwei Söhne: Kronprinz Boris, geb. 30. Januar 1894 und Prinz Kyrill, sowie zwei Töchter. In zweiter Ehe ist er mit Königin Eleonore, geb. Prinzessin Reuß j. L., vermählt.

Die Verfassung ist konstitutionell parlamentarisch. Das Sobranje wird auf vier Jahre gewählt; die Abgeordneten müssen ein Lebensalter von 30 Jahren haben. Auf je 20 000 Einwohner kommt ein Abgeordneter. Sitz des Sobranje ist Sofia. Der großen, besonders zu wählenden Nationalversammlung in Tirnowo steht allein das Recht der Verfassungsänderung, der Gebietsänderung und der Königswahl im Fall des Aussterbens der erblichen Linie des regierenden Zaren zu.

Die Regierung liegt bei dem Ministerrat, der vom Herrscher aus der Parlamentsmehrheit ernannt wird und dem Parlament verantwortlich ist. Es gibt zehn Sachministerien.

Das Parteiwesen ist vielfach zersplittert. Von rechts nach links kann man drei Gruppen unterscheiden: die liberale Konzentration mit vier Untergruppen nach ihren Führern: Radoslawow (seine Zeitung Narodni Prava), Tontschew (Echo de Bulgarie), Genadiew = der alten Stambulowistenpartei, Theodorow. Die Konzentration unter Führung des Ministerpräsidenten Radoslawow ist die heutige Mehrheit. Sie löste die Parteien der Progressisten unter Danew (Zeitung: Bulgaria) und der Volkspartei unter Geschow (Zeitung: Mir) in der Herrschaft ab. Das Zentrum bilden die sogen. Demokraten unter Malinow. Es folgen Sozialisten, die sich ähnlich wie bei uns in Revisionisten und Radikale scheiden, Republikaner und eine ausgesprochene Agrariergruppe.

Über das Heerwesen sind moderne Angaben kaum möglich. Die Balkankriege brachten der Welt die Überraschung, daß diese Staaten bis zu 10% und darüber hinaus von ihrer Bevölkerung in das Heer einstellten. Das wird auch der heutige und künftige Maßstab für Berechnung der Heeresmacht sein. Die Ausbildung war vor dem Kriege keineswegs ausschließlich nach deutschem Vorbild. Die Generalstabsoffiziere machten häufig eine französische und italienische Schule durch. Das hat der Krieg geändert.

Eine Flotte ist in Varna im Entstehen.

---

## Literatur.

Wir geben nur eine nach bestimmten Gesichtspunkten beschränkte Auswahl der mählich zu einer Flut anwachsenden balkanischen Literatur.

### 1. Zum politischen Verständnis der Orientfrage und der bulgarischen Stellung in ihr.

H. Friedjung, Der Krimkrieg und die österreichische Politik. 1907.

Theodor v. Sosnosky, Die Balkanpolitik Österreich-Ungarns seit 1866. Stuttgart 1913/14. Grundlegend!

Leopold Freiherr v. Chlumecky, Österreich-Ungarn und Italien; das westbalkanische Problem und Italiens Kampf um die Vorherrschaft in der Adria. Leipzig-Wien 1907.

Eduard v. Wertheimer, Graf Julius v. Andrassy. Bd. I—III. Stuttgart 1913.

R. Übersberger, Rußlands Balkanpolitik, bisher erschienen Bd. I bis zum Frieden von Jassy. Stuttgart 1913.

R. Übersberger, Zum geschichtlichen Verständnis des großen Krieges. Berlin 1916.

Redlich, Der Gegensatz zwischen Österreich-Ungarn und Rußland. 1915.

Fürst Georg Trubetzkoi, Rußland als Großmacht. 1913. Stuttgart.

Bismarcks Gedanken und Erinnerungen.

G. Roloff, Die Orientpolitik Napoleons I. Weimar 1916.

P. Herre, Der Kampf um die Herrschaft im Mittelmeer. Leipzig 1909.

## 2. Bulgarien in den Balkankriegen.

Oberst Immanuel, Der Balkankrieg 1912/13. Berlin 1913/14. Die größte und vom militärischen Standpunkt beste heutige Darstellung.

Hermenegild Wagner, Kriegskorrespondent der Wiener Reichspost, Mit den siegreichen Bulgaren. Oldenburg i. Gr. Ohne Jahr.

H. Rohde, Die Operationen an den Dardanellen im Balkankriege 1912/13. Berlin 1912.

Balkanikus, Serbien und Bulgarien im Balkankriege 1912/13, übersetzt von Dr. jur L. Markowitsch, Universitätsprofessor in Belgrad. Leipzig 1913. Die serbische Geschichtsauffassung!

Kutschbach, Die Serben im Balkankrieg 1912/13 und im Krieg gegen die Bulgaren. Stuttgart 1913.

## 3. Allgemeine Geschichte.

C. Jireček, Geschichte der Bulgaren. Prag 1876.

H. Helmolt, Weltgeschichte. Bd. V: Südosteuropa und Osteuropa. Leipzig 1905.

G. Songeon, Histoire de la Bulgarie. Paris 1913.

Ruland, Geschichte der Bulgaren. Berlin.

Lindenberg, Ferdinand I., König der Bulgaren. Berlin 1909.

Flöricke, Geschichte der Bulgaren. Stuttgart 1915.

R. Pelletier, La vérité sur la Bulgarie. Paris-Lyon 1914.

## 4. Landeskunde.

Karl Kassner, Bulgarien, Land und Leute. Bibliothek des Ostens. 2. Bd. Leipzig 1916.

Dr. Ischirkoff, Professor in Sofia, Bulgarien, Land und Leute. Bd. I der bulgarischen Bibliothek, herausgegeben von Prof. Dr. Weigand. Leipzig 1916.

Derselbe, Die Bevölkerung in Bulgarien und ihre Siedelungsverhältnisse (in Petermanns Geographischen Mitteilungen). 1911.

Weigand, Rumänen und Aromunen in Bulgarien. Leipzig 1907.

Prof. Dr. Panoff-Sofia, Die Abstammung der Bulgaren von den Hunnen, in: Nord und Süd. August. 1916.

### 5. Wirtschaftspolitische Schriften.

Denkschrift der bulgarischen Regierung über den Anschluß an die Mittelmächte, abgedruckt in der Veröffentlichung des Vereins für Sozialpolitik über die wirtschaftliche Annäherung der mitteleuropäischen Mächte, herausgegeben von Prof. Herkner. Leipzig-München 1916.

Panayot Konstantinoff, der Außenhandel Bulgariens, mit besonderer Berücksichtigung des Exportes. Zürich und Leipzig 1914.

Joseph Raudnitz, Die staatswirtschaftliche Entwicklung Bulgariens. Wien 1913.

Ignatz Rippel, Nach dem Balkankriege, wirtschaftspolitische Streiflichter. Wien 1914.

Arthur Dix, Vom bulgarischen Wirtschaftsleben und seiner Zukunft. Jahrbuch für Nationalökonomie und Statistik. 1916.

Petkoff, Bulgarien. 1915.

Bulgarien, was es ist und wird. Herausgegeben von der bulgarischen Gesandtschaft. Berlin 1915.

Flöricke, Bulgarien, das Rosenland. Berlin 1916.

Weiß-Bartenstein, Bulgariens volkswirtschaftliche Entwicklung. Berlin 1913.

### 6. Allgemeine Balkankunde.

A. Wirth, Der Balkan. Stuttgart 1914. Wirtschaftspolitisch wertvoll!

Friedrich, Die christlichen Balkanstaaten in Vergangenheit und Gegenwart. München 1916.

Balkanheft der Süddeutschen Monatshefte. München 1916.

Das Balkanarchiv. Regelmäßiges Beiheft der Zeitschrift für deutsche Kulturpolitik, herausgegeben von Dr. Grothe. Leipzig.

### 7. Statistik.

Das Statistische Jahrbuch (Annuaire statistique) von Bulgarien. 4 Jahrgänge. Sofia 1911—1914.

Bulgarien. Ein Merkbuch für den deutschen Kaufmann, herausgegeben von der Diskontogesellschaft. Berlin 1916.

Bulletin mensuel de la direction générale de la statistique. Sofia.

Hübner-Jurascheks Geographisch-statistische Tabellen aller Länder der Erde. Frankfurt a. M. 1914.

Otto Keßler, Jahrbuch für den Balkanhandel. Berlin-Wilmersdorf 1915.

## Bulgarischer Geschichtskalender.

679 dringen die Bulgaren unter Führung von Isperich in den Balkan ein.

864(5) Übertritt zum Christentum. Die bulgarischen Missionare Cyrillus und Methodus.

885 Tod des bulgarischen Heiligen Methodus.

893—97 Zar Symeon der Große. Größte Ausdehnung Bulgariens vom Schwarzen bis an das Adriatische Meer und in das südliche Griechenland; nur die Küsten verbleiben der byzantinischen Herrschaft.

927—69 Sein Sohn Zar Peter mit einer byzantinischen Prinzessin vermählt. Abfall Makedoniens und Albaniens unter Schisman.

971 Das ostbulgarische Reich fällt an Byzanz.

1018 Auch das westbulgarische Reich wird von Byzanz unterworfen.

1186 Peter Arsen in Tirnowo zum Zaren des befreiten Bulgariens gekrönt.

1218—41 Johannes Arsen II. erweitert das Reich über die alten Grenzen aus Symeons Zeit.

1330 Sieg der Serben über Bulgaren bei Küstendil. Makedonien wird an Serbien abgetreten.

1389 Sieg der Türken über die Serben auf dem Amselfelde. Serbien wird türkisch.

1393 Die Türken erobern Tirnowo, nehmen Johannes Schisman III. gefangen und verleiben auch Bulgarien dem türkischen Reich ein, bis 1878.

1876 Konferenz der Großmächte in Konstantinopel wegen der „makedonischen Greuel".

1877 Russisch-türkischer Krieg. Vorfriede von St. Stefano.

1878 Berliner Kongreß stellt ein kleines abhängiges Bulgarien her. Ostrumelien soll einen christlichen Gouverneur erhalten. Makedonien bleibt türkisch.

1879 Das große Sobranje wählt zu Tirnowo den Prinzen Alexander von Battenberg zum Fürsten.

1885/86 Serbisch-bulgarischer Krieg; Friede zu Bukarest.

1886 Vereinigung Bulgariens und Rumeliens.
Militärrevolte in Sofia; Abdankung des Fürsten Alexander; Wahl des Prinzen Ferdinand von Sachsen-Koburg-Gotha durch das große Sobranje in Tirnowo.

1908 5. Oktober. Fürst Ferdinand proklamiert Bulgarien als unabhängiges Königreich und sich selbst zum Zaren der Bulgaren.

1912 18. Oktober. Kriegserklärung an die Türkei.

1913 Juli. Zweiter Balkankrieg.
Frieden von Bukarest.

1915 5. Oktober. Bulgariens Eintritt in den Weltkrieg.

Druck von Georg Reimer in Berlin W 10.

FSC
www.fsc.org
MIX
Papier | Fördert gute Waldnutzung
FSC® C083411

Kolibri 360 GmbH
Ferdinand-Jühlke-Straße 7
99095 Erfurt, Deutschland
produktsicherheit@kolibri360.de